“十四五”国家重点图书出版规划项目
核能与核技术出版工程

先进核反应堆技术丛书（第二期）
主编 于俊崇

重水反应堆技术及其应用

Heavy Water Reactor Technology and Its Applications

柯国土 周一东 王文升 著

内容提要

本书为“先进核反应堆技术丛书”之一。主要内容包括重水反应堆概念、分类、技术特点及发展状况，重水堆堆芯及总体技术、燃料与材料、主要工艺系统、燃料系统、主要工艺监测系统、重水堆安全技术、运行维护技术及应用技术，重水堆特有的燃料循环技术及先进重水堆技术。

本书可供核工程技术领域专业人员及高校相关专业师生参阅。

图书在版编目(CIP)数据

重水反应堆技术及其应用 / 柯国土，周一东，王文升著. -- 上海 : 上海交通大学出版社，2024.10. --（先进核反应堆技术丛书）. -- ISBN 978-7-313-31009-5

Ⅰ. TL423

中国国家版本馆 CIP 数据核字第 20243NE315 号

重水反应堆技术及其应用

ZHONGSHUI FANYINGDUI JISHU JI QI YINGYONG

著　　者：柯国土　周一东　王文升

出版发行：上海交通大学出版社　　地　　址：上海市番禺路 951 号

邮政编码：200030　　电　　话：021 - 64071208

印　　制：苏州市越洋印刷有限公司　　经　　销：全国新华书店

开　　本：710 mm×1000 mm　1/16　　印　　张：25.5

字　　数：429 千字

版　　次：2024 年 10 月第 1 版　　印　　次：2024 年 10 月第 1 次印刷

书　　号：ISBN 978 - 7 - 313 - 31009 - 5

定　　价：208.00 元

先进核反应堆技术丛书

编 委 会

总　　序

人类利用核能的历史可以追溯到20世纪40年代，而核反应堆——这一实现核能利用的主要装置，则于1942年诞生。意大利著名物理学家恩里科·费米领导的研究小组在美国芝加哥大学体育场取得了重大突破，他们使用石墨和金属铀构建起了世界上第一座用于试验可控链式反应的“堆砌体”，即“芝加哥一号堆”。1942年12月2日，该装置成功地实现了人类历史上首个可控的铀核裂变链式反应，这一里程碑式的成就为核反应堆的发展奠定了坚实基础。后来，人们将能够实现核裂变链式反应的装置统称为核反应堆。

核反应堆的应用范围广泛，主要可分为两大类：一类是核能的利用，另一类是裂变中子的应用。核能的利用进一步分为军用和民用两种。在军事领域，核能主要用于制造原子武器和提供推进动力；而在民用领域，核能主要用于发电，同时在居民供暖、海水淡化、石油开采、钢铁冶炼等方面也展现出广阔的应用前景。此外，通过核裂变产生的中子参与核反应，还可以生产钚-239、聚变材料氚以及多种放射性同位素，这些同位素在工业、农业、医疗、卫生、国防等众多领域有着广泛的应用。另外，核反应堆产生的中子在多个领域也得到广泛应用，如中子照相、活化分析、材料改性、性能测试和中子治癌等。

人类发现核裂变反应能够释放巨大能量的现象以后，首先研究将其应用于军事领域。1945年，美国成功研制出原子弹，而1952年更是成功研制出核动力潜艇。鉴于原子弹和核动力潜艇所展现出的巨大威力，世界各国纷纷开展相关研发工作，导致核军备竞赛一直持续至今。

另外，由于核裂变能具备极高的能量密度且几乎零碳排放，这一显著优势使其成为人类解决能源问题以及应对环境污染的重要手段，因此核能的和平利用也同步展开。1954年，苏联建成了世界上第一座向工业电网送电的核电站。随后，各国纷纷建立自己的核电站，装机容量不断提升，从最初的 5 000 千瓦发展到如今最大的 175 万千瓦。截至 2023 年底，全球在运行的核电机组总数达到了 437 台，总装机容量约为 3.93 亿千瓦。

核能在我国的研究与应用已有 60 多年的历史，取得了举世瞩目的成就。

1958 年，我国建成了第一座重水型实验反应堆，功率为 1 万千瓦，这标志着我国核能利用时代的开启。随后，在 1964 年、1967 年与 1971 年，我国分别成功研制出了原子弹、氢弹和核动力潜艇。1991 年，我国第一座自主研制的核电站——功率为 30 万千瓦的秦山核电站首次并网发电。进入 21 世纪，我国在研发先进核能系统方面不断取得突破性成果。例如，我国成功研发出具有完整自主知识产权的压水堆核电机组，包括 ACP1000、ACPR1000 和 ACP1400。其中，由 ACP1000 和 ACPR1000 技术融合而成的“华龙一号”全球首堆，已于 2020 年 11 月 27 日成功实现首次并网，其先进性、经济性、成熟性和可靠性均已达到世界第三代核电技术的先进水平。这一成就标志着我国已跻身掌握先进核能技术的国家行列。

截至 2024 年 6 月，我国投入运行的核电机组已达 58 台，总装机容量达到 6 080 万千瓦。同时，还有 26 台机组在建，装机容量达 30 300 兆瓦，这使得我国在核电装机容量上位居世界第一。

2002 年，第四代核能系统国际论坛(Generation IV International Forum，GIF)确立了 6 种待开发的经济性和安全性更高、更环保、更安保的第四代先进核反应堆系统，它们分别是气冷快堆、铅合金液态金属冷却快堆、液态钠冷却快堆、熔盐反应堆、超高温气冷堆和超临界水冷堆。目前，我国在第四代核能系统关键技术方面也取得了引领世界的进展。2021 年 12 月，全球首座具有第四代核反应堆某些特征的球床模块式高温气冷堆核电站——华能石岛湾核电高温气冷堆示范工程成功送电。

此外，在聚变能这一被誉为人类终极能源的领域，我国也取得了显著成果。2021 年 12 月，中国“人造太阳”——全超导托卡马克核聚变实验装置(Experimental and Advanced Superconducting Tokamak，EAST)实现了 1 056 秒的长脉冲高参数等离子体运行，再次刷新了世界纪录。

经过 60 多年的发展，我国已经建立起一个涵盖科研、设计、实(试)验、制造等领域的完整核工业体系，涉及核工业的各个专业领域。科研设施完备且门类齐全，为试验研究需要，我国先后建成了各类反应堆，包括重水研究堆、小型压水堆、微型中子源堆、快中子反应堆、低温供热实验堆、高温气冷实验堆、高通量工程试验堆、铀-氢化锆脉冲堆，以及先进游泳池式轻水研究堆等。近年来，为了适应国民经济发展的需求，我国在多种新型核反应堆技术的科研攻关方面也取得了显著的成果，这些技术包括小型反应堆技术、先进快中子堆技术、新型嬗变反应堆技术、热管反应堆技术、钍基熔盐反应堆技术、铅铋反应堆技术、数字反应堆技术以及聚变堆技术等。

在我国，核能技术不仅得到全面发展，而且为国民经济的发展做出了重要贡献，并将继续发挥更加重要的作用。以核电为例，根据中国核能行业协会提供的数据，2023 年 1—12 月，全国运行核电机组累计发电量达 4 333.71 亿千瓦时，这相当于减少燃烧标准煤 12 339.56 万吨，同时减少排放二氧化碳 32 329.64 万吨、二氧化硫 104.89 万吨、氮氧化物 91.31 万吨。在未来实现"碳达峰、碳中和"国家重大战略目标和推动国民经济高质量发展的进程中，核能发电作为以清洁能源为基础的新型电力系统的稳定电源和节能减排的重要保障，将发挥不可替代的作用。可以说，研发先进核反应堆是我国实现能源自给、保障能源安全以及贯彻"碳达峰、碳中和"国家重大战略部署的重要保障。

随着核动力与核技术应用的日益广泛，我国已在核领域积累了丰富的科研成果与宝贵的实践经验。为了更好地指导实践、推动技术进步并促进可持续发展，系统总结并出版这些成果显得尤为必要。为此，上海交通大学出版社与国内核动力领域的多位专家经过多次深入沟通和研讨，共同拟定了简明扼要的目录大纲，并成功组织包括中国原子能科学研究院、中国核动力研究设计院、中国科学院上海应用物理研究所、中国科学院近代物理研究所、中国科学院等离子体物理研究所、清华大学、中国工程物理研究院以及核工业西南物理研究院等在内的国内相关单位的知名核动力和核技术应用专家共同编写了这套"先进核反应堆技术丛书"。丛书内容包括铅合金液态金属冷却快堆、液态钠冷却快堆、重水反应堆、熔盐反应堆、新型嬗变反应堆、多用途研究堆、低温供热堆、海上浮动核能动力装置和数字反应堆、高通量工程试验堆、同位素生产试验堆、核动力设备相关技术、核动力安全相关技术、"华龙一号"优化改进技术，以及核聚变反应堆的设计原理与实践等。

本丛书涵盖了我国三个五年规划（2015—2030 年）期间的重大研究成果，充分展现了我国在核反应堆研制领域的先进水平。整体来看，本丛书内容全面而深入，为读者提供了先进核反应堆技术的系统知识和最新研究成果。本丛书不仅可作为核能工作者进行科研与设计的宝贵参考文献，也可作为高校核专业教学的辅助材料，对于促进核能和核技术应用的进一步发展以及人才培养具有重要支撑作用。本丛书的出版，必将有力推动我国从核能大国向核能强国的迈进，为我国核科技事业的蓬勃发展做出积极贡献。

于俊崇

2024 年 6 月

前　　言

重水反应堆(简称重水堆)是以重水作为慢化剂的反应堆。因重水慢化剂优异的性能,使重水堆成为可直接利用天然铀作为核燃料的反应堆。按用途,重水堆分为重水研究堆和重水动力堆(也称重水堆核电站)。

重水研究堆是各种类型反应堆中发展较早的一种堆型,因其良好的中子经济性,一直以来受到反应堆界普遍青睐。重水慢化反应堆——芝加哥三号堆是继世界上第一座石墨慢化反应堆——芝加哥一号堆建成后最早建成的重水研究堆,20 世纪 50—60 年代重水研究堆建设达到高峰,当时世界上共建造重水研究堆 50 余座。我国于 1958 年建成的第一座反应堆就是重水堆(又称 101 堆),它为我国国防事业、核电事业及核技术应用产业发展,以及为我国核工业体系的建立和健全做出了重要的历史贡献。于 2010 年建成的中国先进研究堆(CARR)是一座轻水冷却、重水慢化和反射的池内罐式反中子阱型高通量研究堆,已成为世界上在役的六大反应堆中子源之一。

重水堆核电站是当今三大主流商用核电站堆型之一,主要是由加拿大原子能有限公司(AECL)、安大略水电委员会等开发的坎杜(CANada Deuterium Uranium, CANDU)型压力管式重水堆核电站。第一座示范 CANDU 堆于 1962 年建成并投入运行。截至 2023 年 6 月,全世界共有 48 台处于运行阶段的重水堆核电机组,约占在运核电机组数的 11%,总装机容量约占 6.3%,加拿大、印度、韩国、阿根廷、罗马尼亚、巴基斯坦和中国等 7 个国家拥有 CANDU 堆。我国采用 CANDU 6 技术分别于 2002 年 12 月和 2003 年 7 月建成了两台 700 MW 级重水堆核电机组。

CANDU 堆因其独特的堆芯设计和运行特点,具有燃料灵活多样、铀资源利用率高、可利用钍资源、可不停堆规模生产钴-60 与氚等多种同位素的技术优势,因此可使闭式核燃料循环(铀钚循环和钍铀循环)起来并真正闭合起来,使反应堆真正实现“一堆多用”。

鉴于重水堆自身的“氚、钴、铀、钍”技术优势，在核电及核技术应用产业发展规划中应充分考虑重水堆在我国闭式核燃料循环体系和核技术应用体系中所能起到的独特且重要的作用，给予科学定位，并考虑压水堆、快堆、后处理和重水堆的匹配发展，以保证我国核电产业和核技术应用产业的规模持续发展。

鉴于此，“先进核反应堆技术丛书”将重水堆作为一个重要堆型纳入其中。考虑到丛书整体内容结构，本书不再介绍一般的反应堆基础知识，将重点放在重水堆特有技术和知识上，每章基本都按照重水研究堆和重水动力堆两部分进行介绍，既可以使读者全面了解重水反应堆，又突出了重点。

在本书编写过程中，我们查阅、学习、参考和借鉴了许多国内外公开出版和发表的图书杂志、会议文集、专题论文、专利文献及研究报告，以及中国原子能科学研究院、秦山第三核电有限公司、核电运行研究（上海）有限公司一些科技人员的相关研究报告。这些资料都逐一列在本书各章的参考文献中。

本书由柯国土、王玉林、周一东、王文升共同完成策划。由柯国土、周一东、甄建霄、王文升完成全书的统稿和校审。王玉林研究员英年早逝，在未完成本书稿时就永远离开了我们，在此特别感谢王玉林研究员为本书的前期策划所做的贡献。

本书的出版仰仗中国核动力研究设计院于俊崇院士的举荐和指导，也得到上海交通大学出版社杨迎春博士的支持和帮助。中国原子能科学研究院堆工所和设计所的员工对本书的编著提供了极大支持：杨历军、李敏编写了第 1 章，宁波、马远航编写了第 2 章，花晓编写了第 3 章，徐凤霞、甄建霄编写了第 4 章，窦勤明编写了第 5 章，李响、罗忠编写了第 6 章，冉怀昌、葛攀和编写了第 7 章，吴献斌、王鑫编写了第 8 章，葛艳艳、胡彬和编写了第 9 章，甄建霄、詹望之编写了第 10 章和附录。核电运行研究（上海）有限公司的龙腾参与所有章节的编写，秦山第三核电有限公司的樊申、李世生参与了第 9 章的编写。在此，我们对上述各位以及其他所有为本书编著和出版给予过指导、支持和帮助的朋友们，表示衷心的感谢。

限于作者水平与视野，书中难免有疏漏和不妥之处，恳请读者不吝批评指正。

目　　录

第 1 章　重水堆概述 …… 001
1.1　重水反应堆的概念及技术特点 …… 002
1.1.1　重水研究堆的技术特点 …… 003
1.1.2　重水动力堆的技术特点 …… 007
1.1.3　发展重水堆的优势和面临的挑战 …… 013
1.2　重水研究堆发展概况 …… 021
1.2.1　国际上重水研究堆发展概况 …… 021
1.2.2　我国重水研究堆发展概况 …… 025
1.3　重水动力堆发展概况 …… 027
1.3.1　国际上重水动力堆发展概况 …… 027
1.3.2　我国重水动力堆发展概况 …… 033
1.4　重水零功率堆 …… 036
1.4.1　重水零功率堆的概念及技术特点 …… 036
1.4.2　重水零功率堆发展概况 …… 037
参考文献 …… 043

第 2 章　重水堆堆芯及总体技术 …… 045
2.1　重水研究堆堆芯及总体技术 …… 045
2.1.1　重水研究堆总体技术 …… 045
2.1.2　重水研究堆堆芯技术 …… 050
2.1.3　典型重水研究堆举例 …… 053
2.2　CANDU 堆堆芯及总体技术 …… 057
2.2.1　CANDU 核电厂总体技术 …… 057

2.2.2 CANDU 堆堆芯技术 …… 069
2.2.3 CANDU 堆堆芯结构 …… 088
参考文献 …… 099

第 3 章 重水堆燃料和材料 …… 103
3.1 重水研究堆燃料和材料 …… 103
3.1.1 重水研究堆燃料 …… 104
3.1.2 重水研究堆主要结构材料 …… 111
3.2 CANDU 堆燃料和材料 …… 118
3.2.1 CANDU 堆燃料及燃料棒束 …… 119
3.2.2 CANDU 堆主要结构材料 …… 123
3.3 慢化剂及反射层材料 …… 132
3.3.1 重水 …… 135
3.3.2 反射层材料 …… 136
参考文献 …… 139

第 4 章 重水堆主要工艺系统 …… 141
4.1 重水研究堆的主要工艺系统 …… 141
4.1.1 重水慢化剂系统 …… 142
4.1.2 重水相关系统 …… 143
4.1.3 反应堆冷却剂系统 …… 151
4.1.4 其他工艺系统 …… 153
4.2 CANDU 堆主要工艺系统 …… 155
4.2.1 主慢化剂系统 …… 155
4.2.2 主热传输系统 …… 157
4.2.3 二回路系统 …… 163
4.2.4 辅助系统 …… 165
参考文献 …… 165

第 5 章 重水堆燃料系统 …… 167
5.1 重水研究堆燃料系统 …… 167
5.1.1 中国先进研究堆燃料系统 …… 168

5.1.2　101 堆燃料系统 …… 173
5.2　CANDU 堆燃料系统 …… 178
5.2.1　新燃料传输系统 …… 179
5.2.2　装卸料机系统 …… 181
5.2.3　乏燃料传输和储存系统 …… 188
5.2.4　乏燃料干式储存设施 …… 190
参考文献 …… 197

第 6 章　重水堆主要工艺监测系统 …… 199
6.1　重水研究堆主要工艺监测系统 …… 199
6.1.1　重水水位测量 …… 199
6.1.2　重水浓度监测与分析 …… 202
6.1.3　重水水质控制与监测 …… 203
6.1.4　重水系统泄漏在线监测 …… 206
6.1.5　燃料元件包壳破损在线监测 …… 207
6.1.6　燃料通道冷却剂温度在线监测 …… 209
6.2　CANDU 堆主要工艺监测系统 …… 212
6.2.1　核测系统 …… 212
6.2.2　热工参数监测 …… 213
6.2.3　辐射防护监测 …… 215
6.2.4　特殊参数测量与分析技术 …… 223
参考文献 …… 228

第 7 章　重水堆安全技术 …… 231
7.1　重水研究堆安全技术 …… 231
7.1.1　研究堆通用安全要求 …… 231
7.1.2　中国先进研究堆安全技术 …… 233
7.2　CANDU 堆安全技术 …… 244
7.2.1　反应性控制技术 …… 246
7.2.2　余热导出技术 …… 254
7.2.3　放射性包容技术 …… 258
参考文献 …… 263

第 8 章　重水堆运行与维护技术 …… 265
8.1　重水堆启动及运行控制技术 …… 266
8.1.1　重水研究堆启动技术 …… 266
8.1.2　CANDU 堆启动技术 …… 269
8.1.3　CANDU 堆运行控制技术 …… 274
8.2　重水堆定期试验与检查技术 …… 276
8.2.1　重水研究堆定期试验与检查技术 …… 276
8.2.2　CANDU 堆定期试验与检查技术 …… 279
8.3　重水堆老化管理技术 …… 299
8.3.1　重水研究堆老化管理技术 …… 300
8.3.2　CANDU 堆老化管理技术 …… 307
8.4　重水研究堆运行限值和条件 …… 309
8.4.1　安全限值与安全系统整定值 …… 310
8.4.2　正常运行限值和条件 …… 310
8.4.3　安全限值、安全系统整定值与运行限值的关系 …… 311
参考文献 …… 313

第 9 章　重水堆应用技术 …… 315
9.1　重水研究堆应用 …… 315
9.1.1　中子散射 …… 315
9.1.2　中子活化分析 …… 320
9.1.3　中子照相 …… 323
9.1.4　中子俘获治疗 …… 325
9.1.5　燃料与材料考验 …… 327
9.1.6　放射性同位素生产 …… 327
9.1.7　单晶硅中子嬗变掺杂 …… 330
9.2　CANDU 堆非电力应用 …… 332
9.2.1　放射性同位素辐照生产 …… 332
9.2.2　核能供热 …… 340
参考文献 …… 341

第 10 章　先进重水堆技术 …… 343

10.1　典型先进重水堆技术 …… 343

10.1.1　ACR－1000 技术 …… 344

10.1.2　CANDU－SCWR 技术 …… 347

10.1.3　AHWR 技术 …… 351

10.2　重水堆特有的燃料循环技术 …… 355

10.2.1　压水堆回收铀利用技术 …… 355

10.2.2　钍燃料利用技术 …… 361

参考文献 …… 370

附录 1　重水研究堆一览表 …… 373

附录 2　重水动力堆一览表 …… 383

索引 …… 389

第 1 章
重水堆概述

1942 年，世界第一座核反应堆芝加哥一号堆（CP - 1）宣告人类进入了原子能时代，从此，核反应堆技术的研究与发展犹如核裂变一样，速度快、能量巨大，在原子能和平利用方面发挥了重要的、不可替代的作用。其应用广泛而深入，涉及社会、经济、医学、工业、农业、考古、科学研究以及国防等领域，已与人们的日常生活息息相关。

进入 21 世纪，特别是 2011 年日本福岛核事故以来，核能的发展遇到了前所未有的阻力，似乎进入了低谷期，有个别国家提出了弃核的政策，有多个国家放慢了核能发展的脚步。然而，为了应对气候变化，保卫地球家园，实现人类永续发展，全球能源结构必须向绿色低碳转型。

核能是全球重要的清洁、低碳、高效的能源形式，在全球清洁能源转型、保障能源安全、实现碳中和目标、解决气候变化问题中发挥着不可或缺的作用。

截至 2022 年底，全球在 33 个国家和地区共运行 422 台核电机组，总净装机容量为 378.4 GW，约占世界电力结构的 9.6%，是全球范围内仅次于水电的第二大低碳电力来源。

2021 年经合组织核能机构（OECD/NEA）的《碳循环经济中的核能》研究报告表明[1]：核能是可帮助许多经济部门脱碳的重要工具。核电能够取代化石燃料发电厂，减少碳排放，同时核电的利用能够提升电网运行的稳定性，进而推进太阳能和风能等间歇性可再生能源的部署。除供电外，核能还可用于制氢、工业供热、区域供热、合成燃料和化工产品等，有助于推进电力以外难以减排行业的脱碳，因此各国需提升核能在碳循环经济中的作用以应对气候挑战。

近年来，随着先进核能系统、模块式小堆（SMR）技术、燃料循环技术、核废物处理技术等的发展，核能又将迎来一轮新的高潮。

国际能源署(IEA)的《可持续发展情景》(SDS)指出[2],在2020—2040年,核电装机容量需要增加约35%,以达成《巴黎协定》中的脱碳目标。政府间气候变化专门委员会(IPCC)的最新报告就对在2100年前实现全球气温升高限制在1.5℃的目标设计研究了一系列情景方案,其中绝大多数情景都强调核能将会发挥关键性作用。按这些情景的中位数计算,全球核电装机容量到2050年需增长115%。

重水反应堆是核反应堆家族中的一个重要成员,与其他堆型相比具有突出的特点,在核反应堆的发展、核能利用和核技术应用中起了极其重要的、独特的、不可替代的作用。

重水堆核电机组在当前世界核电之园中较为独特:它采用重水作为慢化剂和冷却剂,慢化剂系统处于低温低压状态;它使用天然铀作为燃料,可实施不停堆换料;在运行过程中可规模辐照生产放射性同位素,也可以使用压水堆换下的乏燃料提取回收铀燃料,甚至可以使用钍燃料;同时又有很好的固有安全性,有很强的抵御严重事故能力。与压水堆相比,重水堆具有独特的差异化竞争优势,已成为很多国家发展核电的重要候选堆型。

本章将介绍重水反应堆的概念、特点、发展历程及趋势。

1.1 重水反应堆的概念及技术特点

重水反应堆(heavy water reactor, HWR)是指以重水,即氧化氘(D_2O)作为慢化剂的热中子裂变核反应堆,简称重水堆。

重水对中子吸收少的优点,使得重水堆可以使用天然铀作为核燃料,而不需要使用如轻水堆(压水堆、沸水堆)的浓缩铀燃料。使用重水、天然铀,这是重水堆的两个显著特点。一般而言,除了用重水作为慢化剂外,重水堆的冷却剂也是重水,且共用一个系统[如中国原子能科学研究院的重水研究堆(又称101堆)]。不过,冷却剂也可以与慢化剂分开,此时,冷却剂既可以采用重水(如CANDU堆),也可以采用其他材料,常用的冷却剂有普通轻水[如中国原子能科学研究院的中国先进研究堆(China Advanced Reasearch Reactor, CARR)]或其他材料,如有机溶液、气体。在这种情况下,虽然冷却剂也有一定的慢化作用,但是,中子的慢化是不充分的,起主要慢化作用的是慢化剂。同时,根据不同的设计,重水堆可能还有反射层,例如重水(如CARR)、石墨(如101堆)、铍等。

重水堆有多种类型。

按用途，重水堆可分为重水研究堆、重水动力堆和重水生产堆三大类。

按反应堆结构形式，重水堆可分为压力容器式、压力管式、池式、池内罐式等。

按冷却剂材料与物理状态，重水堆可分为加压重水堆（PHWR）、沸腾重水堆（BHWR）、沸水冷却重水堆（HWBLWR）、气冷重水堆（HWGCR）、有机重水堆、蒸汽重水堆（SGHWR）等。

由于篇幅所限，本书将以典型重水堆为基础进行介绍，即重水研究堆选取 101 堆和 CARR 为代表，重水动力堆以加拿大的 CANDU 6 为代表。

另外，因重水生产堆密级太高，本书不做介绍。

1.1.1　重水研究堆的技术特点

重水研究堆[3-4]是指主要用于产生和利用中子、电离辐射做研究的重水反应堆，包括零功率反应堆。

按用途，重水研究堆可以分为研究试验堆和模式实验堆。前者把研究试验堆作为提供辐射源（主要是中子源）的研究工具；后者是把研究堆本身作为研究对象，为研究开发创新型重水动力堆系统而建造特定反应堆，用于新型重水动力堆的测试定型，验证其设计特征，掌握系统、设备和测量控制手段的运行特性，考核反应堆运行安全性、可靠性及寿命，取得和积累重水动力堆设计、建造与运行的经验等。虽然模式实验堆从分类上属于研究堆，但它的系统组成及功能均按照动力堆的理念设计，因此本书将其归入重水动力堆。本书在重水研究堆相关章节仅介绍研究试验堆。

1.1.1.1　反应堆与堆芯特点

重水研究堆堆芯布置比较灵活，主要有两种堆芯结构：重水冷却与重水慢化；轻水冷却与重水慢化。

1）重水冷却与重水慢化的结构形式

这类堆芯结构可以使用天然铀作为燃料。由于重水分子的平均自由程较大，燃料组件之间的栅距较大，相应地，堆芯尺寸也较大。同时，通过调整堆芯中央燃料组件的数量和调节重水反射层的厚度，可以分别形成堆芯中央的热中子注量率峰（中子阱）和反射层热中子注量率峰。这样，堆芯和反射层有较大的空间，可以自由布置数量较大的、满足不同科研生产需要（不同的中子能谱、不同的中子注量率、不同的尺寸）的实验孔道。当然，根据实验的需要，也可以卸出燃料组件，在燃料组件栅格处安装辐照装置，这样就可以利用反应堆冷却剂进行冷却，无须建造专用的冷却回路。

2）轻水冷却与重水慢化的结构形式

这类堆芯结构采用富集的铀作为燃料，可以设计紧凑堆芯，堆芯外是重水慢化剂和反射层。由于堆芯栅格紧凑，用于布置实验孔道的空间较少，甚至没有，或者根据实验的需要，可以卸出燃料组件，在燃料组件栅格处安装辐照装置。而重水反射层空间大，而且经重水慢化形成热中子注量率峰（反中子阱），可以自由布置数量较大的、满足不同科研生产需要的实验孔道。这样的实验孔道布置，由于距离堆芯较远，中子价值较小，对堆芯的扰动较小，可以实现辐照靶件、样品在反应堆运行期间进行入堆、出堆操作。而且，慢化剂与冷却剂分离，即使堆芯和实验孔道各自发生异常事件或者事故，相互影响也较小，安全性更好。

无论上述哪种结构形式的重水研究堆，其温度系数和空泡系数都是负的，有自稳特性，在正常运行、异常事件和事故工况下，可以起到稳定功率、缓解事故后果的作用，因此，重水堆具有良好的固有安全性。

重水堆堆芯还有个特点就是氘可以通过光核反应产生光激中子。超过一定能量阈值的 γ 射线与重水中的氘碰撞，发生 $D(\gamma, n)H$ 反应，可以产生一个中子。根据这一特性，重水堆运行一段时间后，燃料中的裂变碎片衰变产生的 γ 射线与氘碰撞，可以产生一定数量的中子。因此，一般而言，除了首次启动外，在正常运行期间，重水堆启动不需要外中子源。

1.1.1.2 燃料特点

由于重水具有优良的中子慢化性能，重水堆可以使用天然铀，这是重水堆的最大特点。使用天然铀大大降低了铀浓缩带来的燃料制造的技术难度及成本，从而降低了发展中国家独立利用、发展核能技术的门槛。

当然，重水堆也可以使用多种燃料。从燃料形式而言，重水堆发展初期直接采用天然金属铀，随着技术发展，先后采用低浓金属铀、低浓陶瓷二氧化铀（UO_2）及低浓弥散硅化铀（U_3Si_2）等，也有少数采用高浓铀，重水研究堆的发展趋势是逐步采用低浓铀钼合金燃料。

1.1.1.3 中子能谱与中子注量率特点

采用天然铀燃料，临界质量较大，中子注量率较低。用富集铀代替天然铀可减小临界质量并提高中子注量率。

对于重水冷却、重水慢化的反应堆，由于栅距较大，重水慢化比（$\xi\Sigma_s/\Sigma_a$）大，裂变中子慢化充分，中子能谱偏软（能量比理想热中子低），热快比（热中子

注量率 ϕ_{th} 与快中子注量率 ϕ_f 之比)大,从堆芯到反射层,热快比增加。

对于轻水冷却、重水慢化的反应堆,由于堆芯小,堆芯的裂变中子是欠慢化的,中子能谱偏硬(能量比理想热中子高)。欠慢化的中子从堆芯泄漏到重水反射层继续慢化,在重水中得到充分慢化并反射回堆芯,减少了中子泄漏,提高了中子利用率,从而在堆芯外形成热中子注量率峰,因此,称之为反中子阱型反应堆。

由于中子能谱偏软和热中子注量率高,重水堆在某些辐照试验、生产中具有独特的优势。快中子注量率低,可以减小对材料的辐照损伤;热中子注量率高,可以提高比活度、缩短辐照时间、提高产量等,比如用于单晶硅中子嬗变掺杂(NTD)。

1.1.1.4　工艺系统特点

与轻水堆相比,重水堆有一系列独特的系统,且系统、设备及其运行维护都很复杂。

涉及重水的系统,管道要求采用焊接而尽量避免用法兰连接,且管道布置要求紧凑,以减小管道的容积,从而减小重水用量。重水系统的循环泵采用屏蔽泵,重水液面以上有覆盖气体,与堆外管道、设备形成覆盖气体系统,以复合、冷凝、回收经中子辐照分解的重水,可减小重水损失,同时减小对环境的影响。对于重水慢化、重水冷却的重水堆,从覆盖气体系统引出小回路,可以监测燃料元件包壳是否破损,实践证明,该方法比在冷却剂中监测燃料元件包壳破损的速度更快、灵敏度更高。在相关工艺间,设置重水泄漏监测探头,可及时发现泄漏;工艺间地面敷设不锈钢覆面,一旦发生泄漏,可以回收重水,减小重水损失,同时减小对环境的影响。重水净化系统的树脂更换采用水力输送方式,有专门的管道、设备与净化系统连接,以完成强放射性废树脂的排出以及新树脂的填充。还有抽真空系统,在设备检修前,先进行相关管道排重水,通过抽真空系统,保护重水循环泵定子腔薄膜;在设备检修结束后,充重水前,通过抽真空系统抽走管道中的空气,既避免重水中溶解氧,又防止空气中的水蒸气稀释重水。

1.1.1.5　重水管理

重水是一种重要的战略物资,生产技术难度大、价格昂贵,必须实施全过程严格管理,涉及重水的收集、取样、分析、氘化、脱氘、分类、储存、净化、浓缩,以及新重水的储存等环节。

重水储存。在运行期间,由于取样、换料、检修、树脂更换以及泄漏等因素，重水会有一定的损失。为了满足反应堆正常运行，储备一定量的新重水是必要的。为了避免泄漏或降质，其盛装容器的密封性要求较高，并用高纯氦覆盖重水水面。

重水收集。对于以各种方式离开系统的重水都要进行收集，比如取样、换料、检修、树脂更换以及泄漏等。为了监测重水的水质，如重水酸碱度(pD)、重水浓度、离子浓度等，要定期进行重水取样分析，因此，设计有取样接口，分析结束后，重水样品要妥善储存。在换料期间，重水冷却的乏燃料组件出堆前，要停留一段时间，使元件表面的残留重水尽量少。在设备检修期间，先要通过相关管道排出重水，排水操作结束也要停留一段时间，使管道、设备中的残留重水尽量减少。氘化的树脂、脱氘后的稀重水按不同浓度分类收集、储存。相关工艺房间都有不锈钢覆面，以收集泄漏的重水。

树脂处理。在更换树脂前，要对新树脂进行氘化处理，以避免树脂更换后导致重水浓度下降。而在完成树脂更换后，要对被排出的废树脂进行脱氘处理，减少重水的损失。树脂的氘化、脱氘，详见 4.1.2 节。

重水浓缩。有的重水研究堆配备了重水浓缩系统，以对不同浓度的重水进行浓缩，达到反应堆使用的要求，减少重水损失。

浓度分析。要具备重水浓度分析的条件和能力。堆内重水浓度变化对于反应堆运行特性和安全影响很大，重水浓度必须满足运行限值与条件的要求，因此，需要定期取样分析重水浓度。对于收集的各种不同浓度的重水，也要进行重水浓度分析，分类进行储存、管理。

1.1.1.6 氚的管理

重水中的氘经中子照射生成氚，即 D(n，γ)T。虽然氘的热中子吸收截面很小，为 5.19×10^{-4} b，不过氚的半衰期较长，为 12.3 年，因此，在反应堆长期运行中，氚会不断积累，重水堆的中子注量率越高，氚的活度浓度就越高，甚至可以达到每升重水含氚 100 Ci① 的量级。氚的穿透性很强，对人员和环境有一定的危害，对人员的影响主要是内照射，外照射可以忽略。随着重水堆运行时间的增加，氚的活度浓度逐步升高，须加强监测，并采取有效的防范措施。

氚的监测有现场监测和实验室测量。现场监测使用固定式氚测量仪或便携式氚测量仪，监测空气中氚的活度浓度水平。实验室测量采用液闪或者低本底 α/β 测量仪对现场采集的样品进行氚活度浓度的测量。另外，对工作人

① Ci(居里)，非法定放射性活度单位，1 Ci $=3.7\times10^{10}$ Bq。

员的尿样进行定期监测，确定他们体内氚的活度浓度水平。重水中氚的活度浓度也要进行监测，如果氚的活度浓度达到限值，就要进行重水除氚，降低重水中氚的活度浓度。

需要采取多种氚的防护措施，确保人员与环境的安全。工艺间要加强通风，降低氚的活度浓度水平。在操作前，先监测现场氚的活度浓度水平。操作人员应佩戴乳胶手套、呼吸器，必要的时候佩戴供气式呼吸器，操作要熟练、动作快，尽量缩短操作时间。重水以及相应的含氚部件、工具、废物等都要由专用的密闭容器储存，以减少重水蒸发和氚的扩散。操作结束后，工作人员要多喝水，加快氚在体内的代谢速度。

1.1.1.7　重水研究堆的应用

重水研究堆的应用[5]十分广泛，几乎涉及研究堆应用的各个领域，而且在某些方面具有独特的优势。重水研究堆应用主要分为垂直孔道与水平孔道两类。

1）垂直孔道的应用

在重水研究堆的堆芯或反射层中可部署不同孔径的垂直孔道，用于燃料辐照考验、放射性同位素生产（RI）、单晶硅中子嬗变掺杂（NTD）、宝石辐照改色、仪表试验与刻度、中子活化分析（NAA）等。重水研究堆的能谱较软，一般不适合用于材料辐照考验。

2）水平孔道的应用

在反应堆周围，可以布置不同数量、不同能谱（快中子、超热中子、热中子、冷中子、超冷中子）的水平中子管道，引出不同能谱、不同中子注量率的中子束流，满足瞬发伽马中子活化分析（PGNAA）、中子散射、中子照相、中子俘获治疗等多种应用的需要。

1.1.2　重水动力堆的技术特点

重水堆在数十年的发展中，已派生出不少类型。按结构划分，重水堆可以分为压力管式和压力容器式。采用压力管式时，冷却剂可以与慢化剂相同也可不同。压力管式重水堆又分为立式和卧式两种。采用立式时，压力管是垂直的，可采用有机物、气体、加压重水或沸腾轻水冷却；采用卧式时，压力管水平放置，不宜用沸腾轻水冷却。压力容器式重水堆只有立式，冷却剂与慢化剂相同，可以是加压重水或沸腾重水，燃料元件垂直放置，与压水堆或沸水堆类似。本节分压力管式重水动力堆和压力容器式重水动力堆两部分对重水动力堆的技术特点进行介绍。

1.1.2.1 压力管式重水动力堆的技术特点

在众多压力管式重水堆中至今实现工业规模推广的只有加拿大发展起来的坎杜(CANDU)型压力管式重水堆核电站。它由加拿大原子能有限公司(AECL)、安大略水电委员会(Hydro-Electric Power Commission of Ontario)、加拿大通用电气(Canadian General Electric)和其他一些公司于20世纪50—60年代设计完成,使用重水作为慢化剂和冷却剂,使用天然铀作为核燃料,并使用分散的水平压力管代替压力容器。CANDU堆工作原理如图1-1所示。考察一种堆型是否有生命力主要体现在堆芯上。CANDU堆堆芯在设计和安全理念上均有独特之处,归纳起来看,CANDU堆堆芯具有四个基本特点[6-10]:① 单独分开的低温低压重水慢化剂;② 水平压力管模块式堆芯;③ 简单短小的燃料棒束组件设计;④ 功率运行时不停堆换料。

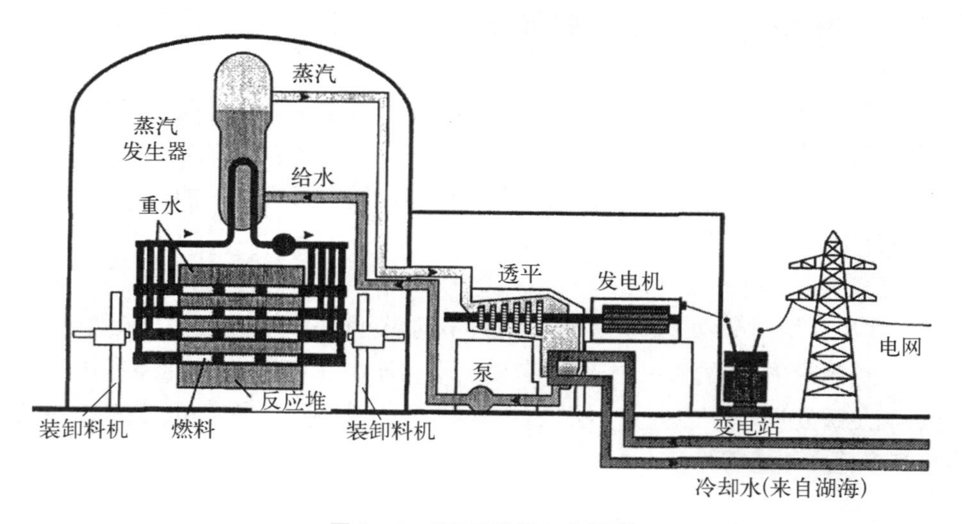

图1-1 CANDU堆工作原理

以下分几个方面介绍加拿大CANDU 6具体的技术特点。

1) 压力管

(1) 相比压力容器,压力管结构简单、管壁薄,便于加工和检查,而且可更换,便于核电厂延寿。

(2) 压力管与排管之间的环隙设有气体系统,可以探测到压力管泄漏,以便及时更换而避免压力管的断裂,同时可以起到隔热作用,保证慢化剂温度不超过60 ℃。

(3) 即使压力管出现破口,影响也仅仅限于本燃料通道以及邻近的构件,不会影响到其他燃料通道。

(4) 压力管泡在排管容器的重水慢化剂中，即使在发生冷却剂丧失事故(LOCA)叠加失去应急冷却事故(LOECC)时，慢化剂也可作为应急热阱去冷却堆芯。

(5) 压力管水平布置，当发生超设计基准事故导致堆芯熔化时，燃料通道会缓慢弯曲而下降到排管容器底部，使热量传导给屏蔽容器中的水。

(6) 分散多个压力管避免了高压熔融物喷射，消除了破坏安全壳完整性的风险。

2) 燃料与材料

(1) 燃料设计简单，性能优良，在运行中，燃料棒束的缺陷率低于0.1%，燃料棒的缺陷率更低，在0.001%量级。

(2) 装载量最少(热堆中)，但由于重水慢化能力比轻水差，堆芯往往较大。

(3) 采用不停堆换料，反应堆的剩余反应性很小，反应堆控制系统的反应性价值也较小，而且冷却剂中不需要添加硼。

(4) 剩余反应性小、中子效率高，即使发生超设计基准事故导致堆芯熔化，反应堆也极不可能达到临界状态。

(5) 使用天然铀，新燃料的储存和搬运几乎不需要考虑临界状态，因为燃料棒束只有在重水中才能达到临界。

(6) 烧得透，乏燃料中易裂变核素少，^{235}U含量比扩散厂的尾料丰度还低，不值得进行后处理，乏燃料储存也不需要考虑临界状态，可考虑干式储存[8]。

(7) 燃料增殖高，钍铀循环的核燃料增殖接近，可生产^{233}U，摆脱对铀燃料的依赖。

(8) 排管容器、排管、压力管均为薄壁锆合金，尽量减少中子吸收[现用性能更好的锆铌合金(Zr-2.5Nb)]。

3) 换料

(1) 不停堆换料。配合破损元件探测系统，可以在不停堆的情况下定位并卸出破损燃料棒束。

(2) 连续换料使剩余反应性小，运行中堆芯状态基本不变，反应性也保持不变，因此运行和分析更加简单。

(3) 装卸料机可以配合其他工具进行在役检查，而无须压力管拆卸或燃料通道卸料。

4）慢化剂系统与排管容器

(1) 设有慢化剂冷却系统，因此慢化剂系统是低温、低压系统，对中子慢化有利，对设备、材料的要求大大降低。

(2) 在正常运行和停堆后短期内，低温、低压的慢化剂带走约 4.5%的燃料裂变所释放的能量，因此，慢化剂可以作为冷却剂丧失事故叠加失去应急冷却事故的应急热阱，防止燃料熔化，保持燃料通道的完整性。

(3) 作为慢化剂的重水在反应堆排管容器中，为了防止热量传到慢化剂重水中，在压力管外设置一同心排管，两管之间充以二氧化碳作为隔热层，以保持慢化剂温度不超过 60 ℃。

(4) 在发生超设计基准事故时可以快速停堆。如果水蒸气进入慢化剂，由于慢化性能急剧下降，将导致反应堆停止。

(5) 在慢化剂中布置有反应性控制单元以及化学毒物添加结构。

5）热传输系统

(1) 主热传输系统(PHTS)工作参数为(11 MPa，310 ℃)，相比压水堆略低，以便尽可能减小压力管壁厚度，减少结构材料的中子吸收。

(2) 热传输系统的“8”字形设计使每个回路的冷却剂由两个流向相反的流程通过堆芯。在发生丧失冷却剂事故时，这种布置减缓了堆芯的气化速率，从而有效地限制了由堆芯气化引起的功率瞬变，这是因为对于任何一个典型的破口位置，总有一个流程通过堆芯流到破口处的长度大于另一个的。

(3) 相邻流道的冷却剂流向相反，有利于慢化剂内温度场的均匀分布，同时还可以均匀分配两台装卸料机的负荷量，使得反应堆两端的装卸料机都可以进行燃料的装载和接收工作，也使得可以对反应堆采取相对对称的换料模式，有利于中子注量率的展平。

(4) 为确保主热传输系统的稳定性，两条环路的出口集管间用平衡桥管连接，平衡桥管能够提供足够的缓冲以防止由于压力振荡所引起的任何反应堆停堆或降功率。

(5) 主泵设置惯性飞轮，主热传输系统设计成堆芯出入口集管、蒸汽发生器以及泵的位置高于反应堆，以便在失流的情况下建立自然循环。

(6) 12 个燃料通道设置流量监测，其他通道设置超压保护，确保每个通道流量监测及流道堵塞监测。

(7) 在丧失冷却剂的同时发生应急堆芯冷却系统(ECCS)故障的情况下，排管容器中的低温重水起热阱作用。

(8) 设计有停堆冷却系统,可以在刚停堆时的高温高压条件下导出衰变热,而无须降压。

(9) 重水作为冷却剂,重水中子吸收截面小,有利于使用天然铀燃料。

(10) 采取严格的密封技术,尽量防止泄漏,同时设置灵敏度很高的泄漏探测系统,可及时探测几乎所有的泄漏。

(11) 系统中化学添加物极少,可减少对材料的腐蚀,减轻净化系统的工作压力。

6) 屏蔽容器

(1) 屏蔽容器包围着排管容器,其中充有大量的水,可以作为应急热阱。即使发生超设计基准事故导致堆芯熔化,屏蔽容器中的水也可以冷却排管容器,确保排管容器保持低温和完整性,有效减少裂变产物的释放,从而缓解事故后果。

(2) 发生超设计基准事故导致堆芯熔化时,由于事故被限制在排管容器内,因此,大大降低了安全壳完整性被破坏的风险。

7) 反应性控制

(1) 由于采用天然铀,CANDU 堆具有正的空泡系数,设计了多个独立的快速停堆系统,比如慢化剂添加毒物、弹簧加速的停堆控制棒。

(2) 瞬发中子寿命长(约为 1 ms),即使发生瞬发超临界情况,反应堆功率增长也较慢,使反应堆具有固有的安全性。

(3) 由于慢化剂与冷却剂分离,而慢化剂温度响应很慢,因此,在反应堆功率瞬变过程中可以忽略慢化剂的温度效应。

(4) 由于反应性控制结构布置在低压的慢化剂中,因此,不会发生高压弹棒事故,可以可靠地执行其功能。

(5) 控制棒、调节棒、停堆棒设计简单,有较大的裕度,且不与燃料棒束相互作用,因此,即使发生堆芯熔化的事故,也不会出现卡棒的情况。

(6) 反应性的调节还可以通过改变排管容器中重水慢化剂的液位来实现。

(7) 为了使反应堆适应负荷变化和在半小时内停堆后再开堆,设置了用硼钢或镉作为吸收材料的调节棒。

8) 安全系统

(1) 应急堆芯冷却系统采用轻水导出剩余释热,堆芯不可能达到临界状态,因此,水中无须添加硼。

(2) 有两套独立的、多样性的、冗余的、失效安全的、可靠的停堆系统,一套采用控制棒，另一套采用注射液体毒物，可靠性达到99.9%，因此，当发生异常事件或事故时，反应堆安全停闭是有保障的。

(3) 每一套停堆系统都可以实现从发生事故过程中的最严重状态达到冷停堆状态。

(4) 正的空泡系数对于反应堆快速冷却的事故是有利的，比如主蒸汽管道断裂，可以确保反应堆功率的下降。

(5) 排管容器外侧表面浸泡在大体积的屏蔽水中，即使发生了极不可能的大破口失水事故同时加上应急堆芯冷却系统失效，再加上任由慢化剂烧干这样三重事故叠加的情况，堆芯会严重变形，一些燃料通道会逐渐熔化坍塌到排管容器底部，但热量还可以传给体积很大的屏蔽水。因此，排管容器可起到一种“堆芯捕集器”的作用，从而避免影响安全壳。

1.1.2.2 压力容器式重水动力堆的技术特点

世界上有瑞典、德国和阿根廷等国家开发、建造过压力容器式重水动力堆。压力容器式的冷却剂只用重水，它的内部结构材料比压力管式的少，但中子经济性好，生成新燃料^{239}Pu的净产量比较高。这种反应堆一般用天然铀作为燃料，结构类似压水堆，但因栅格节距大，压力容器比同样功率压水堆的要大得多，因此单堆功率最大只能做到30万千瓦。以德国研发、阿根廷建造的ATUCHA1为代表的压力容器式动力堆的主要技术特点如下。

(1) 立式圆筒形压力容器，外形与压水堆的压力容器相似，上封头、下封头分别有不锈钢填充结构，以减少重水用量。

(2) 压力容器上部布置有冷却剂和慢化剂的入口管和出口管。

(3) 压力容器顶盖上部布置有一台装卸料机，实现不停堆换料，同时靠自身的重量实现与压力容器之间的密封。

(4) 压力容器内有慢化剂容器，将慢化剂与冷却剂隔离，两者之间的间隙形成入口冷却剂向下流动的流道，与压水堆类似。

(5) 燃料通道垂直贯穿慢化剂容器底部和顶部以及顶部填充结构，每个燃料通道有一个燃料组件。

(6) 燃料通道采用三角形布置，栅距为272 mm。

(7) 燃料通道材料为Zr-2合金，管道外是一层0.1 mm厚的Zr-2合金隔热层，由于隔热层存在吸氢问题，燃料通道需要定期更换。

(8) 慢化剂容器顶部有与冷却剂相通的开口，使得慢化剂与冷却剂的压力几乎相等，因此，允许使用薄管壁(1.7 mm)的燃料通道。

(9) 慢化剂与冷却剂系统可以使用共同的净化系统。

(10) 燃料采用天然二氧化铀(UO_2)[后改为轻度富集铀燃料(SEU),^{235}U 富集度为 0.85%]。

(11) 燃料组件结构形式与 CANDU 堆相似,也是 37 根燃料棒、由同心的 4 圈组成,不过长度更长,燃料芯块堆积高度达到 5 300 mm,还有其他辅助结构。

(12) 重水冷却剂具有正的温度系数。

(13) 慢化剂系统出口的高温重水为再生热交换器提供热源,为蒸汽发生器给水预热,以提高机组的效率。

(14) 在停堆期间,慢化剂系统作为反应堆余热排出系统运行,此时,不再为蒸汽发生器给水预热,而是通过另外一个热交换器导出余热。

(15) 控制棒分为两种,黑棒的中子吸收材料为铪,灰棒的中子吸收材料为不锈钢。

(16) 控制棒与燃料通道呈 20°角布置,以便为装卸料机安装及换料操作提供足够的空间。

(17) 控制棒插在慢化剂中,与燃料组件隔开,确保控制棒移动的可靠性。

(18) 反应性控制设计考虑了多样性和多重性,除了控制棒和硼酸,还可以通过调节慢化剂温度来控制反应性。

(19) 采用蒸汽发生器出口蒸汽压力恒定的控制模式,因此,随着负荷增加,反应堆冷却剂温度升高。

(20) 内层采用球形钢安全壳,外层采用圆柱形安全壳。

1.1.3　发展重水堆的优势和面临的挑战

CANDU 堆的设计理念和技术特点经受了几十年来的实践检验,相关的一些发展优势为这种反应堆技术的不断发展改进创造了有利的条件。当然,CANDU 堆同样也面临挑战[7,10-11]。

1.1.3.1　重水堆的发展优势

CANDU 堆堆芯的四大基本特点决定了该堆型的发展优势。总的来看,CANDU 堆有如下八大发展优势。

1) 燃料和设备制造易于实现本土化

燃料棒束组件设计是 CANDU 堆很有特色的一个方面。它的外形短小,长约 50 cm,外径 10 cm;结构也简单,目前 CANDU 6 采用的含 37 根元件棒的燃料棒束组件仅仅由 7 个简单部件组成。简单短小的燃料组件设计意味着燃料制造厂投资小，燃料生产成本低，燃料和相关运行管理费用低。所有引进CANDU机组的国家，在建成第一个机组后都很快就实现了燃料组件制造的国产化，这包括工业基础比较薄弱的国家。中核北方核燃料元件有限公司的重水堆核电燃料元件生产线也很快建成投产，并为秦山第三核电有限公司的CANDU堆提供燃料组件。

由于整个反应堆基本上是由大量完全一样的小模块件组合而成的，避开了庞大高压容器和复杂燃料组件的制造，所以CANDU技术相对来说更容易实现本土化。印度是一个很好的例子。对于已经拥有压水堆（pressurized water reactor，PWR）技术和设备制造经验的国家，CANDU技术和设备制造的全面国产化会更加迅速，需要的额外投入较少。韩国是一个很好的例子，不仅实现了CANDU机组设备的大规模国产化，并且很快就开始参与国外同类机组项目分包，包括提供设备和技术服务。

2）高中子经济性和燃料循环灵活性[7]

CANDU堆另一个突出发展优势是它的高中子经济性，即裂变产生的中子浪费少，而更多中子用于引发新的裂变或者转换产生新的易裂变核，从而提高了核燃料的利用率。由于采用了重水作为慢化剂，重水对快中子的慢化能力较强，而它的中子吸收截面极低（还不到轻水的1/650）。另外，不停堆换料、简单的燃料组件设计和堆芯中含较少的对中子有害的材料，也显著减少了中子的损失。CANDU堆高中子经济性直接体现在很高的核燃料利用率上。比如，在使用天然铀的CANDU 6核电厂中，生产单位电能所需的天然铀量要比通常的压水堆少30%；加上燃料组件设计简单，制造成本低，燃料破损率低，运行性能良好，燃料在堆外也不必担心发生临界事故，操作费用低；另外，虽然因使用天然铀产生的乏燃料量比较大，但是由于燃耗低从而裂变产物的浓度低，具有释热少、毒性小和屏蔽要求低等优势，每度电的平均乏燃料处置和储存费用与压水堆的相当或更低。所以，研究表明，CANDU堆的天然铀燃料循环每千瓦时的总费用还不到压水堆的一半。

由于良好的中子经济性、不停堆换料和简单的棒束组件设计这些优点的组合，CANDU堆是现有动力堆中唯一能够提供充分灵活性、无须大的改动就可以使用多种核燃料的堆型，因而具有长期发展的生命力，如图1-2所示。正是由于重水堆有较高的中子经济性，重水堆可以使用天然铀（natural uranium，NU）、轻度浓缩铀（slightly enriched uranium，SEU）、回收铀（recovered uranium，RU）、混合氧化物（mixed oxide，MOX）燃料、铀或钚驱动的钍燃料、轻水堆乏燃料直接利用(direct use of spent PWR fuel in CANDU，DUPIC)和后处理产生的一些高放长寿命锕系废物等。这种燃料循环方面的优势意味着，在近期可以显著提高易裂变铀资源的利用率，在远期即使易裂变铀资源变得匮乏或昂贵时仍可确保易裂变核燃料的长期稳定供应，而且同一种成熟又经济的热中子堆可以为核电的持续大规模发展长期发挥作用。

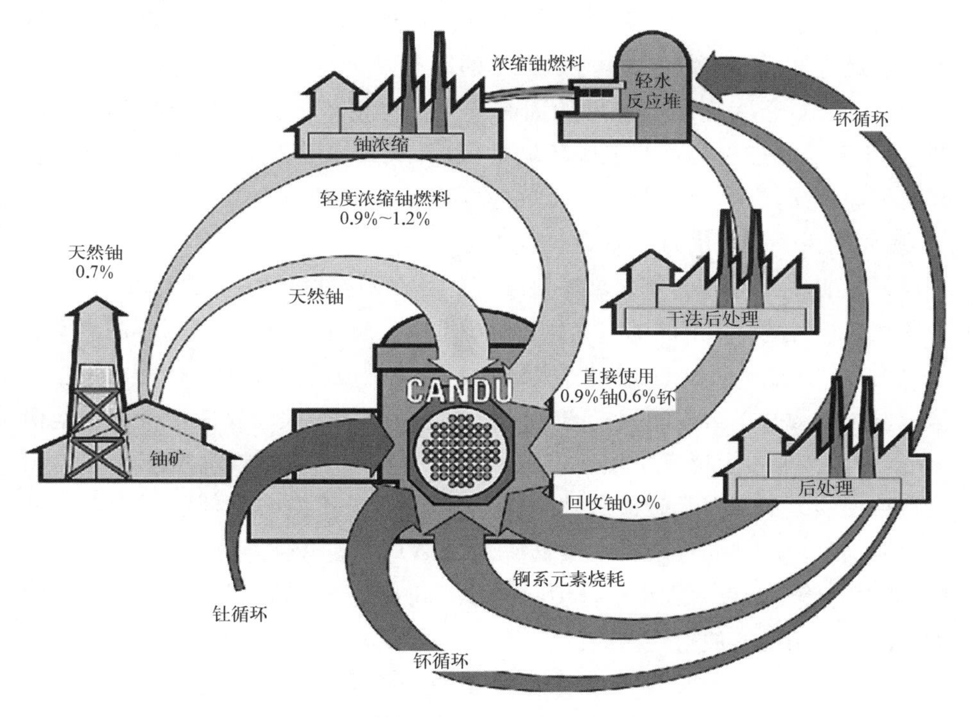

图1-2　基于CANDU堆灵活的燃料循环

CANDU堆这种燃料循环优势对我国核能发展更有重要意义。因为我国确定走核燃料闭合循环和铀钚分离的技术路线，未来我国核电将主要以压水堆为主，所有压水堆的乏燃料通过后处理后，势必每年将产生大量的回收铀和回收钚。CANDU堆可以相对低成本利用压水堆乏燃料后处理的回收铀，这种循环既能更有效地利用回收铀的资源，减少天然铀的消耗和回收铀的长期储存问题，又不影响回收钚在压水堆或者未来的快堆中使用，是比较理想的一种燃料循环方式。同时，CANDU堆可以使用DUPIC燃料，只需将压水堆的乏燃料经简单的高温氧化挥发处理以去除气态裂变产物，再将粉末的二氧化铀烧结成芯块，就可制成供CANDU堆使用的DUPIC燃料。还有，CANDU

堆在利用钍作为燃料方面也有明显优势。钍在自然界主要以^{232}Th 核素存在，它在热堆中不易裂变，需要通过核反应转化为易裂变核素^{233}U。重水堆堆芯中子价值高，可以将^{232}Th 转变为易裂变的^{233}U。我国钍资源储量丰富，已探明储量居世界第二位，在利用钍铀循环方面具有优势。

3）固有和非能动安全性特点

与其他水堆一样，CANDU 堆对燃料温度的快速变化有很强的和非常迅速的负反应性反馈抑制能力，这是根本的固有安全特性。除此之外，CANDU 堆的设计特点还为提高反应堆的固有安全性创造了一系列有利的条件。比如，由于反应性控制装置的工作环境是低压、低温的慢化剂，控制棒靠重力和弹簧加速下落，液体中子毒物注入靠压缩气体，这种依靠自然力的动作安全可靠，从而避免了高压水力弹棒等一类事故。

又如前面已经提过，不停堆换料可以使剩余反应性维持在最低的水平（大约为压水堆燃料循环初期的 1/10），因燃耗引起的反应性降低可以通过不断更换燃料得到补偿。控制装置的反应性总价值很小（典型值约为 2 000 pcm①），在控制系统发生故障时单个控制装置的价值和可能引入的最大正反应性价值也是很小的，因而从根本上提高了反应堆的固有安全性。不停堆换料功能也可以用来将破损的燃料棒束及时移出堆芯，使热传输系统维持非常低的裂变产物的放射性水平，符合“合理可行尽量低（ALARA）”的安全性原则；而对于其他水堆，破损的燃料棒束要在堆内停留相当长时间直到下一次停堆才能取出，会增加对冷却剂系统的放射性污染。

由于 CANDU 堆使用重水慢化，中子的寿命较长，运行参数的扰动引起反应堆功率的变化较慢，这种慢特性使得反应堆的控制相对容易。低温、低压的慢化剂环境和燃料通道式的堆芯便于对中子注量率和其他重要参数进行详细测量，这对全面了解和监控反应堆的动态特性非常有利。

除了有利的固有安全特性之外，CANDU 堆还设置了一系列专设安全系统，除了其他水堆通常有的之外，还特别包括了两套冗余、完全独立、基于不同原理、隔离开的以及可以在运行时随时进行测试的快速停堆系统。快速停堆系统与运行控制系统相互独立，不共用设备。

4）全数字化计算机控制和运行高度自动化

良好的堆芯物理动态特性，反应性控制装置处在低温、低压的工作环境，

① 在核工程领域，常用 pcm（pour cent mille，意为十万分之一）来度量反应性。

管栅式堆芯便于中子注量率和其他重要参数的测量，这些都为 CANDU 堆最先实现全数字化计算机控制和运行的高度自动化以及朝智能化方向发展创造了有利的条件。1971 年投入运行的第一个大型商用 CANDU 机组皮克灵(Pickering)就大规模应用了数字化计算机控制，而现代的 CANDU 6 机组（如秦山三期机组）的数字化控制也早已全面应用于反应堆功率控制、热传输系统控制、蒸汽发生器二次侧控制、汽轮机控制、装卸料机不停堆换料控制，报警、显示和其他信息处理等方面。典型的主控制室如图 1-3 所示。有两台计算机同时运行，每一台都能完全独立进行全厂控制，当一台出现故障时则自动切换到另一台；如果两台计算机同时出现故障，则自动停堆。只有在较小的局部回路上采用了常规的模拟控制仪表，但同时为所有安全相关系统设置了常规显示和报警信号仪表，以便在两台计算机都发生故障并自动停堆后，仍可以对全厂安全进行监控。

图 1-3　CANDU 电站主控制室

新一代设计将进一步应用先进信息和控制技术，控制中心将进一步朝智能化的全面监控和信息中心方向发展。

5）模块化设计和建造

每个燃料通道就是 CANDU 堆堆芯的一个模块。CANDU 6 堆芯由 380 个模块组成。

CANDU 模块化堆芯的零部件可以大批量生产，不像压水堆的压力容器会受到大型锻件生产周期长、供应短缺、制造技术难度高等问题的影响。

另外，可以通过更换模块化堆芯来大幅度延长反应堆的寿命，先期投入运行的 CANDU 机组的业主，正在积极准备将其寿期延长到 60 年，而新设计的机组寿期则是60年甚至可以更长。相反，对压水堆而言，要确保压力容器有60年乃至更长寿期，仍然有待压力容器辐照监督管的试验分析结果等实践的检验。

由于模块化堆芯的优点，为提高功率输出可通过增加燃料通道数目，以满足不同的业主要求。比如在后期的先进坎杜反应堆（advanced CANDU reactor，ACR）中功率升到120万千瓦，只需520个燃料通道，而这种百万千瓦级堆芯的排管容器直径比目前CANDU 6的还要小约1 m。

可见，CANDU堆堆芯实现了模块化设计和安装。这些特点为CANDU核电站缩短建设周期，降低建设成本，延长反应堆运行寿期等提供了技术基础。CANDU堆模块设计和建造的优势符合先进高效核能系统的发展趋势。

6）量产放射性同位素

由于CANDU堆高中子经济性和不停堆连续换料的特点，使其在稳定发电的同时还可以规模化生产多种放射性同位素。

国际上已经实现利用CANDU 6重水堆的调节棒规模化生产^{60}Co放射性同位素，产量高，且供应稳定、可靠，满足市场对钴源的需求；同时，还可以生产^{99}Mo、^{177}Lu、^{14}C等重要的放射性同位素。一座CANDU 6核电站利用^{59}Co调节棒代替不锈钢调节棒可年产约1.11×10^{17} Bq的^{60}Co同位素。使用天然铀燃料的重水堆中较多的剩余中子可以使^{238}U转变为^{239}Pu，通过控制运行进程，及时将烧过的但已生成足够含量^{239}Pu的燃料卸出，就可以实现^{239}Pu的生产。

此外，使用重水作为慢化剂的重水堆在运行过程中，D(^{2}H)原子吸收中子会产生T(^{3}H)，是一种从重水中回收氚的有效方法。美国、俄罗斯等核大国都把从重水堆的慢化剂中回收氚作为一种生产氚的重要方法。为此，国际上对氚及其生产技术的控制十分严格。在达到设计寿命（40年）时，CANDU堆相关系统的氚浓度基本达到平衡浓度，慢化剂系统氚浓度为3.2 TBq/kg，主热传输系统氚浓度为0.076 TBq/kg。

我国秦山三期核电站已实现工业和医用^{60}Co的生产，正在研发^{99}Mo、^{177}Lu、^{14}C、^{89}Sr、^{90}Y等同位素的工业化生产技术。

7）防止严重事故的特性

以上谈到的主要是有关正常运行时的特性，而CANDU堆设计特点也有利于防止严重事故。首先，由于堆芯中的承压边界是由分散到几百个小直径的压力管组成的，在一些假想的严重事故条件下，虽然个别压力管可能失效，但不会发生不可接受的压力边界整体丧失的极端严重事故。所以，这时压力管所起的作用就像保险丝一样，加上备有两套高度可靠的快速停堆系统，因而事实上可以排除轻水堆必须考虑的发生高压熔融喷射的可能，从而避免危及安全壳这道屏障。

对于CANDU堆来说，由于堆芯结构的特殊性，在大破口失水事故加上应急堆芯冷却系统失效这种双重事故叠加的情况下，慢化剂仍然可以起应急热阱的作用，保持燃料通道的完整性。在燃料完全失去冷却的情况下，压力管变形下塌与燃料通道外层的排管接触，这时燃料中的热量传给与排管外表面接触的慢化剂，可以有效地避免燃料的大规模熔化，从而保持压力管的完整性。

除了慢化剂之外，CANDU堆还有一个额外的非能动应急热阱，以避免因熔穿而影响安全壳的完整性。在新一代设计中，可通过在慢化剂系统、屏蔽水系统和安全壳系统引入更多的非能动安全排热功能，进一步向着降低甚至避免需要场外应急响应要求的方向努力，以便从根本上减少或彻底消除公众对核电安全性方面的顾虑。

8）有利于重水储备

重水是重要的战略物资。重水堆的重水冷却剂或慢化剂装量很大，且每年需要补充一定量的重水。一台700 MW级CANDU核电厂的初装量需450 t左右重水，且每年还需补充0.5%以上。可见，发展重水堆对维持重水生产能力、确保重水储备具有重要的战略意义。

1.1.3.2　发展重水堆面临的挑战

由于轻水和重水的核特性相差很大，在慢化性能的两个主要指标上，它们的优劣正好相反，使它们成了天生的一对竞争伙伴。正是这个原因，使得这两种堆型的选择成了不少国家的议会、政府和科技界人士长期争论不休的难题[7,10]。

1）相对造价高

由于重水的慢化能力比轻水的低，为了使裂变产生的快中子得到充分的慢化，堆内慢化剂的需要量就很大。再加上重水堆使用的是天然铀，因而重水堆的堆芯体积比压水堆的大10倍左右。

虽然从天然水中提取重水要比从天然铀中制取浓缩铀容易，但由于天然水中重水含量太低，重水生产技术难度大、流程比较复杂，且生产效率较低，所以重水仍然是一种昂贵的材料。由于重水用量大，重水的费用约占重水堆基建投资的1/6。同时，为了使重水的泄漏或损失尽量小，需要采取回收措施，增加了核电厂系统的复杂性，还需要采用高密封性能的设备，这也提高了造价。

由于重水中的氘经中子辐照生成氚，必须确保密封性、加强氚的监测、采取防护措施，因此，重水堆的相关系统、设备的要求很高、且结构复杂。

重水堆采用的天然铀燃料燃耗浅，大约是压水堆燃料的1/3，乏燃料量又较大，这也将增加一些运行成本。

2）氚的辐射防护压力大

重水经中子辐照产生放射性氚，慢化剂中氚的含量是冷却剂中的数十倍，是压水堆的100倍，沸水堆的1 000倍。每年CANDU堆慢化剂系统产生氚 5.40×10^{4} TBq，主热传输系统产生氚 1.04×10^{3} TBq，早期加拿大皮克灵(Pickering)重水堆核电厂维修人员受辐射剂量的1/3来自氚[12]。氚辐射防护任务重是重水堆的一个弱点。

3）装卸料机及压力管更换等技术难度大

CANDU重水堆由于使用天然铀作为燃料，堆芯的后备反应性小，因此需要经常将烧透了的燃料元件卸出堆外并补充新燃料，为保证连续发电采用了不停堆换料技术。但不停堆换料技术难度大、流程复杂，自动化程度要求极高，对装卸料机也提出了极高的要求。虽然拥有CANDU堆的国家较容易实现燃料和压力管设备等的本土化，但实现装卸料机本土化的难度较大。

CANDU堆压力管运行约25年后需更换，但压力管更换技术属于加拿大原子能有限公司的核心技术，流程复杂，投资也较大。

4）存在核扩散风险

发展重水堆的一个重要初衷就是不需要铀浓缩设施，因为铀浓缩设施有核扩散的风险。但是事与愿违，因为重水堆的中子经济性好，它产生的副产物（如钚、氚等）比轻水反应堆产生的更多，产^{239}Pu量约是压水堆的2倍，这些副产物可以用于制造原子弹、氢弹、中子弹等核武器。

重水堆的反对者认为正因为该类反应堆可用天然铀作为燃料，所以发展该类反应堆核电站会增加核扩散的风险。即当一个国家掌握了重水堆技术后，只需天然铀就可以通过运行反应堆而获得核武器的原料，这些国家就有可能绕过国际机构对浓缩铀的监管而发展核武器。

国际防核扩散组织认为重水堆有比较明显的核扩散风险。20 世纪 70 年代末，当印度从名为 CIRUS 的重水研究堆的乏燃料中提取出钚，用于其第一次核武器（“微笑佛陀”）试验时，重水堆的扩散风险得到了证明。核供应国集团随之成立，加强了核出口的管制，制定核保障监督附加议定书，强化国际核安全合作。因此除了联合国 5 个常任理事国（同时也是不扩散核武器条约在 1965 年生效前确认的仅有的 5 个合法持有核武器国家）外的重水堆建设经常会引发核危机（如朝鲜和伊朗核问题均涉及重水堆）。

1.2　重水研究堆发展概况

在核能科学与技术发展的过程中，在人类和平利用核能的实践中，研究堆发挥了重要的、不可替代的作用。重水研究堆是研究堆大家族中极其重要的成员之一，自诞生之日起，它就自带光环、光彩夺目，它的每一次技术发展都引起高度的关注并产生重大的成果。

1.2.1　国际上重水研究堆发展概况

重水研究堆是较早发展的一种堆型，而且因其良好的堆内中子经济性，一直以来受到反应堆界普遍青睐。重水慢化反应堆——芝加哥三号堆（CP－3）是继世界上第一座石墨慢化反应堆——芝加哥一号堆（CP－1）建成后最早建成的重水研究堆，20 世纪 50—60 年代重水研究堆的建设达到高峰，目前世界上共建成重水研究堆 60 余座（包括模式实验堆）[3,5]。

国际上重水研究堆的发展大致可以分为三个阶段。

1）重水研究堆发展起步阶段

20 世纪 40—50 年代是研究堆发展起步阶段，重水研究堆是起步阶段主要堆型之一，主要集中在少数几个国家，如美国、苏联、加拿大、法国等。这一阶段重水研究堆一般功率较小，从数百瓦到数兆瓦，中子注量率较低，大多采用天然金属铀作为燃料，主要用于探索反应堆的工作原理及工作特性，也有用于国防军事，如生产核材料。典型的有美国的 CP－3、加拿大的 ZEEP 和 NRX、法国的 EL1、苏联的 TVR。

1939 年 10 月 30 日，法国科学家 F. Joliot、H. Halban 和 L. Kowarski 三人撰写的报告指出“含有铀的介质产生无限链式核反应是可能的”，然而，这一成果却被法国科学院束之高阁。该报告证明了两点：① 慢化剂和铀采用不均匀结构的优点；② 氘(D)作为慢化剂比氕(H)更具有优势。F. Joliot 等还申请了与此相关的 5 项专利。

遗憾的是，由于受到第二次世界大战的影响，1940 年 6 月，关于重水的实验研究在法国被迫中断。后来，H. Halban 和 L. Kowarski 转移到英国剑桥的卡文迪许实验室继续重水实验研究。1941 年夏天，他们的研究成果被呈送到英国 M. A. U. D. 委员会，指出建造核能装置的可能性，该装置可以用于生产热能、辐射能、放射性同位素以及新的核素。与世界上第一座核反应堆 CP-1 类似，虽然重水堆的研究始于欧洲，但是，第一座重水堆也在美国建成。

1944 年 5 月 1 日，在费米的领导下，世界上第一座重水研究堆 CP-3 在美国芝加哥建成并投入运行，作为汉福特生产堆的备用堆。CP-3 也采用天然金属铀作为核燃料，但是，与 CP-1 不同，采用重水作为冷却剂和慢化剂，重水和石墨作为反射层，热功率为 300 kW，最大热中子注量率为 $3\times10^{12}\ cm^{-2}\cdot s^{-1}$。与当时的石墨堆相比，重水堆尺寸小得多，而且可以采用天然铀作为核燃料，燃料制造技术难度小，成本低。不过，反应堆结构复杂得多，设置了反应堆冷却剂系统和反应堆仪控系统，当然，应用能力大幅度提高。

1944 年，加拿大启动了核反应堆技术研究，他们选择的正是重水反应堆。1945 年 9 月，位于加拿大乔克河核研究中心的零功率实验堆(ZEEP)首次达到临界。ZEEP 是世界第二座重水堆，也是加拿大的第一座核反应堆，是运行在美国之外的第一座可控链式反应装置。ZEEP 是一座零功率堆，用天然金属铀作为核燃料，重水作为慢化剂，石墨作为反射层，最大热中子注量率为 $10^{8}\ cm^{-2}\cdot s^{-1}$。值得一提的是，ZEEP 是在卢・科瓦尔斯基(L. Kowarski)的领导下建造的，从而开启了加拿大重水堆研发的序幕。ZEEP 的详细介绍参见 1.4.2 节。

1947 年 7 月 22 日，位于加拿大安大略省乔克河核研究中心的国家研究实验堆(NRX)首次达到临界。NRX 是第一座大型的重水研究堆，采用天然金属铀作为核燃料，轻水作为冷却剂，重水作为慢化剂，石墨作为反射层，热功率为 42 MW，最大热中子注量率达到 $1.4\times10^{14}\ cm^{-2}\cdot s^{-1}$，有 24 个垂直孔道和 8 个水平孔道，充分体现了重水堆的优势。1993 年 3 月 30 日，NRX 永久停闭。

1949 年 1 月 1 日，苏联第一座重水研究堆 TVR 首次达到临界。TVR 采用天然金属铀作为核燃料，重水作为冷却剂和慢化剂，石墨作为反射层，热功率为 2 500 kW，最大热中子注量率达到 $4\times10^{13}\ cm^{-2}\cdot s^{-1}$。1986 年 4 月，TVR 永久停闭，2003 年完成退役。

2）重水研究堆发展高峰期

20 世纪 50—70 年代是重水研究堆发展高峰期。随着燃料技术发展及实验需要，数十座从数兆瓦到数十兆瓦大功率专用研究堆相继建成。由于研究堆性能指标的提高，中子注量率达到 $10^{14}\ cm^{-2} \cdot s^{-1}$ 数量级，个别达到了 $10^{15}\ cm^{-2} \cdot s^{-1}$，燃料种类很多，有天然铀、低浓铀，甚至有高浓铀，涵盖金属铀、铀铝合金、铀氧化物各种类型，其研究及应用范围得到飞速发展，研究堆的分类更加专业化，出现了同位素生产堆、束流研究堆、材料工程试验堆等。典型的有加拿大的 NRU、WR1，美国的 NIST、PRTR、HFBR、HWCTR，法国的 ILL HFR、EL 4、EL 3，英国的 DMTR、Dounreay MTR、PLUTO、DIDO，德国的 FR－2、FRJ－2，瑞士的 DIORIT，丹麦的 DR－3，印度的 CIRUS，澳大利亚的 HIFAR，意大利的 ESSOR，南斯拉夫的 RA，以色列的 IRR－2，日本的 JRR－3 以及中国的 101 堆、TRR。

1957 年，加拿大国家通用研究堆（NRU）在加拿大乔克河投运，采用天然金属铀作为核燃料，重水作为冷却剂，重水作为慢化剂，重水＋轻水作为反射层，设计热功率为 135 MW，最大热中子注量率达到 $4\times10^{14}\ cm^{-2} \cdot s^{-1}$，有 46 个垂直孔道和 27 个水平孔道，堆芯燃料栅格也可以安装辐照装置，进一步提高了重水堆的性能与应用能力，如图 1－4 所示。20 世纪 90 年代初，NRU 堆的燃料转换为低浓铀（^{235}U，20%）。早期，NRU 堆的主要作用是科学研究，后来，同位素生产又逐渐成为其重要的功能，尤其是医用裂变钼－99（用于医疗诊

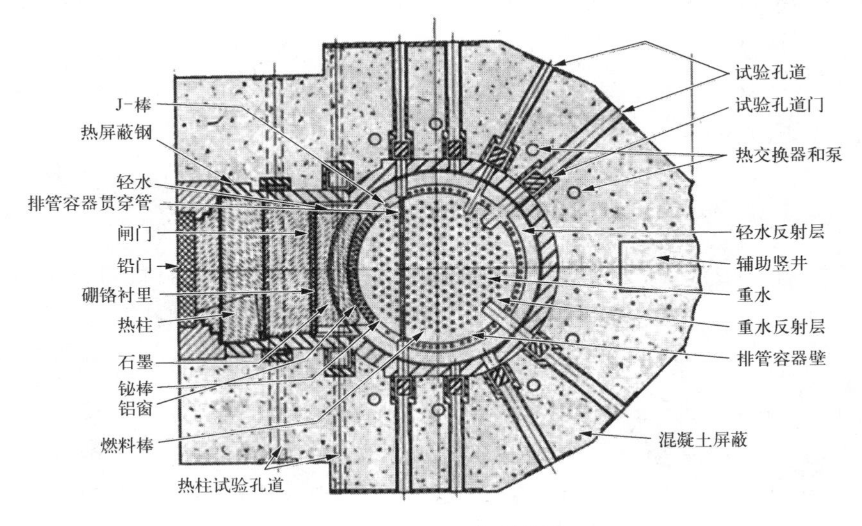

图 1－4　NRU 堆剖面图

断),NRU 堆的钼-99 产量曾占全球总产量的约 40%。2018 年 3 月 31 日,NRU 堆永久停闭。

1967 年 12 月美国的 NIST 首次达到临界,主要用于中子科学研究,1985 年功率从 10 MW 升至 20 MW,目前在役,采用 $U_{10}Mo$ 合金板状燃料,堆芯热中子注量率为 $4.0\times10^{14}\ cm^{-2}\cdot s^{-1}$,水平孔道处热中子注量率为 $2.0\times10^{14}\ cm^{-2}\cdot s^{-1}$,拥有 18 根水平孔道,2 个冷中子源,22 台中子仪器(8 台中子弹性散射仪器,8 台中子非弹性和准弹性散射仪器,以及中子照相仪、中子干涉仪、中子物理仪器、测试站、瞬发伽马谱仪、冷中子厚度仪各 1 台)。NIST 还拥有样品环境、实验室、机械电子学、计算软件等较为完善的支撑配套设备。

1971 年法国的 ILL HFR 首次达到临界,采用富集度为 93%的 $U_3O_8Al_x$ 渐开线燃料,目前在役。2009 年该堆实现燃料低浓化,采用富集度为 19.75%的 U-Mo 燃料,反应堆功率为 57 MW,堆芯热中子注量率为 $1.5\times10^{15}\ cm^{-2}\cdot s^{-1}$,水平孔道热中子注量率为 $6.0\times10^{14}\ cm^{-2}\cdot s^{-1}$,成为当时国际上中子注量率最高的反应堆。其拥有 17 根水平孔道,1 个烫中子源,2 个冷中子源,44 台中子仪器(包括中子衍射、弹性散射、非弹性散射、中子反射、中子照相等几乎所有类型)。

3) 重水研究堆发展的成熟期

从 20 世纪 80 年代末至今是重水研究堆发展的成熟期。该时期建造重水研究堆的数量大大减少,建成的研究堆性能指标先进,用途多但主要是民用。由于铀浓缩技术的进步,重水不仅作为慢化剂,而且更多地作为反射层,以获得高中子注量率。代表性重水研究堆如德国的 FRM Ⅱ、韩国的 HANARO、印度的 AHWR-CF、澳大利亚的 OPAL、俄罗斯的 PIK、日本的 JRR-3M(由 JRR-3 改造)以及中国的 CARR 和 CMRR。

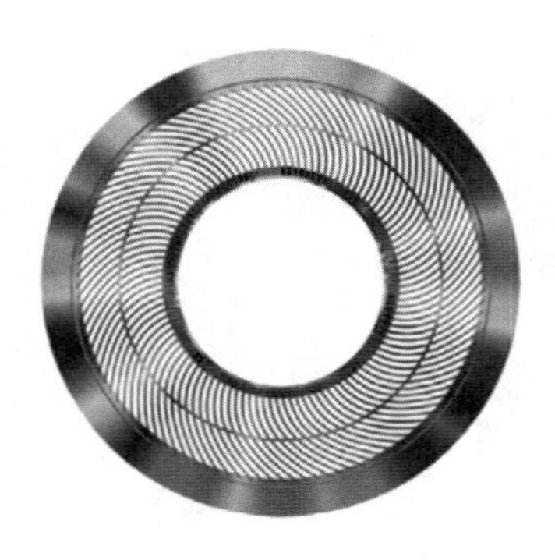

图 1-5 FRM Ⅱ 燃料组件

为了替代 FRM 研究堆,德国设计、建造了 FRM Ⅱ,2004 年 3 月 2 日,德国的 FRM Ⅱ 首次达到临界。FRM Ⅱ 采用轻水冷却、重水慢化和反射;采用紧凑型堆芯,只有一组燃料组件,共有 113 个板式燃料元件,燃料元件采用渐开线型(见图 1-5),保证了燃料元件的间距处处相等;采用高浓铀弥散型 $U_3Si_2Al_x$,^{235}U 富集度为 93%;只有一根控制棒,插在燃料组件中心孔中;额定功率为 20 MW,最大热中子注量率为 8×

10^{14} $cm^{-2} \cdot s^{-1}$。FRM Ⅱ将进行低浓化转换，改用 U－Mo 燃料，满足核不扩散的要求。

为了提高研发能力，韩国设计、建造了一座高性能、多功能的研究堆——HANARO，1995 年 2 月 8 日首次达到临界，如图 1－6 所示。HANARO 采用轻水冷却、重水反射及慢化；但与 CARR 不同，堆芯不属于紧凑型，而是布置有若干辐照孔道；燃料采用低浓铀弥散型 $U_3Si_2Al_x$，^{235}U 富集度为 19.75%；额定功率为 30 MW，最大热中子注量率为 5×10^{14} $cm^{-2} \cdot s^{-1}$。

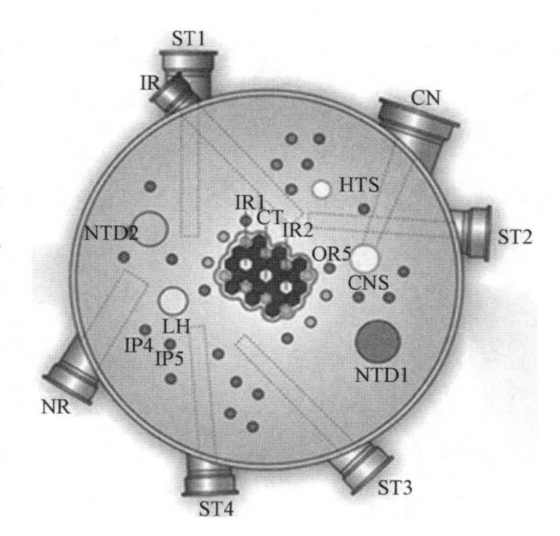

CN—冷中子导管；NR—中子照相中子导管；LH—燃料考验回路；IP—放射性同位素生产；ST—标准中子导管；IR—辐照中子导管；CT、OR—材料辐照孔道；NTD—单晶硅辐照孔道；CNS—冷源；HTS—烫源。

图 1－6　HANARO 堆芯布置

为了验证自主研发的先进重水堆核电厂（advanced heavy water reactor，AHWR）的设计以及为此开发的软件，印度设计、建造了一座临界装置（critical facility，AHWR－CF），2008 年 4 月 7 日首次达到临界。AHWR－CF 是一座重水堆，名义功率为 100 W，中子注量率为 1×10^{8} $cm^{-2} \cdot s^{-1}$。堆芯燃料栅格可以根据实验要求进行调整，开展了 U－ThO_2、Th－1%Pu、Th－U（低浓铀）以及 U－ThO_2－U 等多种燃料的临界实验。同时，AHWR－CF 也可以开展核探测器试验、中子活化分析等应用。

1.2.2　我国重水研究堆发展概况

我国的核能科学与技术的真正发展是在新中国成立之后，核反应堆的起步正是从重水研究堆——101 堆开始的，故称 101 堆为“功勋反应堆”。进入 21 世纪，又有两座先进的、高性能多功能重水研究堆建成。

1）101 重水研究堆

1958 年 6 月 13 日，我国第一座反应堆——101 堆[13]首次达到临界，标志着我国跨入了原子能时代。101 堆位于北京市房山区中国原子能科学研究院，是由苏联提供的重水型研究堆，最大热功率为 10 MW，最大热中子注量率为 1.2×10^{14} $cm^{-2} \cdot s^{-1}$。采用 ^{235}U 富集度为 2%的低富集金属铀作为核燃料，用重水作为慢化剂和冷却剂，铝合金反应堆容器直径为 1.4 m，外面围有石墨反射层。堆芯和石墨反射层分别有 9 个和 34 个垂直实验孔道。101 堆的主要用途是进行中子物理实验、核参数测量，材料、核燃料元(组)件和反应堆部件的辐照试验和其他科学研究，多种放射性同位素生产，以及科学技术人员培训。曾建造高压和低压的试验回路，进行新建生产堆、动力堆和研究试验堆用材料、燃料元(组)件的长期辐照试验。

1979—1982 年，中国原子能科学研究院对 101 堆进行了改建。最核心的是更换堆芯和反应堆容器。把^{235}U 富集度从 2%增加至 3%，改用紧密栅格，在堆芯中央留出重水腔形成中子阱，在外围形成重水反射层，这两处均形成较高的热中子注量率峰，设置了大小不同的多个垂直实验孔道。堆芯垂直实验孔道增加到 33 个。反应堆的最大热功率提高到 15 MW，最大热中子注量率提高到 $2.8\times10^{14}\ cm^{-2}\cdot s^{-1}$。由于提高了中子注量率，增加了辐照空间和后备反应性，更便于开展各项研究工作，并实现了放射性同位素的大批量生产，其品种数量达到国产总量的 70%，同时实现了中子嬗变掺杂单晶硅的生产，年生产能力达到 10 t。建成了高温高压试验回路，成功地对我国大陆第一座核电厂——秦山核电厂(秦山一期)的新燃料组件进行了辐照试验，几年后，又完成了秦山核电厂的乏燃料加深燃耗辐照试验。2001 年，又利用该高温高压试验回路完成了我国首次压水堆燃料元件瞬态试验。

改建前，101 堆使用金属铀、铝包壳的空心圆柱形燃料元件。在中子辐照下，金属铀容易发生相变，引起辐照肿胀变形，与铝包壳产生机械作用，甚至导致铝包壳破损。改建后，改用二氧化铀陶瓷芯块、锆合金包壳的棒束型燃料组件，铀燃耗达到 10 000～15 000 MW·d/t，从此再也没有出现过元件破损事件。

2007 年底，101 堆永久停闭。在近 50 年的运行期间，101 堆为我国的国防和经济建设做出了历史性贡献。

20 世纪 80 年代末，中国出口到阿尔及利亚的多功能重水型研究堆(MHWRR)是以改建后的 101 堆为原型设计、建造的，综合考虑了 101 堆多年运行经验、技术改进、改建以及科学技术的进步，进行了大量的改进并采用先进的技术，提高了反应堆的先进性和安全性。MHWRR 工程是我国核工业“走出去”的第一个大型核设施，获得国际原子能机构(IAEA)给予的“南南合作典范”的赞誉。

2) 中国先进研究堆

我国于 2010 年建成了中国先进研究堆(CARR)[14-15]。CARR 额定功率为 60 MW，采用池内罐式结构，在直径为 5.5 m、深为 15 m 的大水池内，安置内径为 2.2 m 的重水箱，充满重水作为反射层，贯穿重水箱中央的内径为 0.459 m 的铝合金容器内容纳了非常紧凑的堆芯，堆芯由 17 个标准燃料组件和 4 个控制棒跟随体燃料组件组成。CARR 燃料采用^{235}U富集度为 19.75% 的低富集铀，以 $U_3Si_2Al_x$ 弥散体芯体和铝包壳做成夹心平板型燃料元件。堆芯用轻水慢化和冷却，用重水反射。由于稠密栅格堆芯的功率密度大，能获得很高的快中子注量率，而轻水的欠慢化作用则使大量快中子飞出堆芯外，在重水反射层中慢化和形成很高的热中子注量率峰，达到 $8\times10^{14}\ cm^{-2}\cdot s^{-1}$，因此，CARR 属于反中子阱型研究堆。在 CARR 的重水箱设置了 25 个垂直实验孔道，可用于辐照生产高比活度放射性同位素、锕系元素及单晶硅中子嬗变掺杂；设置了 9 个水平实验孔道，将不同能谱的中子束引出，以进行中子散射实验、核截面测量、中子照相、中子活化分析等。CARR 采用全数字化控制系统。

3）中国绵阳研究堆

中国工程物理研究院的中国绵阳研究堆（CMRR）[3] 功率为 20 MW，采用池式堆，轻水冷却，重水和铍反射，采用板状 $U_3Si_2Al_x$ 弥散型燃料，最大热中子注量率达到 $2.4\times10^{14}\ cm^{-2}\cdot s^{-1}$。堆芯及反射层设置多条垂直实验孔道和水平束流孔道，可用于放射性同位素生产、单晶硅中子嬗变掺杂、黄玉辐照改色，以及中子散射、中子照相等。

1.3　重水动力堆发展概况

重水动力堆是目前世界上核电厂的三大堆型之一。在重水动力堆发展的早期，多国进行了多种类型的尝试，但是，只有加拿大 CANDU 堆型获得了成功。如今，重水动力堆的发展仍然没有停下脚步，涌现了多种新的先进技术。与其他堆型相比，重水堆核电厂还有广泛的、特有的应用，受到国际社会高度关注。

据 IAEA 统计，截至 2023 年 6 月，全世界共有 48 台处于运行阶段的重水堆核电机组，约占在运核电机组数的 11%，总装机容量约占 6.3%，加拿大、阿根廷、韩国、印度、巴基斯坦、罗马尼亚和中国等 7 个国家拥有 CANDU 堆。

1.3.1　国际上重水动力堆发展概况

重水动力堆主要有压力管式和压力容器式两种。经过多年实践，只有压力管式重水堆取得了成功。

1.3.1.1 压力管式重水堆

多国建造、运行了重水研究堆或试验堆，同时早期研发重水堆核电厂的国家也不少，不过，只有加拿大另辟蹊径，成功研发并推广了独树一帜的重水堆核电厂——CANDU 堆。CANDU 堆是世界上达到充分成熟且成功发展的少数几种堆型之一。CANDU 堆的发展主要分为以下几个阶段[16-17]。

1) 工程基础研究期

CANDU 堆成功的基础是在 1945 年到 1962 年奠定的。1945 年建成零功率实验堆(ZEEP)；42 MW 的国家研究实验堆(NRX)和 135 MW 的国家通用研究堆分别于 1947 年和 1957 年建成。1952 年加拿大政府决定开发原子能的和平利用，正式成立国家原子能有限公司(AECL)，同时制订了一个发展核动力发电的计划。AECL 与安大略水电局共同规划决定在安大略省开发核电。这奠定了 AECL 与安大略水电局之间富有成效的长期合作、共同开发研究的基础，是 CANDU 堆成功发展的关键要素之一。

NRX 和 NRU 这两个堆当时都属于世界上功能强大的研究堆，采用垂直燃料布置，配备供燃料、材料实验和辐射用的各种水冷却剂回路。同时，安大略水电局对核动力发电产生了浓厚兴趣，期望核电能替代一部分煤电。当时选择重水作为慢化剂是很明确的，但采用何种冷却剂尚未确定，曾考虑过轻水、重水、蒸汽、气体、有机液体和几种液态金属，因此感到有必要建造一个小型示范动力堆来研究这些问题，并将这个堆命名为 NPD。

2) NPD 实验电厂(20 MW 级)

CANDU 核动力堆开发计划始于 1954 年，乔克河实验室成立了一个核动力研究组，目标是开发一种小规模实验核电厂。

在总结 ZEEP、NRX 和 NRU 设计和实验研究的基础上，初步选择该堆电功率为 10 MW，并选定了一系列设计要素，形成概念设计方案。该方案基本上是 NRU 设计的直接发展，包括如下内容。

(1) 采用立式堆芯，沿用已有的设计。

(2) 采用能耐高温高压的钢制压力容器，以期获得较高的热电转换热效率。

(3) 采用重水作为慢化剂和冷却剂，以便使用天然铀作为燃料。那时加拿大尚无生产浓缩铀设施，因此这一选择是关键性的。

(4) 不停堆换料，以有效利用燃料。

(5) 采用机械控制棒以调节和停闭反应堆。

(6) 选用金属铀燃料和锆包壳材料。

(7) 选用碳钢作为反应堆冷却剂系统管路材料，同时采用镍基合金作为蒸汽发生器的传热管。

1955 年 8 月，加拿大原子能有限公司决定将示范电厂的功率从 10 MW 增至 20 MW，设计工作也进入更具体和详细的阶段。确定了 CANDU 堆以下几个关键方案。

(1) 燃料棒束结构设计：选用 19 根元件棒束设计，棒束直径为 80 mm，长度为 50 cm。燃料材料由金属铀变为天然 UO_2，采用 0.4 mm 厚度的锆合金作为包壳。

(2) 锆压力管方案的诞生：到 1957 年初压力容器堆型的 NPD 设计方案进展顺利，但经济性方面必须深入再论证设计方案，以判断 NPD 概念设计发展为商用规模动力厂的前景。研究认为，功率输出对单位能量成本影响最大，对于一个商用反应堆，至少需 200 MW 总功率的堆才能与燃煤的电站相竞争。对如此高功率要求的反应堆，其压力容器尺度将非常大，比等效的浓缩铀轻水堆压力容器尺度大得多，已超过了加拿大具有的制造能力，为此提出了锆合金压力管方案，同时要求堆芯应为可更换的，因此只有采用压力管式堆芯设计才有可能。

(3) 不停堆双向装卸料设计方案：水平方向布置的压力管简化了反应堆和燃料的支承结构，可实现不停堆双向装卸燃料。这种换料系统是一个重大而本质性的创举。

(4) CANDU 堆概念设计形成：1957 年 8 月形成的 CANDU 堆概念设计包含了大多数大家熟悉的 CANDU 堆特征。这些特征有卧式排管容器结构、不锈钢端件及其与压力管的滚焊连接，以及相关的燃料通道的密封塞设计。燃料、反应堆冷却剂管路以及蒸汽发生器传热管材料的选择沿用以往的设计。

1962 年 4 月 11 日，世界上第一座重水堆核电厂(NPD)首次达到临界，位于加拿大 Rolphton，属于原型堆。NPD 采用天然铀(UO_2)作为核燃料，采用重水作为冷却剂和慢化剂，电功率为 22.5 MW。NPD 的设计、建造、运行为 CANDU 核电厂的发展奠定了基础并积累了经验。

3) 商用原型堆发展期

该期又分三个阶段。

(1) 道格拉斯角核电厂(200 MW 级)：1957 年，加拿大原子能有限公司和安大略水电局决定开始详细设计论证和开发 200 MW 道格拉斯角原型商用电厂的工作。主要设计特征如下：① 道格拉斯角反应堆的功率为 NPD 的 10 倍，这要求增加蒸汽循环效率，需较高的冷却剂温度；燃料最大额定功率增加 1 倍；较高的平均与最大燃料额定功率比（较平的中子注量率分布）；燃料通道长为 5 m；燃料工艺管 306 根。② 采用锆合金排管和不锈钢排管容器。③ 反应堆及其辅助系统布置在一个安全壳厂房内，而不是将它们布置于地下室中。该安全壳壁厚为 1 m，具有辐射屏蔽与压力保持功能，配置一精心设计的水喷淋系统，控制出现重大蒸汽释放事故时安全壳内的压力。④ 道格拉斯角反应堆的一个重要创新是广泛使用电子计算机处理数据和部分采用计算机控制，是世界上第一个采用程控计算机来定位反应性控制元件的反应堆。

（2）皮克林 A 核电厂（500 MW 级）：1964 年，安大略水电局的研究表明，需要发展 500 MW 级的反应堆系列，才可能与同样容量的多机组最新型燃煤电站相竞争。另外，安大略水电局电力系统的快速扩展计划也要求建设大容量的机组以满足安大略省蓬勃发展的经济。因此安大略水电局决定在多伦多市边缘建设电功率为 4×550 MW 的皮克林 A 核电厂，并开始设计工作。这是第一座商用 CANDU 核电厂。

皮克林 A 核电厂在道格拉斯角电厂的建造和运行经验的基础上，还做了改进，比如采用标准压力管尺寸，更细划分的 28 根元件的燃料棒束，以显著提高燃料棒束和燃料通道的功率水平。为了将功率从道格拉斯角电厂的 200 MW 电功率扩大到皮克林 A 核电厂的 500 MW 电功率，采取了下列措施：增加 27%燃料通道，将通道的直径增大到 103 mm，实现了 50%燃料棒束功率的增加量，并有一较平坦的中子注量率分布，提高了平均棒束功率。

皮克林 A 核电厂采用了更进一步的反应堆自动化控制，所有重要的电厂过程均由中央计算机控制。增加了第二套完全一样并且始终处于热态的备用中央计算机，在第一套出现故障的情况下可以随时接管所有控制功能，以避免因计算机的故障造成误停堆。

（3）布鲁斯 A 核电厂（745 MW 级）：1968 年安大略水电局决定在毗邻道格拉斯角电厂的地方建 4 台 745 MW 的布鲁斯 A 核电厂，其 1 号机组 1977 年投入运行。布鲁斯 A 核电厂每机组只配置 4 台大冷却剂循环泵的装置，蒸汽发生器尺寸是皮克林 A 核电厂的 2 倍以上，故每机组只需 8 台蒸汽发生器。通过增加燃料通道数和采用 37 根元件的燃料棒束提高反应堆功率，而元件的直径减少 15%。这种燃料棒束设计是燃料耐用性、适中燃料功率负荷和低成本之间的优化产物，被用于后来所有的CANDU设计。

布鲁斯A核电厂的设计在一些方面较皮克林A核电厂有重大改进。例如：反应堆控制系统大量使用由铂和钒线圈制成的自给能堆芯通量希尔泊(Hillborn)探测器。布鲁斯A核电厂设计首次配备两套完全独立且机理不同的停堆系统，即采用重力驱动的吸收棒停堆系统和在慢化剂中注入液体中子毒物停堆。布鲁斯A核电厂设计堆芯功率较高，也设计了一套高压应急堆芯冷却系统。由于不需要应急慢化剂倾泻措施，在超设计基准事故情况下还可以利用过冷低压慢化剂作为应急热阱的后备，来支持这一高压应急芯堆冷却系统。

4）工业化发展和规范化设计期

继布鲁斯A核电厂之后，安大略水电局建设了3座4堆核电厂，这些核电厂反映了CANDU系列演进变化。

(1) 皮克林B核电厂——皮克林A核电厂的“姐妹”装置，但其安全系统和反应堆及其冷却系统与CANDU 6相似。

(2) 布鲁斯B核电厂——布鲁斯A核电厂的“姐妹”装置，但建立了如CANDU 6用的标准反应堆控制方案。

(3) 达林顿核电厂——保持900 MW级布鲁斯类型设计，但采用4台蒸汽发生器、2个冷却剂环路系统方案，达到更大的尺寸。达林顿核电厂是对2套停堆系统的所有安全系统功能采用数字计算机控制的先驱。

1970年初起，加拿大原子能有限公司发展单堆电站设计，即CANDU 6(700 MW级)。CANDU 6采用皮克林核电厂使用的燃料通道、端塞硬件设备和燃料吊装机械，使用布鲁斯核电厂的37根元件燃料棒束组件、布鲁斯控制系统(进行某些改进)以及在2环路冷却剂中的每$\frac{1}{4}$环配置单个蒸汽发生器和热循环泵。CANDU 6设计允许更大的压力管蠕变容差，其轴向蠕变容许量适应其整个寿期。主热传输系统管路设备和阀门使用低钴钢，减少了因腐蚀产物中子活化引起的辐射剂量。

CANDU 6充以轻水的钢筋混凝土反应堆包容腔作为反应堆的一次屏蔽和支撑结构。作为单堆设计，CANDU 6建立了独特的安全壳设计，反应堆厂房采用的是带有供压力控制的水喷淋系统的预应力混凝土设计。

进入21世纪，加拿大又研发了三代加(G3+)的新堆型ACR－1000[18]。冷却剂改为轻水，慢化剂仍然是重水；核燃料采用轻度富集铀(SEU)；具有负的冷却剂空泡系数；减小了燃料通道之间的栅距，从而减小堆芯体积，减少重水用量；提高冷却剂热工参数，提高机组效率；减少乏燃料数量；提高安全性能等。ACR－1000 的介绍详见 10.1.1 节。

在国内 CANDU 核电厂技术取得成功的同时，加拿大开始向国际推广 CANDU 技术，多个国家先后引进、建造、运行了多个 CANDU 核电厂机组。有关国家在引进技术的基础上研发了新的重水堆核电厂技术，使得压力管式重水堆核电厂技术不断发展。

1971 年，巴基斯坦卡拉奇 KANUPP 1 台机组（CANDU 技术）首次达到临界，电功率为 125 MW。1973 年，印度 Rajasthan 1 号机组（CANDU 技术）首次达到临界，电功率为 200 MW。后来，CANDU 技术又先后出口到韩国、阿根廷、罗马尼亚、中国等国家。我国秦山第三核电有限公司（秦山三期）的两个机组采用的就是 CANDU 6 技术。

1974 年，印度进行首次核试验，受到国际上的封锁，加拿大中断了与印度在核能领域的合作，印度独立完成了 Rajasthan 2 号机组的建造、调试、运行。在此基础上，印度开始了自主设计、建造水平压力管式重水堆核电厂（PHWR）的宏伟计划，先后研发了 500 MW 和 700 MW 系列型号机组。截至 2024 年 1 月，印度处于运行阶段的 24 台核电机组中，20 台是重水堆，其中，3 台机组是印度自主设计、建造的 PHWR－700。截至目前，印度有 8 台核电机组在建，其中，3 台是重水堆。根据印度的计划，在 2031 年前将再建造 10 台自主设计的 PHWR－700 核电机组。由此可见，重水堆核电厂在印度起着举足轻重的作用。

在多年设计、建造、运行水平压力管式重水堆核电厂的基础上，印度又进一步研发了先进重水堆核电厂（advanced heavy water reactor, AHWR）[19]，该重水堆与 CANDU 6 存在较大的区别。AHWR 的电功率为 300 MW，仍是压力管式，但与 CANDU 6 的水平压力管不同，改为垂直压力管，冷却剂改为轻水，且达到沸腾产生蒸汽，燃料组件改为长棒束型，核燃料采用（Th，^{233}U）MOX 或（Th，Pu）MOX，采用汽包进行汽水分离，采用多种非能动专设安全设施，等等。AHWR 的介绍详见 10.1.3 节。

1.3.1.2　压力容器式重水堆

瑞典也是最早研发重水堆核电厂的国家之一，主要方向是压力容器式重水堆。1963 年，瑞典第一座重水堆核电厂 R－3（Ågesta）首次达到临界，它采用天然铀（UO_2）作为核燃料，采用重水作为冷却剂和慢化剂，电功率为

10 MW。与加拿大NPD不同之处在于，R－3是压力容器式重水堆。1969年，瑞典又建成了沸腾重水堆核电厂Maviken（未启动），采用^{235}U富集度为1.35%的UO_2作为核燃料，采用重水作为慢化剂，沸腾重水作为冷却剂，电功率为132 MW。由于经济性的问题，瑞典最终放弃了发展重水堆核电厂的计划。

德国也研发了压力容器式重水堆。1965年，位于卡尔斯鲁厄核研究中心的多用途研究堆（MZFR）首次达到临界，它用重水作为慢化剂和冷却剂，天然铀（UO_2）作为燃料，电功率为52.5 MW，1984年最终停闭，并于2015年完成退役，在此基础上研发的核电厂出口到阿根廷。1974年，阿根廷Atucha 1的1台机组首次达到临界，电功率为330 MW。后来，阿根廷在Atucha 1的基础上又进行了改进，并于1981年开始建造Atucha 2，电功率为745 MW。然而，由于缺乏资金，1994年，Atucha 2工程一度停止。阿根廷政府于2006年8月宣布投资35亿美元发展核电的战略计划，其中包括建成Atucha 2。该机组最终于2011年9月完成建设，2014年6月首次实现临界，并在2015年2月实现满功率运行，2016年5月投入商业运行。

其他类型的重水堆核电厂，如压力管式轻水冷却、压力管式气体冷却、压力管式有机液体冷却等，在不同的国家进行了研发、试验，但是由于存在各种各样的问题，都没有得到很好的发展和推广，在此不再一一赘述。

1.3.2　我国重水动力堆发展概况

到目前为止，我国唯一的重水动力堆是秦山核电三厂（秦山三期），采用成熟的CANDU 6技术，有2台700 MW机组。

秦山三期重水堆核电厂是我国首座商用重水堆核电厂，也是中国和加拿大两国政府间迄今最大的贸易项目。引进重水堆核电厂主要是引进先进的核电技术与管理经验，博采众长，促进核电发展，特别是重水堆适合规模化生产钴-60、钼-99等放射性同位素，这对我国核能、核技术应用的发展具有重要意义。

1996年11月26日，秦山三期重水堆核电厂工程商务合同签字仪式在上海举行，中国和加拿大两国政府总理出席了签字仪式。1998年6月8日，1号核岛反应堆主厂房底板开始浇灌混凝土，工程正式开工。2002年11月19日1号机组首次并网发电。2003年6月12日2号机组并网发电。2003年7月24日2号机组投入商业运行，标志着秦山三期重水堆核电厂工程全面建成投产。

在工程建设、调试及自主运行的过程中，秦山第三核电有限公司坚持自主创新管理，加快消化吸收，加快人才培养，实现“建成即自主运行、建成即自主大修”。

秦山第三核电有限公司在工程建设和运行期间取得的重要成果如下[20]。

(1) 核电厂设计寿命为40年，是世界上第一个设计寿命达到40年的重水堆核电厂。

(2) 将热传输支管管材SA106B级碳钢的含铬量从原先的约0.02 wt%① 提高到(0.2～0.4)wt%，并通过工程性试验验证材料改进能保证设计寿命40年，并有较大的安全裕度。这项改进在CANDU堆中是首次使用，并应用到后续建设的同类型核电厂中。

(3) 将放射性去污水由生活水和除盐水混合使用改为全部使用除盐水，使放射性废树脂的产生量大大减少。这种设计在CANDU核电厂中是首次使用。

(4) 增设了关键安全参数系统，使核电厂的关键安全参数按重要性集中、分层次显示，便于操作人员迅速评估在正常运行、瞬态、事故工况及事故后的电厂安全状态，在事故时能以最快的速度找到相关参数，分析判断事故的原因。这在CANDU核电厂中是首次设计。

(5) 增设了技术支持中心，在发生事故情况下可为从技术上指导主控室操作人员的有关专家提供场所，为与应急指挥中心和环境监控的连接提供接口，也为应急演习的技术支持人员提供场所。

(6) 反应堆安全壳筒墙结构的施工采用先进的滑模工艺，创造了同类核电厂建造史上的最快纪录，混凝土质量和筒墙垂直度完全符合设计要求，安全壳筒墙的结构强度试验和气密性试验均满足设计要求，其中2号机组的安全壳气密性试验的泄漏率仅为0.132%安全壳容积/天(设计指标：0.5%安全壳容积/天)，是国际上同类电站中最好的。

(7) 采用了反应堆厂房开顶式吊装工艺，改变了反应堆厂房主设备引入和安装必须在穹顶封顶后才开始的传统工艺，有效利用了土建安装施工的交错期，缩短了主设备的安装工期。开顶式吊装工艺在我国核电厂建设中是首次采用，在世界CANDU 6重水堆核电厂施工中也开了先河。

① 业内习惯用“wt%”表示质量百分数。

(8) 采用了工厂化管道预制的工艺流程，改变了过去由一个班组完成所有工序作业的生产模式，将管道施工中的各道工序细化为若干个独立的工序，由专门的作业小组来完成。采用这种工厂化的流水作业，能充分合理地利用有限的资源，缩短施工工期，提高生产效率。

(9) 改进了水处理技术，在水处理厂离子交换器前增加了反渗透装置(RO)和超细过滤装置，解决了秋冬季节因取水口存在海水倒灌现象导致原水含盐量急剧增加的问题。在投入反渗透装置的情况下，即使是枯水期，也能满足在整个调试和运行过程中发生各种异常情况时大量使用除盐水的需要。

(10) 开发了运行技术规格书，取代加拿大CANDU核电机组的运行政策和原则(operating policies and philosophies, OP&P)，成为世界上重水堆核电厂第一次完整使用先进格式、内容和要求的运行技术规格书。

(11) 在每个停堆系统配置一套独立的参数监测系统，对停堆系统的数据实现高速采集，改进了电厂的状态监控能力和瞬态分析能力，提高了电厂的安全性和经济性，在重水堆核电厂中这属于首创。

(12) 改进了破损燃料棒束检测定位方法，将定位能力从定位燃料棒束串(4～8个棒束)提高到可以准确找到单个破损的燃料棒束，在实际应用中成果显著，有效地防止了误判的发生。

(13) 研发了冰塞技术与冰塞夹具，具备在$\phi 6.35$～152.4 mm管道上制作冰塞的能力，为电站检修工作创造了条件。

(14) 研发了一种适用于冷却水系统的钼系复合缓蚀剂，使常规岛冷却水系统的腐蚀速率大大降低。

(15) 通过技术攻关和实施技术改进，使机组的额定总电功率提高了8 MW，达到设计目标728 MW，解决了国外供应商没有解决的发电机组额定总电功率只能达到720 MW的技术缺陷。

(16) 将不锈钢调节棒换成^{59}Co调节棒，具有生产高比活度^{60}Co放射源的能力，两个机组每年的生产能力达到6×10^6 Ci，改变了我国^{60}Co主要依赖进口的局面，并实现出口，成功进入国际市场，产生了巨大的经济和社会效益。

(17) 开发了一种与天然铀燃料中子学等效的由回收铀(RU)和贫铀(depleted uranium, DU)混合而得的等效天然铀(natural uranium equivalent, NUE)燃料，并开展了国际上首次小批量示范验证试验，验证了等效天然铀的可行性和安全性，为后续全堆应用提供了关键的技术支持，为中国核工业集团有限公司与加拿大坎杜能源公司基于秦山三期联合进行的先进燃料重水堆(AFCR)的研发奠定了基础[21]。

(18) 采用空气冷却型 MACSTOR-400 混凝土储存模块,并在 MACSTOR-400 模块的基础上取消隔热板,开发了 QM-400 模块[22],有效解决了乏燃料储存容量的问题。该技术具有更好的屏蔽和热扩散性能、良好的密封性、节省空间、更少的建造费用等优点。

(19) 开展了重水堆利用钍资源的研究,发布了钍燃料重水堆的初步可行性研究报告,制订了先进燃料重水堆两阶段发展计划。

1.4 重水零功率堆

本节介绍重水零功率堆的概念、技术特点及国内外发展概况。

1.4.1 重水零功率堆的概念及技术特点

重水零功率堆由天然铀核燃料或加浓铀、重水慢化剂,加上结构材料、反射材料,以及可实现自持裂变链式反应的实验装置(临界实验装置)组成。由于运行在极低功率水平下(数瓦到数十瓦),故称为重水零功率堆。所以,重水零功率堆是一种特殊反应堆,具有以下特点。

(1) 功率很低,没有冷却剂系统,不涉及余热导出问题,不涉及反应堆结构材料的活化问题。

(2) 系统简单,反应性引入方式单一(添加燃料、移出毒物、加入慢化剂等);大部分的重水零功率堆采用提高重水水位的办法逼近临界状态,利用计数率倒数与重水水位的关系、反应性与重水水位关系的内插和稳定功率三种方法确定临界重水水位。

(3) 间断实验运行,堆芯装载经常发生变化。

(4) 不考虑燃耗问题,燃料可始终认为是"新鲜"燃料。

需要注意的是,重水零功率堆在有功率下运行一段时间后,铀裂变产生的 γ 射线与重水中的氘原子核发生 D(γ,n)H 反应生成中子,即光激中子。由于光激中子的存在,重水零功率堆具有以下独有的特点。

(1) 通常认为光激中子是一组额外的缓发中子。光激中子先驱核的衰变常数远小于缓发中子先驱核的衰变常数,核反应堆在正常运行中的动态响应时间主要由衰变常数的倒数决定,因而重水零功率堆比其他类型的零功率堆要"迟钝"一些，也就是说，引入相同的反应性，重水零功率堆的渐近周期要大一些。

（2）由于光激中子的存在，测量渐近周期的等待时间较长。

（3）当重水零功率堆在有功率下运行一段时间以后，光激中子水平较高，进行外推临界实验时，外推临界值有明显偏大，所以需要先对计数率进行修正，然后进行外推。

1.4.2　重水零功率堆发展概况

在反应堆的发展历史中，零功率堆始终占有一席之地，对推动反应堆物理的发展起到了举足轻重的作用。现在，零功率堆还在新堆型的中子物理特性研究、堆芯中子物理设计验证、临界安全研究、反应堆物理测量技术研究、物理计算程序的验证以及人员培训等方面发挥着重要的作用。

1.4.2.1　国际上重水零功率堆发展概况

早在第二次世界大战之前，国外就已经认识到重水是一种极好的中子慢化剂，可以很容易地用于反应堆设计。1945年9月，世界上第一座重水零功率堆ZEEP首次达到临界。之后数十年美国、加拿大、苏联、英国、法国、瑞典和伊朗等国家便对重水零功率堆开展了相应的研究，共设计建造了近20座重水零功率堆，为重水反应堆的建设和发展提供了丰富的经验。

20世纪40年代至70年代，属于重水零功率堆的大发展阶段，建造了绝大多数的重水零功率堆。在这期间，计算机性能和计算软件的发展水平不够高，且中子的核数据不全，在建造重水堆前往往需要在重水零功率堆上进行大量的实验验证工作，以便对计划建造的重水堆的中子物理特性有较全面的掌控。

从20世纪80年代末至今，随着计算机性能和计算软件发展水平的提高，以及中子核数据库的建立健全，各国建造重水零功率堆的数量大幅下降。其间只有少数的国家设计建造了重水零功率堆，如印度和加拿大通过重水零功率堆（AHWR－CF）的设计以及实验研究解决了先进重水堆（AHWR）在物理设计中面临的若干挑战，1995年伊朗重水零功率堆（ENTC－HWZPR）首次达到临界，用以掌握重水堆相关技术。虽然新建堆很少，但各国在重水零功率实验研究领域的工作并没有停止。

1）加拿大

加拿大是最早开展重水零功率堆研究的国家。1940年，在渥太华国家研究委员会工作的乔治·劳伦斯发起了加拿大第一次原子能实验，这些实验项目后来发展成为蒙特利尔的原子能计划（AEP）。1944年，由卢·科瓦尔斯基博士领导的 ZEEP 计划由此产生。ZEEP 于 1945 年在安大略省的乔克河核研究中心成功建成,并于同年 9 月首次达到临界。ZEEP 以天然金属铀作为核燃料(直径为 32.5 mm、长为 150 mm),以金属铝作为燃料包壳(长为 2 850 mm、壁厚为 1 mm),共有 91 根燃料棒,呈三角形排布在一个直径为 2 057.4 mm、高为 2 590.8 mm 的铝罐中。ZEEP 以重水作为慢化剂,石墨作为反射层,最大热中子注量率为 $10^8\ cm^{-2} \cdot s^{-1}$。ZEEP 通过调节重水的水位来控制堆芯反应性。科学家通过移动燃料棒和测量不断变化的中子输出找到了最有效的燃料排布形式。ZEEP 外貌如图 1-7 所示。

图 1-7　重水零功率堆(ZEEP)外貌

ZEEP 可用于测量反应性效应和反应堆开发所需的参数,如:① 测量 ZEEP 堆芯的曲率和反应性;② 测量在各种次临界和超临界条件下的松弛时间,以确定重水堆动力学反应性;③ 测量缓发中子和缓发光子的强度和寿命;④ 测量各种控制棒结构的反应性效应;⑤ 测量各种核材料的中子吸收等。

直到 1970 年,ZEEP 仍用于基础研究;到 1973 年,该反应堆才正式永久停闭并于 1997 年拆除。值得一提的是,ZEEP 是世界第二座重水堆,也是加拿大的第一座核反应堆,并实现了美国之外的第一座可控链式反应堆,从而拉开了加拿大重水堆研发的序幕。加拿大在该反应堆的基础上设计了加拿大国家研究实验堆(NRX)和加拿大国家研究通用反应堆(NRU),这也为 CANDU 堆的成功设计奠定了基础。

在 ZEEP 建成之后,乔克河实验室又建造了零功率核研究实验堆 ZED-2,

如图 1 - 8 所示。ZED - 2 堆是以 ZEEP 为基础建造的，并于 1960 年 9 月首次达到临界。ZED - 2 堆是一个罐式(直径为 3 360 mm，高为 3 350 mm)的重水慢化反应堆，其热中子注量率峰值可达到 10^{9} $cm^{-2} \cdot s^{-1}$。ZED - 2 堆具有 7 个特殊的燃料组件，其燃料组件由 19 根燃料棒组成，这些燃料棒呈圆柱状分布，其中 1 根在中轴线上，6 根在直径为 33 mm 的圆上，剩余的 12 根在直径为 63.8 mm 的圆上。燃料棒采用锆合金作为包壳，长度为 493.8 mm，壁厚为 4.54 mm；采用密度为 10.45 g/cm^3 的二氧化铀作为核燃料，长度为 477.32 mm，直径为 14.21 mm。ZED - 2 堆通过调节慢化剂液位来控制反应堆。该反应堆用于对使用重水代替轻水和传统冷却剂带来的影响进行定性的研究，至今仍用于开展反应堆物理学和核燃料的研究，后期在该堆上将采用 CANFLEX 燃料棒开展实验研究，为先进 CANDU 堆(ACR)提供“全堆芯”模拟。2010 年 11 月，美国核学会授予了 ZED - 2 反应堆“核历史里程碑”的称号。

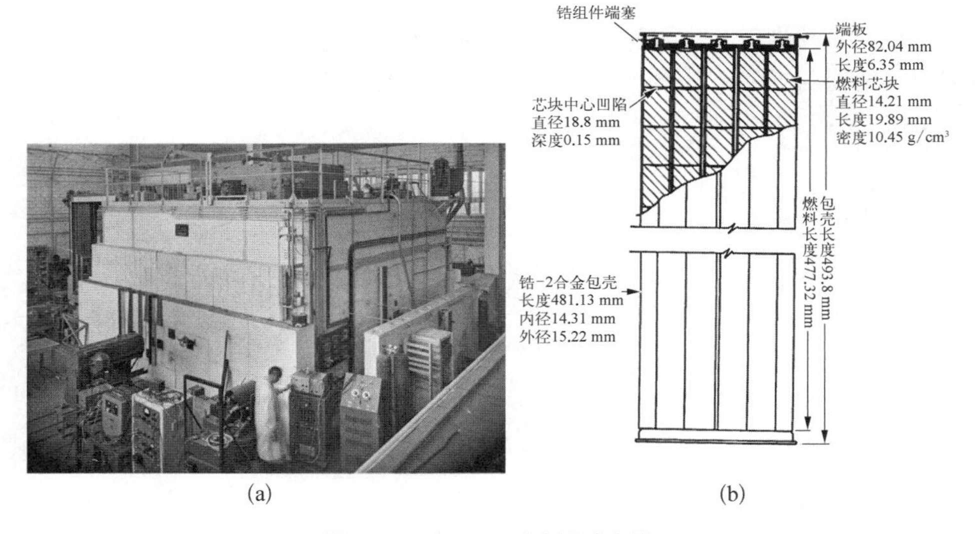

图 1 - 8　ZED - 2 重水零功率堆

(a) ZED - 2 堆实验厂房；(b) ZED - 2 燃料组件

2) 美国

美国于 1952 年在萨凡纳河实验室开始了重水零功率堆(PDP)的建设，在美国能源局的监管下于 1953 年建成并首次达到临界。PDP 的独特之处在于其尺寸大(直径为 4 876.8 mm，高为 4 724.4 mm)，需要约 110 t 重水来控制反应堆。该反应堆正常稳态运行时功率为 500W，最大热中子注量率为

$10^8\ cm^{-2}\cdot s^{-1}$，最大快中子注量率为 $10^7\ cm^{-2}\cdot s^{-1}$。自 1953 年 9 月以来，PDP 进行了约 2 200 个单独的实验，需要约 2 200 次的慢化剂添加和排放操作以及约 3 500 小时的慢化剂系统操作时间，并通过实验证明对大多数反应堆实验来说，通过调节重水液位就可以控制反应堆。

继 PDP 之后，1966 年 1 月美国又设计并建造了一个重水零功率堆，即腔式反应堆临界实验装置(cavity reactor critical experiment，CRCE)，并于 1967 年 5 月首次达到临界。该实验堆的中心是一个空腔区(直径为 1 828.8 mm，高度为 1 219.2 mm)，并且周围有 889.0 mm 厚的重水，重水作为慢化剂和反射层。使用 36 根 B_4C 控制棒(位于空腔内)来控制堆芯反应性。该反应堆采用板状燃料元件(98 块，长为 508 mm，宽为 62 mm，厚为 0.94 mm)，并在距空腔外表面 190 mm 处围成一圈环状燃料。通用电气公司与美国国家航空航天局刘易斯研究中心合作，在该堆上开展了一系列临界实验，确定了该堆的临界质量等参数。还通过测量其中大多数区域的功率分布和活性区共振，确定了空腔和反射层-慢化区中的功率和中子注量率分布。除了功率分布和中子通量测量外，还使用了脉冲中子法在组件的三个位置上测量了中子寿命，并在活性区不同位置开展了许多反应性测量实验。CRCE 重水零功率堆如图 1-9 所示。

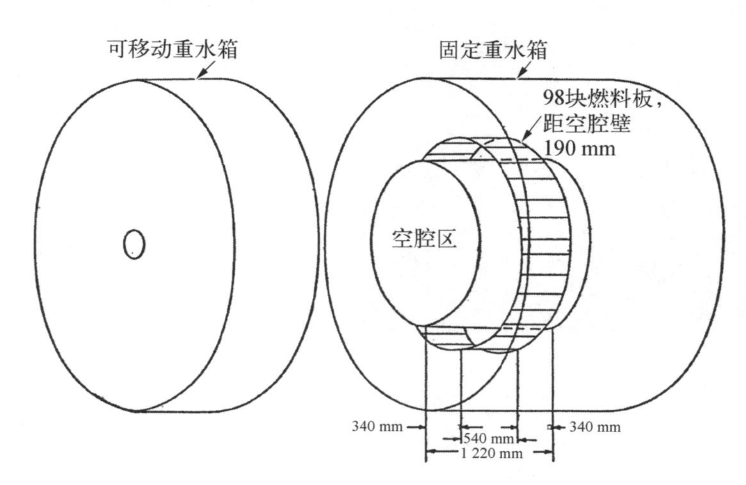

图 1-9　CRCE 重水零功率堆

3) 苏联

1966 年 1 月，苏联帮助捷克斯洛伐克建造了重水零功率堆 TR-0，并于 1972 年 1 月首次达到临界。该反应堆以天然铀作为核燃料，以重水作为慢化剂和反射层材料，以金属铝作为包壳(内径为 6.5 mm，壁厚为 3 mm)，堆芯为圆柱形(直径为 3 500 mm,高度为 4 000 mm),最大热中子注量率可达到 10^9 $cm^{-2} \cdot s^{-1}$,最大快中子注量率可达到 5×10^5 $cm^{-2} \cdot s^{-1}$。TR－0 堆的成功启动,使人们有可能仔细检查反应堆设计中常用计算方法的有效性,并获得有关 A－1 型反应堆(主要是重水堆)物理特性的珍贵数据。同时 TR－0 堆也为反应堆现代实验设备及其控制的各种物理测量提供了广阔的前景。TR－0 堆如图 1－10 所示。

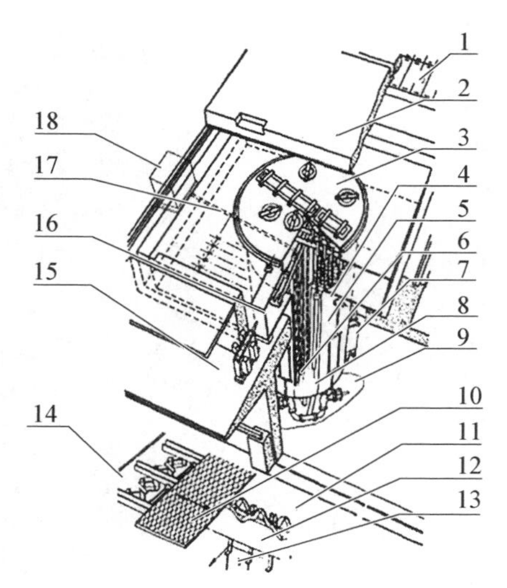

1—燃料元件储罐;2—可移动的屏蔽板;3—带液压的密封盖;4—液位计;5—反应容器;6—控制棒;7—带有移动裂变室的热柱;8—燃料元件;9—应急阀门;10—承重格架;11—垂直铰接杠杆机构;12—横梁;13—悬挂机构;14—移动板;15—控制棒驱动机构;16—重水箱;17—中子源通道;18—中子源容器。

图 1－10　TR－0 重水零功率堆

1.4.2.2　我国重水零功率堆的发展概况

我国唯一的重水零功率堆(HWZPR)位于中国原子能科学研究院内。HWZPR 是为模拟 827 堆(重水-天然铀)、检验 827 堆的堆芯物理设计而建造的,于 1970 年 6 月建成并首次达到临界,该堆又称红卫 1 号(HW－1#)。1997 年,HWZPR 最终停闭。

HWZPR 由反应堆容器、事故排水容器、定量水容器、重水回路系统、氮气回路系统、石墨反射层、安全棒、手动调节棒、安全棒和调节棒驱动机构、调节棒位置指示机构、驱动机构的支撑架、栅格板、实验装置容器支撑台架、实验装置顶部的可移动屏蔽盖等组成,周围有混凝土屏蔽层。燃料元件为天然铀金属棒,直径为 20 mm,长为 1 000 mm,外面包有厚为 1 mm 的铝包壳,每根棒重为 6.053 6 kg。燃料元件插在实验装置容器内上下栅格板的定位孔里固定,构成方形阵列。在活性区的下面有重水反射层,径向重水反射层的厚度由堆芯装载决定。径向重水反射层的外面有石墨反射层,由石墨块堆积而成,厚为 800 mm。在石墨反射层内对称地布置了 12 个孔道,用于放置中子计数管和电离室。HWZPR 堆顶外貌如图 1－11 所示。

反应堆容器的顶盖上有一些测量孔,用于插入装着探测箔片的导管。两根安全棒和两根手动调节棒插在燃料元件之间,对称地布置在活性区内。安全棒的材料为镉,手动调节棒的材料为 1Cr18Ni9Ti。安全棒和手动调节棒的驱动机构安装在实验装置容器的支撑架上。其结构如图 1－12 所示。

图 1-11　HWZPR 堆顶外貌

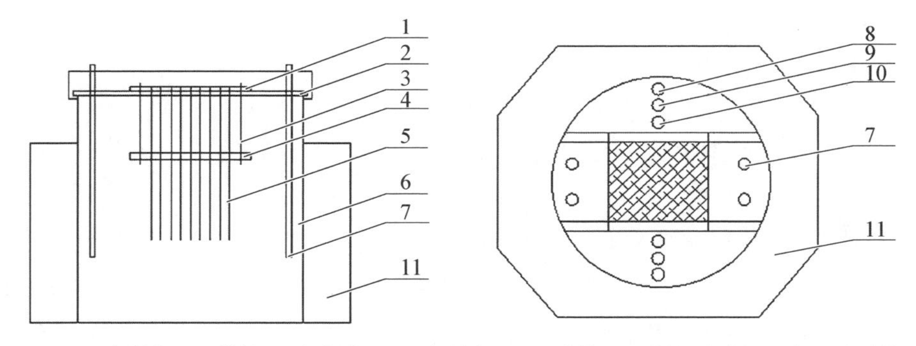

1—上栅格板；2—横梁；3—铝螺柱；4—下栅格板；5—工艺管；6—活性区铝桶；7—探测器导管；8—温度计；9—水位保护装置；10—探测器导管；11—石墨反射层。

图 1-12　HWZPR 结构示意图

HWZPR 的回路系统包括重水回路系统和氮气回路系统。重水回路系统由事故排水容器、重水储罐、管道、定量加水容器、主泵、阀门等组成。氮气回路系统由氮气瓶、缓冲容器、干燥柱、管道、阀门等组成。

HWZPR 共进行了以下四个阶段的实验，均在极低功率（0～10 W）下运行。

1）第一期实验

该期实验目的是模拟和检验 827 堆的堆芯物理设计。实验测量了不同装载下的临界质量、中子注量率分布、控制棒价值等，实验研究历时 2 年多。实验采用 827 天然铀燃料元件。

从 1973 年至 1974 年，共进行了 59 次临界实验，累计运行时间为 410 小时。

2）第二期实验

该期实验目的是为 101 堆改建 ^{235}U 富集度为 3% 的金属铀元件而进行实验研究。先后采用（2%、3%）^{235}U 富集度的金属铀元件，在两种不同栅距（9.2 cm 窄栅格、13 cm 宽栅格）下开展了多种不同堆芯装载下的临界水位，功率分布和中子注量率分布，控制棒、同位素靶件和空腔的反应性效应等的测量。此外，为了校核燃料元件综合考验回路的物理计算，还进行了（2%、3%）^{235}U 富集度的金属铀元件考验回路的零功率模拟实验。

从 1975 年至 1977 年，共进行了 396 次临界实验，累计运行时间为 1 680 小时。

3）第三期实验

该期实验目的是检验 827 工程改为高浓铀堆芯物理设计而进行的实验研究。先后开展了净堆、非均匀栅的实验研究工作。在净堆方面，针对 3 种不同栅距（17 cm、15 cm 和 13 cm）开展了 4 种不同装载（其中 3 种为 15 根元件、12 根元件、5 根元件）方案的临界实验，并对典型的装载方案进行了轴向反射层节省和动态特征时间常数的测量。在非均匀栅方面，对 40 根元件和 56 根元件两种装载开展了不同吸收棒的临界实验，测量了中子注量率分布、轴向反射层节省、吸收棒和燃料元件的反应性效应，同时对典型的装载方案进行了中子温度和超热指标、动态特征时间常数的测量。

从 1978 年至 1986 年，采用 49－3 堆高浓铀燃料元件进行了 200 次临界实验，采用天然铀燃料元件进行了 109 次临界实验。

4）第四期实验

该期实验目的是深入研究重水堆特性。1988 年至 1996 年，采用天然铀元件共进行了 12 次临界实验。

1997 年，排出重水装入重水罐内。在总计不到 30 年的运行过程中，HWZPR 共进行了 776 次临界实验，共计运行时间为 3 796 小时。HWZPR 为我国核科学技术发展做出了重要贡献。

参考文献

[1] 李晨曦，伍浩松. 经合组织核能机构向二十国集团提交报告《碳循环经济中的核能》[R]. 北京：中核战略研究规划总院. https://www.atominfo.com.cn/zhzlghyjzy/yjydt/yjyxw/1155778/index.html，2021－11－08.

[2] International Energy Agency (IEA). World energy outlook 2018[R/OL]. https://www.doc88.com/p-6921788298714.html,2023-09-18.
[3] 连培生.原子能工业[M].北京:原子能出版社,2002.
[4] 中国核学会.2018—2020 核技术应用学科发展报告[M].北京:中国科学技术出版社,2021.
[5] 中国核能行业协会.中国核技术应用产业发展报告(2023)[R].北京:2023 核技术应用国际产业大会,2023-05-24.
[6] 张振华,陈明军.重水堆技术优势及发展设想[J].中国核电,2010(2):124-129.
[7] 阮养强,彭孝兴.CANDU 型核电站技术特点及其发展趋势[J].现代电力,2006(5):49-54.
[8] 郑利民,申森.重水堆核电厂乏燃料干式中间储存现状和技术[J].核安全,2005(1):39-44.
[9] 王小亮.重水反应堆简介[EB/OL]. https://wenku.so.com/d/903e71555217e5afcf9f6c611e3a72 1d.2023-06-30.
[10] 阮养强.CANDU 技术发展概况与趋势(CANDU Technology Development in Canada and Internationally) [EB/OL]. https://jz.docin.com/p-747471488.html, 2023-10-02.
[11] 徐侃.重水堆核电机组在当前核电市场的发展战略[D].上海:上海交通大学,2009.
[12] 田正坤,王孔钊,徐侃.秦山核电三厂氚内照射辐射防护[J].辐射防护通讯,2007,27(4):34-38.
[13] 仲言.重水研究堆[M].北京:原子能出版社,1989.
[14] 柯国土,石磊,石永康,等.中国先进研究堆(CARR)应用设计及其规划[J].核动力工程,2006(S2):6-10.
[15] 王玉林,朱吉印,甄建霄.中国先进研究堆应用及未来发展[J].原子能科学技术,2020(S1):213-217.
[16] 徐济鋆,Hedges R K. CANDU 堆发展的回溯与展望[J].核动力工程,1999,20(6):481-486.
[17] CANDU6 Program Team. CANDU6 technical summary[R]. Mississauga, Ontario Canada: Reactor Development Business Unit, 2005.
[18] Torgerson D F, Shalaby B A, Pang S. CANDU technology for Generation III+ and IV reactors[J]. Nuclear Engineering and Design, 2006, 236: 1565-1572.
[19] De S K. Operation and utilisation of low power research reactor critical facility for advanced heavy water reactor (AHWR)[C]//16th Meeting of IGORR, November 2014, Bariloche, Argentina.
[20] 秦山核电.档案见证秦山核电建设成就(三):"中加合作典范"篇[EB/OL].搜狐网,2018-06-18.[2023-10-02].
[21] 国际能源网.中加合作先进燃料坎杜重水堆(AFCR)[EB/OL].国际电力网:https://power.in-en.com/html/power-2215420.shtml,2014-11-13.
[22] 徐珍,左巧林,干富军,等.CANDU 6 重水堆乏燃料干式储存技术优化研究及应用[J].核科学与工程,2020,40(6):1065-1076.

第2章
重水堆堆芯及总体技术

堆芯是反应堆最核心的部分，在运行中承担着核反应的任务，其特性对于反应堆的安全性、经济性及先进性具有重要影响。由于研究堆用作中子源，而动力堆用作热源，因此，研究堆和动力堆的堆芯及总体技术差别较大。

2.1　重水研究堆堆芯及总体技术

重水研究堆因采用重水作为慢化剂、冷却剂或反射层，在反应堆总体技术、堆芯技术、材料及设备选型上有其鲜明的特点。

2.1.1　重水研究堆总体技术

重水研究堆设计方案千姿百态，运行方式多种多样，运行参数千差万别。下面从研究堆共性技术和重水研究堆特有技术两方面进行阐述。

2.1.1.1　研究堆共性技术

重水研究堆作为一种堆型的研究堆，与轻水、石墨等介质慢化的热中子研究堆一样，一般具有以下共性总体设计要求[1]。

1）研究堆具有鲜明的用途导向性

研究堆的用途非常广，可用于放射性同位素生产、燃料材料辐照考验、中子散射等多个领域。不同的用途需要配置不同的工艺流程，并选择不同的运行参数，世界上几乎不存在两座一模一样的研究堆。

对于同位素生产堆（包括中子辐照改性），需在堆芯或反射层中部署一定数量不同规格的垂直辐照孔道，对于中子辐照发热量大的同位素靶件，必要时还需要提供强制冷却条件或辐照循环回路，以保证靶件和反应堆运行安全；对于工程试验堆，需部署一定规格的垂直辐照孔道，并建立高温高压考验回路或瞬态考验回路，以建立燃料或材料在压水堆、沸水堆、铅铋堆等中的运行环境和运行条件；对于束流研究堆，需部署水平孔道以及密封屏蔽门，引出中子束流，以开展中子散射、中子照相、中子活化分析等。

研究堆一般涉及辐照样品的装卸，需配置可远距离操作、能精准定位的自动化工艺运输系统，包括悬臂吊车、跑兔装置、专用抓具、运输小车、运输通道，同时配置用于处理有放射性辐照样品的热室、半热室，或放射性同位素生产车间等。

2）研究堆设计追求不同能量中子经济性

研究堆是一个超强的中子源，关注中子的利用及其经济性，而不像核电站关注能量的利用及其经济性，因此，研究堆堆芯及一回路热工采用低参数设计以简化系统，从而显著降低投资。运行功率从数瓦到 200 MW，运行温度一般为数十摄氏度，运行压力从常压到稍加压。

研究堆不像动力堆采用强迫循环三回路型设计，对于小功率研究堆不设强迫循环冷却剂系统，而通过池式自然循环去冷却堆芯；对于高功率研究堆，则采用强迫循环两回路型设计，一般不设置中间的二回路（蒸汽回路或热传递回路），仅设置封闭一回路主冷却剂系统以冷却燃料和堆芯，设置相当于核动力堆三回路的冷却回路（带冷却塔和冷却水池），通过冷却回路将堆芯产生的热量直接排到环境中，保持反应堆和相关设备的温度和压力稳定。研究堆的冷却回路一般采用闭式强迫循环方式，把热交换器排出的水经过冷却塔降温之后，再用二次冷却水泵送回热交换器入口重复使用，以便可将研究堆建在非滨海、滨河之地。

不同能谱中子有不同的用处，如快中子可用于材料辐照考验、超钚元素生产，超热中子可用于硼中子俘获治疗（Boron Neutron Capture Therapy，BNCT）、单晶硅中子嬗变掺杂及宝石辐照改色等，热中子用于燃料考验、放射性同位素生产及热中子散射、热中子活化分析，冷中子或超冷中子用于冷中子散射、冷中子照相等。为了利用不同能谱的中子，必须将反应堆产生的中子进行空间分离，需要在堆芯或反射层配置烫中子源、冷中子源及超冷中子源，并在设计上保证中子可利用空间的最大化[2]。

3）研究堆实施分类管理

研究堆设计和运行需遵循《中华人民共和国核安全法》《中华人民共和国民用核设施安全监督管理条例》《研究堆设计安全规定》《研究堆运行安全规定》、GB 18871—2002《电离辐射防护与辐射源安全基本标准》等要求。在此基础上鉴于不同类型研究堆之间存在重要差异，对研究堆实施安全分类管理[3-4]。研究堆的分类主要依据其功率、剩余反应性，以及裂变产物总量。研究堆安全分类有助于管理和监督不同类型的研究堆，确保其在科学研究活动中的安全有效运行。

4）研究堆选址总体要求[5-8]

与动力堆相比，研究堆的功率、堆芯大小和裂变产物总量相对较小，其假想事故对环境引起的放射性物质释放也较少，因此，需要与之相适应的选址条件，以便降低投资和风险，并方便研究人员的使用。

不像动力堆那样在水源利用、电网连接、基础承载力、大件运输条件、人口密度等方面受到限制，研究堆厂址可以选择在外部自然灾害和人为事件影响较小的地区。然而厂址对设施的影响必须考虑，必须评价在该厂址地区可能发生的极端自然灾害和外部人为事件，反应堆必须预防这些事件的影响。目前通常参照 IAEA－TECDOC－403《研究堆厂址选择》和 HAF J0005《研究堆选址》开展研究堆选址，并编写相应的评价报告。先按照简化的保守方法选取地质灾害、地震、风和气旋、龙卷风、洪水位、雪荷载，以及固定爆炸源、活动爆炸源、危险气团源及飞机坠毁等设计基准，对其进行分析评价，必要时采用更精细的评价方法以确定设计基准，防止太过保守。

5）研究堆厂房布局

厂房布局没有严格要求，研究堆总平面及厂房布局设计的原则是更高效的操作和更高的安全性，一般遵循以下准则。

（1）合理区分放射性与非放射性的建筑物，使得净区与脏区严格分开，脏区尽可能置于主导风向的下风侧，以减少放射性污染。

（2）满足研究堆实验或生产工艺流程的要求，便于设备运输，减少厂区管线的迂回和纵横交叉。

（3）合理布置电源及供电设备，以减少电缆总量，降低造价。

（4）厂房布置以反应堆厂房为中心，辅助厂房，导管大厅、热室等相关厂房均环绕在反应堆厂房的周围，并尽可能使得厂房布置紧凑，减少占地面积。

2.1.1.2 重水研究堆特有技术

重水很贵，为防止泄漏，其容器需要有较好的密封性，同时，需要设置重水净化、浓缩系统，复用重水。重水受辐照后会分解成氘和氧，氘和氧积累到一定程度就会爆炸，需要有防爆装置及工艺系统，并回收重水；同时，重水中的氘辐照后被活化产生氚，需要严格监测，以保护反应堆工作人员及公众。可见，与轻水研究堆相比，重水研究堆需采用高性能的密封结构，与重水相关的工艺系统设计更复杂，操作和维护也更复杂，因此，造价可能更高。重水及相关工艺和监测流程如图 2-1 所示[9]。

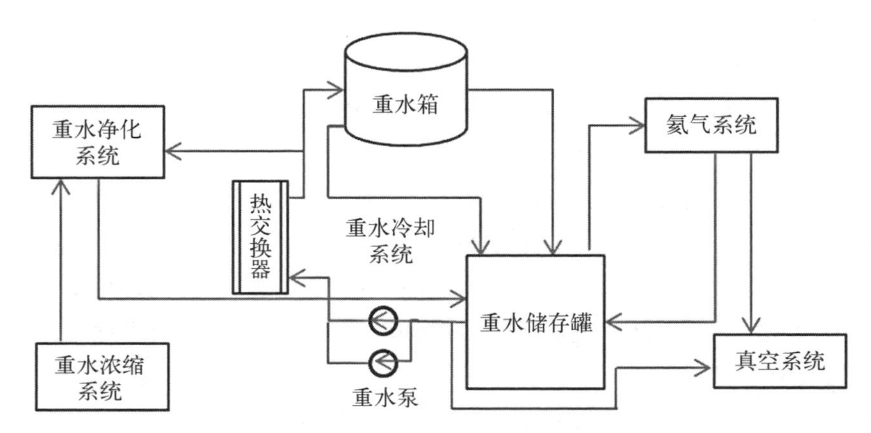

图 2-1　重水相关工艺系统流程示意图

1) 重水密封储存系统

采用重水作为冷却剂、慢化剂或反射层材料，主要就是利用重水良好的中子经济性。为保证中子经济性，必须确保重水的品质。首先必须将重水放在密封容器内，并用高纯氦气覆盖重水水面，以免与空气及其他介质接触，导致重水品质尤其重水浓度降低，如图 2-1 中的重水箱、重水储存罐。

2) 重水冷却系统

反应堆运行时，重水储存罐中的重水经重水泵进入重水热交换器的一次侧，将热量传给二次冷却水后流进重水箱，通过重水箱的出口再溢流入重水储存罐，形成重水循环回路。

重水冷却系统设计时还考虑到下列因素。

(1) 在堆水池内的重水压力低于相应的池水压力，以防止发生泄漏时重水漏出，污染环境。

(2) 重水热交换器二次水侧压力高于重水侧压力，以保证发生泄漏时二次水侧漏入重水，使环境不受污染。

3) 氦气系统

设置氦气系统主要功能如下。

(1) 用氦气作为载体将重水箱及重水储存罐内的爆炸性气体带出并将其合成重水回收。

(2) 向重水箱和重水储存罐提供氦气覆盖,以确保重水纯度。

(3) 必要时可向氦气系统补充氧气,以确保氘、氧的合成。

(4) 必要时氦气系统提供一定压力的氦气用于将重水收集罐的重水输送至重水储存罐。覆盖重水的氦气从重水箱出来后先进入重水储存罐气腔,然后进入氦气系统除去爆炸性气体后由鼓风机送回重水箱。

4) 重水净化系统

设置重水净化系统主要用来净化反应堆重水,减少重水中腐蚀产物等杂质的含量,使其符合水质指标,降低重水放射性水平;去除反应堆重水中的有害杂质和维持适宜的 pH 值,从而降低结构材料的腐蚀速率和避免局部腐蚀;如果反应堆重水浓度需要升级,可通过该系统去除重水中的腐蚀产物和放射性物质,而后进行重水浓缩处理。在向反应堆补充新重水时,可进行预处理使充入的重水符合水质指标。重水净化系统一般采用随堆运行方式,从重水冷却系统热交换器出口总管引出小流量进入净化系统,从而保持反应堆中重水的品质。

5) 重水浓缩系统

在重水研究堆运行时,重水可能会被不同程度地稀释,如密封破坏时空气中的水汽进入重水系统、设备检修时排出重水、重水净化系统氘化树脂造成部分重水稀释、设备故障使重水漏出堆外等。被稀释降级的重水需通过重水浓缩系统再浓缩,以便复用。

但相比 CANDU 核电站,重水研究堆的重水用量少,重水浓缩采用不随堆运行的电解法而不采用随堆运行的精馏法。当 CARR 重水浓缩系统生产的高浓重水向重水冷却系统补水时,先经过净化系统净化后再输送到重水冷却系统重水储存罐。反之,当重水冷却系统的重水浓度需要升级时,同样经过重水净化系统后再进入重水浓缩系统。

6) 真空系统

设置真空系统是为重水冷却系统和氦气系统提供服务的,如检查重水系统和氦气系统的密封性,在重水和氦气系统充重水和氦气之前抽真空以保持重水和氦气的纯度,以及在重水和氦气系统的管道与设备检修前,在排空重水和氦气后抽真空,以排除其中的放射性气体并回收部分重水。

7) 重水研究堆氚监测及防护措施

在重水研究堆中作为慢化剂、冷却剂或反射层的重水是生成氚的主要来源。相比轻水研究堆,重水研究堆厂房及附近区域的氚浓度可能更高,必须设立氚防护措施以减少氚的泄漏,同时设立监测系统在线严格监测氚浓度,以保护反应堆工作人员及公众的安全。

控制重水泄漏和在最短时间内收集重水，能最大限度地降低厂房内及环境的氚浓度。主要的措施如下[10]。

（1）选用低泄漏率的部件，取消不必要的机械连接部件，如用焊接替代法兰连接。

（2）采用引漏措施，在可能泄漏重水的区域建立收集桶（地坑），及时收集泄漏的重水。

（3）对与重水有关的泵、阀门及热交换器建立密闭围体，围体内压力低于反应堆厂房的气压，以防止重水系统中的氚蒸气扩散到厂房甚至环境中。

（4）建立和控制厂房的通风流量及流向，使无污染的空气流向具有潜在污染的区域或污染区，并在反应堆厂房入口加入干燥剂，降低重水浓缩系统重复干燥的负担。

（5）对一些经常进行重水取样操作和样品分析的点建立负压通风柜。

2.1.2 重水研究堆堆芯技术

重水研究堆堆芯技术与动力堆堆芯技术有较大的不同。在设计理念上，动力堆追求标准化、商业化，而研究堆很难标准化，更多体现用户需求的个性化；在设计目标上，动力堆追求能量利用的经济性，而研究堆追求中子利用的经济性。一般而言，研究堆堆芯组成更复杂，为获得高中子注量率，往往采用特殊的燃料、结构材料、吸收材料、屏蔽材料、反射材料等。研究堆按照中子注量率的高低可以分为低通量堆（小于 $10^{13}\ cm^{-2}\cdot s^{-1}$）、中等通量堆和高通量堆（大于 $10^{14}\ cm^{-2}\cdot s^{-1}$），尤以高通量堆堆芯的技术难度大。下面主要以高通量多用途重水研究堆为对象介绍其堆芯技术。

2.1.2.1 设计目标和技术指标

重水研究堆堆芯设计的目标是在尽可能低的功率密度和总功率水平下，达到尽可能高的中子注量率水平，常包括以下主要技术指标：

（1）高中子注量率。

（2）高研究堆优点指标（单位功率中子注量率）。

（3）实现中子能谱空间分离，可在不同区域获得用户所需能谱的中子，如快中子、超热中子、热中子及冷中子。

（4）形成中子阱，局部区域获得中子注量率峰值。

（5）中子利用空间尽可能大。

当然,除了上述与中子注量率有关的技术指标外,还有负温度反应性系数、非能动余热导出、辐射防护最优化等有关核与辐射安全方面的设计要求。

2.1.2.2　中子注量率设计

为实现上述设计目标和技术指标,在堆芯物理设计上常采用一些不同于动力堆的理念和方法。

1) 紧凑堆芯设计

要实现紧凑堆芯,在设计上通常的方法有如下几种:

(1) 采用较高的铀富集度燃料或较高的铀密度燃料,以保证较小的临界质量和临界体积。

(2) 减少中子泄漏的设计,常采用重水、石墨、铍等作为反射层。

(3) 减少无效中子吸收设计,常采用低吸收截面的燃料包壳及结构材料。

(4) 减少结构占空设计,如采用控制棒跟随燃料,尽可能减少结构材料的体积。

2) 高堆芯功率密度设计

在紧凑堆芯的基础上,要进一步提高中子注量率,最直接的方法是提高堆芯功率密度。因此,这类高通量堆的燃料功率密度很高,有效带出热量、冷却堆芯,以及燃料元/组件的结构形状成为堆芯设计的关键。

(1) 将堆芯置于压力容器内,采用强迫循环方式冷却堆芯,可提高燃料元件表面的允许温度,从而进一步提高燃料元件表面热负荷和中子注量率水平。

(2) 增加燃料元件或燃料组件的换热面积,常采用板状燃料(平板、弧板、渐开线板)、十字螺旋燃料等。

该类研究堆可以在燃料区域形成中子阱,一般称之为“内中子阱”。内中子阱堆虽然可以获得高中子注量率,但该类型堆可使用高热中子注量率区域的空间较小,如要增加可利用空间,就会使得堆芯不够紧凑,且使中子注量率降低。法国的 Orphee、阿尔及利亚的 ES-SALAM 以及我国的 101 堆均是该类型典型的重水研究堆。

3) 反中子阱设计

堆芯区域高度欠慢化、能谱硬、平均裂变截面小,堆芯具有较高的快中子注量率,采用重水作为反射层,从堆芯区域泄漏出来的快中子在反射层内得到充分慢化,反射层具有较高的热中子注量率,这种设计称为反中子阱设计[11-12]。反中子阱设计可使得中子能谱实现空间分离,而且高热中子注量率区域的空间较大。通常有两种堆型:一是反中子阱池式堆。堆芯直接置于水池深处，用一个容器将堆芯围起来，形成冷却剂通道，采用强迫循环冷却堆芯。澳大利亚的 OPAL、德国的 FRM-Ⅱ、日本的 JRR-3M、韩国的 HANARO 以及我国的 CMRR 是该类型典型研究堆。二是反中子阱稍加压池罐式堆。在堆芯外加一个小型压力罐，采用稍加压设计，可提高堆芯功率密度，提高燃料元件表面的允许温度，从而进一步提高燃料元件表面热负荷，以及燃料区和反射层区中子注量率。而重水箱仍为常压运行，便于更换靶件等操作。法国劳厄-朗之万研究所高通量反应堆、我国的 CARR 是该类型典型的研究堆。

2.1.2.3 反应性控制设计

研究堆的运行方式灵活多样，在反应性控制设计上呈现与动力堆不同的以下特点。

1）小剩余反应性设计

为减轻反应性控制设计的难度，研究堆一般不采用长周期换料方式，大多研究堆的换料周期为 1 个月左右，因此，装料或换料后初期的剩余反应性较少。

2）无可溶硼反应性控制设计

由于重水研究堆换料周期初剩余反应性小，为简化工艺系统设计和运行，一般采用无可溶硼堆芯设计，而不像压水堆核电站采用含硼酸的冷却剂，以补偿慢变化的反应性。

3）无可燃毒物反应性控制设计

同样由于重水研究堆换料周期初剩余反应性小，无须采用可燃毒物压制剩余反应性。但随着燃料中铀密度的提高以及换料周期的延长，也有个别研究堆，如日本 JRR-3M 采用在燃料组件结构材料中埋镉丝，或在燃料组件结构材料中添加硼（如硼铝板），以抑制寿期初的剩余反应性。

4）多类型大当量控制棒设计

首先，根据研究堆不同反应性控制功能需要，常将控制棒分为补偿棒、调节棒和安全棒。

其次，研究堆的控制棒不像压水堆核电站将控制棒与燃料组件进行一体化设计，常采用分立的单棒设计，而且为了减少控制棒占位，尽可能减少控制棒根数，因此，每根控制棒的反应性当量较大，如采用镉、碳化硼、铪等大吸收截面作为吸收体材料，以保证反应性当量及寿命。

5）两套独立的停堆系统设计

根据《研究堆设计安全规定》（HAF 201）要求，需要有两套独立的停堆系统。因此，研究堆的安全棒和调节棒、补偿棒常采用不同驱动原理，以保证其独立性。有些大功率的重水研究堆还增设排重水系统作为另一套独立的停堆系统，以提高停堆的可靠性。

2.1.2.4　堆芯热工水力设计

与锅炉燃烧原理不同，核裂变反应可以在任何温度下发生，如果对需要供应热量的品质没有要求，反应堆可在常温常压、低温低压及高温高压条件下工作。重水研究堆与其他介质的研究堆一样，作为中子源应用，追求的是中子的品质，所以常采用低热工参数设计，这样能简化反应堆结构与系统，提高安全性并可大大降低造价。根据研究堆设计技术指标，尤其是堆芯功率密度的水平，来确定堆芯热工水力设计参数。

1）常温常压设计

对于低通量重水研究堆，堆芯为常温常压封闭系统，尽可能通过自然循环带出热量。

2）低温低压设计

对于中等通量、高通量重水研究堆，由于堆芯功率密度较高，为提高燃料包壳耐受温度，冷却剂系统采用微压（数百千帕），甚至低压（1～2 MPa），设计温度一般为数十摄氏度（一般不超过 60 ℃），但慢化剂系统和反射层系统仍为常压设计。

2.1.3　典型重水研究堆举例

研究堆应更多体现用户的个性化需求，一般来说没有两座一模一样的研究堆。为了更加具体准确了解重水研究堆的堆芯及总体技术，下面以 CARR 为例进行阐述。

2.1.3.1　CARR 总体技术

CARR 是一座以板式 $U_3Si_2Al_x$ 为燃料、轻水冷却与慢化、重水反射的池内罐式反中子阱型多用途高通量研究堆。它由反应堆本体、工艺系统及先进实验设施组成。

CARR 由反应堆厂房、运行楼、辅助厂房、中子导管大厅、排风中心及双曲冷却塔等组成。其厂房布局如图 2-2 所示。从图可知，该布局符合 2.1.1.1 节中关于研究堆布局的准则。其中反应堆厂房是 CARR 平台的关键，它属于核级厂房，而且有密封要求，如图 2-3 所示。从上至下看，最顶层为堆顶实验大厅，除布置多功能装卸料机外，还布置冷中子源（简称冷源）的冷却系统；其次是主工艺间，包括主冷却剂系统、应急堆芯冷却系统，该层标高为+7.00 m，高于反应堆顶平面(+1.50 m),在发生冷却剂丧失事故时,保证反应堆不裸露;再次是物理实验大厅,布置各种中子谱仪;最底层是辅助工艺间和中低放暂存间,以及用来布置控制棒驱动机构的堆底小室。另一个重要设施即中子导管大厅需要紧邻物理实验大厅,但又不属于反应堆厂房,这种布置既便于高效引出中子束流,又可减少反应堆厂房的占地面积,以降低造价。CARR 物理实验大厅及中子导管大厅内实验设施布局如图 2-4 所示。

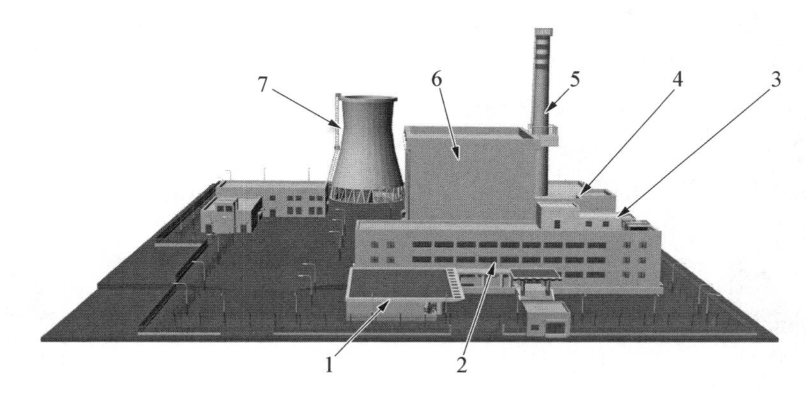

1—报告厅;2—运行楼;3—辅助厂房;4—导管大厅;5—排风烟囱;6—反应堆厂房;7—冷却塔。

图 2-2　CARR 厂房布局

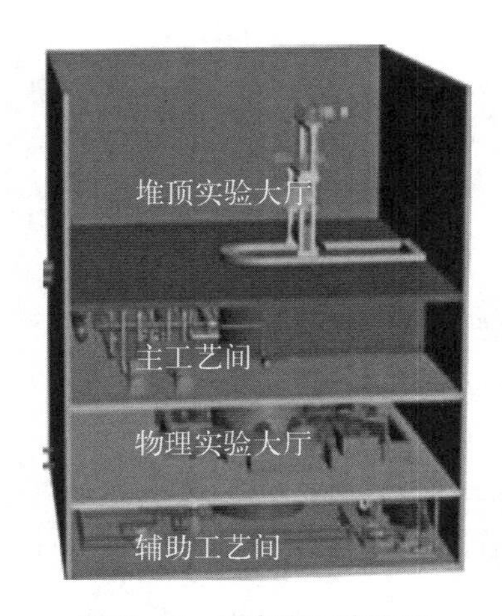

图 2-3　反应堆厂房布局

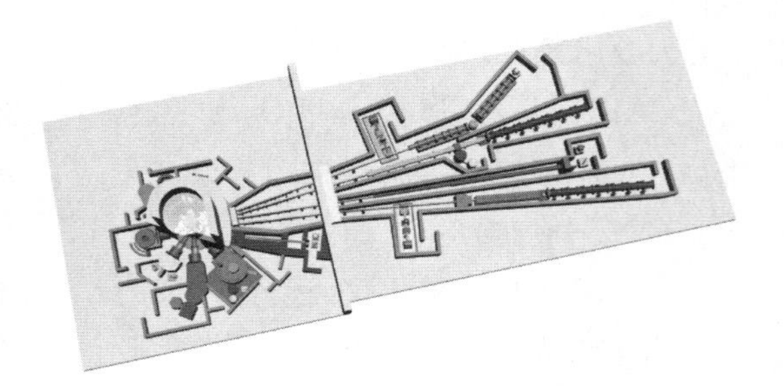

图 2-4　物理实验大厅及中子导管大厅布局示意

2.1.3.2　CARR 堆芯

CARR 堆芯活性区由 17 盒标准燃料组件和 4 盒跟随燃料组件组成。控制棒与跟随燃料组件连接一体，分为补偿棒和调节棒。另外还有 2 根安全棒，倾斜 2°布置在重水箱中。在堆芯活性区外堆芯容器内布置 4 个材料辐照孔道，在重水反射层中布置 21 个垂直孔道和 9 个水平中子束流孔道，在水池中布置 1 个大直径的单晶堆孔道。CARR 堆芯布置如图 2-5 所示。CARR 堆芯最重要的特点是堆芯高度紧凑、堆芯功率密度高、采用反中子阱设计。

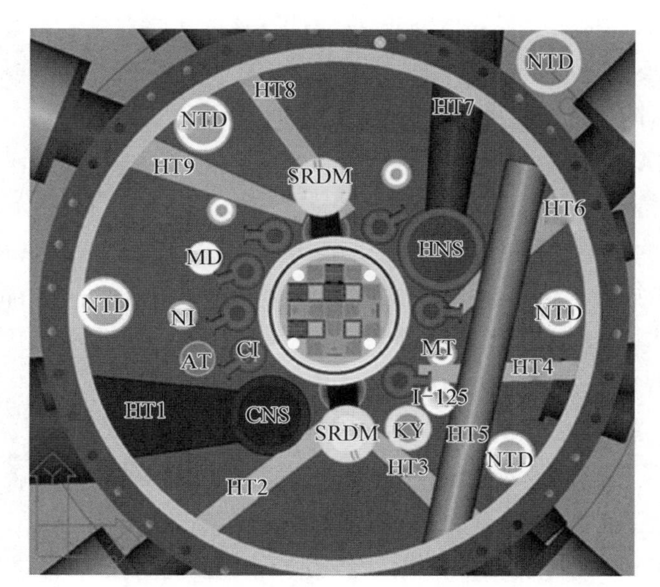

CNS—冷源垂直孔道；HNS—烫源垂直孔道；SRDM—安全棒驱动机构；MT—材料辐照监督管；I-125—^{125}I 垂直孔道；KY—考验回路孔道；NTD—单晶硅孔道；MD—裂变^{99}Mo 孔道；AT—INAA 垂直孔道；CI—水冷同位素孔道；NI—同位素孔道；HT1—冷源水平孔道；HT2—多过滤束水平孔道；HT5—长切向水平孔道；HT7—烫源水平孔道；HT3、4、6、8、9—热中子束水平孔道。

图 2-5　CARR 堆芯布置示意图

1）堆芯高度紧凑

CARR 堆芯等效直径为 399.2 mm。除控制棒外，堆芯内没有布置其他非燃料组件或实验孔道，而且控制棒下跟随燃料组件，以进一步减少非燃料组件占位，减少堆芯尺寸。同时，还将安全棒布置在重水反射层中。

2）高堆芯功率密度[13]

CARR 堆芯平均功率密度为 563.9 kW/L，是一般大型百万千瓦压水堆（约为 105 kW/L）的 5～6 倍，这是保证获得高中子注量率的前提条件，同时，也给燃料组件、反应堆热工水力设计及安全设计带来严峻挑战。

3）反中子阱设计[12]

在上述两个CARR堆芯设计特点的基础上，堆芯活性区采用欠慢化设计，采用重水作为反射层，这样可以在反射层中形成热中子阱（热中子注量率峰），而且高中子注量率空间大，便于布置各种实验孔道和水平中子束流孔道。

反中子阱设计有两大好处：一是位于反射层区域的实验孔道和水平中子束流孔道开展各种实验，甚至是涉及反应性变化的实验对堆芯的影响很小，这有利于保证反应堆的安全性；二是便于引出水平中子束流孔道，而不破坏反应堆压力边界，同样对反应堆安全有利。

2.1.3.3　CARR堆本体结构

堆本体是为实现链式裂变反应提供中子源（中子束流）的核心设备，是保证堆芯结构完整性、可靠停堆、堆芯余热导出、放射性物质包容、辐射屏蔽安全，满足核设计物理特性要求、实现高性能多用途等功能的核心部件集合体。堆本体设计应实现的目标和功能如下：

（1）在结构上满足堆芯核设计要求。

（2）确保各种工况下燃料组件在堆内的可靠定位。

（3）提供相当数量的，能满足反应堆应用的多种孔道。

（4）保证在所有工况下实现安全停堆、导出堆芯余热。

（5）保证不同介质间的密封性，力求最大限度地包容放射性物质。

CARR采用池罐式结构，堆本体中的主要设备和堆芯浸没于堆水池中，堆水池内径为5.5 m，水位标高为13.2 m。堆本体的核心部件堆芯构件需设计成可更换的，这就要求总体布置上需实现深水换料和远距离更换设备，同时堆内存在多处不同介质（重水、轻水及氦气）的交界面，需要统筹布局多个水平孔道及垂直孔道，这无疑为堆本体设计增添了难度。堆本体结构主要由衰变箱、堆水池钢衬里、重水箱、导流箱、堆芯构件、控制棒驱动机构、安全棒驱动机构、水平孔道、垂直孔道等组成。CARR堆本体组成及结构布置如图2-6所示。

在上述设计中有两点是非常有特色的[13]：一是在衰变箱上设两个滤网，不仅可以提供自然循环的通道，具有在严重事故下实现堆芯冷却的作用，而且主回路通过滤网与池水相通，可充分发挥池式堆的固有安全性；二是将控制棒驱动机构布置在堆芯底部，以留出活动空间供堆顶进行各种操作。

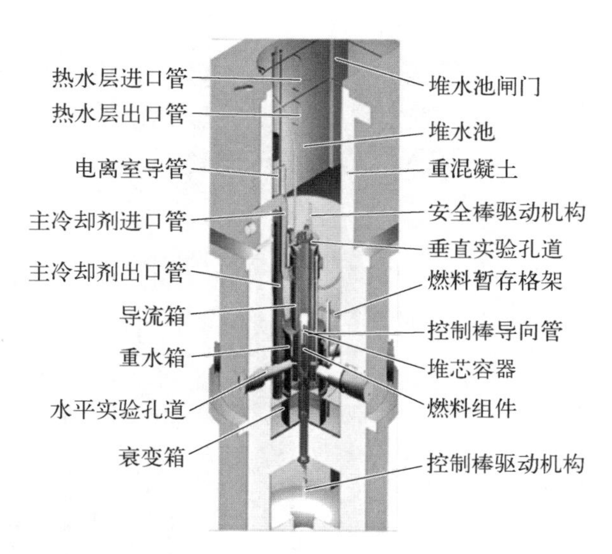

图 2-6　CARR 堆本体结构

2.2　CANDU 堆堆芯及总体技术

CANDU 核电厂包含三部分：利用原子核裂变产生蒸汽的核岛（nuclear island，NI）、利用蒸汽发电的常规岛（conventional island，CI）和其他外围设施（balance of plant，BOP）。其中的常规岛和外围设施与压水堆核电厂的没什么差别，其主要差别在于核岛，尤其是体现在堆芯上。

2.2.1　CANDU 核电厂总体技术

CANDU 核电厂总体技术包括反应堆发电工艺流程、核蒸汽供应系统、厂房布置技术及燃料循环技术。

2.2.1.1　CANDU 核电厂发电工艺流程

CANDU 核电厂以 CANDU 型重水堆为动力源。核裂变反应在堆芯中进行，产生的能量主要释放在核燃料棒内。经主热传输泵加压的重水冷却剂从核燃料棒的表面快速地冲刷流过，同时不断地把热量带走，高温、高压重水冷却剂在蒸汽发生器的 U 形管内快速流过时不断地把热量传递给管子外侧的水，而水沸腾所产生的高温、高压水蒸气推动汽轮机，从而带动发电机发电。CANDU 核电厂的发电流程如图 2-7 所示[14-16]。与压水堆核电厂一样，CANDU 核电厂也设有三个回路，即一回路、二回路和三回路。

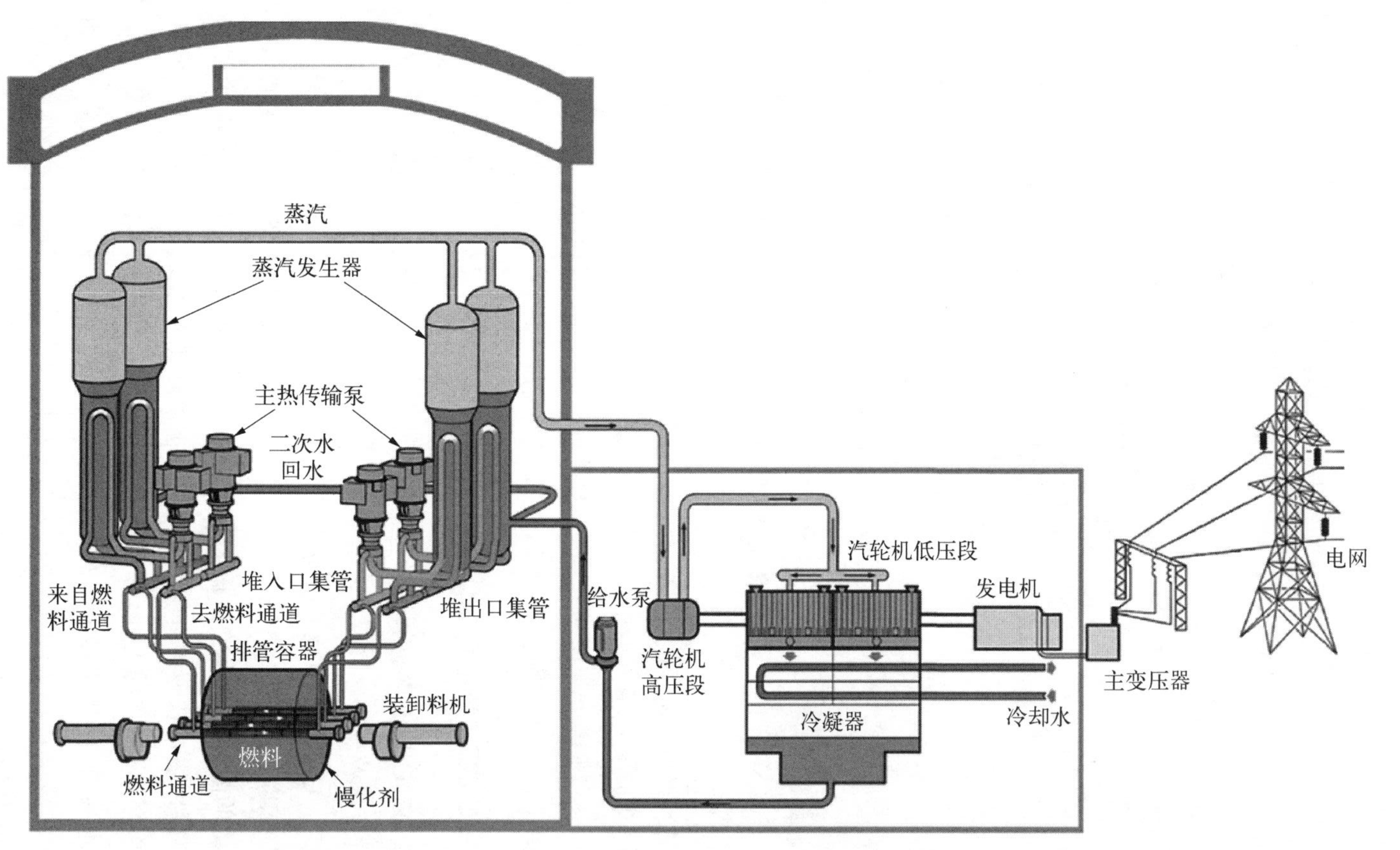

图 2-7 CANDU 核电厂发电流程示意图

一回路为反应堆冷却剂系统。主要由反应堆堆芯、出堆集管、主热传输泵(主泵)、蒸汽发生器(U形管内,也称一次侧)、入堆集管、稳压器(图2-7中没有显示)及管道等组成,一回路中的介质为重水。核裂变反应在堆芯中进行,产生的能量主要释放在核燃料棒内。一回路重水冷却剂从核燃料棒的表面快速地冲刷流过,同时不断地把热量带走,一回路为封闭回路,重水冷却剂被封闭在一回路内往复循环,因此通常不需要额外补水,但为避免重水水质恶化也需要持续对其做必要的净化处理。一回路的作用是将CANDU堆芯产生的热量传递给二回路,同时对堆芯进行冷却。

二回路为蒸汽产生回路。主要由蒸汽发生器(二次侧)、汽轮发电机组、冷凝器、给水泵及管道等组成,二回路中的介质为轻水。二回路同样是封闭回路,其轻水在由蒸汽发生器、汽轮机、冷凝器和主给水泵组成的密封系统内循环流动,不断重复由水变成高温蒸汽、蒸汽做功、乏汽冷凝成水,水再变成高温蒸汽的过程。为减少二回路水对蒸汽发生器等设备和管道的腐蚀,也需要适当加入联氨(弱碱性),并通过除盐、除铁及离子交换树脂等装置进行在线水质处理。在二回路循环过程中,二回路的水从蒸汽发生器获得的能量的约1/3交给汽轮机做功,带动发动机发电。

三回路为循环冷却水系统。主要由冷凝器、循环水泵等组成。三回路分为开式供水和闭式供水。前者是指以江河湖海为水源,冷却水一次通过,不重复使用。该方式进水水温低,利于机组经济运行,且系统简单,投资较低,但易造成“热污染”。后者是指以冷却水池为水源,把由冷凝器排出的水,经过冷却降温之后,再用循环水泵送回冷凝器入口重复使用。一回路的作用是对二回路的水进行加热,使其变成蒸汽,而三回路的作用正好相反,是对二回路做完功的蒸汽(乏汽)进行冷却,使其变成水,三回路实质上就是将二回路乏汽中难以利用的热量排到环境中。

从上可知,一回路系统的重水冷却剂与二回路水是完全隔离的,三回路的水与二回路水也互不接触,回路之间只有热量交换而没有物质交换,这就是所谓的“间接循环”。采用间接循环具有使二回路系统、三回路系统甚至环境均免受放射性沾污的优点。

2.2.1.2 核蒸汽供应系统

在核电厂的所有系统中,利用核燃料的裂变能转变为蒸汽热能以供给汽轮机做功的相关系统又合称为核蒸汽供应系统。它是核电厂的核心系统。CANDU 6的核蒸汽供应系统包括380个燃料通道(压力管)、一回路系统以及支持一回路系统正常运行和保证反应堆安全并直接与一回路相连接的主要核辅助系统等。CANDU 核电厂的核蒸汽供应系统流程如图 2-8 所示[16-17]。其中由 380 个燃料通道构成的 CANDU 堆堆芯技术将在下一节介绍。

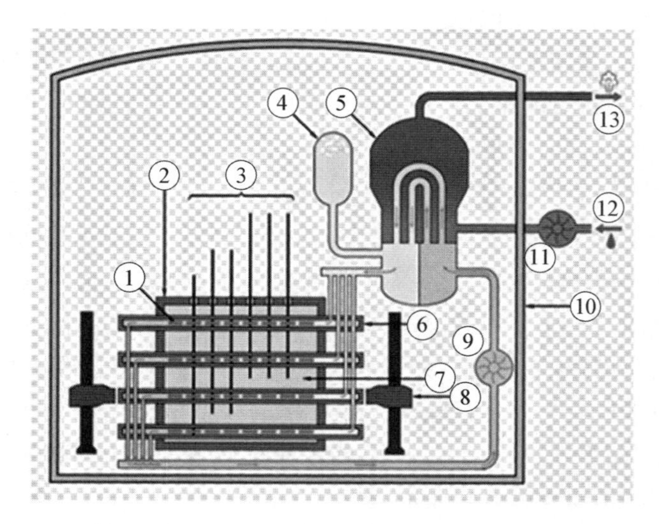

1—燃料棒束；2—排管容器；3—控制棒；4—稳压器；5—蒸汽发生器；6—压力管；7—重水慢化剂；8—装卸料机；9—主热传输泵；10—安全壳；11—轻水冷却泵；12—冷却水；13—蒸汽。

图 2-8　CANDU 核电厂的核蒸汽供应系统流程

核蒸汽供应系统设备庞大，系统复杂，设计制造较难，价格昂贵。20 世纪 80 年代以来趋向于大型化，减少一回路的并联环路数目，并使设备标准化。如 1 200 MW 电功率的压水堆核蒸汽供应系统采用 4 个并联环路，900 MW 电功率的核蒸汽供应系统采用 3 个并联环路。同样，CANDU 6 核电厂的电功率为 728 MW，采用 2 个并联环路。以至于每个环路单元的功率标准化，使它们的单个设备可以通用，从而降低造价。CANDU 核电厂的核蒸汽供应系统的设备布局如图 2-9 所示。

为更清楚阐述 CANDU 核电厂核蒸汽供应系统布局特点，将其与压水堆(PWR)做个比较，如图 2-10 所示。由图可知，两类核电厂核蒸汽供应系统流程及布局均非常类似，只是反应堆本体的结构及一回路系统的运行参数不同。CANDU 型核电厂的反应堆为一个卧式排管容器，而压水堆核电厂的反应堆为一个立式的压力容器。另外，CANDU 堆堆芯和一回路所有带核的设备完

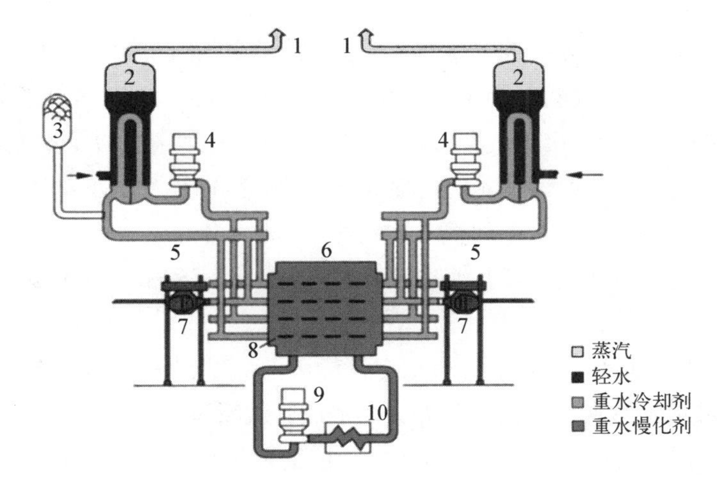

1—主蒸汽管道；2—蒸汽发生器；3—稳压器；4—主泵；5—燃料通道；6—排管容器；7—装卸料机；8—燃料；9—慢化剂泵；10—慢化剂热交换器。

图 2－9　CANDU 核电厂的核蒸汽供应系统布局示意

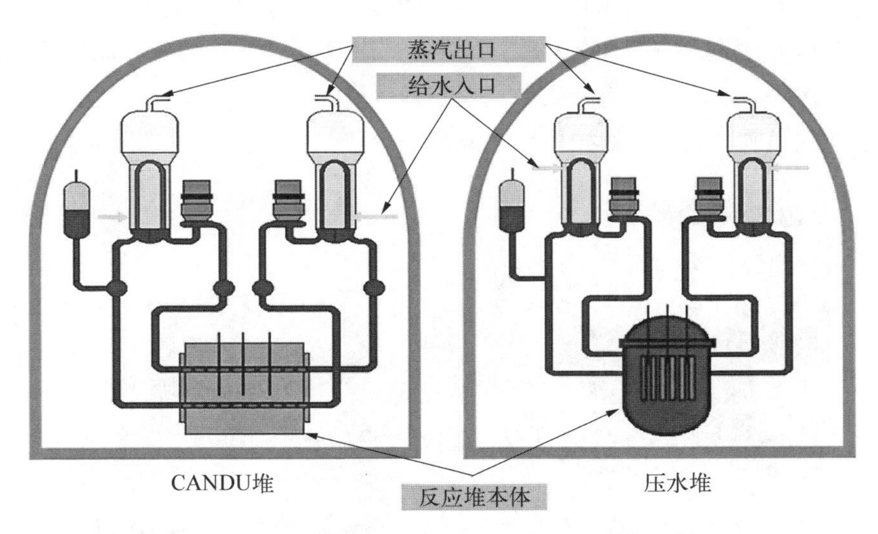

图 2－10　CANDU 堆与压水堆核蒸汽供应系统比较

全被包容在安全壳内，使其与二回路汽轮发电机系统以及环境隔离。所以，CANDU 核电厂实际上是一种广义上的压水堆核电厂，只是压力比压水堆的略低，一般为 100 个大气压。

2.2.1.3　*CANDU 核电厂厂房布置*

CANDU 核电站设置有各种系统为反应堆和汽轮机发电机组配套设施服务，其中包括重水堆热传输系统及各辅助系统、重水堆慢化剂系统及辅助系统、重水管理系统、重水堆安全系统、放射性废物处理系统，以及主蒸汽系统、主给水系统、冷凝水系统、循环冷却水系统等。CANDU 核电站总平面及厂房布局设计的原则是更高效的操作和更高的安全性，一般遵循以下准则[16-18]。

(1) 合理区分放射性与非放射性的建筑物，使得净区与脏区严格区分，脏区尽可能置于主导风向的下风侧，以减少放射性污染。

(2) 满足核电站生产工艺流程的要求，便于设备运输，减少厂区管线的迂回和纵横交叉。

(3) 反应堆厂房、核辅助厂房和燃料厂房都应设在同一基岩垫层上，防止因厂房承载或地震所产生的沉降差异而造成管线断裂。

(4) 厂房布置以反应堆厂房为中心，核辅助厂房、燃料厂房、主控制楼和应急柴油机厂房均环绕在反应堆厂房的周围。对于多堆核电站也可采用对称布置，并共用部分辅助厂房。

典型的 CANDU 核电厂厂房布局如图 2-11 所示。以圆柱状安全壳即反应堆厂房为核心，在其周围围绕有核辅助厂房、燃料厂房、电气控制厂房及汽轮机厂房等。反应堆厂房与汽轮机厂房成 L 形布置，占地比较紧凑。工厂布局设计的原则是更高效的操作和更高的安全性，通过距离或高程(不同高度)

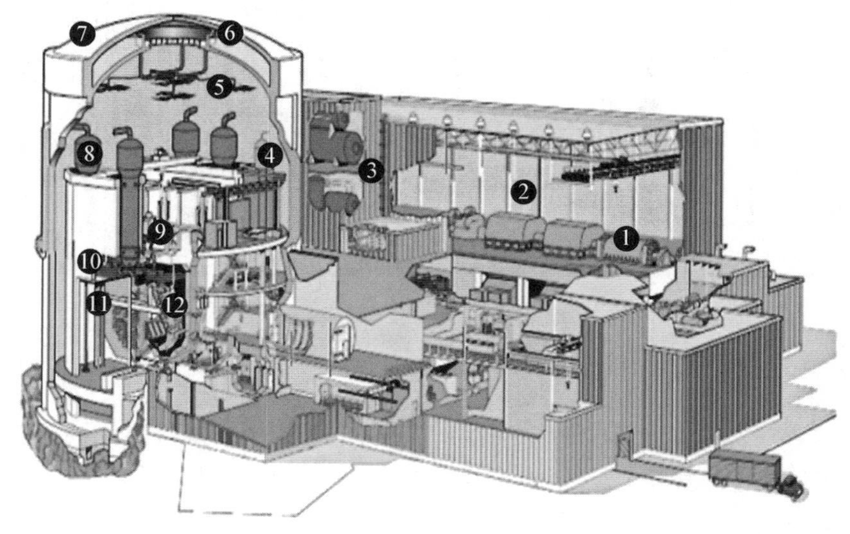

1—汽轮发电机；2—汽轮机厂房；3—核辅助厂房；4—稳压器；5—安全壳喷淋系统；6—反应堆厂房；7—保存水箱；8—蒸汽发生器；9—主泵；10—主热传输系统；11—装卸料机；12—排管容器。

图 2-11 CANDU 核电厂厂房布局

实现隔离,并采用与安全相关的构筑物、系统和部件的屏障以期改善防护和安全性。实物保护系统按照最新标准设计以满足应对潜在共模事件(即火灾、飞机坠毁和恶意行为)。

双堆布置的厂房布局如图 2－12 所示。双堆电站占地 48 000 m^2,包括两个反应堆厂房、两栋核辅助厂房、两栋汽轮发电机厂房、两栋高压应急堆芯冷却系统厂房、两栋二回路控制厂房及一栋重水升级厂房。两个机组的工厂布局旨在实现最短实际施工期,同时机组间相互提供支持,以实现更短的维修时间以及更长的大修间隔。建筑物布置尽量减少施工过程中的干扰,并保证模块组件现场制造时间。开放式顶部结构(在将反应堆厂房的屋顶放置到位之前)允许灵活的设备安装顺序,并减少整个项目进度风险。秦山核电三厂(双机组)布局如图 2－13 所示。

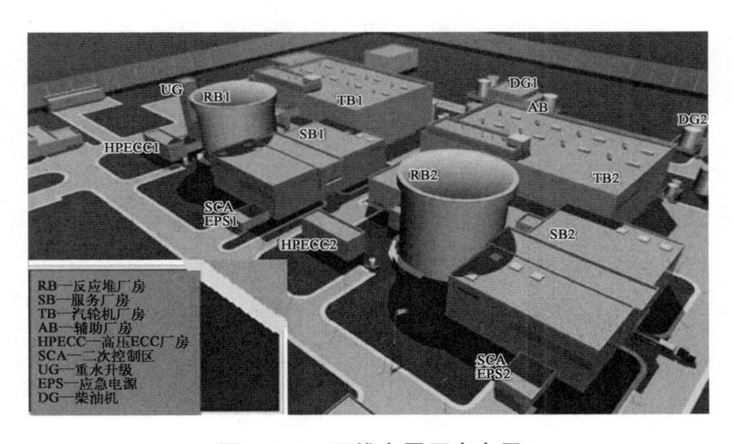

图 2－12　双堆布置厂房布局

图 2－13　秦山核电三厂布局

CANDU 堆厂房如图 2－14 所示。反应堆厂房内包含反应堆本体，一回路系统及其支持系统，慢化剂系统及其支持系统和为保证反应堆安全而设置的辅助系统。反应堆厂房又称安全壳。其主要用途是控制和限制放射性物质从反应堆扩散出去，以保护公众免遭放射性物质的伤害。一旦发生十分罕见的一回路破口失水事故，安全壳是防止裂变产物释放到周围的最后一道屏障。

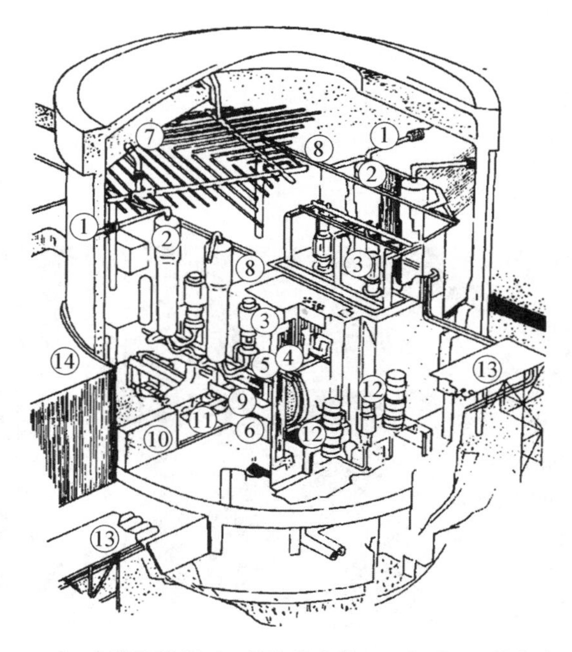

1—主蒸汽管道；2—蒸汽发生器；3—主泵；4—排管容器；5—进出水管；6—燃料通道；7—喷淋水箱；8—吊车轨道；9—装卸料机；10—装卸料机门；11—吊线；12—慢化剂系统；13—管道桥架；14—辅助厂房。

图 2－14　CANDU 堆厂房

安全壳系统作为屏障，由安全壳结构、安全壳喷淋系统、作为长期安全壳热阱的空气冷却器、一个带除碘过滤空气排放装置、安全壳隔离系统、乏燃料运输通道以及人员和设备闸门等组成。安全壳结构是一个圆柱形的采用环氧树脂涂层的后张拉预应力混凝土结构，顶部呈半球形。CANDU 安全壳结构如图 2－15 所示[19]。它的地基厚度约为 1.6 m，内径约为 42 m，壳体厚度约为 1 m，上穹顶厚度为 0.6 m。设计压力为 124 kPa(表压)，设计温度为 125 ℃，自由容积约为 500 m^3，在设计压力下，安全壳的整体泄漏率为 0.5％安全壳容积/天。安全壳系统的设计须确保在正常运行、设计基准事故(内部和外部)及超设计基准事故(内部和外部)工况下,反应堆厂房外的辐射水平降低到对人类健康来说微不足道的数值。安全壳内增设局部屏蔽,允许人员在运行期间进入特定区域进行检查和日常维护,而且这些区域还需保持适合人员活动的温度。气闸门用于人员和设备进出,设有两道密封圈连续监测。安全壳的墙体与内部系统、设备留有适当空间,便于建安施工及维护。

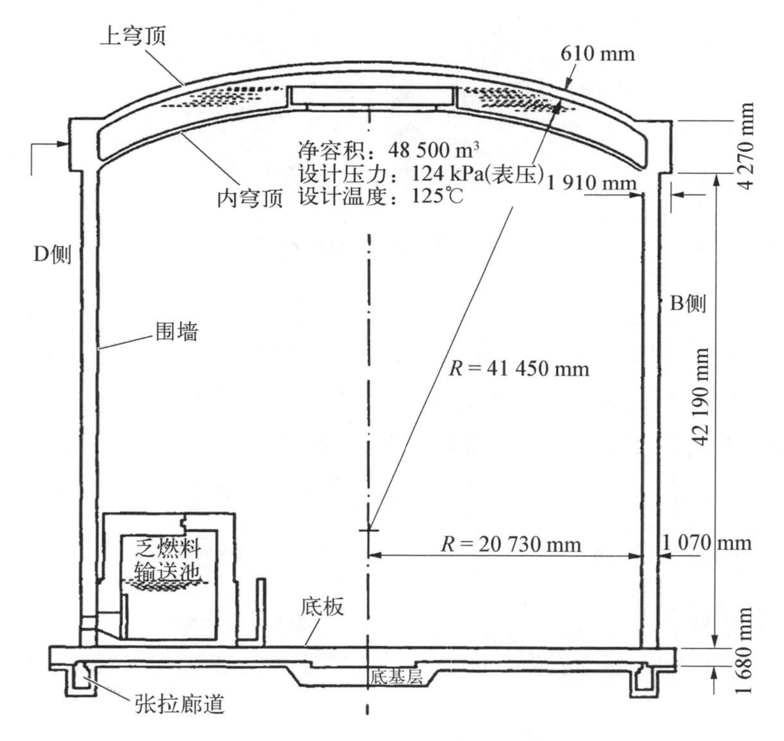

图 2-15　CANDU 安全壳结构

2.2.1.4　CANDU 堆燃料循环技术

CANDU 堆采用重水作为慢化剂,在燃料类型及富集度、燃料利用率、乏燃料后处理等燃料循环技术方面有其突出的特点[20-22]。

CANDU 堆燃料循环技术如图 2-16 所示。可以看出,CANDU 堆可以直接采用天然铀作为燃料,而且烧过的乏燃料 ^{235}U 含量低于天然铀,而轻水堆(PWR 和 BWR)需要采用富集铀(约 3.5%)为燃料。CANDU 堆燃料循环技术的特点如下。

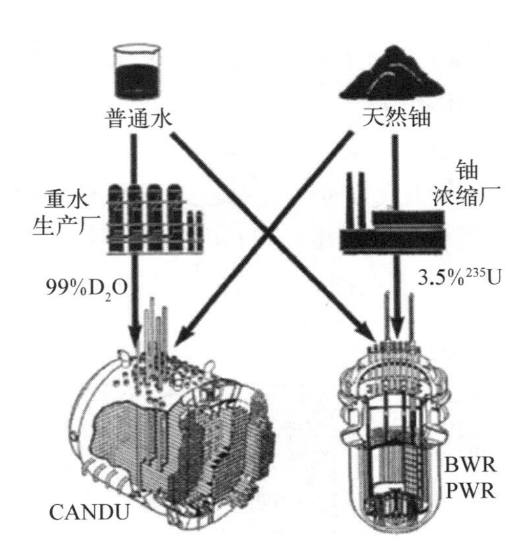

图 2-16　CANDU 堆燃料循环技术

1）中子经济性好

CANDU 堆的燃料循环技术特点是由重水的核特性决定的。首先重水与轻水的热物理性质差不多，因此作为冷却剂时，为获得高的堆芯出口参数都需要加压。但是重水和轻水的核特性相差很大，这个差别主要表现在中子的慢化和吸收能力上。重水的慢化能力仅次于轻水，但重水的最大优点在于它吸收热中子的概率，即吸收截面小于轻水的$\frac{1}{200}$，从而使得重水的慢化比远高于其他各种慢化剂的。正是由于重水的热中子吸收截面很小，且中子散射截面较大，因此，以重水作为慢化剂的反应堆的中子经济性远优于其他慢化剂的反应堆。

2）铀资源利用率高

铀资源利用率高，重水堆燃料转化比高，燃烧充分，与压水堆相比，可以节约大量铀资源。秦山核电三厂两座 CANDU 6 每年发电约 110 亿度，仅需消耗 191 t 天然铀，与国内几座压水堆相比，每发电 100 亿度可节约天然铀 52～80 t，天然铀资源利用率提高 29%～46%（见图 2-17）。

3）直接采用天然铀作为核燃料

相对于轻水堆（压水堆、沸水堆），因 CANDU 堆中子经济性好，它对于核燃料中可裂变核素（如铀中的铀-235）的浓度要求极低，直接采用天然铀作为燃料就能达到临界质量，为链式裂变反应提供保证。可见，建造 CANDU 堆的

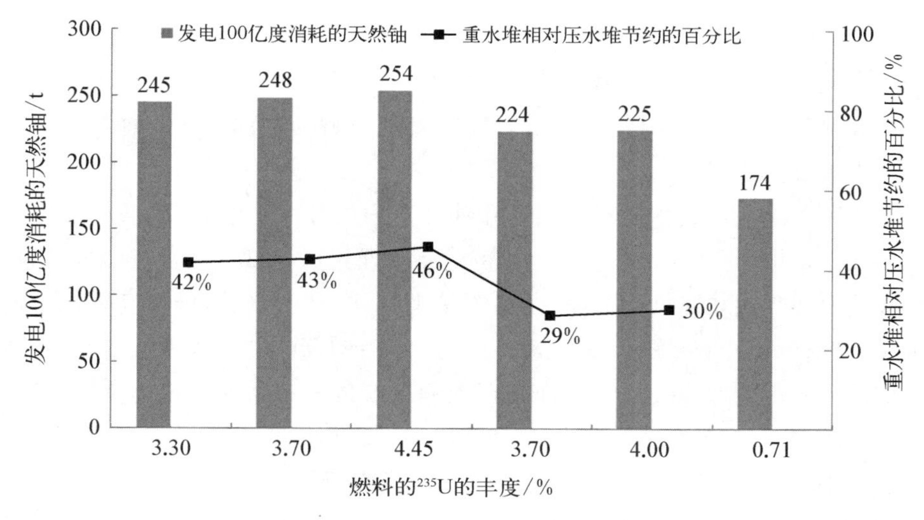

图2-17 CANDU堆天然铀消耗情况

国家,不必建造铀浓缩铀厂,可省去铀同位素分离浓缩的工序,从而使得CANDU堆的燃料成本相比轻水堆的要低得多。

重水堆由于重水吸收中子少而具有上述优点,但由于重水的慢化能力比轻水的低,反过来又给它带来了不少缺点。

首先,由于重水的慢化能力比轻水的低,为了使裂变产生的快中子得到充分的慢化,堆内慢化剂的需要量就很大。再加上重水堆使用的是天然铀,因而重水堆的堆芯体积比压水堆的大10倍左右。

其次,虽然从天然水中提取重水比从天然铀中制取浓缩铀容易,但由于天然水中重水含量太低,所以重水仍然是一种昂贵的材料。由于重水用量大,一座CANDU 6需450 t左右的初装重水,且每年还需补充0.5%以上,重水的费用约占重水堆基建投资的1/6。

4)乏燃料不必进行后处理

采用天然铀作为核燃料,燃耗较浅,相比轻水堆,乏燃料将成倍地增加。但烧过的燃料^{235}U含量仅为0.13%,因此不必对乏燃料进行后处理[15]。

由于燃料组件简单短小,乏燃料的操作、运输、储存和处理都相对简单,已经开发出整套成熟、经济的乏燃料干法储存技术[23],并且得到广泛应用,解决了CANDU堆乏燃料储存问题。

5)灵活多样的燃料循环方式

CANDU堆中子经济性很高,使其可以灵活使用除天然铀以外的其他燃料，如回收铀、MOX燃料、钍燃料等[20]。

回收铀在重水堆上使用不需要再浓缩。压水堆回收铀的富集度通常高于天然铀的富集度，因此可作为一种轻度浓缩铀或者与贫铀混成一种等效天然铀在重水堆上使用。

我国已确定走核燃料闭合循环和铀钚分离的技术路线，未来我国核电将主要以压水堆为主，将来所有压水堆的乏燃料通过后处理以后，势必每年将产生大量的回收铀和回收钚。而且，我国是少数几个既有压水堆又有重水堆的国家，如前所述，两种堆型存在"互补型"运营特点，重水堆可以经济地利用压水堆乏燃料后处理回收铀。这种循环既能更有效地利用回收铀的资源，减少天然铀的消耗和回收铀的长期储存费用，又不影响回收钚在压水堆或者未来的快堆中使用，是我国在很长一段时间内比较理想的一种核燃料循环方式。因此，实现回收铀的循环再利用对于我国提高铀资源利用率、减轻核燃料供应压力、减少高放废物、维持核能可持续发展有着十分重大的意义，并使得核燃料闭式循环成为真正的现实。

由于重水堆的一些固有特点，使其在钍燃料利用方面具有很多优点：它可以不停堆换料，后备反应性要求低，可以使用低浓铀实现钍堆驱动；由于与压水堆中子能谱的差别，重水堆生产的^{233}U中^{232}U的含量远低于压水堆的；重水堆换料灵活性好，容易实现钍燃料的灵活利用。

世界上已探明的钍资源较为丰富，其含量是铀的3倍。我国钍资源储量丰富，居世界第二位，已探明储量为28.6万吨。钍在自然界主要以^{232}Th同位素存在，它不是易裂变材料，需要在核反应堆中通过核反应转化为易裂变核素^{233}U。面对我国蓬勃发展的核电事业和我国铀资源短缺而钍资源丰富的现状，研究钍资源核能利用十分必要，对维持裂变核能可持续发展有重要的意义。

2.2.1.5 秦山核电三厂主要参数

秦山核电三厂1、2号机组(CANDU 6)的主要参数列于表2-1。

表2-1 秦山核电三厂主要参数

参　数	数　值
环路数目/个	2
设计输出功率：热功率/MW	2 158.5

（续表）

参　　数	数　　值
总功率/MW	728
净电功率/MW	666
热效率：毛效率/% 　　　　净效率/%	33.7 30.9
设计寿期/a	40
平均燃耗/(MW·d/t)	7 154
比(热)功率/(kW/kg)	24.6
冷却剂运行压力(进口母管，绝对)/MPa	11.0
满功率时冷却剂温度：进口母管/℃ 　　　　　　　　　　出口母管/℃	266 310
冷却剂总流量/(kg/h)	2.77×10^6
重水总装量(冷却剂和慢化剂)/t	467
重水补充量/(t/a)	4.7
满功率时蒸汽压力(绝对)/MPa	4.51
满功率时蒸汽总流量/(kg/h)	3.72×10^6
满功率时给水温度/℃	187

2.2.2　CANDU 堆堆芯技术

堆芯技术是 CANDU 堆区分轻水堆(PWR、BWR)的关键之处。CANDU 堆在堆芯布置方式、燃料组件形式及换料方式、反应性控制方式等方面均呈现其自身的特点和优势。

2.2.2.1　CANDU 堆堆芯设计

堆芯设计主要包括核设计、热工水力设计、屏蔽设计及结构设计。其中结构设计将在后面章节介绍。

1）堆芯核设计

堆芯核设计的主要任务有设计目标、设计方法和软件的确定，燃料和部件的选择，第一堆芯核设计过渡堆芯核设计，以及换料堆芯核设计。

(1) 设计目标。堆芯核设计总的目标是保证反应堆能在电厂额定功率条件下安全地、可靠地和经济地维持核链式反应，包括如下四个方面。① 安全性：设计必须满足Ⅰ、Ⅱ、Ⅲ和Ⅳ类工况的有关安全准则；② 经济性：设计必须保证在规定的时间内产生所要求的能量；③ 可运行性：设计必须是易于运行的；④ 许可证易获得性：设计必须尽可能地满足安全当局的所有管理规定。

(2) 设计方法和软件[24]。CANDU 堆堆芯核设计的方法与轻水堆的基本一样，是以燃料棒束均匀化(燃料组件均匀化)和细网差分(粗网节快法)为特征的堆芯分析计算方法。

CANDU 堆堆芯核设计采用的软件有三个：栅元计算程序 WIMS - AECL、超栅元计算程序 DRAGON 和堆芯计算程序(reactor fueling simulation program，RFSP)。WIMS - AECL 是二维多群的输运计算程序，用于执行 CANDU 棒束的栅元计算，生成 RFSP 堆芯计算所需的宏观截面参数。DRAGON 是三维多群的栅元及超栅元计算程序，用于计算得到反应性控制装置所引入的截面增量。RFSP 是三维少群的堆芯输运计算程序，用于获得堆芯稳态条件下的中子注量率及功率分布的物理量的计算，还可用于堆芯的瞬态计算。

堆芯的燃耗分布将随反应堆运行时间变化，同样，堆芯的中子注量率/功率分布也随时间变化。但是，如果在一个相当长的时间段对堆芯内每一个棒束位置的中子注量率和功率加以平均，则可以得到整个堆芯唯一的时均中子注量率/功率分布。该分布对各种燃料管理分析是很有用的，例如利用它可计算卸料燃耗和换料速率，并提供参考功率分布。

(3) 燃料的选择[24]。CANDU 6 堆燃料选择任务主要包括贫铀燃料数量及位置确定、换料通道的确定。

对于 CANDU 堆燃料选择首要任务是在初始堆芯中应用贫铀燃料。这时由于整个堆芯中装载的全是新燃料，不可能采用分区燃耗的办法来展平堆芯功率分布，因此如果不采用其他替代措施来展平径向功率分布，堆芯中心区域的功率将高到无法接受的程度，而贫铀燃料的利用则是最现成的替代措施。因此，为展平堆内的功率分布，在 CANDU 堆的首次装料中会装有一定数量的贫铀燃料。在设计阶段，燃料管理需要确定贫铀燃料的数量及其在堆芯的位置，同时设计应保证随着燃料燃耗的加深、燃料通道的换料以及贫铀燃料的卸出，反应堆能从初始装载平稳过渡到平衡堆芯状态。

在标准的CANDU 6初始堆芯装载中，堆芯最中心的80个燃料通道，每个通道的编号为8、9的两个棒束位置布置有贫铀燃料（^{235}U的富集度为0.52%，棒束编号从换料端开始）。这些贫铀燃料在这80个通道第一次换料时就从堆芯卸出。

CANDU堆燃料选择的另一个重要任务就是确定换料通道。换料工程师的主要工作之一是列出在未来几天内需要换料的燃料通道清单。比如，在未来5个满功率运行天数(FPD)，需要准备大约10个燃料通道的清单。在选择未来几天需要换料的通道时，往往需综合考虑以下因素：① 该燃料通道中的燃料在堆中的停留时间几乎等于距上次换料的时间。② 相对于时均卸料燃耗而言，那些在当前具有很高燃耗的燃料通道。③ 相对于时均功率而言，那些具有很低功率的燃料通道。④ 在相对低功率区域的燃料通道（指与时均区域功率分布相比）。⑤ 那些有助于保持径向、轴向和周向功率分布的对称性，并使功率分布尽可能接近目标分布的燃料通道。⑥ 相互之间以及距最近换料的燃料通道有足够间距的燃料通道（以避免产生热点）。⑦ 使单个区域控制器的水位处于可接受的范围的燃料通道（20%～70%范围）。⑧ 能补偿每天的反应性消耗的燃料通道（这样使区域控制器的水位处在希望的运行范围，即平均区域水位在40%～60%范围内）。

需要指出的是，换料通道的选择并不唯一。用于确认换料通道的选择是否合理的有效途径之一就是进行换料后的堆芯预模拟计算，预模拟将显示功率、燃耗和区域控制器水位等各准则是否得到满足，以及所选择的燃料通道是否需要更改。

(4) 相关部件的选择。CANDU堆相关部件包括反应性控制装置、排管容器开孔（顶部和侧面）及中子注量率探测器。

首先是确定调节棒、增益棒、液体区域控制棒、机械吸收控制棒、停堆棒等反应性控制装置的数量和位置。反应性控制装置的主要功能包括快速停堆、功率和功率分布的调节与控制。停堆能力的要求决定了总的停堆棒数量。功率和功率分布控制要求决定了调节棒、液体区域控制棒和机械控制吸收棒的数量、分布及控制程序。

其次是确定中子注量率探测器的数量和位置。CANDU 6堆芯共有33个中子注量率探测器装置，其中26个为垂直中子注量率探测器、7个为水平中子注量率探测器。

最后是确定排管容器开孔数量、位置和分布。这些开孔包括反应性控制装置、中子注量率探测器装置,有垂直方向的也有水平方向的。

(5) 第一堆芯核设计[25]。第一堆芯指的是 CANDU 堆初装料状态。第一堆芯核设计即燃料在堆芯中的布置,即装载图的确定(见图 2-18)。

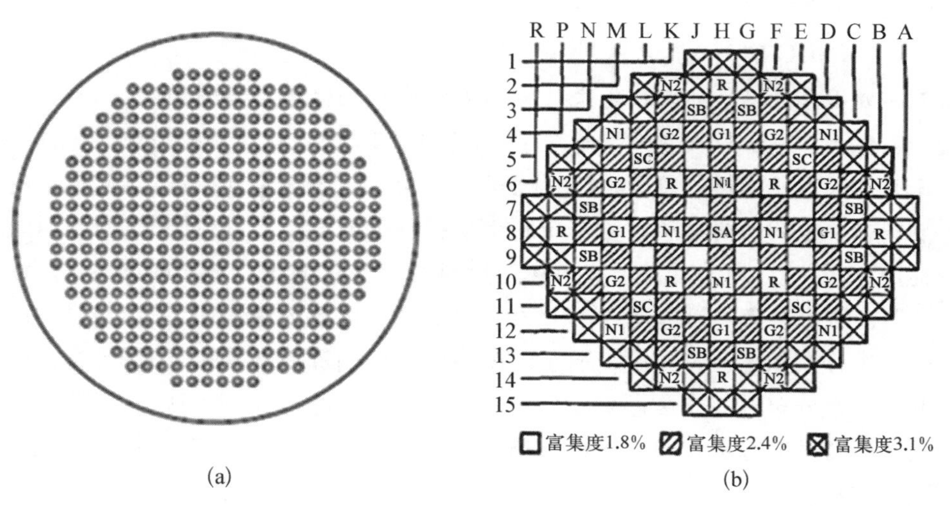

SA/SB/SC—停堆棒组;R—温度调节棒组;G1/G2—功率调节棒组;N1/N2—功率调节棒组;N—黑棒;G—灰棒。

图 2-18　CANDU 6 堆芯及 M310 压水堆堆芯装载图

(a) CANDU 6 堆芯纵截面;(b) M310 压水堆堆芯横截面

由图 2-18 可知,CANDU 堆堆芯装载相对简单,仅含燃料棒束组件(不含控制棒组件),而且所有燃料棒束组件的富集度相同。当然,部分燃料通道含贫铀燃料棒束。

一旦确定了装载图,就基本确定了热管因子、慢化剂温度系数、停堆裕度及燃耗等基本物理量。

CANDU 6 第一堆芯核设计实质上是贫铀棒束组件的数量和位置的优化过程以及增益棒组件数量和位置的优化过程。贫铀棒束组件用于展平功率分布,增益棒组件用于补偿氙中毒反应性。

优化过程是一个计算分析的迭代过程,直到热管因子、慢化剂温度系数、停堆裕度、循环寿期和卸料燃耗等满足规定的要求为止。

(6) 过渡堆芯核设计[25]。过渡堆芯指的是第一堆芯到平衡堆芯的过渡状态。尽管在初始堆芯加入了一些贫铀燃料,反应堆启动[满功率运行天(FPD)为 0]时的反应性仍约有 1.6×10^{-2}。随着堆的启动运行,由于钚的积累,在

40～50 FPD 时，燃料将到达它的“钚峰”，这时整个反应堆的反应性也将达到它的最大值(约 2.3×10^{-2})。“钚峰”过后，由于钚的产生不足以补偿裂变产物积累的影响，反应堆的剩余反应性将逐渐减小。

初始堆芯的剩余反应性由慢化剂中的可溶硼来加以补偿。在 0 FPD 时，满功率下的硼浓度约为 2 mg/L，在堆芯到达钚峰时上升至约 3 mg/L。钚峰过后，随着剩余反应性的逐渐下降，硼必须逐渐从慢化剂中去除，直至约120 FPD 时降为 0，此时反应堆的剩余反应性也接近于 0。在整个反应堆运行初期，由于堆芯存在剩余反应性，因此不需要换料。为避免初始的换料速率过高，实际换料在反应堆剩余反应性降到一个较小的数值时开始，即约在剩余反应性降为 0 之前的 10 FPD 或 20 FPD，也即大约在启动运行后的 100 FPD 时开始换料。

换料开始后，不停堆换料是维持反应堆临界状态的主要手段。在换料开始后的过渡时期，随着换料速率迅速地接近时均值(在 CANDU 6 中，每个满功率运行天中大约换 16 个燃料棒束)，反应堆也逐步接近平衡堆芯状态。在初次启动后 400～500 FPD，CANDU 堆就会达到平衡堆芯状态。这时，整体换料速率、堆内平均燃耗及卸料燃耗都基本不随时间变化。在平衡堆芯状态，平均每天都需更换一定数量的燃料。但是，这并不意味着每天都必须进行换料操作，有些电厂宁可把每周的换料操作集中在 2～3 天内进行。

(7) 换料堆芯核设计[25]。CANDU 堆换料堆芯核设计的主要任务就是确定待换料的燃料通道，判别的准则是燃料通道的功率峰因子。

首先需明确燃料通道功率循环概念。“换料波动”是由每天燃料通道的换料操作以及每个通道经历的辐照循环引起的，这种循环可以描述如下：一个燃料通道换料后，其局部反应性较高，同时其功率也比时均值高几个百分点。随着燃耗的加深，燃料通道内的新燃料将开始经历它的“钚峰”，局部反应性在 40～50 FPD 期间将一直增加，而燃料通道的功率则将在更长的时间内呈增加的趋势。

在钚峰过后，换料通道内的反应性逐步下降，功率也逐步下降。最后该燃料通道完全成为一个净中子吸收体，这时，燃料通道的功率比其时均功率低 10%甚至更多，此时该燃料通道需要重新换料。换料后，其功率激增 15%～20%甚至更多。因此每个燃料通道的功率在每个循环内都围绕时均值波动一次。每经一次换料，这样的循环就重复一次。随着堆内燃料通道的换料和经历它们各自的燃料通道功率循环，堆内离散的换料操作导致堆芯瞬时最大燃料通道功率和棒束功率的变化。

在明确燃料通道功率循环基础上，还需明确燃料通道功率峰因子的概念。

在任意给定时间，堆芯内总有几个燃料通道处于或接近它们循环的最大功率值。因此，燃料通道瞬时最大功率总是要超过最大时均功率。燃料通道功率峰因子(用符号 F_{CPP} 表示)定量描述了瞬时功率分布峰值超过时均分布值的大小，即

$$F_{CPP}=\max_{m}\left[\frac{P_{C,\,INST}(m)}{P_{C,\,AVG}(m)}\right] \tag{2-1}$$

式中，$P_{C,\,INST}$代表燃料通道瞬时功率，$P_{C,\,AVG}$代表燃料通道时均功率，m 为堆芯内的燃料通道代号。

由于燃料通道功率峰因子用于校正堆内区域超功率保护系统(ROP)探测器的计数，因此它的确切数值(该值每天都在变化)极其重要。由于 ROP 探测器在堆内的位置和整定值要通过假设许多不同的堆芯布置，并由时均模型计算出上百种堆芯通道分布来确定，但由于实际的燃料通道瞬时功率会比时均功率高，燃料通道有可能早于时均模型的预测而达到其临界功率(即出现燃料烧毁时的功率)。为考虑这一因素，应保证瞬时功率分布处在适当的安全范围，堆内 ROP 探测器每天将根据 CPPF 的瞬时值来校正。

为了尽可能地扩大运行裕度，将 CPPF 维持在尽量低的水平非常重要。这就是为什么每次的换料通道都必须精心选择。确定每天的 CPPF 值，选择换料通道并保持 CPPF 在较低的水平，以确保探测器标定到一个准确的数值，这些都是在 CANDU 堆核电厂工作的换料工程师或反应堆物理工作人员所应履行的职责。

2) 堆芯热工水力设计

CANDU 堆堆芯热工水力设计包括设计目标与设计内容、设计方法与软件、热工参数分析等。

(1) 设计目标与设计内容。CANDU 堆堆芯热工水力设计的目标是给出一个优化的反应堆冷却系统，能有效地将堆芯内的热量安全而经济地传出。

设计内容包括反应堆冷却剂类型的选择、堆内冷却方案及冷却剂流动方式的确定、堆内冷却剂流程及通道的设计和反应堆热工参数的分析等。

(2) 设计方法与设计软件[26]。采用一维流体瞬态程序 CATHENA 模拟分析 CANDU 堆热工水力系统，它具有高度灵活性。尽管主要是为分析 CANDU 堆系统而发展的，但它已成功地用于分析和设计实验研究装置。设计模型主要有以下几种。

热工流体模型：CATHENA 使用非平衡、二流体热工水力模型来描述流

体流动，基于每一相(液相和蒸气相)的质量、动量和能量守恒方程式，即6方程模型。蒸气相中还可含多达4种不凝气体，形成7～10个方程模型。CATHENA软件提供了H_2、He、N_2、Ar、CO和空气等不凝气体物性，并假定不凝气体的热工水力性质遵循理想气体定律。相交界面的质量、动量和能量传递是与流型相关的，并且通过各种结构关系式来计算。

金属表面传热模型：金属表面的热传递用一个覆盖面很宽的壁面传热软件包(GENHTP)计算。用一组流型相依的结构关系式描述流体与管道壁面和/或燃料元件表面之间的能量传递，用变分有限元方法模拟计算管路内的热传导和燃料径向以及周向热传导。辐射传热和锆/蒸汽反应率也能得到考虑，此软件考虑了部分燃料棒处在分层流情况下的传热计算。GENHTP模型还可计算因压力管在加压燃料通道内受热引起的压力管和排管的变形。在一定的假设条件下，压力管可能膨胀到与排管相接。当发生这种工况时，燃料通道内的热量将通过压力管和排管传给重水慢化剂。CATHENA能够模拟所有这些传热过程，包括压力管和排管、容器管之间的接触热传导。燃料通常按用户给定的UO_2燃料区、元件棒隙以及燃料包壳区来模拟。与UO_2和包壳的温度相关的物性由GENHTP软件提供。

部件模型：为模拟整个反应堆系统，CATHENA各有部件模型用于描述泵、阀门、稳压器、蒸汽分离器等特性以及通过破口的排放过程。还有一个用于模拟各种箱体的二区二流体非平衡热工水力模型。上部区域和下部区域被模拟成独立的容积，以便考虑上下容积之间因凝结液降落、气泡上升或区域间凝结等过程发生的热量和质量的交换。

控制系统模型化：利用CATHENA内带有的仿真式语言可以模拟控制系统，并且可以调用CATHENA计算所得的大部分变量。这些计算结果能用于“控制”各种模型，如阀门(开启度)、反应堆动力学(反应性插入)等。而复杂的反应堆控制系统有现成的FORTRAN程序模型。采用现有的控制程序并将它与CATHENA耦合使用会更有效。

(3) 主热传输系统热工水力分析[27]。CANDU 6主热传输系统(PHTS)由两条环路组成，380根燃料通道分成两条环路(见图2-19)。每条环路由两台主热传输泵、两台蒸汽发生器、两根堆芯进口集管、两根堆芯出口集管、190根燃料通道压力管及其端部件、190根堆芯入口给水管、190根堆芯出口给水管、其他相连接的管道以及1根平衡桥管组成。燃料通道的供水流量设计成尽量与每个燃料通道的功率相匹配，是CANDU堆主热传输系统设计的关键。

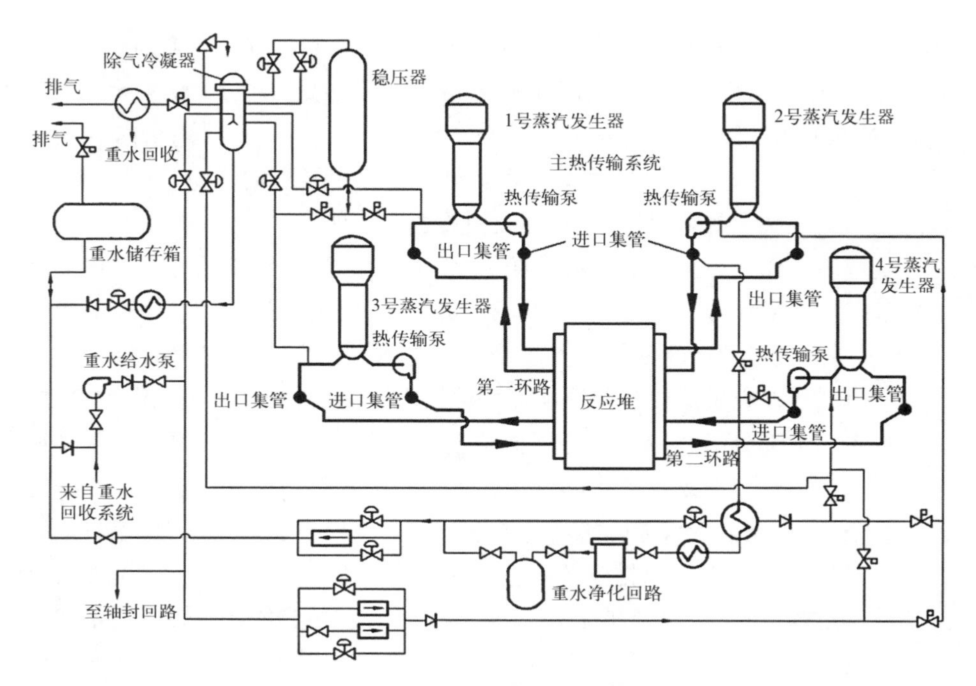

图 2-19　CANDU 主热传输系统

主热传输系统内每一个环路的重水冷却剂通过入口集管向并联的 380 根燃料通道组件供水，冷却燃料后，又汇集到出口集管。因此各燃料通道组件之间存在着流量分配的问题。

CANDU 6 燃料通道流量分配的原则是尽量使通过燃料通道的流量与该通道的名义功率相匹配。燃料通道中的流量是在给定出口集管压力、进出口集管之间的压降、管道几何形状、燃料通道的功率和入口集管冷却剂温度等条件下，通过计算得出。在稳态堆芯热工设计中，对所有燃料通道都采用 1.34 MPa 的进出口集管之间的压降数值。通过改变给水管的内径尺寸，以及在部分外围入口给水管中安装节流孔板的办法来调节通过每个燃料通道的流量，以期在每一条燃料通道的出口处获得相同品质的冷却剂。

有 12 个燃料通道安装了流量孔板，用于一号停堆系统的堆芯低流量保护动作。对于其他未安装流量探测装置的通道，通过监测燃料通道出口温度的办法来确保通道得到足够的冷却。当反应堆功率大于 70%时，由于燃料通道出口可能会达到饱和温度，因此采用装换料系统的压差探测装置，对可能发生堵塞的燃料通道进行有效的流量监测。

(4) CANDU 堆热阱设计[27]。CANDU 堆在不同运行工况下，将通过不同的热阱导出热量冷却燃料。秦山三期的热阱如表 2-2 所示。

表 2-2　秦山三期的热阱

热　　阱	热阱分组	支 持 系 统	功 率 限 制
主给水系统至蒸汽发生器	组一	汽轮发电机/凝汽器旁排阀(CSDVs)/大气释放阀(ASDVs)	4%～100%FP①
停堆冷却系统经停冷热交换器	组一	循环冷却水(RCW)/原水冷却水(RSW)	衰变热
辅助给水系统至蒸汽发生器	组一	CSDVs/ASDVs	<4%FP
应急供水(EWS)经喷淋水箱至蒸汽发生器	组二②	主蒸汽安全阀(MSSVs)	衰变热
应急供水(EWS)至蒸汽发生器	组二②	MSSVs	衰变热

① FP 代表“满功率”；② 组二为抗震设计。

根据核电厂运行技术规格书的要求，在电站运行模式 1、运行模式 2 和运行模式 3 下，要求所有备用热阱可用，如果在规定的时间内不能恢复相应的备用热阱的功能，则需进入运行模式 4。但是当停堆冷却系统不可用时，需进入运行模式 2。

在停堆冷却系统投入情况下，CANDU 6 停堆冷却(停冷)系统按主热传输系统全压力和温度设计，所以可在高温、高压的情况下投入。

反应堆停堆以后主要通过以下几种方式对主热传输系统进行冷却。

方式一：主泵运行，通过蒸汽发生器和凝汽器旁排阀对主热传输系统进行冷却，冷却至 149 ℃后投入停冷泵以及停冷热交换器并停运主泵，将主热传输系统持续冷却至较低温度(通常为 30～40 ℃)。

方式二：主泵运行，蒸汽发生器作为热阱，将主热传输系统冷却至 177 ℃后，投入停冷热交换器，继续冷却至 121 ℃后，投运停冷泵并停运主泵，将主热传输系统持续冷却至较低温度。

方式三：在异常情况下(蒸汽发生器不可用)，在 260 ℃时直接将停冷泵以及停冷热交换器投入使用，将主热传输系统冷却下来。

方式四：在需要打开蒸汽发生器一次侧人孔盖或者要对主泵轴封等进行维修操作时，需将主热传输系统疏水至集管液位（高于集管中心线 0.5～1.5 m）。同时通过控制入口集管和出口集管的液位差，使冷却剂通过燃料通道，将主热传输系统维持在较低温度，主热传输系统疏水至集管低液位。

(5) 升降温速率的要求[27]。技术规格书要求主热传输系统的最大冷却和升温速率不能超过 2.8 ℃/min。对于升、降温速率的要求，主要是考虑到热应力对主热传输系统的影响。除了技术规格书对于主热传输系统的升降温速率的最大限值要求外，在运行手册中要求主热传输系统的升温速率不应低于 1 ℃/min。在实际的主热传输系统升温、升压或降温、降压过程中，升降温速率应该尽量接近 2.8 ℃/min。这样做的目的是减缓延迟氢脆(delayed hydride cracking, DHC)的发展，因为在主热传输系统温度变化时，压力管的吸氢速度会明显加快，同时在低温（小于 260 ℃）、加压工况下停留时间过长也容易造成延迟氢脆的发展。

(6) 稳压器及重水储存箱的液位要求[27]。在功率变化阶段，主热传输系统冷却剂的膨胀或收缩主要由稳压器承担。在主热传输系统升降温过程中，主热传输系统冷却剂体积的变化主要由重水储存箱承担。在某些工况下，稳压器以及重水储存箱的液位值被限定在一定范围内。

技术规格书要求在电站运行模式 1 下，稳压器的液位不能超过 13.91 m，重水储存箱的液位应当维持在 1.37～2.38 m。

对于稳压器的液位最高值的要求，主要考虑保证足够的气腔以调节主热传输系统的压力。稳压器液位过高还会影响停堆系统中的稳压器低液位停堆信号的有效性；过高的稳压器液位会导致一台计算机(DCCX)中主热传输系统的压力和装量控制程序(HTC)失效。对重水储存箱液位的要求如下：一是考虑各种工况下主热传输系统装量的维持；二是考虑过高的重水储存箱液位会延迟发生小的冷却剂丧失事故时进入应急运行规程(EOP)的时间。

在主热传输系统低液位维修之前，重水储存箱的液位不能低于 1.9 m。该规定的目的是保证一旦在低液位维修过程中，停冷系统因故障而失去热阱作用时，能够迅速将主热传输系统充满水，并在规定时间内将主热传输系统升压至 2 MPa 以上，通过点动主泵促进热虹吸等方法用蒸汽发生器作为热阱导出堆芯的衰变热。

(7) 系统含汽率及流速限制[27]。CANDU 6 电厂在正常运行状态下堆芯出口处冷却剂基本接近或已经沸腾。主热传输系统在运行初期就含有少量蒸汽，根据秦山三期2号机组测试结果，当电站首次在满功率情况下运行时，共有30个燃料通道出口出现不同程度的沸腾，其中含汽率最高的通道(D06)，质量含汽率为1.1%。随着电站运行时间的增加，蒸汽发生器内传热效率会逐渐下降("倒U形"传热管结垢等原因)。在主热传输系统和蒸汽发生器的压力保持原设定值不变的情况下，燃料通道入口处冷却剂的温度就会增加，燃料通道出口处的冷却剂温度达到饱和温度后保持不变，其含汽率也必然会逐渐增加。含汽率的高低将对蒸汽发生器内"倒U形"管的流量分配、主泵的功率、压力管厚度以及临界功率比等参数产生影响。工艺设计考虑在电站寿期末蒸汽发生器入口处能接受4.4%(质量比)的含汽率，相应堆芯出口集管处以及燃料通道出口处的含汽率分别为4%和3.4%(质量比)。主热传输系统内各部分管线的流速如下(单位：m/s)。

主泵入口管线(单相流)：14.4

主泵出口管线(单相流)：11.2

出口集管(两相流)：3.5

入口集管(单相流)：2.6

出口给水管(两相流)最大流速：16.76

入口给水管(单相流)最大流速：15.24

蒸汽发生器入口管线

　　18英寸①管线：4.8

　　20英寸管线：12.0

出于对管道的腐蚀等因素的考虑，主热传输系统内管线的最大流速值也被限制在16.76 m/s。此外，在电站功率运行时，每个燃料通道内的实际流量虽必须大于设计流量，但也有上限流量限制。根据主热传输系统设计手册的描述，燃料通道内最大流量限制在24 kg/s，在该限值以下，流动所引起的燃料棒束的振动水平、棒束以及压力管的磨损都是可以接受的。

(8) 主热传输系统自然循环能力[27]。主热传输系统设计成堆芯出入口集管、蒸汽发生器以及主泵的位置高于反应堆，以便在失流的情况下建立自然循环。

主泵电机由四级电源供电。主泵电机的转子上装有两个惯性件，在电厂

① 1英寸(in)=2.54 cm。

失去四级电源时，3～5 min 内依靠主泵的惰转可以维持一定的冷却剂流量以导出堆芯的热量，冷却剂流量与堆芯剩余功率在主泵惰转的时间段内以近似的速率同时下降。之后，依靠自然循环可以继续维持堆芯的冷却。

3）CANDU 堆屏蔽设计

为确保核电厂工作人员及厂外居民受到的辐射剂量低于限制值(ALARA 原则)，保证设备在设计寿期内的辐照安全性，需要进行屏蔽设计。主要设计内容包括辐射源强和分布、辐射分区和剂量率设计目标值、在设计基准事故和严重事故下主控制室和应急管理中心的可居留性、屏蔽材料选择、屏蔽布置方式和屏蔽厚度确定、主辅厂房典型部位的辐射场、厂房和设备间的气载放射性浓度等。

源项是系统和厂房屏蔽设计、放射性排放和事故放射性后果分析的基础，主要包括正常满功率运行源项、停堆源项、事故源项。

正常满功率运行源项指的是慢化剂活化产物，冷却剂活化产物、裂变产物及腐蚀产物，二次侧冷却剂系统源项。其中裂变产物源项分为基准源项和现实源项。基准源项用于设备屏蔽厚度的确定，以及设备间气载放射性浓度计算和设备的寿命管理；而现实源项用于流出物排放的计算。对于 CANDU 堆，作为冷却剂和慢化剂的重水是氚的主要来源[10]。其中主热传输系统重水装量约为 200 t，慢化剂系统重水装量约为 260 t，处于堆芯中子流辐照的重水大约分别为 5%和 90%。理论上，每年主热传输系统产生的氚为 1.04×10^{3} TBq，慢化剂系统每年产生的氚为 5.40×10^{4} TBq，在达到电站设计寿命(40 年)时，电站系统中氚浓度接近平衡浓度，其中主热传输系统中氚浓度为 0.076 TBq/kg，慢化剂系统中氚浓度为 3.2 TBq/kg。

二次侧冷却剂系统源项同样分为基准源项和现实源项，基准源项用于蒸汽发生器排污系统屏蔽；现实源项用于气载放射性排放计算。

停堆源项包括乏燃料源项和余热排出系统源项。乏燃料源项用于燃料更换和乏燃料运输的屏蔽设计，而余热排出系统源项用于有关系统和设备的屏蔽设计。

事故源项用于事故放射性后果评价，在评价不同事故的放射性后果所用的源项计算中，RG 1.4 用于冷却剂丧失事故放射性后果评价，RG 1.25 用于燃料操作事故的放射性后果评价，SGTR 程序用于计算蒸汽发生器 U 形管断裂事故的放射性后果的评价。当反应堆功率发生急剧变化时，堆冷却剂中的某些放射性核素的比活度会出现显著增加，这就是所谓的源项“尖峰释放”。

对于 CANDU 堆来说，主要的一次屏蔽就是端屏蔽[28]，即在重水堆排管容器两端所设置的屏蔽构件。其主要作用是把来自堆芯的辐射在停堆时减弱到可使工作人员在其附近进行必要的检查、测量和维修的程度。它是带有内外管板的奥氏体不锈钢筒状容器，CANDU 6 的端屏蔽的长度为 0.914 m，内径为 6.76 m。其轴向贯穿有 380 根栅格管，容器与 380 根栅格管间的空腔内充填屏蔽用的碳钢球，并充有冷却水(见图 2-20)。它与排管容器亚壳焊接连接，并通过端屏蔽支承与预埋环连接成一整体。运行期间，来自堆芯的辐射热和传导热由端屏蔽冷却系统的循环冷却水带走，使该构件得到冷却。

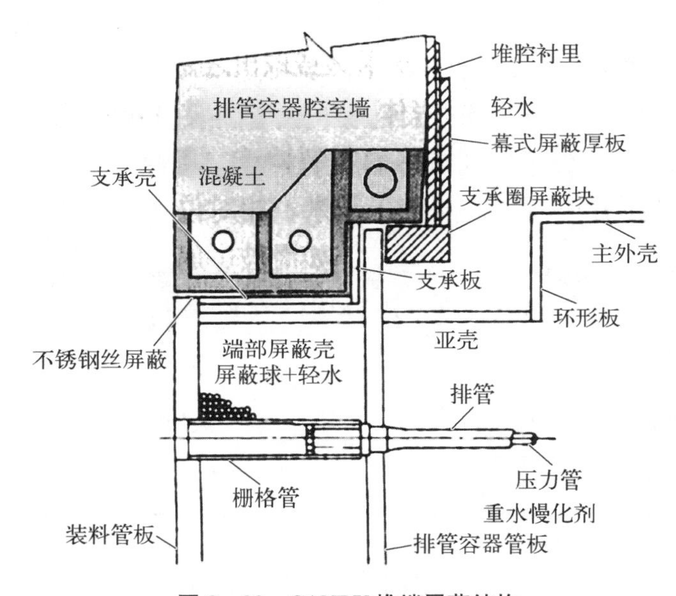

图 2-20 CANDU 堆端屏蔽结构

二次屏蔽首先是围绕反应堆冷却剂系统的混凝土墙、地板等，用于降低一次屏蔽的泄漏辐射和反应堆冷却剂回路的辐射，使反应堆大厅环廊的辐射水平达到 R3(剂量当量率：2.5×10^{-2} mSv/h$<$DT$<$$1.5\times10^{-1}$ mSv/h)控制区的目标值。

还有安全壳屏蔽，安全壳及一次、二次屏蔽一起，使在满功率运行条件下安全壳外表面的辐射水平达到辐射监督区的水平(0.75×10^{-2} mSv/h)。

另外还有稳压器其他有关设备的屏蔽。

4）可居留性设计

（1）主控制及应急管理中心的可居留性分析。

冷却剂丧失事故源项作为主控制室可居留性分析的依据，其中安全壳大气和周围大气环境源项是根据 RG 1.4 的假设进行计算的，而工作人员受到的最大剂量必须满足 10 CFR 50 附录 A 中 GDC19 的规定。

主控制室工作人员在事故期间的照射剂量计算包括安全壳内污染大气的直接照射、环境污染大气的直接照射、主控制室事故通风过滤器沉积活性的直接照射、主控制室内污染空气的 γ 射线和 β 射线的内外照射。设计基准事故期间主控制室工作人员允许剂量小于 50 mSv。

（2）应急管理中心的可居留性分析。以冷却剂丧失事故的放射性源项作为应急管理中心的可居留性分析依据，分析方法同主控制室可居留性分析，应急管理中心工作人员可接受剂量（内、外照射）小于 50 mSv。

（3）严重事故可居留性分析。严重事故可居留性分析计算方法参照基准事故情况下的可居留性分析。严重事故源项假设列于表 2-3。

表 2-3　严重事故源项

裂变产物	事故期间从燃料中释放的裂变产物份额/%
氪、氙	50
碘、溴	50
铯、铷	50

可接受准则如下：① 除下列②③④外，年职业照射剂量小于 50 mSv；② 为抢救生命或防止严重损伤的工作人员剂量小于 500 mSv；③ 参加为避免大的集体剂量的行动人员的剂量小于 100 mSv；④ 参加为防止灾害性条件的恶化的行动人员剂量小于 100 mSv。

2.2.2.2　CANDU 堆堆芯的基本特征

CANDU 6 堆芯的组成及特征如表 2-4 所示。为更好地阐述 CANDU 堆堆芯特点，表 2-4 将其与 M310 压水堆堆芯进行了对比。由表 2-4 可知，相比压水堆，CANDU 堆堆芯有以下 6 个基本特点[15-16]。正是由堆芯设计理念上的这些特点决定了 CANDU 堆型的巨大优势和发展灵活性。

表 2-4　CANDU 6 堆芯、M310 压水堆堆芯组成及特征

组成及特征	CANDU 6	M310
堆芯布置 活性区尺寸/功率密度	卧式 ϕ6.82 m×6.02 m/11 MW·cm^{-3}	立式 ϕ3.04 m×3.65 m/60 MW·cm^{-3}
压力容器	380 根压力管，内径为 103.38 mm，壁厚为 4.19 mm，长度为 6.3 m，Zr2.5Nb 合金	1 个压力容器，内径为 4.4 m，壁厚为 24 cm，高度为 14 m，含锰、钼、镍的低合金钢(A508-Ⅲ钢)
排管容器	长度为 3.98 m，直径为 7.6 m，壁厚为 28.6 mm，材料为不锈钢，不承压	无
冷却剂/慢化剂	重水(独立)	轻水(一体)
燃料	天然铀	3 种不同富集度低浓缩铀组件(1.8%、2.4%、3.1%)分区布置
燃料棒束	4 560 个圆柱形棒束(37 根燃料棒)，棒束长度为 0.5 m，外径为 100 mm	157 个方形燃料组件(17×17)，每个组件有 264 根燃料棒，24 根控制棒导向管，1 根堆内测量导管，横截面尺寸为 214 mm×214 mm
燃耗/换料方式/破损燃料	低/不停堆/运行时及时卸出	高/停堆/需停堆卸出
控制棒	21 根调节棒布置在低温低压重水慢化剂中，共分为 7 组，全部为不锈钢	53 个控制棒束组件布置在高温高压的冷却剂中，分为黑棒组件[由 24 根强吸收体棒(Ag-In-Cd、B4C、Hf)组成]和灰棒组件(由 8 根强吸收体棒和 16 根不锈钢棒组成)，用来控制和补偿快的反应性变化
化学补偿控制	无	在冷却剂中加入可溶性硼酸，用来补偿慢的反应性变化(燃耗、冷态到热态温度效应、平衡氙、平衡钐等)
可燃毒物	无	对于首炉堆芯通过控制带可燃毒物(含 Gd_2O_3 的燃料棒或涂硼燃料棒)的燃料元件数以及含可燃毒物组件在堆芯内布置来控制堆芯的功率分布

1）水平压力管模块式堆芯

压水堆堆芯承压部分是一个庞大、复杂、昂贵的高压容器，所有的燃料组件、控制棒组件、兼做慢化和冷却用的加压水，以及其他堆内构件全部包含在内，停堆后压力容器的上封头才可以打开。而CANDU堆使用可更换的小直径薄壁压力管替代不可更换的大直径厚壁压力容器。这是区分压水堆、沸水堆、气冷堆等壳式反应堆所特有的设计理念。每个燃料通道中的压力管与一回路构成压力边界，每个燃料通道就是CANDU堆堆芯的一个模块。

因为堆芯是由大量压力管等模块件组合而成的，避开了庞大的与压力容器相关的大型锻件、压力容器的高难度制造技术以及较高的成本投入，所以CANDU技术相对来说更容易快速实现全面本土自主化。自20世纪80年代以来，CANDU技术在印度、韩国、罗马尼亚及中国等国家得到迅速发展，印度已经实现了重水堆技术的全面本土化，韩国和中国很快实现了设计自主化和80%以上的设备国产化。相反，对压水堆而言，压力容器相关技术常常成为进一步提升自主化水平的一个重要制约因素。

CANDU模块化堆芯的零部件可以大批量生产，不像压水堆的压力容器会受到大型锻件生产周期长、供应短缺、制造技术难度高等问题的影响。

另外，可以通过更换模块化堆芯来大幅度延长反应堆的寿命，先期投入运行的CANDU机组的业主，正在积极准备将其寿期延长到60年，而新设计的机组寿命则是60年甚至可以更长。相反，对压水堆而言，要确保压力壳的60年寿期乃至更长寿期，仍然有待压力容器监督管检验结果等的实践检验。

可见，CANDU堆堆芯实现了模块化设计和安装。这些特点为CANDU核电站缩短建设周期，降低建设成本，延长反应堆运行寿期等提供了技术基础。

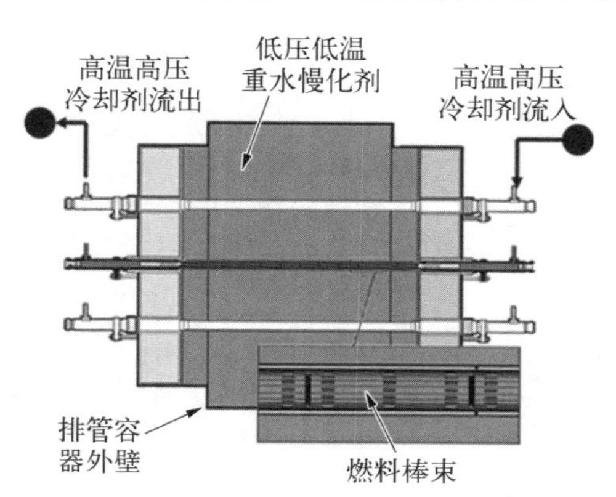

图2－21　慢化剂和冷却剂的关系

2）单独分开的低温、低压重水慢化剂

CANDU堆的慢化剂、冷却剂、燃料组件及排管容器之间的关系如图2－21所示。CANDU堆采用重水作为慢化剂，重水慢化剂充满排管容器，慢化裂变中子，但慢化剂运行温度仅为57℃。在排管容器内设有380根排管，在排管内同心布置有压力管，排管与压力管贯穿排管容器，两端与法兰连接，与排管容器成为一体。重水冷却剂在压力管中流动，带走核裂变产生的热量，冷却燃料。冷却剂运行压力为 11 MPa，冷却剂的进口与出口温度分别为 266 ℃与 310 ℃。

虽然 CANDU 堆均采用重水作为冷却剂和慢化剂，但它们之间是相互隔离开的，而且它们之间是隔热的。高温、高压重水冷却剂在压力管中流动，而低温、低压的重水慢化剂充满排管容器，排管隔离着慢化剂和冷却剂。为了防止冷却剂中热量传到慢化剂重水中，排管和压力管之间充以二氧化碳作为隔热层，以保持慢化剂温度不超过 60 ℃。将慢化剂保持低温除了可以避免高压，还可以减少^{238}U 对中子的共振吸收，更有利于实现链式反应。

3）简单短小的燃料棒束组件

用天然二氧化铀压制、烧结而成的若干个圆柱形芯块装入一根锆合金包壳管内，两端密封而形成一根燃料元件。再将若干根燃料元件焊到两个端部支撑板上，组成短棒束型燃料组件[29]（又称燃料棒束）。元件棒间用定位隔块使其隔开。每根压力管内首尾相接地装有 10～12 个燃料棒束，它借助支承垫可在水平的压力管中来回滑动。燃料芯块、燃料棒束及燃料通道之间的关系如图 2－22 所示。CANDU 燃料棒束结构如图 2－23 所示。

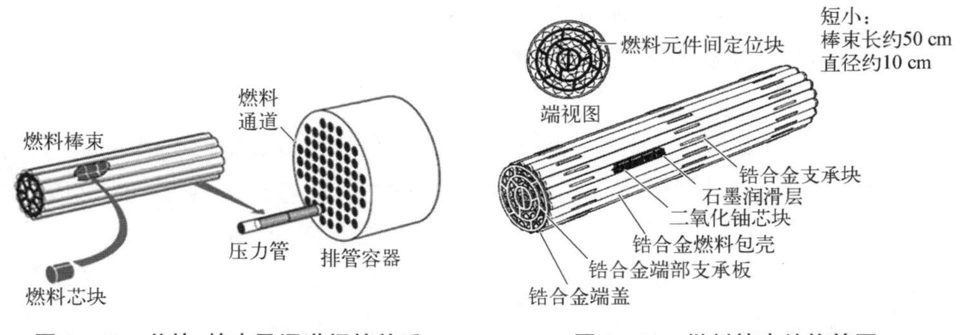

图 2－22　芯块、棒束及通道间的关系　　**图 2－23　燃料棒束结构简图**

由上可知，CANDU 燃料棒束组件外形短小，长约 0.5 m，外径为 10 cm；采用常见的二氧化铀陶瓷燃料芯块和锆合金包壳；而且结构简单，整个棒束组件仅仅由 7 个部件组成。相比之下，压水堆燃料组件很长，结构也很复杂。因此，CANDU 燃料棒束组件加工制造简便，制造厂投资少，生产成本低。业主的燃料采购成本和相关运行管理费用也随之下降。该类型燃料易于实现本土化，所有引进 CANDU 机组的国家，建成第一个机组后很快都实现了燃料组件制造的本土化。这包括工业基础比较薄弱的国家。我国中核北方核燃料元件有限公司的重水堆核电燃料元件生产线也早已建成投产，为秦山核电三厂供应燃料组件。

4）带功率运行时不停堆换料

由于燃料组件简单短小，加之反应堆堆芯又是水平管道式的，这使得CANDU堆不停堆双向装卸燃料成为可能。在反应堆本体的两端，各设置一座遥控定位的装卸料机，可在反应堆运行期间连续地装卸燃料棒束。每根压力管在反应堆容器的两端都设有密封接头，可以装拆。换料时，由装卸料机连接压力管的两端密封接头，新燃料组件可以从压力管的一端插入，乏燃料组件则从同一压力管的另一端推出，这种换料方式称为“顶推式双向换料”，其优点是在堆芯运行过程中能维持均匀的功率分布，换料工序简单，通过轴向倒料，可提高反应堆燃耗。

CANDU堆不停堆换料带来的好处是多方面的：

（1）有助于提高电站的容量因子。

（2）大修计划的安排相对灵活，而压水堆等换料时就必须强制停堆。

（3）CANDU堆创造和保持着连续运行894天的世界纪录，现有一些CANDU机组已经在向36个月大修周期的先进目标迈进。

（4）强有力和灵活的燃料管理手段，使剩余反应性最小化，提高核燃料的利用效率，能及时把破损的燃料组件从堆内取出，也便于应用先进的燃料循环方式。

5）特有反应性控制方式

CANDU堆的反应性控制（见图2－24）由下列装置实现，它们从顶部或侧面垂直穿过反应堆容器。① 调节棒：由强中子吸收体构成，用于均衡反应堆中心区的功率分布，使反应堆的总功率输出最佳。② 增益棒：由高浓铀代替强中子吸收体，用来补偿氙中毒所引起的反应性下降。③ 液体区域控制装置：由一些可充轻水的圆柱形隔套组成。④ 停堆系统：由两组停堆系统组成。1号停堆系统是由能快速插入反应堆堆芯的强中子吸收棒（吸收元件）组成的；2号停堆系统是将吸收中子的溶液注入慢化剂或注入堆芯的一些管（吸收管）中。反应性的调节还

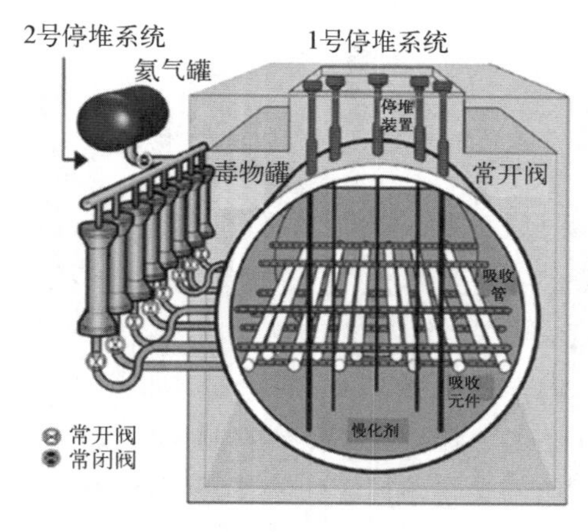

图2－24　CANDU堆反应性控制系统

可以通过改变反应堆容器中重水慢化剂的液位来实现。紧急停堆时可打开装在排管容器底部的大口径排水阀，把重水慢化剂急速排入储水箱。

由于采用不停堆换料方式，可以按照堆芯的燃耗情况随时补充所需数量的新燃料，使反应堆能维持一定的反应性。这样，不仅具有装料少的优点，并且所需的控制反应性也小。例如，对于一座电功率为60万千瓦的压力管式重水堆，其标准设计反应性控制量约为7.8%，仅为相同功率的轻水堆的控制反应性数值的1/4。因此，CANDU堆可省去用于补偿燃耗的控制棒，也没有用于补偿燃耗的可溶硼。

6）固有安全和非能动安全特性

与其他轻水堆一样，CANDU堆对燃料温度的快速变化有很强的和非常迅速的负反应性反馈抑制能力，这是它根本的固有安全特性。除此之外，CANDU的设计特点还为提高反应堆的固有安全性创造了一系列有利的条件。

（1）由于CANDU堆反应性控制装置的工作环境是低压、低温的慢化剂，控制棒靠重力和弹簧加速下落，液体中子毒物注入靠压缩气体，这种依靠自然力的动作安全可靠，从而避免了高压水力弹棒等事故的发生。

（2）不停堆换料可以使剩余反应性维持在最低的水平（大约为压水堆燃料循环初期的1/10），因为燃耗引起的反应性降低可以不断通过更换燃料得到补偿。控制装置的反应性总价值很小（典型值大约为2 000 pcm），在控制系统故障时单个控制装置的价值和可能引入最大正反应性的价值也是很小的，因而从根本上提高了堆的固有安全性。

（3）瞬变缓慢而幅度小。由于CANDU堆使用重水慢化，中子的寿命较长，运行参数的扰动引起反应堆功率变化的速度较慢、幅度很有限，加上CANDU堆有两套快速反应和非能动停堆系统，这种特性使得反应堆的控制相对容易。低温、低压的慢化剂环境和燃料通道式的堆芯便于对中子注量率和其他重要参数进行详细测量，这对全面了解和监控反应堆的动态特性也非常有利。

（4）大容积低温低压慢化剂及堆腔冷却水的应急热阱。堆芯中的承压边界是由分散到380个小直径的压力管组成的，每个压力管像保险丝一样，个别压力管失效不可能导致像压力容器式反应堆要考虑的压力边界整体丧失的一类极端严重事故。因而，CANDU堆事实上可以排除压水堆等必须考虑的发生高压熔融喷射而危及安全壳屏障的这样严重事故情况。由于堆芯结构的特殊性，在发生大破口失水事故同时应急堆芯冷却系统失效这种双重事故叠加的情况下，慢化剂仍然可以起应急热阱的作用，保持燃料通道的完整性。除了慢化剂之外，整个排管容器外侧表面浸泡在大容量的屏蔽水体之中，即使发生了大破口失水事故加之应急堆芯冷却系统失效，再加上任由慢化剂烧干这样三重事故叠加的假想情况，堆芯可能会严重变形，一些燃料通道会逐渐熔化坍塌到排管容器底部，但体积很大的屏蔽水还可以吸收热量，保证容器的包容能力。因此，排管容器起一种固有的"堆芯捕集器"的作用，可避免影响到下一道屏障即安全壳。

(5) 破损燃料及时卸出减少源项。不停堆换料功能也可以用来将破损的燃料棒束及时移出堆芯，使热传输系统维持在裂变产物非常低的放射性水平，符合"合理可行尽量低"的安全性原则；而其他水堆，破损的燃料要在堆内停留相当长的时间，直到下一次停堆才能取出，会增加对冷却剂系统的放射性污染。

(6) 除了有利的固有安全特性之外，CANDU 堆还设置了一系列专设安全系统，除了其他水堆通常有的之外，还特别包括了前面提到过的装有两套冗余、完全独立、基于不同原理、隔离开的以及可以在运行时随时进行测试的快速停堆系统。快速停堆系统与运行控制系统相互独立，不共用设备。

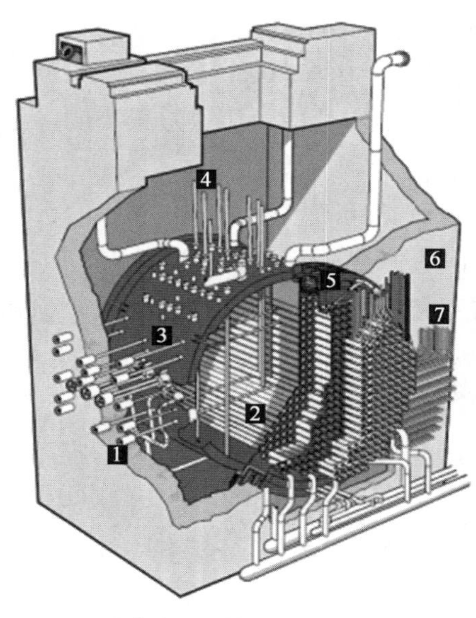

1—毒物注入机构；2—燃料通道；3—排管容器；4—停堆及控制机构；5—排管端部屏蔽；6—反应堆堆腔；7—给水支管。

图 2－25　CANDU 堆总体简图

2.2.3　CANDU 堆堆芯结构

CANDU 堆堆芯的总体布置如图 2－25 所示[29-31]。一个水平安置的圆筒式不锈钢排管容器，排管容器内贯穿布置 380 根排管，排管以正方形排列。排管容器顶部垂直方向上布置着反应性控制装置和中子注量率测量装置，侧面水平方向上布置着液体毒物注入停堆元件和中子注量率测量装置。整个排管容器连同其内容物置于带不锈钢衬里的混凝土反应堆堆腔中，由堆腔室两头的端屏蔽墙支撑。堆腔内充以轻水，做冷却和屏蔽用。

2.2.3.1　排管容器组件

排管容器组件是重水堆的一个重要组件，由排管容器、两个端屏蔽、两个端屏蔽支承、两个预埋环和为端屏蔽及排管容器腔室提供冷却的内部管道组成。排管容器组件为一个整体多舱室结构，容纳重水慢化剂和反射层、燃料通道组件及反应性控制装置，与其他辅助系统一起完成热传递、慢化中子、容纳慢化剂覆盖气体、屏蔽和冷却压力管及排管间的环隙气体，以及实现反应性调节和停堆等功能。可见，排管容器组件的主要功能是包容重水慢化剂、支承燃料通道组件和反应性控制机构以及提供端部屏蔽。

排管容器就是一种具有若干内部管道或通道，能使液态慢化剂与冷却剂隔开，为辐照装置提供空间或容纳压力管的反应堆容器。它由一卧式分段圆柱状外壳、两端的排管容器管板和内部的数百根排管组成。两端的排管容器管板、排管和排管容器外壳构成慢化剂的压力边界（见图 2-26）[32]。

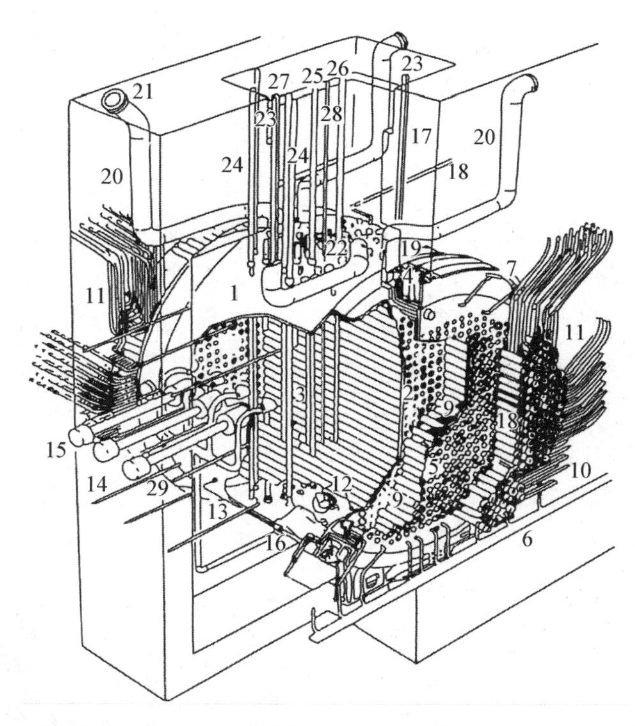

1—反应堆排管容器；2—排管容器侧管板；3—排管容器管道（排管）；4—预埋环；5—装卸料机侧管板；6—端部屏蔽栅格管；7—端部屏蔽冷却管；8—入出口过滤器；9—压力管；10—端部配件；11—冷却剂支管；12—慢化剂出口；13—慢化剂入口；14—水平中子注量率探测装置；15—电离室；16—地震限制器；17—排管容器室墙；18—通向慢化剂顶部膨胀箱；19—屏障式屏蔽板；20—压力释放管；21—爆破盘；22—反应性控制装置管嘴；23—窥视孔；24—停堆棒装置；25—调节棒装置；26—机械控制吸收棒装置；27—液体区域控制装置；28—垂直中子注量率探测装置；29—液体注入停堆装置接管。

图 2-26　CANDU 堆排管容器组件

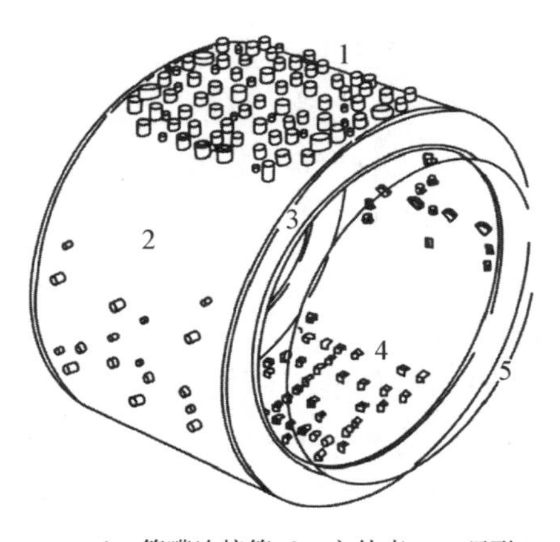

1—管嘴连接管；2—主外壳；3—环形板；4—反应性控制装置定位器；5—亚壳。

图 2－27　排管容器外壳

排管容器外壳由中间的主壳和两端直径较小的亚壳组成，主壳长为 5.98 m，内径为 7.6 m，亚壳长为 0.965 m，内径为 6.8 m，壁厚为 28.6 mm，主壳和亚壳之间用两个环形板并通过焊接构成整体。环形板的柔性补偿了壳体和排管之间的热膨胀差。排管容器壳体材料采用奥氏体不锈钢。排管容器外壳如图 2－27 所示。

排管由中子吸收截面小和抗腐蚀性良好的锆-2 合金管制成。排管在排管容器中按正方形排列，形成圆柱状栅格矩阵，贯穿于整个容器。排管端部与不锈钢插套一起用胀接与排管容器管板连接。燃料通道组件插入排管中，并借助每个燃料通道的四个弹簧定位圈将压力管定位于排管中心位置。排管与压力管之间有一个环形气隙，可减少燃料通道传到慢化剂中的热量损失。排管容器管板由奥氏体不锈钢制成。两块管板分别焊接在排管容器外壳的两端，与端屏蔽是共有的。

反应性控制装置的导向管贯穿于排管容器，在排管之间穿过，直到被排管容器对面的外壳内壁上的定位器锁定。反应性控制装置的重量由焊接在排管容器外壳管嘴上的不锈钢套筒支承。对于垂直的反应性控制装置，其套筒管延伸到反应性控制平台。对于水平的反应性控制装置，其套筒管延伸到堆腔室边墙。套筒管将反应性控制装置与排管容器堆腔室的轻水隔离。

冷的慢化剂经过排管容器两侧的两组管嘴进入排管容器（见图 2－28），而被加热的慢化剂通过排管容器底部的管嘴流回到慢化剂热交换器。排管容器有四根慢化剂压力释放管延伸到排管容器堆腔室的顶部，压力释放管的上端均装有爆破盘组件。当一根压力管和排管同时破裂时，为重水提供适当的排放通道。在慢化剂上面的压力释放管中充有氦气，用来防止重水氧化和调节排管容器的压力，并限制氘

图 2－28　排管容器组装情景

在释放管内的浓集。

排管容器组件运抵核电厂现场后，安装380根燃料通道组件。然后运入反应堆厂房，并整体支承在排管容器室的端墙上。整个排管容器组件通过端屏蔽被支承在内衬钢衬里的矩形混凝土排管容器室(即堆腔室)的端墙(通过预埋环)上。它的顶部支承反应性机构平台，上面安装有反应性控制装置和堆芯中子注量率分布的垂直测量装置；它的侧面安装有堆芯中子注量率分布水平测量装置和堆外电离室。混凝土排管容器室和排管容器组件的相对位置如图2-29所示。排管容器室和反应堆端屏蔽充有来自屏蔽冷却系统的轻水，轻水使结构得到冷却并提供生物屏蔽，以便停堆时允许人员进入装卸料机室。

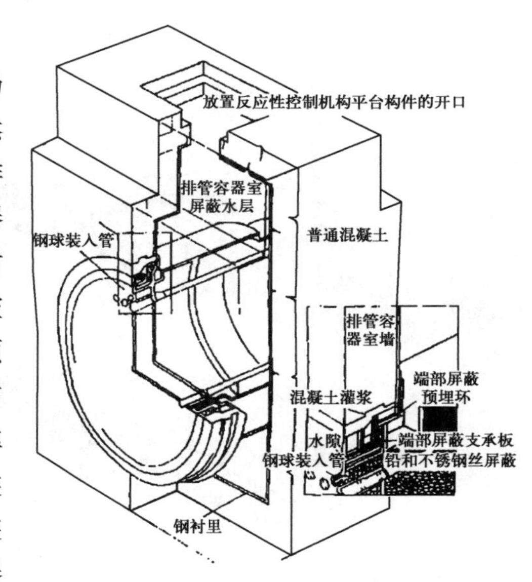

图2-29　排管容器室与排管容器组件

2.2.3.2　燃料通道组件

燃料通道组件是重水堆的核心部件，处于堆芯高辐照、高温、高压工作状态。

燃料通道组件由压力管、端部组件、供水管接头组件、环形定位圈、定位装置、轴承(轴承套管和轴颈环)、屏蔽套管、屏蔽塞、密封塞等零部件组成。端部组件构成燃料通道组件的堆外延伸部分，起到连接压力管和主热传输系统(一回路)管道、为装卸料机提供端口及连接密封面、连接波纹管以及连接定位装置等诸多作用，如图2-30所示[33-34]。

压力管包容燃料和重水冷却剂定位在排管容器的排管内。压力管由锆2.5-铌合金制成，具有低的中子吸收截面和高的强度，并有良好的抗腐蚀和抗辐照性能。压力管的壁厚考虑了腐蚀和容许的磨损量，满足应力需要的最低要求。由于压力管处于高温、高压和高辐照的工作环境，设计寿命为25年。

端部组件属于压力管在堆芯外的延伸部分，两端延伸到端屏蔽外。压力管的两端均用机械胀管连接到端部件上，每个端部件内有一个衬管，热传输系统的冷却剂由供水管进入端部件，经过衬管与端部件之间的环形区，绕着衬管流动，再通过衬管端部的孔进入压力管。端部件本体材料为改进型403马氏

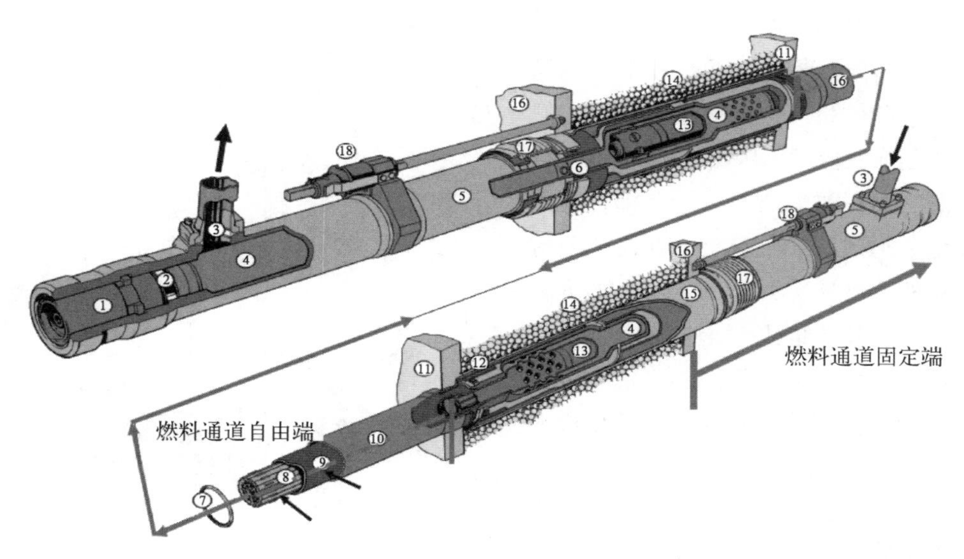

1—燃料通道密封塞；2—密封环；3—供水管接头；4—衬管；5—端部件本体；6—端部件外轴承；7—管子垫圈；8—燃料棒束；9—压力管；10—排管；11—排管容器侧管板；12—端部件内轴承；13—屏蔽塞；14—端部屏蔽屏蔽球；15—端部屏蔽栅格管；16—装卸料机侧管板；17—通道环形波纹管；18—通道定位组件。

图 2-30　CANDU 燃料通道组件结构

体不锈钢(11Cr12MnNiSi)，衬管材料为无缝 410 不锈钢。

每个端部件的衬管内有一个屏蔽塞，在换料时屏蔽塞可卸下并储存在装卸料机的料斗内；完成换料后装入屏蔽塞，即可提供通道要求的屏蔽，也可用于燃料棒束的定位。每个端部件的外侧端在装换料时与装卸料机的机头连接，在功率运行时能进行燃料的插入或卸出。在换料时装卸料机将燃料通道密封塞拆除并暂时储存，在装卸料机离开燃料通道之前再将密封塞重新装在端部件上。

端部件的侧向管嘴与反应堆进口集管之间连接的供水管以及出口端的侧向管嘴与堆出口集管之间连接的供水管，均为热传输系统的一部分。每个供水管与端部件用法兰连接。

焊在端屏蔽栅格管处的波纹管将燃料通道与排管之间形成的环隙加以密封，并且具有挠性，以适应热膨胀和蠕变变形所引起的移动。

燃料通道两端均装有定位组件，燃料通道组件通过定位组件固定在一端的端屏蔽管板上，另一端是自由的，自由端可允许通道的热膨胀和蠕变移动，故这种布置能调整两端轴承对压力管总的轴向蠕变伸长。根据计算及运行经验，在满功率运行 12.5 年以后，定位组件需要重新调整，即将原来由定位组件固定的一端松开，变成自由端，原为自由端的定位组件则将燃料通道固定在另一端的端屏蔽管板上。

2.2.3.3　反应性控制装置

对于 CANDU 堆，反应性控制装置包括安全停堆装置、反应性调节装置和功率测量装置[35-36]。它们在重水堆不同的运行工况下对其反应性进行控制、调节或停堆。其中安全停堆装置将在第 7 章介绍。

1）反应性调节装置

CANDU 堆中的反应性分长期控制与短期控制，长期反应性控制通过不停堆换料与调节慢化剂毒物浓度来实现。短期反应性控制通过反应性调节装置实现。反应性调节装置包括调节棒装置、液体区域控制装置和机械控制吸收棒装置。

（1）调节棒装置。调节棒装置主要目的为在额定堆芯状态满功率运行下，插入堆芯展平功率分布，但同时还可以提供一定的负反应性，在氙中毒停堆情况下具有克服氙毒负反应性的作用，并在装卸料机不可用的情况下延长一段反应堆功率运行时间。但由于调节棒拔出后丧失了它的展平功率分布的功能，因此，需要降功率运行。

调节棒装置的主要功能如下：① 在正常情况下调节棒插入堆芯以展平堆内中子注量率分布；② 在功率降低时，提出调节棒引入正的反应性补偿氙毒的积累，以维持液体区域（LZC）液位在正常控制范围；③ 在失去换料的情况下，提出调节棒补偿燃耗；④ 在功率偏差较大、液位太高或太低时动作，使液体区域控制在正常范围内。

CANDU 6 型重水堆中共有 21 个垂直安装的调节棒装置[37]，分为 7 组，总的反应性价值约为−1 500 pcm。根据它们在堆芯的不同位置，按照调节棒的长度、补偿棒直径和不锈钢管壁厚分布的不同，分为四种类型：A 型 3 根，B 型 6 根，C 型 6 根，D 型 6 根。调节棒悬挂在不锈钢丝绳上，由驱动机构驱动调节棒的升降或在堆芯保持不动。每个调节棒装置由 1 根调节棒、1 根垂直导向

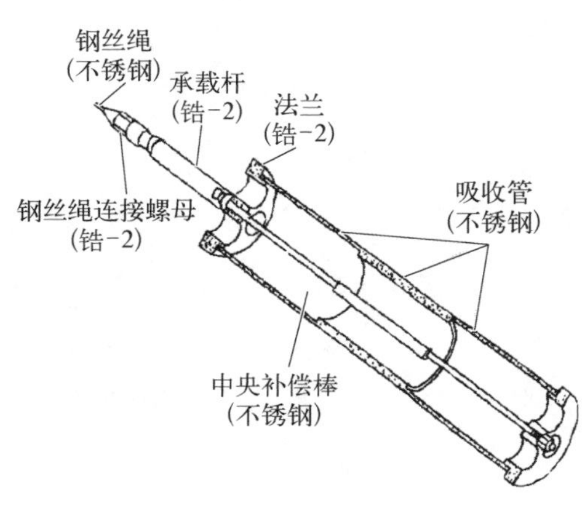

图 2-31　调节棒结构

管及导向管的延伸部分、套管及屏蔽塞和 1 台驱动机构组成。调节棒的吸收体由薄壁不锈钢管和中央的不锈钢补偿棒构成(见图 2－31)。

(2) 液体区域控制装置[38]。液体区域控制装置是给 CANDU 堆各个区域提供反应性和中子注量率控制的反应性控制装置。其主要功能是提供反应性短期精细控制,使反应堆维持所要求的中子注量率和功率水平,并控制堆芯氙震荡。它由位于反应性机构平台到排管容器底部之间的垂直管状构件组成(见图 2－32),均用中子吸收截面低的锆合金制作。

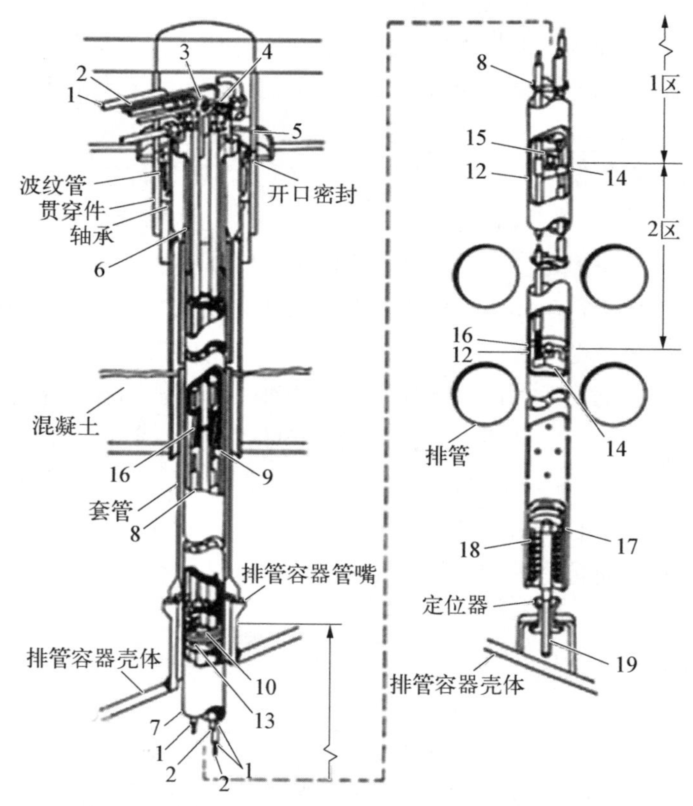

1—水;2—氦气;3—螺母;4—挤压式垫圈;5—接线板;6—屏蔽塞;7—区域控制管;8—水和氦气管;9—氦起泡波纹管;10—水进口;11—舱壁;12—挡板;13—氦出口;14—氦进口;15—水出口;16—氦平衡波纹管;17—键;18—弹簧;19—定位器螺纹。

图 2－32 液体区域控制装置(仅显示两区域)

CANDU 6 型反应堆共有 6 根液体区域控制装置。如图 2－33 所示,从 1 号液体区域控制装置(ZCU1)到 6 号液体区域控制装置(ZCU6),其中 ZCU1、

ZCU3、ZCU4、ZCU6 每根设有 2 个舱室，而 ZCU2、ZCU5 每根设有 3 个舱室，共计 14 个舱室将堆芯分为 14 个区域，分布在堆芯的 A 侧和 C 侧。每个舱室各有 4 根管子，其中 2 根管子用于轻水流进和流出，2 根管子用于覆盖气体氦的流进和流出。由于轻水在重水堆中是一种毒物，所以改变舱室中的轻水量就可以控制各个区域中的反应性和中子注量率。

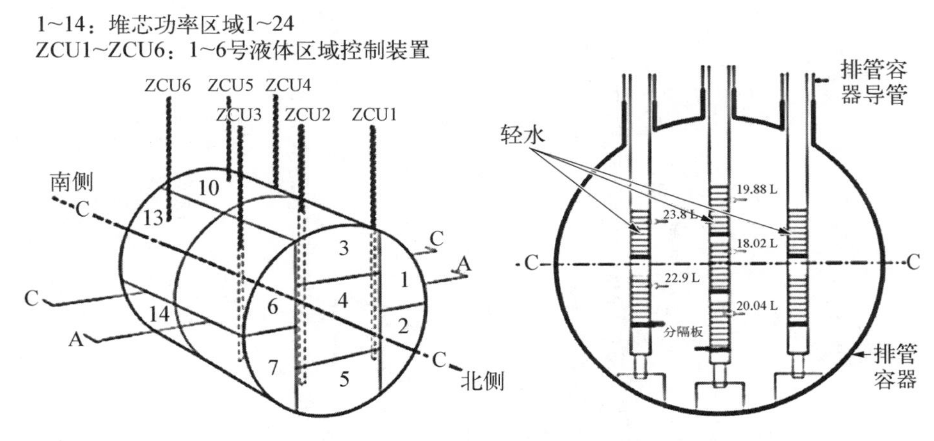

图 2－33　液体区域控制单元布局(功率区域 8、9、11、12 在背面，图中未显示)

注：由于部分单元位于背面，故未指出。

(3) 机械控制吸收棒装置。机械控制吸收棒装置是能提供较快的反应性变化速率的反应性控制装置。在反应堆运行期间，反应性变化需求若超过液体区域控制装置的能力、快反应性变化速率或更大的停堆深度，或希望快速降功率又不致停堆时，就使用机械控制吸收棒。对应最大的驱动速率，最大反应性引入/出速率限制为±15 pcm/s。CANDU 6 型反应堆共有 4 根布置在堆芯顶部的机械控制吸收棒，总的反应性的价值为－1 000 pcm。当离合器通电时，机械吸收棒可以不同的速度在燃料通道之间插入或抽出堆芯。当离合器断电后，机械吸收棒在重力作用下落入堆芯。机械控制吸收棒装置的结构与停堆吸收棒装置基本相同(见图 2－34)，不同的是驱动机构中没有加速弹簧和棒位即时指示器，且在吸收棒(底部)有一个节流孔以降低下落速度。棒的下降或提升都靠驱动机构的变速可逆电机驱动。

2) 反应堆功率测量装置

CANDU 堆功率(中子注量率)测量装置包括垂直中子注量率探测装置、水平中子注量率探测装置和堆外电离室装置。

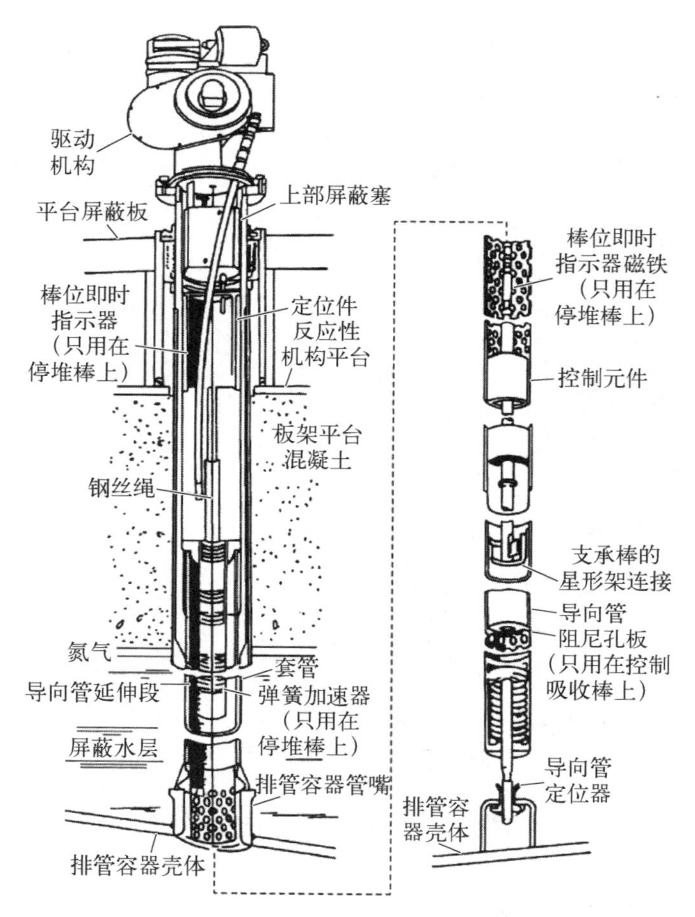

图 2-34 机械控制吸收棒装置

中子注量率探测器装置由通量探头组件、导向管、套管、贯穿反应性控制机构平台或堆腔室墙及其相关的密封件组成。导向管中插有 12 个锆合金竖管,其中 11 个竖管用以插入直线单体更换式自给能探测器,第 12 根竖管备用作为移动式中子注量率探测器,这是一个外径为 3.0 mm 和长为 25 mm 的微型裂变室。

CANDU 堆中用的自给能探测器有两类:一类是快响应的铂探测器,对中子和 γ 射线注量率都敏感。另一类是慢响应的钒探测器,只对中子注量率敏感。自给能探测器结构如图 2-35 所示[29]。通量探头组件包括一个在制造厂就已密封的带屏蔽塞并且连接到接线器外壳的传感器管子,该传感器管子中装有一定数量的分别带套管的探测元件。在管子中充有一定压力的高纯氦气,并加以密封,以使探测器免遭可能的腐蚀,其中的氦气也有助于探头与导管之间的热传导。

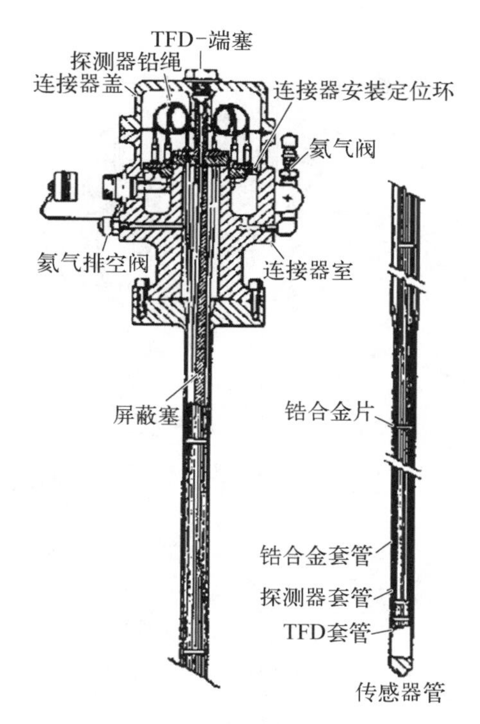

图 2-35　自给能探测器结构

垂直中子注量率探测装置就是从反应性机构平台插入堆芯，对堆芯的中子注量率及其分布进行测量的装置。CANDU 6 反应堆共有 26 个垂直中子注量率探测装置。每个装置包括 3～9 个探测器，全堆有 102 个钒探测器按照反应堆物理设计分布在堆芯的不同位置，其信号经计算机采集、计算可绘制出整个堆芯的中子注量率分布图，供燃料管理及刻度快响应的铂探测器用。钒探测器组件布局如图 2-36 所示。图中的 VFD10-3B 布置在排管容器的 D 侧，堆芯 2、9 区的交接部；VFD23-3A 布置在排管容器的 B 侧，堆芯 14 区的中部。另外，有 34 个供 1 号停堆系统用的快响应铂探测器，有 28 个供反应堆功率调节系统用的快响应铂探测器。

水平中子注量率探测装置就是从反应堆侧面水平方向插入堆芯的中子注量率测量装置。它由一个中子注量率测量组件和一个导向管组件组成。导向管中插入若干对中子和 γ 射线注量率都敏感的快响应铂探测器。CANDU 6 反应堆共有 7 个水平中子注量率探测装置，共布置了 24 个供 2 号停堆系统用的铂探测器。在 CANDU 6 反应堆中，共有 6 个电离室[29]。每个电离室有

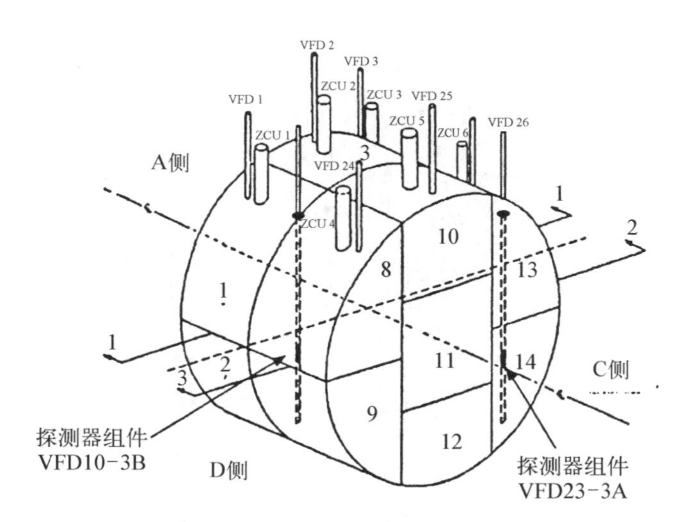

图 2-36　钒探测器布局

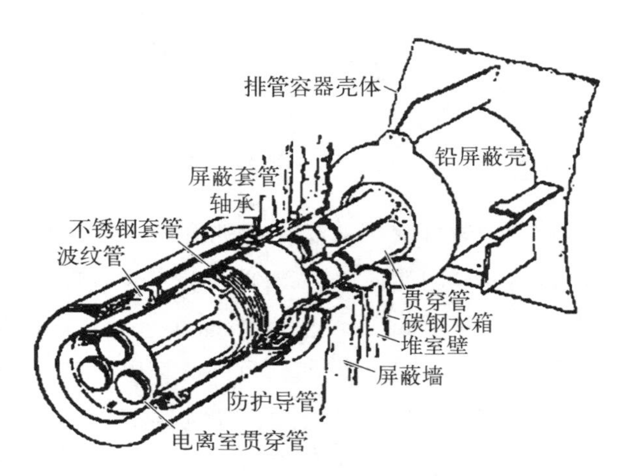

图 2-37　电 离 室 结 构

3 个孔，每个孔可容纳一个电离单元、开闭器或启动仪表（见图 2-37）。反应堆功率调节系统配有 3 个电离室，用于测量中子注量率，这些电离室位于堆芯的一侧。每个电离室除了包含一个用于反应堆功率调节系统的电离单元外，还有一个用于第一停堆系统的电离单元和停堆测量管。另外，还有 3 个相似结构的电离室是专为 2 号停堆系统而设立的，位于堆芯的另一侧。每个电离室组件包括电离壳体、通道管、堆腔室壁贯穿组件、端塞、电离室仪表、电缆开闭器组件及其连接件。电离室壳体不穿过排管容器壁，其内部与堆腔室外的反应堆厂房大气相通。壳体和穿过堆腔室壁的通道管是按低压容器设计的，穿过的部分其外表面与堆腔室内的水接触。为屏蔽掉 γ 射线，电离室的仪表腔周围装有铅，因而其中的仪表只对中子敏感。开闭器组件包括一个装在推杆头上的硼圆筒，推杆往后延伸入内屏蔽塞中，可到达嵌在外屏蔽塞中的气缸。

参考文献

[1] 中国核学会. 2018—2020 核技术应用学科发展报告[M]. 北京：中国科学技术出版社，2021：71 - 101.

[2] 沈峰，袁履正，柯国土，等. CARR 冷中子源物理方案研究[J]. 核动力工程，2006(S2)：50 - 53.

[3] 国核安发[2013]第 165 号. 研究堆安全分类(施行)[S]. 北京：国家核安全局，2013 - 09 - 22.

[4] 宋琛修，朱立新. 研究堆的分类和基于分类的安全监管思路探讨[J]. 核安全，2013，12(S1)：134 - 137.

[5] 孙锋，栾海燕，潘蓉. Ⅰ、Ⅱ类研究堆构筑物抗震设计初探[C]//第一届中国国际核电厂建构筑物可靠性与抗震性能评价技术交流论坛，北京：2016 - 5 - 21.

[6] World Nuclear Association. Research reactors [R/OL]. https://www.world-nuclear.org/information-library/non-power-nuclear-applications/radioisotopes-research/research-reactors.aspx. 2022 - 12 - 30.

[7] IAEA. IAEA - TECDOC - 403, Siting of research reactor[S]. Vienna：IAEA，1987.

[8] 国家核安全局. 研究堆厂址选择 HAFJ 0005—1992[S]. 北京：核安全法规技术文件.

[9] 黄兴蓉，韩海芬，庄毅，等. 中国先进研究堆(CARR)重水氦气等系统设计及分析[C]//中国核学会核能动力分学会 2007 年学术年会，中国核学会，北京：2007.

[10] 田正坤，王孔钊，徐侃. 秦山核电三厂氚内照射辐射防护[J]. 辐射防护通讯，2007，27(4)：34 - 38.

[11] 柯国土，袁履正，石永康，等. 研究性反应堆：201920184628. X[P]. 2019 - 11 - 08.

[12] 刘志宏，解衡，石磊，等. 一种重水冷却的高通量堆设计方法：202211334405. X[P]. 2023 - 06 - 30.

[13] 袁履正，柯国土，金华晋，等. 中国先进研究堆(CARR)的设计特点和创新技术[J]. 核动力工程，2006，27(5)(S2)：1 - 5.

[14] 中国电力百科. 重水堆核电厂[EB/OL]. 知识贝壳：www.zsbeike.com/bk/608345.html，2023 - 06 - 30.

[15] 阮养强，彭孝兴. CANDU 型核电站技术特点及其发展趋势[J]. 现代电力，2006，23(5)：49 - 54.

[16] Echocener. The enhanced CANDU® (EC6®) technical summary[EB/OL]. https://

www. doc88. com/p - 6913810008311. html? r=1,2023 - 06 - 30.
[17] 百度文库. 核电站系统[EB/OL]. https://wenku. baidu. com/view/420655eb3186bceb18e8bb04. html? _wkts_=1708877106667&bdQuery=%E6%A0%B8%E8%92%B8%E6%B1%BD%E4%BE%9B%E5%BA%94%E7%B3%BB%E7%BB%9F%2CCANDU,2014 - 02 - 23.
[18] 佚名. 压水堆核电站的厂房布置及安全[EB/OL]. https://wenku. baidu. com/view/feac608ba517866 fb84ae45c3b3567ec112ddc2e. html,2023 - 06 - 30.
[19] 顾军,侍今奇,范福平. 秦山三期重水堆核电工程安全壳结构强度验证试验和整体密封性试验[J]. 中国核科技报告,2004(2): 107 - 121.
[20] 张振华,陈明军. 重水堆技术优势及发展设想[J]. 中国核电,2010,3(2): 124 - 129.
[21] 谢仲生,Boczar P. CANDU 堆先进燃料循环的展望[J]. 核动力工程,1999,20(6): 560 - 565+575.
[22] 张少泓,单建强,Rouben B. CANDU 重水堆燃料管理[J]. 核动力工程,1999,20(6): 543 - 548.
[23] 曹钧. 重水堆乏燃料干式储存安全影响因素分析[J]. 安全与环境学报,2017,17(6): 2062 - 2068.
[24] 王文聪. CANDU 堆换料优化方法研究及直接优化方法在压水堆堆芯换料中的可行性研究[D]. 上海: 上海交通大学,2010.
[25] 高雪东. CANDU 核反应堆换料算法研究[D]. 上海: 上海交通大学,2007.
[26] 徐济鋆,Krishnan V S, Collins W M, et al. CANDU 堆热工水力设计方法和计算机软件[J]. 核动力工程,1999,20(6): 549 - 554.
[27] 张延发,李世生. CANDU 6 主热传输系统的热工设计特点[C]//中国核学会. 中国核学会第八届全国反应堆热工流体会议,上海,2003: 153 - 165.
[28] 现代电力工业. 端屏蔽[EB/OL]. 知识贝壳: https://www. zsbeike. com/wap/cd/46344091. html,2023 - 08 - 05.
[29] 秋穗正,Johnston N C. 秦山三期 CANDU 核电厂堆芯结构[J]. 核动力工程,1999,20(6): 490 - 495.
[30] Rouben B. CANDU & Differences with PWR[EB/OL]. https://max. book118. com/html/2019/0108/6155222104002000. shtm,2023 - 06 - 30.
[31] 王小亮. 重水反应堆简介[EB/OL]. https://wenku. so. com/d/903e71555217e5afcf9f6c611e3a721d,2023 - 06 - 30.
[32] 中国电力百科. 重水堆排管容器组件[EB/OL]. https://www. zsbeike. com/index. php? m=memb&c=baike&a=content&typeid=5&id=608349,2023 - 06 - 30.
[33] 中国电力百科. 重水堆燃料通道组件[EB/OL]. https://www. zsbeike. com/index. php? m=memb&c=baike&a=content&typeid=5&id=130245,2023 - 06 - 30.
[34] 文惠民,杨钊,周宣,等. CANDU 重水堆用 Zr - 2. 5Nb 压力管研究进展[J]. 有色金属加工,2020,49(06): 16 - 20+31.
[35] 360 百科. 重水堆控制[EB/OL]. https://baike. so. com/doc/25895740-27048606. html. 2023 - 06 - 30.
[36] 中国电力百科. 重水堆反应性控制装置[EB/OL]. https://www. zsbeike. com/

index. php? m = memb&c = baike&a = content&typeid = 5&id = 130239，2023 - 06 - 30.
[37] 王公展. 重水堆核电站调节棒控制改进的研究[D]. 上海：上海交通大学，2007.
[38] 彭岚. 液体区域控制系统调试难点以及性能改进[C]//浙江核学会通讯/2003 年第 1 期. 北京：中国核学会，2003：139 - 154.

第 3 章

重水堆燃料和材料

反应堆的燃料和材料是反应堆的重要组成部分，是体现核能特性的重要载体，也是反应堆安全经济运行的基础。反应堆之父费米曾说："核技术成功的关键取决于堆内强辐射下材料的行为。"

与其他类型反应堆一样，重水堆燃料与材料包括核燃料、冷却剂、慢化剂、控制材料、反射层材料、屏蔽材料及结构材料等。因为核反应堆燃料与材料在高温、腐蚀介质和辐照等特殊条件下工作，因此对它们的物理、化学和力学性能有严格要求。

由于重水堆的特点，重水堆可以使用天然铀，这在反应堆发展的早期是非常突出的优点，当然也可以使用低浓铀，甚至少数使用高浓铀。除燃料外，其他重水堆材料没有特别之处，当然需要根据重水堆体系来进行材料设计，不仅要保证可靠性、安全性及寿命，还要追求经济性。

由于目的不同，重水研究堆和重水动力堆的技术参数存在较大的差异，两者结构材料的要求也不尽相同。本章分别介绍重水研究堆和重水动力堆的不同燃料和材料的性能与应用，以及它们的发展历程。由于冷却剂、控制材料、屏蔽材料等与其他反应堆没什么不同，本书不再赘述。

3.1　重水研究堆燃料和材料

除了模式重水实验堆外，其他重水研究堆作为中子源，追求高中子注量率和单位功率中子注量率水平，一般运行在较低的工作参数下，如常压或微压，数十摄氏度，因此，选择其燃料和材料的第一目标是具有良好的核特性，确保重水研究堆可获得最大的中子注量率，至于其他性能尽可能选择技术和工艺成熟的[1]。

3.1.1 重水研究堆燃料

由于重水堆有较高的中子经济性，可以使用天然铀，这是早期发展重水研究堆的重大优势，但随着铀浓缩技术的不断进步，为了追求高中子注量率，随后的重水研究堆常采用浓缩铀甚至高浓铀作为燃料。另外，研究堆运行参数虽然不高，但为了得到高中子注量率，其堆芯的功率密度很高，往往是压水堆堆芯功率密度的5～6倍。为了更好地冷却堆芯及燃料，重水研究堆燃料元件的结构形式非常丰富，常采用换热面积更大的结构形式，如环状、平板状、弧板状、套管状、渐开线板、十字螺旋形等多种形式。高热负荷及高冷却剂流速是研究堆核燃料的主要要求[2]。

3.1.1.1 重水研究堆燃料发展历程

从最早的天然铀燃料至今，重水研究堆燃料的发展经历了以下三个阶段：天然铀燃料阶段、富集铀燃料阶段和 $U_3Si_2Al_x$ 弥散燃料阶段。

1）天然铀燃料阶段

20世纪40—50年代，鉴于铀浓缩的能力和水平，大部分研究堆均采用天然铀燃料，化学成分有金属铀、UO_2，结构形式一般为棒状，典型的重水研究堆如CP3、ZEEP、NRU、NRX、TVR、JEEP I、P-2、PDP、CIRUS等均采用天然金属铀为燃料。

2）富集铀燃料阶段

20世纪50年代末至80年代，美国、苏联、英国、法国等国家的铀浓缩不是问题，关键是追求研究堆的性能指标，为了实现紧凑堆芯，获得高的中子注量率和较长的换料周期，该时期绝大部分重水研究堆采用浓缩铀甚至高浓铀，化学成分有UAl合金、UO_2、U_3O_8 等，结构形式有棒状、板状、渐开线、十字螺旋等各种形状。典型的研究堆如CP5、DIDO、HIFAR、Dounreay MTR、DR3、ISPRA-1等均采用高浓UAl合金。

3）$U_3Si_2Al_x$ 弥散燃料阶段

随着国际社会对核安保的重视，为了防止核扩散，美国能源部于1978年提出了研究堆燃料低浓化（RERTR）倡议。该计划的主要目的是开发高铀密度的新燃料，以便在不改变燃料元件结构和堆芯性能的前提下，实现反应堆的低浓化（即将研究堆燃料 ^{235}U 铀的富集度降低到20%以下）。自此，低浓 $U_3Si_2Al_x$ 弥散燃料成为低浓铀（LEU）研究堆的主要燃料类型。

追求高铀密度是 $U_3Si_2Al_x$ 弥散燃料的关键，从最早的2.8 g/cm³ 到现在的4.8 g/cm^3。HANARO、FRM Ⅱ、OPAL、CARR、CMRR等新建的研究堆均采用$U_3Si_2Al_x$弥散燃料，一些低浓化升级改造的重水研究堆如JRR-3M、NIST、ILL HFR也采用硅化铀燃料。

3.1.1.2 几种典型的重水研究堆燃料

金属铀燃料、陶瓷UO_2燃料、UAl合金燃料和$U_3Si_2Al_x$弥散燃料是至今实现应用的四种研究堆燃料。

1）金属铀燃料[3]

金属铀最大的优点是密度高、加工和回收处理比较经济。金属铀可以加工成棒状或空心棒状，与铝、锆等包壳材料相容性很好，是最早使用的燃料，国际上有多座重水研究堆使用天然金属铀燃料。我国第一座研究堆101在改建以前就是采用^{235}U富集度为2%的金属燃料，包壳为铝，厚度为1 mm。

但是金属铀燃料适用温度不高。金属铀具有三种不同结晶构造的同素异形体，相转变温度为660 ℃和770 ℃左右。由于相变，铀的若干性质，特别是密度发生急剧的变化，这在堆内是不允许的。因此，660 ℃成为金属铀燃料使用的上限。由于α相和β相铀是各向异性的，即使温度低于660 ℃，在中子辐照下仍会发生“长大”的现象，在短时间内会使燃料元件变形，表面起皱，强度降低和破坏。金属铀的工作温度超过400 ℃时会产生肿胀。一旦包壳破损，将会发生剧烈的铀水反应。

2）二氧化铀燃料[4]

由于金属铀有上述的不足，改建后的101堆使用二氧化铀作为燃料。二氧化铀材料是应用最为普遍的核燃料之一，它化学稳定性好，具有很强的抗分解能力，与包壳材料相容性好，在反应堆高温条件下，与水不产生显著的化学反应。二氧化铀没有金属铀的缺点，它没有同素异形体，在熔点(大约2 850 ℃)以下的整个温度范围内，只有一种结晶形态，并且是各向同性的。所以，二氧化铀没有金属铀那种由于结晶构造转变而引起的肿胀现象。同时，二氧化铀辐照稳定性好，在辐照下有好的尺寸稳定性，对裂变气体包容能力强，可以使用到很高的燃耗。另外，二氧化铀熔点高，因此压水堆也普遍使用这种类型的燃料。

同时二氧化铀燃料采用的锆合金包壳材料具有中子吸收截面小，良好的抗辐照、抗水腐蚀性能，在辐照条件下有足够的机械强度和导热性能，在重水堆条件下锆合金是非常适合的包壳材料。

在中国，二氧化铀燃料和锆合金材料有成熟的加工生产工艺和设备，有多年的使用经验，选用这类燃料和包壳材料给反应堆的安全性提供了先决条件。

101 堆从 1983 年启用二氧化铀组件后，堆芯装载的^{235}U量多于金属铀元件，在相同功率下热中子注量率比金属铀堆芯略低，但后备反应性略有增加。最明显的提升在几个方面：首先是燃耗加深，改造前平均燃耗为 8 000 MW・d/t，改造后最高燃耗达到 17 000 MW・d/t，平均燃耗也达到 9 000 MW・d/t；其次，使用二氧化铀组件后，热负荷有较大增加，安全性有较大提升，经过设计的加强功率 15 MW 运行后，101 堆长期运行在 10～13 MW 功率范围，加上研究堆运行特点导致燃料组件经受了远比动力堆更多的热循环考验，均未发现组件异常。经过改进，二氧化铀组件的可靠性增加，为完成秦山核电燃料组件考验的历史重大任务做出了贡献。

3）铀铝合金燃料

铀铝合金燃料[5-6]具有热导率高、安全性好的特点，同时制造工艺相对简单，易于制造。采用铀铝合金燃料加工制成的燃料板的铀密度通常为 0.8～1.9 g/cm^3。由于较低的铀密度，因此要实现高的堆芯功率密度，需采用 90%富集度的铀燃料。早期有多座重水研究堆采用高浓铀铝合金燃料。研究堆的运行经验表明，铀铝合金燃料可以满足堆芯高比功率的设计要求，燃料辐照性能也比较稳定。另外，经法国 AREVA 的研究，铀铝合金燃料可以进行后处理。

为了进一步提高功率密度，必须增加堆芯单位体积内的^{235}U装量，为此，美国爱达荷国家实验室研究人员开发了 UAl_x－Al 弥散体燃料。UAl_x 的主要成分为金属间化合物 UAl_3，经非自耗电弧熔炼制备，化合物熔锭经破碎成细小颗粒后，再与铝粉混合，并制成芯坯。这样制备的燃料铀密度可达到 2.3 g/cm^3。小燃料板在橡树岭研究堆（Oak Ridge Research Reactor，ORR）内辐照，燃耗可达 80%。在美国爱达荷国家能源实验室（INEL）的高通量堆运行的 10 年里，有 1 700 个燃料元件在堆内进行了辐照，结果证明 UAl_x 燃料性能良好，能满足研究堆使用要求。

法国、阿根廷和日本也先后对铀密度在 2.2～3.1 g/cm^3 范围的 UAl_x－Al 弥散体燃料进行了制造工艺以及堆内辐照性能的研究，并将 2.2 g/cm^3 铀密度的 UAl_x－Al 燃料投入商用化应用。UAl_x－Al 弥散体燃料的成功应用，实现了研究堆由高浓铀向中浓铀的转换，为推进高浓铀研究堆向低浓铀研究堆的转化打下了基础。

4）$U_3Si_2Al_x$ 弥散燃料

RERTR 计划实施后，最先研制成功并实现应用的是 $U_3Si_2Al_x$ 弥散燃料[5-6]，该燃料芯体含铀密度高，目前已应用的达到 4.8 g/cm^3；U_3Si_2 与铝基体及冷却剂(重水、轻水)的相容性好；导热性能较好；起泡温度阈值高(大于 515 ℃)，在低温下辐照性能稳定；而且裂变气体保持能力强，挥发性裂变产物释放率小。

美国是最早开始 U_3Si_x - Al 弥散体燃料研究的国家，经过大量工艺研究和对 $U_3Si_2Al_x$ 几百个样品在橡树岭研究堆的全堆辐照考验，证实了 $U_3Si_2Al_x$ 燃料可以达到较高的铀密度且辐照性能稳定，采用该燃料可以转换大多数的高浓铀研究堆。1988 年美国核管会(NRC)批准了铀密度可到 4.8 g/cm^3 的 $U_3Si_2Al_x$ 燃料在研究堆的使用。

法国 CEA 分别在 Siloe 和 Osiris 研究堆上开展了多种低浓铀燃料试验，并于 1987 年完成了对低浓 $U_3Si_2Al_x$ 燃料的合格性鉴定。随后，CEA 决定采用 20%^{235}U 富集度的低浓 $U_3Si_2Al_x$ 燃料分别替换 Siloe 堆的 90%^{235}U 富集度的铀铝合金燃料和 Osiris 堆的 70%^{235}U 富集度的二氧化铀薄板组件。

德国在它的两座 MTR 研究堆上开展了 20%^{235}U 富集度的低浓 $U_3Si_2Al_x$ 燃料辐照，燃料铀密度达到 3.7 g/cm^3，平均燃耗为 63.5%。结果表明，该燃料辐照性能良好，满足 MTR 堆的要求。因此德国将其中一座使用 90%^{235}U 富集度的铀铝合金 MTR 堆替换为低浓高铀密度(3.7 g/cm^3)$U_3Si_2Al_x$ 燃料。

日本材料试验堆(Japan Materials Testing Reactor, JMTR)和京都大学反应堆(Kyoto University Reactor, KUR)分别开展了低浓硅化铀燃料的可行性研究，包括温度对低浓硅化铀性能的影响，在事故条件下燃料性能的变化以及 U_3Si_2 与铝基体相容性和裂变气体释放机理研究等内容。通过合格性鉴定，日本确定在研究堆中采用低浓 $U_3Si_2Al_x$ 燃料替换 93%^{235}U 富集度的铀铝燃料。

加拿大和俄罗斯也先后在其研究堆上开展了高密度硅化铀弥散体燃料的研究，俄罗斯甚至制造了铀密度达 5 g/cm^3 的 $U_3Si_2Al_x$ 管状元件。

中国先进研究堆(CARR)燃料组件的燃料使用^{235}U 富集度为 19.75 wt%的低浓铀，芯体为 $U_3Si_2Al_x$ 弥散体，铀密度为 4.3 g/cm^3，硅含量为 $7.5^{+0.4}_{-0.1}$ wt%。燃料组件包壳材料由 6061 - 0 铝合金制成，结构材料都由 6061 - T6 铝合金制成[2]。

CARR 采用平板型燃料组件，板式燃料组件单位体积燃料所对应的传热面积大，输出功率高。CARR 燃料组件分为两种：标准燃料组件和控制棒跟随体燃料组件。

(1) 标准燃料组件：标准燃料组件截面尺寸为 76.2 mm×76.2 mm，长为 1 375 mm。它由 21 块燃料板、2 块侧板、插头、上下端定位梳、销子、提梁、12 个螺钉组成。

燃料板、提梁、插头都固定在侧板上，燃料板被滚压固定在侧板上，定位梳通过销子固定在燃料板的上下端。

标准燃料组件的水隙为不等间隙。中央 14 个水隙宽度为 2.2 mm，其余水隙宽度从外向里分别为 2.59 mm、2.45 mm、2.32 mm。标准燃料组件结构如图 3-1 所示。

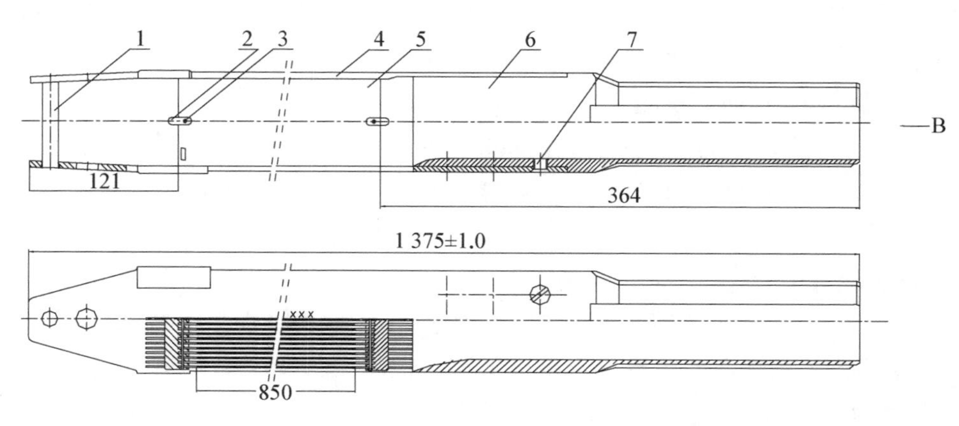

1—提梁；2—定位梳；3—销子；4—侧板；5—燃料板；6—插头；7—螺钉。

图 3-1 CARR 标准燃料组件结构图

(2) 控制棒跟随体燃料组件：跟随体燃料组件由 17 块燃料板、2 块侧板、2 块上连接板、2 块下连接板组成。

控制棒跟随体燃料组件截面为 63.6 mm×63.6 mm，长为 990 mm。燃料板间各水隙均为 2.25 mm。

组件上端连接控制棒吸收体，下端与控制棒传动杆连接，上下端的连接均采用旋锁连接机构，便于装卸和更换。

在正常运行时，跟随体燃料组件的一部分或全部在堆芯活性区提供裂变中子。在反应堆启动或提升功率中，一方面防止控制棒吸收体被推出活性区，另一方面跟随体燃料组件进入活性区，起了增加反应性的双重作用。在停堆或降功率过程中，反应性的变化正好相反，增加了停堆或降功率的速度。为了减少吸收体和燃料区之间的中子注量率峰，尽量减少组件上端的非燃料区尺寸。控制棒跟随体燃料组件结构如图 3-2 所示。

对辐照过的 3 个样品进行了 400～550 ℃的起泡试验，在 400 ℃、450 ℃下，各有 1 个样品弯曲，在 550 ℃下，1 个样品起泡，试验中样品完整性未被破坏，无放射性泄漏。

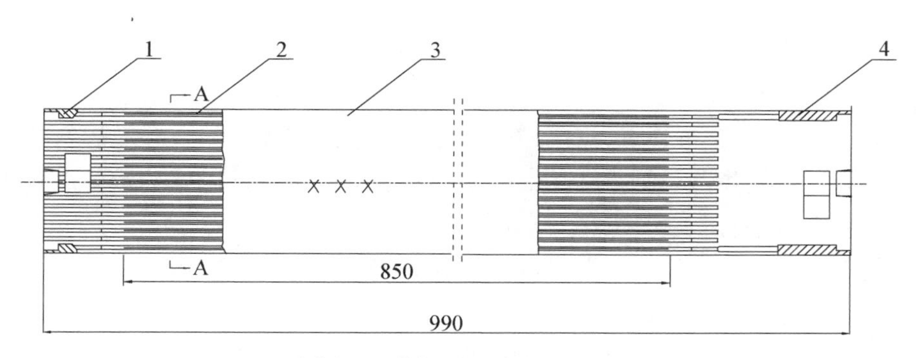

1—上连接板；2—燃料板；3—侧板；4—下连接板。

图 3-2 CARR 跟随体燃料组件结构图

把未辐照的 $U_3Si_2Al_x$ 贫铀燃料板分阶段加热并保温 1 小时直到 575 ℃，燃料板未发生起泡。

3.1.1.3 重水研究堆燃料发展趋势

为了进一步降低高浓铀研究堆在低浓化过程对反应堆的性能影响，自 1996 年，各国开始高铀密度燃料（主要针对铀钼合金燃料）的研发并一直延续至今。铀钼合金是追求更高铀密度研究堆的新型燃料[5-9]。

尽管硅化铀弥散体燃料具有极好的辐照性能，能满足世界较大范围高浓铀研究堆向低浓铀研究堆转化的需求，但其也存在如下缺点：首先，硅化铀的中等铀密度（4.8 g/cm^3）特性还是限制了它在一些高性能研究堆（如 ATR、HFIR 等）的转换应用；其次，$U_3Si_2Al_x$ 燃料在高热通量、高燃料温度和高裂变密度条件下，其抗辐照性能随运行温度的升高和燃耗的增加而急剧降低，如出现大气泡且发生大气泡相互连通的破裂性肿胀；再者，由于 U_3Si_2 燃料中含有硅，使得燃料的后处理难度增大。为此，美国和法国于 20 世纪 90 年代末提出了开发更高铀密度的新型燃料方案，主要是铀钼合金燃料。

铀钼合金燃料具有铀密度更高、γ 相稳定、辐照性能优良和后处理相对简单的优点，成为低浓铀高性能研究堆极佳的燃料选择。UMo-Al 弥散型与铀钼合金单片型是两种主要开发方向。

1) UMo-Al 弥散型

UMo-Al 弥散燃料是最早开发应用的铀钼合金类燃料。美国阿贡国家实验室（ANL）首先开展了用 $U_{10}Mo$ 合金粉末制成的 UMo-Al 燃料板在研究堆低温运行条件下的辐照研究。结果表明，具有高铀密度的铀钼合金燃料具有良好的辐照性能，$U_{10}Mo$ 合金在辐照条件下仍保持 γ 相状态，燃料板辐照肿胀小,燃料芯体的铀密度可达到8～9 g/cm^3,可使燃料循环周期增加30%～50%。

法国针对铀钼合金燃料开展了后处理工艺研究,结果表明,铀钼合金燃料在现有后处理工艺条件下,只需做出小的调整就能实现铀钼合金乏燃料的后处理,可降低乏燃料后处理费用30%～50%。因此,UMo-Al弥散体燃料成为高铀密度燃料研发的重点。

阿根廷、韩国、俄罗斯等国随后也相继开展了UMo-Al弥散型燃料的研发、质量鉴定和许可工作。

然而,随着这种UMo-Al弥散型燃料(无论板状还是棒状)的普遍使用,人们发现辐照后的铀钼合金燃料颗粒与铝基体之间存在明显的化学反应,在严重情况下整个铝基体会被反应掉。另外,生成的反应产物为无定形结构,燃料里产生的裂变气体非常容易穿过该反应层,在反应层与未反应层的铝基体交界处聚集成气泡。这些气泡通过扩散迁移相互连接形成大的气泡或空洞,一方面可能造成燃料破裂性肿胀,另一方面导致燃料的导热性能降低,温度升高,从而进一步加剧燃料与铝基之间的反应。

2) 铀钼合金单片

为了解决铀钼合金燃料与铝基体的化学反应问题,许多国家的研究者提出了以下改进措施。

(1) 铝基体改性:添加钛、硅等元素,弥散不同的物质以捕获裂变气体。

(2) 确保在UMo-Al界面层存在一个隔离阻碍层:在铀钼微球表面涂覆ZrN涂层以阻止燃料与铝基的化学反应。

(3) 完全去除铝基体,采用箔片概念——铀钼合金单片型燃料。

在UMo-Al弥散燃料的辐照考验中,虽然发现了金属燃料颗粒与铝的化学反应而导致的肿胀,但研究者们发现在铀钼合金颗粒内并不存在明显的气泡,说明铀钼合金燃料本身具有较好的抗辐照肿胀性能。另外,铀钼合金的加工性能较好,适用于冷轧和热轧。所以美国的阿贡国家实验室(ANL)和爱达荷国家实验室(INL)最先提出了采用铀钼合金箔片(monolithic)燃料的方案。将铀钼合金制成箔片作为芯体,再与6061铝合金包壳轧制成燃料板(见图3-3)。采用这样结构的铀钼合金单片燃料,既可防止铀钼合金与铝基体的广泛接触和反应,也可提高芯体铀密度(最高可达15.6 g/cm^3)。

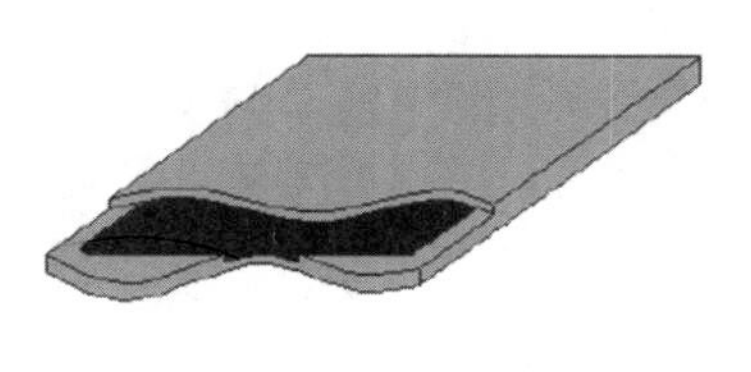

图3-3 铀钼合金箔片与铝包壳结构

铀钼合金箔片燃料的唯一缺点是制造工艺较为复杂，具有一定的难度。如果采用传统的轧制（主要是热轧）和挤压工艺，每个芯片的铀含量难以控制在设计要求的限值以内，芯片的厚度均匀性也难以保证。铀钼合金箔片的制造工艺需要进一步改进，如采用摩擦搅拌焊与快速液相结合工艺，或热等静压工艺等。2017年，美国国家核军工管理局（NNSA）向美国核管会（NRC）提交了一份铀钼合金箔片燃料初步报告，该报告介绍了采用热等静压制造工艺制备的这种新型燃料的性能数据，这在高浓铀研究堆向低浓化转换方面是一个重要的里程碑。目前，美国有6座高浓铀研究堆采用这种箔片燃料来实现低浓铀化。

德国、法国、俄罗斯、阿根廷以及韩国等国家的研究者都在积极参与铀钼合金单片型燃料的研发工作。

与国外相比，虽然我国对于铀钼合金燃料研究领域起步较晚，但跟进的步伐较快，中国原子能科学研究院及中国核动力研究设计院都在借鉴国外相关研究成果的基础上，结合自身特点和经验对铀钼合金燃料的制造技术进行了研究。

虽然铀钼合金燃料现在没有实现商业应用，但随着燃料设计及制造工艺的发展和进步，必将成为未来研究堆燃料的理想选择。

3.1.2　重水研究堆主要结构材料

重水研究堆结构材料主要有燃料包壳、堆芯容器、堆内构件、一回路系统设备及管道结构材料等。重水研究堆的技术参数较低，其部分重要结构材料的要求也将相应降低，但中子吸收性能对研究堆来说还是至关重要的，低中子吸收截面成为选择研究堆结构材料的首要因素。

3.1.2.1　燃料包壳材料

燃料包壳是核燃料的密封外壳。其作用是防止裂变产物逸散和避免燃料受冷却剂腐蚀以及有效地导出热能，是反应堆的第一道安全屏障。在堆芯结构材料中，以包壳材料的工况最为苛刻，承受高温、高压、大的温度梯度和强中子辐照，包壳内壁受裂变气体、腐蚀、燃料肿胀、氢脆及芯块与包壳的相互作用等危害，包壳外壁受冷却剂压力、冲刷、振动、腐蚀以及氢脆等威胁。对燃料包壳材料的一般要求如下。

（1）热中子吸收截面小，感生放射性小，半衰期短。

（2）具有良好的抗辐照损伤能力，并且在快中子辐照下不产生强的长寿命核素。

(3) 具有良好的抗腐蚀性能,对晶间腐蚀、应力腐蚀和吸氢腐蚀不敏感。

(4) 化学稳定性好,不与燃料芯体反应,与冷却剂相容性好。

(5) 具有好的强度、塑性及蠕变性能。

(6) 熔点高。

(7) 好的导热性能及低的线膨胀系数。

(8) 工艺性能好,易加工,便于焊接,成本低廉。

重水研究堆燃料包壳主要有铝合金、锆合金及镁合金等。由于研究堆运行参数较低,铝合金是最常用的燃料包壳材料。

铝元素在地壳中的含量仅次于氧和硅,居第三位,达 8.3%,是地壳中含量最丰富的金属元素。铝是一种轻金属,在金属品种中,仅次于钢铁,为第二大类金属。铝的主要物性参数如下:相对密度为 2.70,弹性模量为 70 GPa,泊松比为 0.33,熔点为 660 ℃,沸点为 2 327 ℃。铝具有密度小、良好的导电和导热性能、高延展性、高反射性、耐低温、良好的吸声性能等物理性质,但是,存在熔点较低、强度不足等缺点。铝是活泼金属,在干燥空气中铝的表面立即形成厚约 5 nm 的致密氧化膜,使铝不会进一步氧化,并能耐水。但是,铝的粉末与空气混合则极易燃烧;熔融的铝与水发生猛烈反应;铝是两性的,极易溶于强碱,也能溶于稀酸。

根据添加合金化元素的种类和数量的不同,铝合金的种类繁多。铝合金除具有铝的一般特性外,又具有一些合金的具体特性。铝合金的密度小,密度为 2.63～2.85 g/cm^3,但有较高的强度($\sigma_b=110\sim650$ MPa),比强度接近高合金钢,比刚度超过钢。铝合金具有良好的力学性能、加工性能、导电性、导热性及抗腐蚀性等特点,且无毒、易回收,有良好的铸造性能和塑性加工性能,可作为结构材料使用,在工业和日用品中有着广泛的应用。但在高温水中,铝合金具有会发生晶间腐蚀和氢泡腐蚀的缺点。在核能界使用较多的有 LT21、6061Al 等铝合金。

铝具有优良的核性能。天然存在的铝是 100%的 ^{27}Al,其热中子吸收截面很小,$\sigma_\gamma=0.21$ b(1 b$=1\times10^{-24}$ cm^2),因此,铝吸收中子少,可以减少中子损失,提高中子利用率,且伴生放射性小。不过,铝吸收中子发生核反应 $^{27}Al(n,\gamma)^{28}Al$ 将带来一些新问题。^{28}Al 是放射性核素,半衰期很短,仅 134 s,发生 β 衰变生成稳定核素 ^{28}Si,由于 ^{28}Si 的产生并积累,改变了铝合金的成分及含量,从而也引起材料性能的改变,因此,铝作为结构材料,应该考虑其受到的中子注量,确保辐照引起的材料性能变化在规定的范围内。

针对上述提到的铝合金的腐蚀性能和辐照性能进一步介绍如下。

1) 铝合金的腐蚀性能[3,10]

铝合金在水中随着温度升高会依次出现点腐蚀、均匀腐蚀、晶间腐蚀和氢泡腐蚀等。点腐蚀一般发生在 100 ℃以下,均匀腐蚀在低温下也会发生,但在 150 ℃以上才比较明显。温度高于 150 ℃会发生晶间腐蚀,但在 250 ℃以上较为敏感。由于研究堆的温度较低,一般都在 100 ℃以下,铝及铝合金的腐蚀问题主要是点腐蚀和均匀腐蚀,其中以隐蔽形的点腐蚀最危险。

铝合金发生点腐蚀的原因有如下几种:

(1) 电位达到临界点腐蚀电位。

(2) 氧化膜上存在有利于 Cl^- 渗入的微孔或缺陷。

(3) 介质中生成了有助于铝基体阳极溶解的络合离子。

(4) 介质中有害离子(如 Cl^-、Br^-、Cu^{2+}、Fe^{3+} 等)超过了限值。

(5) 铝基体与析出相之间或同沉积的重金属离子之间形成了局部电池。

无论温度高低,铝合金在水中都会发生均匀腐蚀,其过程的快慢与温度、流速、pH 值、溶解度、面容比、热流值及杂质等因素有关。铝在酸性或碱性的水溶液中都处于腐蚀区,即氧化膜在热力学上不稳定,容易被溶解。因此,一般来说,需要将 pH 值控制在 5.5～6.5 范围内。

2) 铝合金的辐照性能

与一般金属材料一样,在快中子轰击下,铝合金产生辐照损伤,引起材料性能发生变化,即强度升高,塑性、韧性下降,脆性增加。不过,铝合金也有与其他金属材料不同之处,热中子辐照引起的材料性能变化比快中子的影响更大,因为热中子使铝嬗变成硅,改变了材料的杂质成分,随着中子注量增加,硅的含量也增加,性能变化增大。这一点应该引起高度重视!

(1) 拉伸性能:在热中子注量与快中子注量之比较小的条件下,铝合金的强度升高和延伸率下降的趋势不明显。但是,在热中子注量与快中子注量之比较大的条件下,铝合金的强度升高和延伸率下降显著增大。

(2) 冲击性能:铝合金经高注量中子辐照后,韧性明显降低,辐照脆化效应比较大。

(3) 断裂韧性:与拉伸性能相似,在热中子注量与快中子注量之比较小的条件下,铝合金的临界强度因子变化不大。而在热中子注量与快中子注量之比较大的条件下,临界强度因子下降较大。值得注意的是,6061Al 合金的撕裂模量非常低，其危险性是辐照后有促进裂纹突然扩展的倾向，即一旦裂纹产生，裂纹扩展阻力就变小。

上述三种性能的改变都与铝吸收热中子嬗变成硅有关，材料杂质成分的变化引起材料性能的改变。而且随着中子注量增加，硅的含量也增加，性能变化增大，因此，铝合金作为堆内构件材料，必须考虑热中子的影响，特别是达到高热中子注量，必须引起高度关注，也就是要考虑铝合金材料的寿期（如反应堆容器），确保反应堆的安全。

综上所述，铝具有良好的物理、化学、力学、核性能，且储量大、生产技术成熟、价格便宜，但是，存在熔点较低、强度不足等缺点，因此，铝尤其铝合金是研究堆燃料包壳及燃料基体的首选材料，无论是金属铀燃料、铀铝合金燃料、二氧化铀燃料、还是 $U_3Si_2Al_x$ 燃料，均广泛选择铝合金作为包壳材料。另外，值得提出的是，铝合金也广泛应用于工作在低温、低压条件下的各种研究堆构件的结构材料中，包括堆芯容器、堆内构件、控制棒导向管、水池覆面、实验孔道及辐照样品罐等。但铝合金的腐蚀问题和辐照改性问题需引起高度重视。

为了进一步说明铝合金燃料包壳，下面具体介绍中国先进研究堆燃料包壳。

中国先进研究堆采用 6061-0 铝合金作为燃料包壳材料，采用 6061-T6 铝合金作为结构材料，如燃料组件边板、堆芯容器、垂直实验孔道、填充体等结构材料。因为 6061-0 铝合金的机械强度比较高，可以增加中国先进研究堆燃料板的强度，另外中国先进研究堆燃料体积份额高、硬度大，在燃料板加工中需要硬度较高的包壳材料匹配。而燃料组件边板等结构材料要求较高的强度，高温下变形小，选用淬火时效处理的 6061-T6 铝合金。国产的铝合金力学性能列于表 3-1。

表 3-1 室温下国产与美国 6061 铝合金力学性能参数[2]

铝合金状态	σ_b/MPa		$\sigma_{0.2}$/MPa		δ/%	
	国产	美标	国产	美标	国产	美标
6061-0	<116.9	<124	<61.5	<55	>16	>16
6061-T6	≥296	≥290	≥249	≥240	>10	>10

为了验证 6061 铝合金燃料包壳的腐蚀和辐照性能，开展了燃料板冲刷试

验及燃料板辐照试验，试验条件及结果列于表3-2。从表3-2可知，6061铝合金氧化膜厚度实测值满足设计要求；未产生点腐蚀，具有良好的抗水腐蚀性能；辐照过程燃料板均未发生放射性泄漏，辐照后表面外观平整，没有起泡，未见弯曲、扭曲，无裂纹及点腐蚀，具有良好的抗辐照性能。

表3-2 中国先进研究堆燃料组件冲刷试验及燃料板辐照试验结果[2]

<table>
<tr><th colspan="2" rowspan="2">样品</th><th colspan="3">试验条件</th><th colspan="3">试验结果</th></tr>
<tr><th>温度/℃</th><th>流速/(m/s)</th><th>时间/d</th><th>外观</th><th>膜厚/μm</th><th>腐蚀深度/μm</th></tr>
<tr><td colspan="2">国产6061-0板</td><td>120</td><td>12</td><td>50</td><td>浅灰色、完整</td><td>33.7</td><td>24.4</td></tr>
<tr><td colspan="2">美国6061-0板</td><td>120</td><td>12</td><td>50</td><td>浅灰色、完整</td><td>33.7</td><td>24.4</td></tr>
<tr><td rowspan="3">燃料板</td><td>冲刷</td><td>120</td><td>12</td><td>60</td><td>浅灰色、完整</td><td>18～24</td><td>13～17.4</td></tr>
<tr><td>冲刷</td><td>120</td><td>12</td><td>120</td><td>浅灰色、完整</td><td>40</td><td>30</td></tr>
<tr><td>辐照</td><td>140</td><td>6.3</td><td>53</td><td>浅灰色、完整</td><td>26</td><td>18.8</td></tr>
<tr><td colspan="2">理论计算</td><td>120</td><td>—</td><td>60</td><td>—</td><td>23.7</td><td>17.1</td></tr>
</table>

在热轧(420～500 ℃)和冷轧加工中，芯体和包壳形成冶金结合，加工后U_3Si_2与铝基及包壳无可见反应发生。

燃料板置于真空管中，分别在250 ℃、350 ℃下保温83天，在250 ℃下，尺寸无变化；在350 ℃下，芯体肿胀约1%(体积分数)。

采用贫铀小燃料板样品，在人为缺陷条件下，水煮168小时，水中未发现铀，裸露芯体中的U_3Si_2颗粒没有可见的脱落和溶蚀。$U_3Si_2Al_x$与水只有轻微反应。

在正常运行条件下，燃料板具有良好的抗水腐蚀性能，即使包壳出现意外破损时，冷却剂受到的污染也很小。

上述试验表明U_3Si_2与铝基、6061-0铝包壳、冷却剂有良好的相容性[2]。

3.1.2.2　其他反应堆结构材料

除燃料包壳外，其他反应堆结构材料有堆芯容器、堆内构件、一回路系统设备及管道等。一回路系统设备及管道没有特殊之处，此处不做介绍。

其他反应堆结构材料的性能要求基本与燃料包壳的相同，但更关注其力学性能，尤其是辐照后的力学性能。当然，对研究堆来说，中子经济性还是不可忽视的，中子吸收截面大的结构材料尽可能少用，必要时，将堆芯构件设计成可更换的。可用于重水研究堆的结构材料一般有铝合金、锆合金及不锈钢等。铝合金在3.1.2.1节已经介绍，锆合金将在3.2节重水动力堆中介绍，本节将重点介绍不锈钢[11]。

不锈钢具有多种优良的性能，从它诞生之日起，在各个领域都得到了广泛的应用。

不锈钢的种类很多，性能各异，满足不同的使用环境。按组织分类有奥氏体不锈钢、铁素体不锈钢、马氏体不锈钢、双相(奥氏体＋铁素体)不锈钢和沉淀硬化不锈钢。不同的不锈钢组织的形成主要取决于钢中碳、铬、镍三种元素的各自含量与相互配比。

强度由高到低的顺序是沉淀硬化不锈钢、马氏体不锈钢、双相不锈钢、铁素体不锈钢和奥氏体不锈钢，而延伸率的大小排序则与强度相反。奥氏体不锈钢的强度，尤其是屈服强度，比马氏体或铁素体不锈钢的强度低，但耐腐蚀性、塑韧性、冷加工性、热加工性和焊接性能比较好。不过，奥氏体不锈钢在500 ℃以上的高温时强度明显高于铁素体和马氏体不锈钢。虽然沉淀硬化不锈钢和马氏体不锈钢的强度高，但当温度高于400 ℃后，强度急剧下降，即热强性比奥氏体不锈钢差。因此，奥氏体不锈钢具有良好的耐腐蚀性、焊接性、强度(特别是高温强度)、塑性和韧性等综合性能。奥氏体不锈钢是重水研究堆堆内构件比较理想的材料。

不锈钢的热中子吸收截面较大，其中，铁的σ_a为2.53 b，铬的σ_a为2.9 b，镍的σ_a为4.5 b，比铝、锆的均大1个数量级。因此，不锈钢不太适合用作堆芯结构材料(除了控制棒外)和元件包壳材料，以避免不锈钢“吃掉”过多的中子而降低中子的利用效率。控制棒的包壳材料往往采用不锈钢，有的研究堆直接采用不锈钢作为部分控制棒的中子吸收材料，甚至压水堆核电厂和CANDU核电厂也采用不锈钢作为部分控制棒的中子吸收材料。当然，对于强度要求高的少量特殊结构材料，还是尽可能少地使用不锈钢，以确保堆芯的综合性能[10-11]。

虽然奥氏体不锈钢具有优良的耐腐蚀性和耐热性等优点，但经形变加工和焊接以及处于介稳状态的奥氏体在敏感介质的作用下，仍存在晶间腐蚀、应力腐蚀和点腐蚀等隐患。

1）晶间腐蚀

当奥氏体不锈钢加热或热加工和焊接后冷却到450～850 ℃温度区间时，材料将会出现晶间腐蚀的倾向。

随着温度的降低，碳在γ相中的溶解度急剧下降，过饱和的碳将从奥氏体不锈钢中析出，且碳原子向晶界的扩散速度比铬的快，故使碳与晶界附近的铬形成碳化物并优先沉淀在相界和晶界上，因此使晶界附近的铬含量明显降低，造成贫铬区，从而引起晶间腐蚀。

为了防止发生晶间腐蚀，在热加工或焊接后，要进行快冷，减少在450～850 ℃温度区间的停留时间，即采用合理的热处理工艺，以改变晶界沉淀相的类型，从而达到防止晶间腐蚀的目的。

2）应力腐蚀

在几种典型的不锈钢中，奥氏体不锈钢对应力腐蚀比较敏感。

这与奥氏体不锈钢的晶体结构有关。一般而言，体心立方晶格（铁素体和马氏体不锈钢）比面心立方晶格（奥氏体不锈钢）耐腐蚀性能好。在体心立方晶格中滑移面多，但滑移方向少，易产生滑移和构成网状位错排列，位错网使裂纹扩展困难；而面心立方晶格滑移面少，有利于生成共面或平行的位错排列，裂纹沿此扩展比较容易。

一般还认为铁素体不锈钢耐氯化物应力腐蚀的性能高于奥氏体不锈钢，原因是前者的腐蚀电位低于临界破裂电位，而后者却高于临界破裂电位。

通过严格控制水质，可以减少甚至避免奥氏体不锈钢的应力腐蚀。一般地，要求水的pH值为5.4～10.5，氯化物小于0.15 μg/g，溶解氧小于0.1 μg/g。

3）点腐蚀

点腐蚀易发生在表面有钝化膜或保护层的金属上，如铝及铝合金、不锈钢等。孔腐蚀电位反映了钝化膜被击穿的难易程度，孔腐蚀电位越高，点腐蚀倾向越小。点腐蚀核是由于介质中活性离子（Cl^-、I^-、F^-等）被吸附在表面膜的某些缺陷处引起的。

奥氏体不锈钢的铬、钼含量越高，孔腐蚀电位越高，抗点腐蚀能力越强。同时，静态介质比流动介质诱发点腐蚀倾向大。温度升高，点腐蚀敏感性增大。pH值为1.6～10时，对点腐蚀影响小。因此，要严格控制反应堆冷却剂中的Cl^-、I^-、F^-等活性离子浓度和溶解氧浓度，保证材料表面的均匀性，并使

pH 值控制在适当的范围，同时，还要限制有害物质进入冷却剂，如汞、铅等。

最后，简要介绍奥氏体不锈钢的辐照性能。奥氏体不锈钢在快中子作用下会发生辐照硬化、辐照脆化和辐照肿胀。对于紧固件和弹簧的快中子注量达 10^{22} cm^{-2} 以上时，不锈钢在 280～300 ℃时断裂应变为 2%～4%。因此在堆内使用要注意快中子注量的影响，防止堆内紧固件大批损坏。当然，由于重水研究堆属于热堆，快中子注量率较低，堆内构件接受的快中子注量也较低，一般在孕育值以下，辐照肿胀效应不明显。

由此可见，不锈钢具有许多优良性能，使不锈钢成为反应堆结构和系统中的重要结构材料，其中，最常用的是奥氏体不锈钢。在重水研究堆中，反应堆堆芯以外的结构广泛采用不锈钢材料。

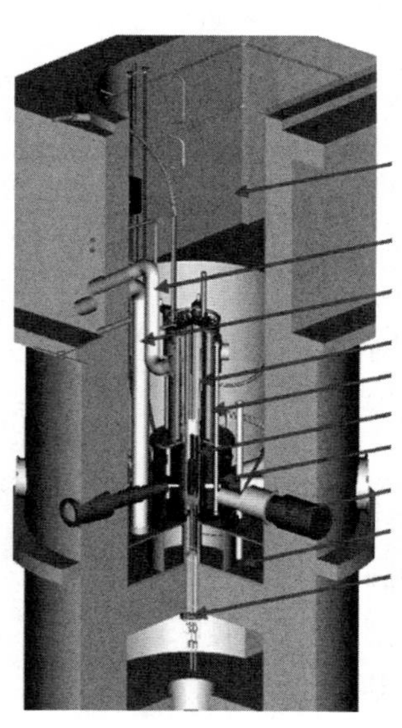

图 3-4　中国先进研究堆堆本体结构

下面以中国先进研究堆为例说明重水研究堆堆内构件等结构材料的使用情况。中国先进研究堆堆内构件如图 3-4 所示。堆芯构件主体结构、垂直孔道、水平孔道中子引出管的材料采用吸收截面较小的 6061Al-T6，并进行随堆辐照监督。当然，中国先进研究堆堆芯容器的膨胀节和堆芯栅板由于有些特殊要求，采用奥氏体不锈钢 0Cr18Ni10Ti。对于堆内其他设备如衰变箱、重水箱、导流箱、水平孔道壳体、钢衬里及堆内管线等，选用了奥氏体不锈钢 0Cr18Ni10Ti 作为主体材料。该材料具备足够的抗疲劳、抗冲刷能力，良好的耐辐照性能和足够的机械强度，并与盛装的介质有较好的相容性。另外，中国先进研究堆主冷却剂系统、重水系统、覆盖气体系统、净化系统等的管道、阀门，以及主泵、热交换器、储罐、工艺间覆面等均采用奥氏体不锈钢 0Cr18Ni10Ti。

3.2　CANDU 堆燃料和材料

从重水研究堆积累基础，到实验堆及商用示范堆的工程验证，以及半个多世纪的运行经验反馈,CANDU 堆形成了一套独特的、行之有效的燃料与材料体系。

3.2.1　CANDU 堆燃料及燃料棒束

CANDU 堆的燃料棒和棒束的结构、制造工艺及化学成分得到了不断改进和发展,形成了标准化的 CANDU 6 燃料棒束。为了提高经济性并实现 CANDU 堆可持续发展,又开发了新一代燃料棒束 CANFLEX(CANDU flexible fuelling),以期达到更高的燃耗。同时,为发挥 CANDU 燃料循环灵活性,还在研究开发包括轻度富集铀(SEU)、轻水堆乏燃料回收铀燃料、DUPIC 燃料、钚及其他锕系元素的应用等[12-14]。

3.2.1.1　CANDU 堆燃料棒束

其实最早 CANDU 堆的原型 NPD 堆的燃料棒束是 19 根元件棒束结构,其燃料组件的直径为 80 mm,奠定了 CANDU 燃料棒束的发展模式,到后来由于反应堆功率增加的需要才定型为 CANDU 燃料棒束。而且燃料材料的选用也有所变化。原来的设计决定采用金属铀燃料锆包壳,尽管因为锆成本高,且曾经进行过高温铝合金包壳的开发工作。后来二氧化铀燃料的研究取得突破,由于二氧化铀的抗高温稳定性和抗氧化特性,因此将燃料改用二氧化铀,一直沿用至今[14]。

CANDU 6 燃料棒束由二氧化铀芯块、包壳管、石墨涂层、端塞、隔离块、支承垫和端板组成(见图 3 - 5)。燃料棒束的直径为 103 mm,长度为 495 mm。其中包壳管、端塞、隔离块、支承垫和端板的基材均为 Zr - 4 合金。下面介绍棒束的结构、工艺以及棒束的技术特点。

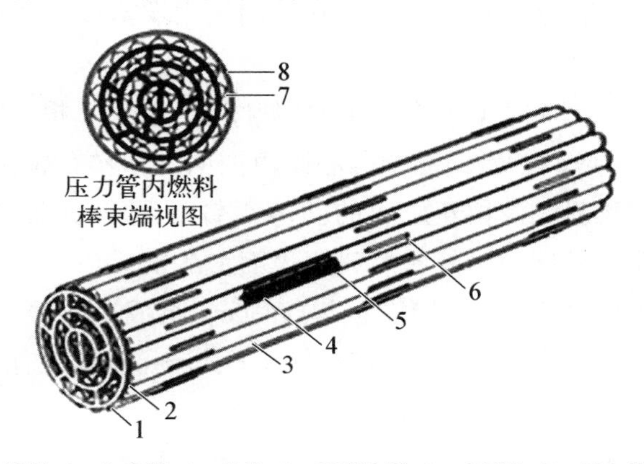

1—端塞;2—端板;3—包壳管;4—芯块;5—石墨涂层;6—支承垫;7—压力管;8—隔离块。

图 3 - 5　CANDU 6 燃料棒束外形

1) CANDU 燃料棒束的结构及其工艺

(1) 燃料芯块：天然陶瓷二氧化铀粉末经压制成型、高温烧结制成圆柱形芯块，芯块尺寸为(ϕ12.15 mm×17.7 mm)，比压水堆的芯块要大。

芯块烧结密度不小于 10.45 g/cm^3(不小于 95%理论密度)，氧铀比为 2.000～2.015。高密度燃料芯块可使燃料在堆内有尽可能多的可裂变材料和尽可能小的体积变化。

芯块端面呈碟形，芯块端部有倒角。芯块柱面要经磨床磨削，以得到较高的光洁度，可以保证芯块与包壳有良好的接触并有利于热传导。

同时，芯块需要具有较高的化学纯度，其化学杂质元素总硼当量数仅为 1.189 0，以确保中子经济性。

(2) 燃料元件：燃料元件由包壳管、天然二氧化铀芯块、隔离块、支承垫和端塞组成。

其中的隔离块和支承垫的作用分别是使燃料棒之间、燃料棒束与压力管之间保持一定的间隙，使重水顺利通过，以达到冷却和慢化的目的。需要对隔离块和支承垫进行真空涂铍，作用是在钎焊隔离块与包壳管、支承垫与包壳管之间涂铍时在其接触区形成低熔点共晶合金从而保证其有足够的焊合强度。

包壳管内表面涂石墨，石墨涂层要完整、均匀，厚度不小于 3 μm。石墨涂层可减少包壳发生应力腐蚀开裂(SCC)的可能性。

两个端塞用电阻焊焊在包壳两端，将燃料芯块密封在壁厚为 0.4 mm 的 Zr-4 合金包壳内，密封前棒内充以氦气。约有 30 块二氧化铀燃料芯块，一块叠一块地被封装在锆合金包壳管中，并在其两端用端塞进行密封焊接，构成一根燃料元件。

(3) 燃料棒束：CANDU 6 中使用的燃料棒束包括 37 根燃料元件，呈圆环状分布，中心是 1 根燃料元件，三个同心圆由内向外依次布置了 6 根、12 根和 18 根燃料元件。燃料元件相互之间的间隙靠钎焊隔离块保持，而棒束和压力管之间的间隙则靠钎焊于外圈燃料棒表面上的支承垫来保持。37 根单棒按照固定位置环形排列，两侧用端板焊接固定，组成燃料棒束；支承垫焊在棒束上保证棒束与压力管之间的间隙，便于冷却剂流通，也便于换料时棒束的移动。

2) CANDU 燃料棒束的技术特点

CANDU 燃料棒束虽然结构简单，但它对于尺寸、完整性、物理性能及化学成分的要求是非常高的。CANDU 燃料棒束的主要优点如下[13]。

(1) 易于双向不停堆换料。CANDU 燃料棒束简单、短小,易于双向不停堆换料以达最大燃耗。

(2) 中子经济性好。CANDU 堆燃料元件的包壳管壁厚只有沸水堆燃料元件包壳管的$\frac{1}{2}$,相当于压水堆燃料元件包壳管的$\frac{2}{3}$。由于使用了薄壁包壳,中子的寄生吸收很小。如皮克灵堆燃料元件全部结构材料仅占棒束重量的8%,结构材料的寄生吸收仅占燃料棒束热中子吸收截面的0.7%。

(3) 安全性好。CANDU 堆燃料的设计是采用高密度的二氧化铀烧结芯块,又使用短尺寸棒束,这就使得 CANDU 堆燃料实际上不存在因密实化而引起倒塌问题,减少了弯曲变形。

(4) 破损率低。包壳管内壁的石墨涂层提高了燃料功率和线功率的裕度,使燃料能够适应更大范围的功率波动,大大减少了元件破损率。据 IAEA 技术报告书统计,加拿大14个大型 CANDU 堆从1985年至1995年燃料破损比例非常低,每10 000根燃料棒束中只有1~2根有缺陷,累计平均缺陷率低于0.1%。

(5) 生产成本低。由于 CANDU 堆燃料是天然二氧化铀陶瓷芯块,比轻水堆低浓铀芯块加工费用低得多,而且所用锆合金结构材料也比轻水堆燃料元件的要少。

(6) 生产和运输方便。CANDU 堆燃料棒束结构简单,一共只有7种零件,尺寸短小,无须占用很大的生产空间;重量较轻,无须笨重的起重设备;7种零部件结构简单,容易加工,省去了像轻水堆燃料组件中的结构复杂且价格昂贵的定位格架,这就给生产和运输都带来了方便。

(7) 易于实现本土化。简单短小的燃料棒束设计,意味着燃料生产厂投资小,燃料生产成本低,燃料和相关运行管理费用低,比较容易实现燃料棒束生产线本土化。

除了上述优点外,CANDU 堆的燃料存在燃耗浅、换料频繁、操作量大、乏燃料产出量大和中间储存费用高等缺点。而且,CANDU 6 机组安全裕量小,当机组运行10年后,由于老化现象可能导致堆芯进口温度上升,安全裕量下降,可能需要降功率运行。

3.2.1.2 CONFLEX 燃料棒束及其他燃料应用开发

由于全球性电力市场体制改革浪潮的兴起,特别是随着竞价上网机制的引入和独立发电公司的崛起，电源市场的竞争日趋激烈，核电的进一步发展面临新的挑战。为了保护投资和实现较快的投资回报，未来发电企业将对核电机组的经济竞争能力和安全可靠性等提出更高的要求；20 世纪 80—90 年代推出的一些改进型设计大多已无法满足这种新要求，特别是在经济性指标方面。为适应电力市场体制的这种结构性变革，核电不仅要在长期稳定的平均发电成本方面比火电有更明显的优势，而且在单位造价和初始投资总量上也必须大幅度降低，建造周期要明显缩短；另外，核电厂的安全可靠性要进一步改善，易裂变核燃料的利用率和长期可持续供应能力要进一步提高，废料的处理和防核扩散问题也要逐步得到解决。

为迎接这种挑战和机遇，一些国家的核电设计公司，或单独或联合，正在掀起新一轮的技术开发热潮；为满足未来不同时期电源市场的需要，已经提出了各种各样的新一代核电产品设计或初步概念。加拿大原子能有限公司(AECL)提出了新一代基于重水慢化轻水冷却的先进 CANDU 堆(ACR)技术。ACR 技术除了保留久经验证的 CANDU 基本特点和发展优势之外，还采用了一些关键性的技术革新，包括基于轻度富集铀燃料和轻水冷却的密栅式堆芯设计，从而为融合当代先进重水堆和先进轻水堆的优点创造了有利条件[15]。

在上述背景下，AECL 设计者提出采用加装轻度富集铀燃料的 CONFLEX 新型燃料棒束，减小燃料通道之间的栅距，用轻水作为冷却剂。优化设计的结果是一个栅距紧密的堆芯，燃料通道中心线之间的间距从 28.575 cm 减小到 22 cm。两种燃料棒束的比较如图 3-6 所示。

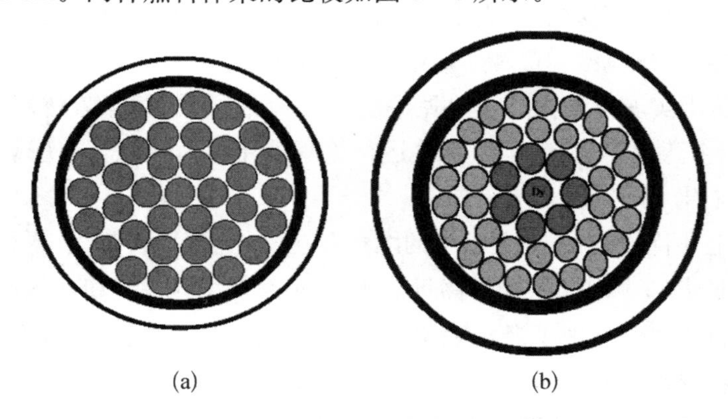

(a) (b)

图 3-6 CANDU 6 和 CONFLEX 燃料棒束比较

(a) CANDU 6 燃料棒束(37 棒)；(b) CONFLEX 燃料棒束(43 棒)

CONFLEX 的直径为 10 cm，长度还是 0.5 m，质量为 22 kg，燃料富集度为 2.0%，中心元件棒中装有少量的可燃毒物镝(Dy)。压力管材料仍采用 Zr-2.5Nb，但壁厚由 4.2 mm 增加为 6.5 mm；排管材料由 Zr-2 改为 Zr-4，壁厚由 1.4 mm 增至 2.5 mm，堆芯平均燃耗可达 20.5 MW·d/kg(U)，约为目前 CANDU 6 的 3 倍，平均每日更换的燃料棒束数目从原来的 16 束减少到 5.8 束，这使得单位能量相对应的乏燃料体积显著减少。

除开发 CONFLEX 燃料棒束外，为解决 CANDU 堆燃料循环中存在的问题，加拿大原子能有限公司从 20 世纪 90 年代初还致力于开发新的燃料循环方案[15-17]。

1）用轻水堆(LWR)的乏燃料作为 CANDU 堆的燃料

采用轻水堆的乏燃料作为 CANDU 堆的燃料，这不仅节省了大量的铀资源，而且提高了燃料的燃耗。天然铀中 ^{235}U 含量为 0.711 wt%，而轻水堆的乏燃料中 ^{235}U 含量为 0.8 wt%～0.9 wt%，^{239}Pu 含量为 0.6 wt%～0.8 wt%，可裂变材料含量约为 1.5 wt%，核反应能力足够，可通过以下三条途径加以利用。

(1) DUPIC(direct use of spent PWR fuel in CANDU)燃料。DUPIC 燃料指的是压水堆乏燃料直接在 CANDU 堆中利用，即将压水堆乏燃料去掉包壳，经简单的高温氧化挥发处理以除去气态裂变产物，再将粉末的二氧化铀烧结成芯块，制成供 CANDU 堆使用的燃料。该类型燃料仍具有高放射性，必须远距离遥控操作。

(2) MOX(mixed oxide fuel)燃料。轻水堆乏燃料经湿法处理，使 U-Pu 与裂变碎片分开，铀和钚混合形成 MOX 燃料。

(3) 回收铀(RU)燃料。轻水堆乏燃料处理后的回收铀，放射性略高于天然铀，无操作困难，管理简单。

2）钍燃料

钍[16-17]在地表有丰富的储量，约为铀的 3 倍。钍本身不是可裂变材料，经中子辐照后转变为可裂变材料 ^{233}U。如 ^{233}U 得到回收，天然铀的需求量可减少 90%。

除加拿大原子能有限公司外，印度也非常重视钍燃料的开发，很早就设计以钍为燃料的轻水冷却重水慢化堆，并开发重水堆钍基燃料。我国也进行了钍燃料的相关研究。

3.2.2　CANDU 堆主要结构材料

锆合金、不锈钢、镍基钢等是 CANDU 堆常用的结构材料。3.1 节已介绍了铝合金和不锈钢，本节先介绍锆合金的性能及发展历程。然后，再介绍CANDU堆主要结构材料的选用情况。

3.2.2.1 锆合金结构材料

锆合金作为一种重要的战略材料，被誉为“原子能时代的第一金属”，由于其低中子吸收截面、抗腐蚀、耐高温等优点，广泛用作核反应堆关键结构材料。

锆和锆合金冶金工业的发展很大程度上是随着核能的开发利用而发展起来的。通过添加不同元素以及改进冶炼技术，已经开发出多种锆合金，并仍将继续改进，使性能不断提高[18-20]。

1) 锆合金性能

锆具有良好的机械性能、导热性能，又具有良好的加工性能，并与二氧化铀相容性好，尤其对高温水和水蒸气具有良好的耐腐蚀性能和高温强度等优点，同时，锆具有优良的核性能。锆的导热率为 3.70 W/(cm・K)，熔点为 1 850 ℃，沸点为 3 580～3 700 ℃，α→β 相变温度为 862 ℃，α-Zr 具有密排六方的晶体结构，β-Zr 具有体心立方晶体结构。

α-Zr 的延性比其他密排六方结构的金属要高，加工硬化也不显著。不同的热处理对锆的力学性能影响较大，这主要是因为热处理改变了锆的显微组织。晶条锆和海绵锆的力学性能存在较大的差异，这主要与锆中的杂质含量差别有关。锆的主要力学性能如表 3-3 所示。

表 3-3 锆的主要力学性能

性 能	单位	晶 条 锆	海 绵 锆
屈服强度(室温)	MPa	85.4(700 ℃淬火) 268(1 100 ℃淬火)	263(700 ℃淬火)
抗拉强度(室温)	MPa	204.0(700 ℃淬火) 369(1 100 ℃淬火)	443(700 ℃淬火)
延伸率(室温)	%	40.8(700 ℃淬火)	30(700 ℃淬火)
断面收缩率(室温)	%	42.5(700 ℃淬火) 55(1 100 ℃淬火)	—
弹性模量	MPa	9.73×10^4(室温、800～1 000 Hz) 9.38×10^4(室温、静态)	8.96×10^4(室温、800～1 000 Hz)

（续表）

性　　能	单位	晶　条　锆	海　绵　锆
剪切模量（室温、5×10^6 Hz）	MPa	3.33×10^4	3.67×10^4
泊松系数（室温）	—	0.33	0.35

锆为活性金属，是一种强还原剂，其活性比同族的钛强，比铪弱。在常温下，锆表面会生成一层保护性氧化膜，使基体与空气隔绝，之后与空气中的氧和氮几乎不再发生化学反应。在高温下，锆易发生氧化，形成氧化物和氮化物。在 400 ℃温度时，锆与氧就会迅速发生反应，而锆与氮在 600 ℃以上才迅速发生反应，且锆与氮发生反应的速度比锆与氧的慢。

锆非常容易吸氢，在温度高于 300 ℃时便与氢发生迅速反应生成 ZrH_x。氢在 α - Zr 中的固溶度很低，且随着温度降低而急剧下降，以 ZrH_x 形式析出。氢在 β - Zr 中的固溶度比在 α - Zr 中高 1～2 个数量级。ZrH_x 是一种脆性相，它会降低锆合金的力学性能，引起氢致延长开裂的问题。因此，吸氢是 UO_2 - Zr 体系中不可避免的，是锆合金应用中需要引起重视的问题之一。

在温度高于 300 ℃的水或水蒸气中，锆与水发生化学反应生成氧化锆和氢气，如式(3 - 1)所示，随着温度升高，反应更加剧烈。由于该反应为放热反应，因此，一旦锆水发生反应，就意味着开启了恶性循环，锆水反应越来越剧烈，温度不断升高。当发生冷却剂丧失事故时，冷却剂大量流失，元件包壳温度急剧升高时，锆水反应就可能发生。一方面，锆水反应会造成锆材料的损耗；另一方面，锆水反应生成的氢气有部分被锆吸收生成 ZrH_x，引起氢脆。两者共同作用会大大加速锆材料的损伤，甚至造成破坏，如燃料元件包壳破裂。因此，锆水反应也是锆合金应用中需要引起高度重视的问题之一。

$$Zr + 2H_2O \longrightarrow ZrO_2 + 2H_2\uparrow + Q \tag{3-1}$$

为了防止剧烈的锆水反应，避免造成严重后果，确定了有关冷却剂丧失事故的安全准则：

(1) 元件包壳温度不超过 1 200 ℃。

(2) 元件包壳与水或水蒸气化学反应量不超过堆芯包壳总重量的 1%。

(3) 始终保持可冷却的堆芯几何形状。

锆具有优异的核性能，这是锆合金得到广泛应用的重要原因。热中子吸收截面较小，$\sigma_a=0.18$ b，比铝的($\sigma_a=0.21$ b)还小，比铁的($\sigma_a=2.53$ b)小1个数量级。

通过添加不同的合金元素，在保持锆的优良性能的基础上，进一步提高锆合金的力学性能和耐腐蚀性能。因此，锆合金是水冷核反应堆燃料元件包壳和堆芯结构最常用的材料。

通俗地说，金属合金化就是要固强补弱。根据Wagner的氧化理论和Hauffe的原子价规律，添加锆的同族元素(Ⅳ族)进行锆的合金化，对抵消锆中杂质(尤其是氮)的有害影响、提高其耐腐蚀性能和强度是最有利的。在第Ⅳ族元素中，不同的元素对锆合金还有其他影响，其中，钛对锆的耐腐蚀性有害，铪的热中子吸收截面很大，铅的熔点低，硅和锗不易溶于密集立方结构α-Zr中，因此，在第Ⅳ族元素中，只有锡是唯一可作为锆的合金化元素。类似地，在第Ⅴ族、第ⅥB族、第Ⅷ族元素中，分别也只有铌、铬与钼、铁与镍可作为锆的合金化元素。

根据上述的理论分析，反应堆用的锆合金主要有锆锡合金、锆铌合金和锆锡铌合金三类。广泛使用的Zr-2、Zr-4属于锆锡合金，Zr-1Nb(E110)、Zr-2.5Nb则属于锆铌合金，而我国拥有自主知识产权的N36则属于锆锡铌合金。

(1) 锆锡合金：锡的热中子吸收截面较小，$\sigma_a=0.60$ b。受冶炼和加工过程的工艺和环境影响，工业纯锆中含有氮、碳、钛、铝、硅、氧等多种杂质，使得锆的耐腐蚀性能变差或不稳定。但是，在工业纯锆中加入一定量的锡后，腐蚀性能明显改善。研究表明，对于含氮量为60×10^{-6}的海绵锆加入0.5%锡后，腐蚀速率最小，且最佳锡含量随着氮含量的增加而增加。如果锡含量过高，过量的锡本身也会增加锆的腐蚀。由于氮的存在，一部分锡抵消氮对腐蚀性能的有害影响，因此，适当增加的锡含量不会导致锆合金腐蚀性能明显下降。同时，在锆锡合金中再分别添加0.2 wt%～0.3 wt%的铁、铬、镍，不仅可以抑制过量锡的有害影响、提高锆合金的高温耐腐蚀性能，而且还能改善锆合金的力学性能。

在Zr-4合金的基础上，进一步降低氮、锡的含量，同时适当增加铁、铬含量，有利于提高锆锡合金的耐腐蚀性能，这就是低锡Zr-4合金。

(2) 锆铌合金：铌的热中子吸收截面较小，$\sigma_a=1.10$ b。铌可以消除碳、铝、钛等杂质对耐腐蚀性能的危害，并能减少锆的吸氢量。铌也是强化合金的有效元素，随着铌含量的增加，锆铌合金强度增加。同时，锆铌合金的力学性能与氧含量密切相关，氧具有特别有效的强化作用。与锆锡合金相比，锆铌合金具有更高的强度，尤其适合加压重水 CANDU 堆的压力管。

(3) 锆锡铌合金：在结合锆锡合金和锆铌合金优点的基础上，进而开发了锆锡铌合金，属于新型锆合金。锆锡铌合金的综合性能更优，可以满足燃料元件包壳长寿期、高燃耗、零破损的要求。

2) 锆合金发展概况

到目前为止，锆合金主要经过了三个发展阶段。

(1) 第一代锆合金：在锆合金开发的初期，美国等西方国家主要致力于锆锡合金的开发，而苏联致力于锆铌合金的开发。

20 世纪 50 年代初，美国研发了 Zircaloy - 1(简称 Zr - 1)合金。Zr - 1 合金为二元锆锡合金，锡含量为 2.5 wt%。在不同锡含量中，Zr - 1 合金的强化效果最好，但是抗高温水与蒸汽腐蚀性能差，因此，Zr - 1 合金没有得到应用，而继续改进，发展到 Zr - 2 合金。

Zr - 2 合金的诞生源自一次意外。在实验过程中，熔炼 Zr - 1 合金时不小心带进了不锈钢，这次意外的“污染”事件却阴差阳错地获得了具有良好耐腐蚀性能的一种新的锆合金，即 Zr - 2 合金。Zr - 2 合金中的锡含量降低到 1.5 wt%，同时分别添加 0.15%左右的铁、铬、氧以及 0.08%以下的镍。Zr - 2 合金的力学性能以及耐高温腐蚀性能较好，但是，Zr - 2 合金在高温下容易吸氢，造成锆合金变脆，称为氢脆。因此，自 1967 年以来，Zr - 2 合金长期用作沸水堆的燃料元件包壳和堆芯结构材料。

在 Zr - 2 合金基础上发展而来的 Zr - 3 合金，成分为 0.25%～0.5%Sn、0.2%～0.4%Fe。由于 Zr - 3 合金的“条形”腐蚀比 Zr - 2 合金的严重，而强度比 Zr - 2 合金的低，因此，Zr - 3 合金也没有得到应用。

在 Zr - 2 合金的基础上去掉具有吸氢能力的镍，并增加铁含量，发展得到 Zr - 4 合金。Zr - 4 合金和 Zr - 2 合金的主要成分相似，但 Zr - 4 合金不含镍，铁含量稍高，因此它们的强度和耐腐蚀性能基本相似，只是 Zr - 4 合金在高温下吸氢量明显小于 Zr - 2 合金。Zr - 4 合金广泛用作压水堆及加压重水堆的燃料元件包壳和沸水堆的燃料元件盒及堆芯结构材料。

苏联开发的 E110 合金也属于第一代锆合金。E110 合金的铌含量为 1%，其强度和塑性与 Zr - 2 合金的相当，吸氢比 Zr - 2 合金的少，但耐腐蚀性能稍差。Zr - 1Nb(E110)合金用作 VVER 核电厂燃料元件包壳材料。

我国从 20 世纪 60 年代初开始研发 Zr - 2 合金，70 年代开始研发 Zr - 4

合金，均实现了规模化批量生产。我国自行设计、建造的秦山一期 300 MW 核电厂的核燃料元件包壳材料就采用了国产的 Zr-4 合金。

(2) 第二代锆合金：随着冶炼技术的发展，合金中的氮含量可以控制在更低的水平。由于高的锡含量对耐腐蚀性能是不利的，因此，在氮含量更低的条件下，相应的锡含量也应该控制在更低的水平。于是对 Zr-4 合金的成分进行优化：锡含量取下限 1.2%，铁和铬含量取上限，分别为 0.24% 和 0.13%，硅不作为杂质而是以合金成分加入，上限为 120×10^{-6}，发展了低锡 Zr-4 合金。

低锡 Zr-4 合金有效地提高了耐腐蚀性能，可以满足提高燃料燃耗的需求。Zr-4 合金元件包壳的燃料燃耗为 45 MW·d/kg，而低锡 Zr-4 合金为 60～65 MW·d/kg，燃耗提高了 30%～45%。

(3) 第三代锆合金：随着核电技术的进一步发展，需要提高燃料燃耗、延长堆芯的换料周期，以提高核电的经济性，因而对燃料元件及燃料组件提出了长寿期、高燃耗、零破损的要求，这就对燃料元件包壳用锆合金的性能提出了更高的要求。在结合锆锡合金和锆铌合金优点的基础上开发的锆锡铌合金就是满足上述高性能要求的新型锆合金，属于第三代锆合金。

在 20 世纪 70 年代后期，美国西屋公司开发了 ZIRLO 合金。1995 年，ZIRLO 合金达到工业规模应用。在此基础上，进一步优化成分，得到优化 ZIRLO 合金，锡含量降低至 0.6%～0.8%。AP1000 的燃料元件包壳采用的就是优化 ZIRLO 合金。

在 20 世纪 70 年代初期，苏联开发了 E635 合金，是在 E110 的基础上发展而来的。E635 的成分与 ZIRLO 合金的近似，但铁含量较高，有利于强化和形成稳定的 $Zr(Nb,Fe)_2$ 沉淀项。在含锂的水中和 400 ℃蒸汽中，E635 的耐腐蚀性能优于 ZIRLO 合金的，在 500 ℃蒸汽中更优。

除了锆锡铌合金外，其他国家开发的第三代锆合金还有以下几种。

法国也在 E110 合金的基础上，将氧作为合金化元素，同时添加微量硫，研发了 M5 合金。在高燃料燃耗下，M5 合金的水侧腐蚀和吸氢率是低锡 Zr-4 合金的 1/4，轴向蠕变和燃料棒增长为低锡 Zr-4 的 1/2。M5 合金用于 AFA-3G 燃料组件的燃料元件包壳材料。

加拿大开发了 Zr-2.5Nb 合金。Zr-2.5Nb 合金在高温水中的耐腐蚀性能不如锆锡合金的，但吸氢率低，辐照腐蚀敏感性小。在 400 ℃高温蒸汽中耐腐蚀性能好。Zr-2.5Nb 合金用作加拿大 CANDU 堆的压力管材料。压力管材料除了具有与燃料元件包壳材料同样的性能要求外,还应具有更优的强度和抗蠕变性能。

日本的NDA合金,成分与低锡Zr-4合金相近,但含有0.1%的铌。韩国的HANA合金,在E110基础上添加了0.05%铜。

我国从20世纪90年代开始新锆合金的研发工作,主要发展了具有自主知识产权的两种第三代锆合金:N18(NZ2)合金和N36(NZ8)合金。N18合金的抗疖状腐蚀性能大大优于Zr-4合金的,耐均匀腐蚀、应力腐蚀,焊接性能和力学性能也都有所提高。堆内外试验证明,N36合金具有较低的辐照生长、优良的耐腐蚀性能和抗蠕变性能。N36作为"华龙一号"中CF3核燃料组件的指定元件包壳材料,已应用于巴基斯坦卡拉奇核电厂2号机组。21世纪初开始,先后启动一批性能优异的CZ系列、SZA系列锆合金的研发,堆内测试基本完成,工程化生产及性能评价已进入尾声,预计在2025年之前完成该系列新型锆合金的工程化应用。目前,我国已经具备了各类核级锆材的供应能力,包括Zr-4合金、M5合金和ZIRLO合金,建立了较为完整的自主化核级锆材产业体系,但产能较低、自主化水平还较弱。

3.2.2.2 CANDU堆结构材料选用

CANDU堆主要结构材料包括燃料包壳材料、排管容器材料、压力管材料、排管材料、管道材料、蒸汽发生器材料等。

1) 燃料包壳和燃料棒束结构件[15,21]

CANDU堆燃料工作在(11 MPa,310 ℃)下,而且采用不停堆换料,相比压水堆参数略低,燃耗浅得多,而且,燃料棒为短棒,仅约50 cm,所以,CANDU堆采用UO_2+Zr的燃料体系,而且包壳采用综合性能较好的Zr-4合金,厚度为0.4 mm。该设计及工艺从CANDU堆发展之初至今一直未发生变化。

然而,包壳工作的工况最为严苛,长期受到中子照射、水的腐蚀和冲刷,同样需要关注腐蚀、氢脆、蠕变、疲劳及辐照损伤等问题。

(1) 腐蚀问题。锆合金同样遵循氧化动力学模型:幂函数关系—转折点—直线的规律,在转折点之前,在锆表面生成黑色、致密、呈保护性的非化学计量的氧化锆(膜厚2～3 μm),分子式为ZrO_{2-x};在转折点后所生成的氧化膜变为白色(50～60 μm)、疏松的非保护性化学计量的ZrO_2,该膜容易呈薄片状剥落。氮的存在会加速其腐蚀,应控制杂质氮含量小于0.004%,中子辐照对锆合金腐蚀有加速作用,出现白色膜是锆合金结构件因腐蚀事故而报废的标志。寿期末，燃料元件包壳最大腐蚀深度应低于壁厚的10%。

(2) 吸氢和氢脆问题。其中最主要的是腐蚀吸氢。锆合金于高温水氧化反应生成氢，部分被合金基体吸收，在高温时固溶在基体中。按压水堆燃料元件设计安全准则，寿期末包壳中氢含量应小于250 μg/g。当合金中氢的固溶度超过极限固溶度时，氢将以氢化物($ZrH_{1.5\sim1.7}$)的形式小片析出。氢化物在低温下为脆性相，析出的氢化物可能成为材料的裂纹源，使锆合金的延性降低，造成氢脆。氢化物的排列方式对包壳管的力学性能影响很大：呈周向排列取向的氢化物对强度的影响不大；呈径向排列取向的氢化物会使强度和延性大大降低，而氢化物的取向主要取决于锆管的织构。通过合适的加工工艺(冷轧)，得到的是接近径向的基极织构，为了得到周向的氢化物，同时需要控制辐照变形量，因为辐照生长会导致元件包壳管沿其轴向伸长，但壁厚和直径减小。

(3) 辐照硬化和脆化问题。锆合金辐照性能的变化规律与其他结构材料相同，辐照后表现出材料强度升高、塑性下降等损伤效应，即辐照硬化和辐照脆化，这给锆合金包壳管和部件的安全使用带来了威胁。

(4) 芯包相互作用问题(PCI)。PCI对核电站的安全、经济和高效运行有直接的影响，是燃料棒使用寿命的限制因素之一。锆包壳管在堆内受力，应力主要来源于芯块的变形。当燃耗达到一定值后，芯块与包壳贴近，在反应堆功率循环或剧增时，芯块畸变使包壳受到很大的应力，包括包壳管的轴向拉应力和径向局部应力；在高燃耗下，燃料元件内侵蚀性裂变产物浓度增加而超过临界值时，会产生应力腐蚀。

(5) 高温问题。锆合金在高温下与氧反应，所以应限制在400 ℃以下使用；在高温下发生锆水反应，产生氢气。尤其是在发生冷却剂丧失事故的恶劣条件下。2011年日本福岛核事故后，暴露出“UO_2 - Zr合金”体系的缺陷，国际上又提出了事故容错燃料(accident tolerant fuel, ATF)概念，并开展了相关研究和验证，以研发性能更优的核燃料及元件包壳材料。

事故容错燃料研究主要分为燃料芯块和元件包壳两个部分。在燃料元件包壳方面，通过减少包壳与水或水蒸气的氧化反应，降低事故工况下包壳失效概率，分为近期和中期两个阶段，即在锆合金基础上的改良和非锆合金包壳材料的探索。近期的改进主要是在锆合金基础上的改良，包括调整锆合金中微量元素比来提高包壳强度等性能，以及在包壳外进行涂层来提高包壳抗氧化性能。涂层材料主要包括陶瓷涂层、金属涂层以及多元复合涂层。相比陶瓷涂层和多元复合涂层，金属涂层在高温水蒸气和水腐蚀环境下既能够有效降低氧化速率、保护锆合金基体，同时与基体界面能够保持良好的结合状态。其中，金属铬涂层具有优异的抗高温氧化、耐腐蚀性能以及良好的力学强度和衬底附着力，是一种最具发展潜力的锆合金包壳涂层材料。非锆合金材料主要集中在 SiC、FeCrAl 合金及钼合金三种新型包壳材料上，仍在研究和试验中。

2）压力管[19]

CANDU 堆压力管相当于压水堆的压力容器，是 CANDU 堆的第二道屏障。压力管工作在（11 MPa，310 ℃）条件下，冷却剂重水酸碱度 pD 为 10.2～10.8；压力管长度为 6 300 mm，内径为 103.4 mm，壁厚为 4.19 mm，设计寿命为 25～30 年。

压力管是由 Zr－2.5Nb 合金制成的，在挤压、冷加工和应力消除的条件下使用。锆合金的组成受到严格的控制，并已成为多年来锆合金组成调节的主要问题，因为通过研究和发展已经发现了合金元素含量对材料性能的影响。其主要的合金元素是铌和氧，其他的元素对材料的机械性能、抗腐蚀能力和中子性能有影响。

首先应关注压力管的辐照性能。CANDU 堆内峰值快中子注量率（$E>$ 1 MeV）约为 3.3×10^{13} $cm^{-2}\cdot s^{-1}$。CANDU 6 堆在 85%负荷因子下运行 25 年，堆内功率最高的一根压力管受到的平均快中子注量（$E>1$ MeV）约为 1.66×10^{22} cm^{-2}，能满足更换要求。

其次应关注压力管腐蚀性能。压力管在运行过程中要不断吸氢，这是因为锆合金本身具有吸氢性能，氢的来源主要是由于锆合金的腐蚀反应：

$$Zr + 2D_2O = ZrO_2 + 2D_2 \tag{3-2}$$

腐蚀产生的氘的一部分由压力管吸收，另一部分释放到水中。锆合金表面氧化膜达到一定厚度后，如 Zr－2 合金压力管表面的氧化膜厚度超过 20 μm，由于许多因素使它变得失去了保护性能因而出现了加速腐蚀的过程。如早期的 CANDU 堆皮克灵 1 号和 2 号机组使用的 Zr－2 合金压力管，在运行大约 10 个等效满功率年后就出现了这种现象，被迫进行了全堆压力管更换；这正是用 Zr－2.5 Nb 合金压力管替代 Zr－2 合金压力管的原因：Zr－2.5 Nb 合金的抗腐蚀性能比 Zr－2 合金的好得多而且吸氢速率也更低。

最后要关注压力管的延迟氢脆问题。Zr－2.5Nb 合金在高温水中的耐蚀性虽不如 Zr－Sn 合金的，但吸氢率低，径向蠕变速率很小，同时可以通过热处理强化。对 CANDU 堆压力管结构完整性构成威胁最大的是延迟氢脆。在情况严重时，延迟氢化裂纹会在压力管的裂纹处产生，并可能发展为穿壁裂纹。一旦延迟氢脆裂纹长度达到 20 mm，在特定温度/压力（如低温高压）下，就会发生不稳定。如果压力管的泄漏没有及时发现和处理，压力管的延迟氢脆达到临界裂纹尺寸，就会发生失稳扩展，从而造成压力管破损，发生堆内冷却剂丧失事故。

3）排管

排管的内径为 129 mm，壁厚为 1.37 mm，长为 5.99 mm，是由 Zr－2 合金制成的。排管的壁厚比压力管壁厚的 1/3 还少，因为它们运行在低温低压的慢化剂环境中。

4）排管容器

排管容器内充满低温低压的重水慢化剂。排管容器用奥氏体不锈钢制造，其主壳体的直径为 7.65 m，堆芯内侧长为 5.94 m，壳体壁厚为 28.6 mm。

5）蒸汽发生器

蒸汽发生器是压水堆和 CANDU 堆的关键设备，是一回路和二回路进行热交换的场所，也是一回路压力边界的重要组成部分。

蒸汽发生器管道的局部腐蚀和断裂已经引起了大量的反应堆设备的寿命下降。因此，它对于反应堆设备的性能起着至关重要的作用。

蒸汽发生器材料一般有 5 种类型合金：不锈钢、铬铁镍 600 合金、铁镍铜 400 合金、铬铁镍 800 合金或铬铁镍 690 合金。

虽然美国如电力研究所（EPRI）等已对铬铁镍 690 合金进行了系统的研究和测试，以致于铬铁镍 690 被推荐为下一代压水堆蒸汽发生器优选材料，加拿大原子能有限公司相信铬铁镍 690 合金性能良好，但是它并没有优于铬铁镍 800 合金的特殊之处，因此铬铁镍 800 合金仍然是 CANDU 堆蒸汽发生器的推荐材料。

3.3 慢化剂及反射层材料

慢化剂和反射层是热中子裂变反应堆的重要组成部分，是易裂变核素实现并维持自持链式反应的关键材料，也是核反应堆特有的结构和材料。

易裂变核素^{233}U、^{235}U 或^{239}Pu 核裂变释放出的中子平均能量达到约 2 MeV，属于快中子。为了提高易裂变核素的中子吸收截面、维持自持链式反应，必须降低中子能量直到分子热运动能量水平(称为热中子)，这就是慢化剂的作用。在中子与慢化剂的不断碰撞下，裂变中子能量逐渐降低，最终变成热中子的过程，称为慢化。同时，为了减少中子泄漏，提高中子利用率、减小堆芯临界体积，在堆芯外还需要增加反射层，使从堆芯泄漏出来的中子返回堆芯，从而也改善了堆芯的中子注量率分布，增大反应堆输出功率，同时节省燃料消耗，提高反应堆的经济性。

慢化剂和反射层材料具有很多共同的特性，良好的慢化剂材料同时也是较好的反射层材料，比如重水。为了提高中子慢化效率和利用率，慢化剂和反射层材料一般都是原子序数小、中子散射截面大而中子吸收截面小的材料。

下面介绍与中子慢化有关的几个物理量。

1) 能量对数缩减

能量对数缩减是中子与材料碰撞前后能量之比的对数，用字母 U 表示，或者称为勒。

$$U=\ln(E_0/E) \tag{3-3}$$

式中，E_0 为裂变中子的初始能量，常用 2 MeV 作为基准值；E 为每一次碰撞后的能量。

从式(3-3)可以看出，随着碰撞不断发生，中子能量 E 逐渐减小，U 增大。

2) 平均对数能降

平均对数能降是每次碰撞的中子能量对数缩减的平均变化值，用 ξ 表示。

$$\xi=\overline{\ln(E_0/E_2)-\ln(E_0/E_1)}=\overline{\ln E_1-\ln E_2}=\overline{\ln(E_1/E_2)}=\Delta\bar{U} \tag{3-4}$$

式中，E_1、E_2 分别是第一次碰撞、第二次碰撞后的中子能量。

式(3-4)经过变换和推导，可以得到如下公式：

$$\xi=1+\frac{(A-1)^2}{2A}\ln\frac{A-1}{A+1} \tag{3-5}$$

从式(3-5)可以看出，ξ 值是靶核质量数 A 的关系式。

当 $A>10$ 时，式(3-5)得到如下近似关系式：

$$\xi=\frac{2}{A+\frac{2}{3}} \tag{3-6}$$

从式(3-6)可以看出，A 越小，ξ 越大，即每次碰撞损失的能量越多，也就是说，质量轻的核素中子慢化效果好，因此，可以有效减小由裂变中子慢化到热中子的碰撞次数。

3）慢化能力

慢化能力是介质的宏观散射截面（Σ_s）与中子平均对数能降（ξ）的乘积，即 $\xi\Sigma_s$。

从定义可以看出，如果仅仅 ξ 大而 Σ_s 小（也就是中子与介质发生散射的概率小），或者 Σ_s 大而 ξ 小，那么中子能量损失得还是很慢。只有 ξ 和 Σ_s 都大的材料，才能使中子能量损失的速度快，即慢化速度快，也就是说，材料的慢化能力大。

4）慢化比

慢化比是慢化能力与其宏观吸收截面（Σ_a）之比，即 $\xi\Sigma_s/\Sigma_a$。

从定义可以看出，慢化比同时考虑了 ξ、Σ_s 和 Σ_a，慢化能力大的材料，吸收截面越小，则慢化比越大。也就是说，慢化能力越大，而自身吸收中子越少，中子的损失就越少，中子的利用率就越高，这就是一种理想的慢化剂材料。因此，慢化比是衡量慢化剂材料综合性能优劣的一个重要物理参数。

表 3－4 列出了几种常用慢化剂材料的慢化能力和慢化比。

表 3－4　常用慢化剂材料的慢化能力和慢化比

参　数	单　位	轻水	重　水	石　墨	铍
慢化能力 $\xi\Sigma_s$	cm^{-1}	1.53	0.170	0.064	0.176
慢化比 $\xi\Sigma_s/\Sigma_a$	—	72	21 000	170	159
微观散射截面 σ_s	$10^{-24}\ cm^2$	49	10.5	4.8	7.0
宏观散射截面 Σ_s	cm^{-1}	1.64	0.35	0.41	0.86
微观吸收截面 σ_a	$10^{-24}\ cm^2$	0.66	0.002 6	0.003 7	0.010
宏观吸收截面 Σ_a	cm^{-1}	0.022	8.5×10^{-5}	3.7×10^{-4}	1.2×10^{-3}

从表 3－4 可以看出，从慢化能力来看，普通水是最好的；从慢化比来看，重水一枝独秀，是最好的。因此，重水是一种综合性能最好的慢化剂材料，正因为如此，重水堆才如此受到青睐！

从表 3-4 也可以看出，石墨和铍也是很好的慢化剂，是广泛使用的慢化剂和反射层材料。轻水的慢化比是几种材料中最小的，但是，轻水的慢化能力最大，地球上储量丰富，容易处理，又是良好的冷却剂，是一种性价比良好的慢化剂材料，因此，轻水在研究堆和动力堆中都得到了广泛的应用。

除了优良的核特性，即慢化比大，慢化剂材料还应该具备如下性质：与其他反应堆结构材料相容性好；化学稳定性好；辐照稳定性好；(固体慢化剂)还应有一定的机械强度。

3.3.1　重水

众所周知，氢有三种同位素：氕(P 或^{1}H)；氘(D 或^{2}H)，也称为重氢；氚(T 或^{3}H)，也称为超重氢。氕和氘是稳定同位素，而氚是放射性同位素。

1932 年，美国三位化学家 H. C. Urey、C. M. M. Murphy 和 F. C. Brichwedde 在研究氢原子光谱的实验中发现了氢的同位素重氢，接着又发现了重水。因此，H. C. Urey 在 1934 年获得了诺贝尔化学奖。

氘的原子核由一个质子和一个中子组成。氘在地球上的丰度为 0.015%。重水分子是由两个重氢原子和一个氧原子组成，其分子式为 D_2O，相对分子质量是 20。重水与普通水看起来十分相像，都是无色无味的液体，它们的化学性质也一样，不过某些物理性质却不相同。重水的密度略大，为 1.107 9 g/cm^3，熔点和沸点略高，分别为 3.82 ℃和 101.42 ℃。参与化学反应的速率比普通水的缓慢。

重水的特殊价值体现在核能利用中，重水作为易裂变原子核裂变释放出的快中子的慢化剂。

由于重水具有优良的慢化性能，慢化比高达 21 000，远大于轻水的慢化比 72，因此，重水堆可以采用天然铀作为燃料。从这个角度而言，不需要进行复杂的铀浓缩，技术难度大大降低，而且，由于其可以使用天然铀，也就意味着可以利用压水堆乏燃料经后处理提取的回收铀(RU)作为燃料，大大提高了铀的利用率，经济效益明显、战略意义重大。另外，适当提高铀富集度，可以提高中子注量率，同时提高后备反应性，延长换料周期。

氘的光激中子提供重要的中子源，这是重水的特性，也是重水堆的重要特点。燃料裂变产物衰变释放出的高能 γ 光子与重水中氘核可产生 D(γ,n)H 核反应放出中子，称为光激中子。γ 光子与氘核发生反应的能量阈值为 2.225 MeV。光激中子的强度与裂变产物缓发 γ 光子能量及强度有关，即与反应堆运行功率、运行时间和停堆时间有关。一般而言,除了首次启动外,重水堆启动不需要外中子源。

重水中的氘经中子辐照生成氚,核反应为 D(n,γ)T。虽然氘的中子吸收截面很小,但是由于热中子注量率高、氚的半衰期较长,随着时间增加,氚的活度浓度不断升高。氚发生 β 衰变,半衰期长达 12.3 年,释放出低能 β 射线,能量为 18.6 eV,因此,一般不考虑氚对人员的外照射影响。而且氚的穿透性很强,对人员和环境有一定的危害,对人员的影响主要是内照射,因此,须加强工作场所的氚浓度和人员内照射监测,采取必要的防护措施。

3.3.2 反射层材料

反射层的作用是把从堆芯泄漏出来的中子反射回堆芯,以减少中子的损失。从中子物理学角度,反射层材料也是慢化性能较好的材料,因此,好的慢化剂材料往往也是好的反射层材料。

除了重水,核级石墨、铍也是常用的反射层材料。

1) 核级石墨

石墨与金刚石、碳-60、碳纳米管、石墨烯等都是碳元素的单质,它们互为同素异形体,其中,石墨与金刚石在自然界天然存在。

石墨属六方晶系,具有完整的层状解理。在晶体中同层碳原子间形成共价键,每个碳原子与另外三个碳原子相连,6 个碳原子在同一平面上形成正六边形的环,伸展形成片层结构。在同一平面的碳原子还各剩下一个 p 轨道,它们互相重叠,形成离域 π 键电子,在晶格中能自由移动,可以被激发,所以石墨有金属光泽,能导电、传热。由于层与层间距离大,结合力小,各层可以滑动,所以石墨的密度比金刚石的小,质软并有滑腻感。石墨硬度为 1～2 GPa,沿垂直方向随杂质的增加其硬度可增至 3～5 GPa。密度为 1.9～2.3(g/cm^3)。比表面积范围集中在 1～20 m^2/g,在隔绝氧气条件下,其熔点在 3 000 ℃以上,是最耐温的矿物之一。

由于石墨的特殊结构,具有良好的性质。

(1) 耐高温性:石墨的熔点为(3 850±50)℃,即使经超高温电弧灼烧,质量的损失很小,热膨胀系数也很小。石墨强度随温度升高而增加,在 2 000 ℃时,石墨强度提高 1 倍。

(2) 导电、导热性:石墨的导电性比一般非金属材料的高得多。导热性超过钢、铁、铅等金属材料的。导热系数随温度升高而降低,甚至在极高的温度下，石墨成为绝热体。

(3) 润滑性：石墨的润滑性能取决于石墨鳞片的大小，鳞片越大，摩擦系数越小，润滑性能越好。

(4) 化学稳定性：石墨在常温下有良好的化学稳定性，能耐酸、耐碱和耐有机溶剂的腐蚀。在高温下，与二氧化碳有良好的相容性。

(5) 可塑性：石墨的韧性好，可加工成很薄的薄片。

(6) 抗热震性：石墨在常温下使用时能经受住温度的剧烈变化而不致破坏，温度突变时，石墨的体积变化不大，不会产生裂纹。

同时，石墨具有良好的核性能，在核工业得到了广泛应用。从表 3-4 可知，虽然慢化能力较轻水的差，但是，与重水的类似，石墨的中子吸收截面很小，$\sigma_a=0.0037$ b，因此，石墨的慢化比较大，是一种良好的中子慢化剂和反射层材料。结合其良好的物理化学性能，石墨广泛用作反应堆的结构材料，比如石墨水冷堆、石墨气冷堆和高温气冷堆等，也用于球床高温气冷堆燃料球的结构材料。

当然，用于反应堆的核级石墨的要求比一般石墨要高得多，具体如下：

(1) 纯度高，碳含量要达到 99.999%，杂质少，硼、镉含量应低于 1×10^{-6}。

(2) 强度高、各向异性小。

(3) 耐辐照、抗腐蚀和高温性能好。

(4) 导热率高、热膨胀系数小。

(5) 易加工、成本低。

与一般材料一样，在中子辐照下，核级石墨的性能也将发生变化，主要有以下几种辐照效应。

(1) 石墨的辐照损伤：辐照损伤是石墨性能发生变化的根本原因。

石墨的辐照损伤与金属相似，也是由中子辐照产生的缺陷及其聚集或衍生而形成的。能量大于 100 eV 的中子就能使碳原子离位。中子碰撞产生的初级离位原子(PKA)又会发生级联碰撞，此过程一直持续到中子能量低于 $3E_d$(碳原子离位阈能)为止。理论上，一个数万电子伏特的高能中子在与石墨的级联碰撞中，可以产生 200～400 个离位原子。

在中子辐照下，石墨产生空位与间隙原子群，其数量与辐照温度和中子注量有关。当温度超过 500 ℃时，空位聚集成串并在端部边捕捉空位、边继续生长。当空位串达到一定长度后，因不稳定而崩塌成堆垛层错，进而形成位错环。

(2) 尺寸的变化：中子辐照引起的石墨尺寸变化与辐照温度和中子注量

有关。对于六方晶体的石墨，在高温 400～1 200 ℃辐照时，六方晶面的 a 轴方向收缩；而在柱面 c 轴方向，在低中子注量时收缩、高中子注量时伸长。这是由于在高温辐照时，间隙原子群的形成速度小于石墨内气孔的消失速度。

(3) 导热率的变化：辐照对石墨导热率的影响比较明显。随着中子注量的增加，导热率先急剧下降，然后趋于饱和，到高注量时又急剧下降。随着辐照温度的降低，导热率下降，而且温度越低，导热率变化越大。

(4) 石墨的潜能积累与释放：中子碰撞使碳原子离位，而且辐照又使导热率下降，因此，石墨辐照缺陷的内部储存有能量，即维格纳(Wigner)能或潜能。

潜能的积累随着中子注量的增加而增加，最后趋于饱和。尤其在低温辐照时，潜能可达到很高的数值。如果全部潜能同时释放，可使石墨温度升到 1 000 ℃以上，导致堆内构件变形或烧毁。1957 年，英国塞拉菲尔德的 Windscale 1 号堆发生了石墨着火引起的火灾，原因就是石墨潜能瞬间释放造成石墨温度快速升高。事故造成了严重的后果，至今未能得到彻底解决。然而，在高温辐照时，潜能的积累与高温退火共同作用，缓解了潜能的积累幅度和速度。因此，只有低温运行的石墨堆，潜能的积累才存在安全隐患，而对于高温气冷堆，潜能的影响不大。潜能的释放率与温度有关，随着温度升高潜能释放率存在一个峰值，如果潜能释放率低于相同温度下石墨的比热容，则反应堆运行是安全的，相反，高于比热容曲线的部分则是危险的。

(5) 力学性能的变化：辐照对石墨的力学性能的影响与金属材料相似，也是强度升高，断裂时的变形量下降，并随辐照温度升高，辐照影响变小。

虽然石墨是优良的慢化剂和反射层材料，在核能利用领域得到了广泛的应用，也不得不承认，由于多种因素，到了反应堆退役阶段，辐照后石墨的拆卸、整备、处理及处置是一个世界性难题，至今没有有效的、得到充分验证的解决方案，对于人类来说是一个严峻的挑战。

影响辐照后石墨的拆卸、整备、处理及处置有以下主要因素：经过长期辐照，石墨积累了一定的潜能，操作不慎或者出现异常情况，有可能引起潜能瞬间释放，造成严重的后果。辐照后的石墨有较强的放射性活度与多种放射性核素，由于石墨含有一定的杂质，或者与空气接触，经辐照后生成放射性核素，主要核素有 ^{60}Co、^{3}H、^{14}C、^{36}Cl、^{59}Ni、^{63}Ni 等，而有的核素的半衰期很长，^{14}C、^{59}Ni、^{36}Cl 的半衰期分别为 5 730 年、76 000 年、308 000 年，需要经过漫长的时间才能得到有效的衰变，而且，如果石墨与堆芯和冷却剂直接接触，还可能有核燃料裂变产物和超铀元素。辐照后的石墨处理技术尚不成熟，如果直接焚烧，则放射性核素将会释放到大气中，造成环境污染，后患无穷，因此，在没有成熟处理技术的情况下，目前，公认的方法是将已拆卸下来的石墨进行整备后包装、暂存。

辐照后的石墨处置技术也不成熟。由于辐照后石墨含有多种长半衰期的核素，且放射性活度较大，不满足浅地表处置的要求，必须进行深地质处置，然而，目前深地质处置技术尚不成熟，且基本上还没有深地质处置场。因此，一般采用延迟退役策略(deferred dismantling)，将石墨慢化反应堆封存数十年或上百年后，待技术成熟、条件具备后再实施退役；石墨存量巨大，主要核大国早期的石墨生产堆、英国的 MAGNOX 和 AGR 石墨气冷堆核电站、苏联的 RBMK 石墨水冷堆核电站以及日本、西班牙等国的石墨堆，至今全世界拥有约 50 万吨辐照后的石墨。

多年来，IAEA、EU、OECD/NEA 等开展了辐照后石墨的源项调查、拆卸、整备、处理、处置技术研究，取得了大量的成果，预计在不久的将来，人类将最终解决辐照后石墨处置的种种难题，消除安全隐患。

2) 铍

铍是碱土金属中最轻的金属元素，密度小，熔点高(1 283 ℃)，比热容大[0.43 cal/(g・℃)]，弹性模量高，有较好的高温强度。铍与锂一样，在空气中会形成氧化膜，因此铍在空气中很稳定。铍不溶于水，微溶于热水，可溶于稀盐酸、稀硫酸和氢氧化钾溶液。而且，铍具有良好的核性能，热中子吸收截面小，$\sigma_a=0.009$ b，散射截面大，$\sigma_s=7$ b，中子慢化比大于水的慢化比，$\xi\Sigma_s/\Sigma_a=159$(水的 $\xi\Sigma_s/\Sigma_a=72$)，仅次于重水和石墨。因此，铍也是一种很好的中子慢化材料，可作为中子慢化剂和反射层材料。同时，与重水中的氘类似，铍在高能 γ 射线照射后，发生 $^{9}Be(\gamma,n)^{8}Be$ 核反应放出中子，称为光激中子，因此，在一般情况下，用铍做反射层的核反应堆也不需要提供外中子源。

但是，铍的塑性差、抗高温氧化性能差和抗辐照肿胀性能差，且价格昂贵。金属铍具有一定的毒性，铍的化合物如氧化铍、氟化铍、氯化铍、硝酸铍等毒性较大，且是全身性毒物。因此，铍的应用受到了限制。

参考文献

[1] 连培生. 原子能工业[M]. 北京：中国原子能出版社，2002：81-93.

[2] 张建伟，宋立新，康亚伦，等. 中国先进研究堆(CARR)工程燃料组件设计验证试验[J]. 核动力工程，2006，27(5)(S2)：11-13，20.

[3] 周邦新. 核反应堆材料(上、中、下)[M]. 上海：上海交通大学出版社，2021.
[4] 仲言. 重水研究堆[M]. 北京：原子能出版社，1989.
[5] 龙斌，季松涛，柯国土，等. 中国原子能科学研究院燃料发展战略研究报告[R]. 北京：中国原子能科学研究院，2022.
[6] 孙荣先，解怀英. 研究堆燃料发展现状与前景[J]. 原子能科学技术，2011，45(7)：847-851.
[7] 尹昌耕. 国际 U-Mo 合金燃料研究现状及进展[R]. 中国核能行业协会年会暨中国核能可持续发展论坛，北京：2008-07-16.
[8] 尹昌耕，陈建刚，孙长龙，等. 中国核动力院 U-Mo 合金燃料研究现状及进展[J]. 原子能科学技术，2009，43(S2)：389-393.
[9] 刘兴民，唐国静，吴晓春，等. CARR 用 U-Mo 合金燃料的堆芯物理方案研究[J]. 原子能科学技术，2015，49(6)：1018-1021.
[10] 陈鹤鸣，马春来，白新德，等. 核反应堆材料腐蚀及其防护[M]. 北京：原子能出版社，1984.
[11] 焦殿辉. 不锈钢在核电中的应用[J]. 中国金属通报，2012(2)：38-39.
[12] 张杰，崔振波，王世波. CANDU 堆元件现状与发展[C]. 中国工程院化工、冶金与材料工程学部第五届学术会议，中国工程院，博鳌：2005-11.
[13] 阮养强，彭孝兴. CANDU 型核电站技术特点及其发展趋势[J]. 现代电力，2006，23(5)：49-54.
[14] 徐济鋆，Hedges K R. CANDU 堆发展的回溯与展望[J]. 核动力工程，1999，20(6)：481-486.
[15] 李冠兴，任永岗. 重水堆燃料元件[M]. 北京：化学工业出版社，2007.
[16] 班钊. CANDU 6 型重水堆钍-铀循环的技术经济性分析[J]. 科技视界，2021(12)：139-141.
[17] 杨波，施建锋，毕光文，等. 重水堆钍铀循环增殖循环方案研究[J]. 核科学与工程，2017，37(1)：129-137.
[18] 贾豫婕，林希衡，邹小伟，等. 锆合金的研发历史、现状及发展趋势[J]. 中国材料进展，2022，41(5)：354-370.
[19] 文惠民，杨钊，周宣，等. CANDU 重水堆用 Zr-2.5Nb 压力管研究进展[J]. 有色金属加工，2020，49(6)：16-20，31.
[20] 肖珣，王亚强，张金钰，等. 锆合金包壳表面金属 Cr 涂层的研究进展[J]. 中国材料进展，2022，41(6)：445-457.
[21] 龙斌. CANDU 堆材料[R]. 核工业研究生部培训教材(内部资料)，北京：2020.

第 4 章
重水堆主要工艺系统

本章将进一步分别介绍重水研究堆和重水动力堆的主要工艺系统，着重介绍重水堆特有的工艺系统，包括系统的功能、组成、流程及基本原理等。

4.1 重水研究堆的主要工艺系统

对一些重水研究堆，重水作为慢化剂和反射层，将裂变中子的能量降低到能导致易裂变核素裂变的中子能谱范围，因重水吸收了反应堆中子或其他的粒子射线的能量而发热，因此需要设置重水冷却系统带出这部分热量，如中国的 CARR、韩国的 HANARO、澳大利亚的 OPAL 等，在这些反应堆中，要确保重水与其他流体系统的隔离，保证重水系统具有足够的浓度并减少重水损失。对其他研究堆，重水除了作为慢化剂和反射层外，还作为冷却剂，依靠重水带出堆芯燃料的裂变释热和衰变热，如我国的 101 堆等，在这些堆型中需保证重水冷却系统的高可靠性、堆芯不裸露设计、堆芯的应急冷却、堆芯的余热排出等安全功能。大部分堆型在设计时考虑了在发生异常事故或未能实现正常停堆的情况下，设置排重水系统作为第二停堆手段或者辅助停堆手段。在实现上述主要功能的同时，还需要考虑重水的一些特点，针对性地设置相应辅助系统，保证反应堆的正常运行和安全。这些特点包括以下内容。

（1）重水暴露在空气中，极易吸收空气中的水分，导致重水浓度降低。因此，重水系统必须是一个密封的且与空气和轻水隔绝的系统。

（2）重水在反应堆中辐照分解产生氘气和氧气，达到一定的浓度会爆炸，因此，需要设置覆盖气体系统带出辐照分解的气体并进行合成、回收和再利用。

（3）与重水接触的所有材料必须耐腐蚀。在长时间的运行过程中，一些腐蚀产物、活化产物会进入重水系统，因此，还需要设置净化系统保证重水的品质。

（4）考虑到重水昂贵，经辐照后具有一定的放射性，为防止重水泄漏造成重水损失且污染环境，重水系统的管道应尽可能采用焊接密封而尽可能少用机械法兰密封。重水工艺房间地面一般采用不锈钢覆面并需设计重水收集槽用于收集重水。

（5）经过一段时间运行后，重水会具有较强的放射性，因此，重水系统工艺房间必须具备足够的辐射防护屏蔽。

（6）由于对重水水质的严格要求，在系统密封破坏后需要抽真空置换覆盖气体，因此，需要设置真空系统。

（7）设置重水浓缩系统用于将检修、泄漏而收集到的重水进行浓缩处理，将被稀释的重水浓缩以提高重水浓度，使其可以被再次利用。

为了保证厂房内空气的清洁，按照辐射防护的要求，必须设置通风系统。通风系统包括排风系统和送风系统。排风系统应保证各相邻房间具有一定的负压和换气次数，气流只能从较低水平污染区流向较高水平污染区，并使工作间的放射性空气浓度远低于限制值。送风系统作用是向厂房内送入新鲜空气，减少空气中的微尘等。另外，还需要对相应的流量、温度、液位、渗漏、pD值（对应轻水的 pH 值）等参数进行监测。

4.1.1 重水慢化剂系统

从 3.3 节的介绍可知，重水因其中子经济性即优良的慢化比而常被选作研究堆的慢化剂。重水慢化剂系统主要功能是使核反应产生的中子减速，同时重水还具有将中子反射回堆芯的作用，使热中子研究堆性能显著提高。由于重水慢化剂系统在慢化中子过程中吸收了中子的能量，同时吸收了堆芯产生的部分射线的能量而使其温度升高，必须设置冷却系统使所产生的热量通过热交换器传递给二次水系统而将热量带走，使重水慢化剂温度控制在一定范围内。

为了使重水慢化剂维持在较高浓度，在重水慢化剂上方覆盖一层气体，重水蒸气和重水辐照分解产生的氘气和氧气可以通过覆盖气体带出，再重新合成重水加以利用。为了保证重水慢化剂水质处于良好状态，还设置净化系统对重水水质进行净化。这几个系统共同作用维持重水慢化剂系统的热量导出、水质保持、系统设备减少腐蚀的作用。

中国先进研究堆重水慢化剂系统主要由重水箱、重水泵、重水热交换器、重水储存罐、管道以及阀门等组成。流程是重水储存罐内的重水在重水泵的作用下流入重水热交换器进行热量交换，然后绝大部分流入重水箱内，再溢流回到重水储存罐内，另一部分流入重水净化系统进行净化后返回到重水泵入口，形成重水循环。重水箱内上部覆盖有一层氦气，在运行期间氦气中会夹带部分重水蒸气和重水分解产生的氘气和氧气，这部分混合气体进入氦气系统后在冷凝器和合成室的作用下进行冷凝和气体合成，使这部分重水再次循环利用。图4-1给出了中国先进研究堆重水慢化剂系统流程示意图。

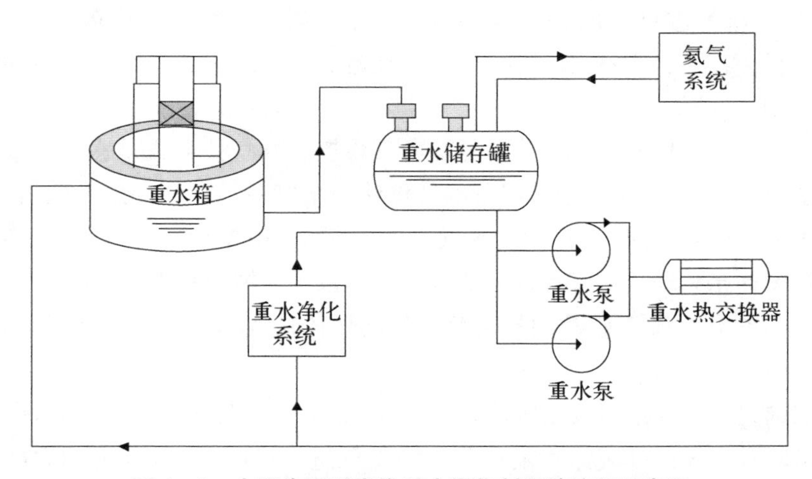

图4-1　中国先进研究堆重水慢化剂系统流程示意图

中国先进研究堆重水慢化剂系统按照反应堆额定功率的6%来设计发热量。采取诸如远距离操纵、适当的屏蔽、优化系统和设备布置等保证工作人员所受的照射保持在合理可行且尽量低的水平。

重水慢化剂系统的阀门均为焊接连接，所有法兰连接处均设有泄漏监测装置，设置专用地坑收集各工艺间万一发生泄漏的重水。该系统设计重水热交换器二次侧压力大于一次侧压力，保证发生泄漏时使二次冷却水漏入重水，而避免重水漏入二次水污染环境。为保证重水水质，设置重水净化系统，净化流量约占重水慢化剂系统总流量的0.3%。

4.1.2　重水相关系统

重水研究堆对重水的水质有严格要求。由于重水具有一定的特殊性，同时为了减小重水对系统设备材料的腐蚀，保证重水水质满足研究堆运行要求，重水研究堆都设有一些重水相关系统。这些重水相关系统在研究堆运行期间履行各自的功能，以保证重水满足研究堆的使用要求。

4.1.2.1　*覆盖气体系统*

重水上方的覆盖气体具有将辐照分解的爆炸性气体（氘气和氧气的混合气体）载带出堆芯的功能，应具有不易发生化学反应和不会辐照分解的特性。我国的 101 堆和中国先进研究堆都采用氦气作为覆盖性气体。

对于正常工况和预计运行事件工况，氦气系统必须提供足够的循环流量，将重水辐照分解所产生的爆炸性气体（氘气和氧气的混合气体）和重水蒸气带出堆外，在堆外进行合成、冷凝，并回收重水。氦气系统主要由鼓风机、冷凝器、气液分离器、合成室、瓷质过滤器、高压罐、低压罐、薄膜压缩机、各种阀门、仪表、管道等设备组成。

氦气系统的功能是在系统运行状态下将爆炸性气体合成重水并回收。为保证系统正常运行，系统中各组分的气体体积浓度保持在允许限值以内，即氧气不大于 1%、氘气不大于 6%、氮气不大于 4%。根据运行监测数据，必要时可向系统补充氧气，以确保氘、氧的合成。当系统气体中的氮含量超过 4%时，可以认为系统中氦气纯度降低，应将不纯的气体排放出去，再补充纯新的氦气进行置换。

中国先进研究堆氦气系统流程如图 4－2 所示。在反应堆运行时，由重水箱出来的带有爆炸性气体和重水蒸气的氦气进入冷凝器 A，其中的大部分蒸汽冷凝成重水，然后气体进入气液分离器，将气体中的重水水滴分离出来。从气液分离器流出的气体进入合成室，在钯粉的催化作用下，爆炸性气体合成重水。从合成室出来的氦气可能带有催化剂上脱落的钯粉，所以先经过瓷质过滤器滤掉钯粉，由于爆炸性气体合成重水时温度会升高，新合成的重水呈蒸汽状态，需流入另一冷凝器 B 再次冷凝，使重水蒸气变成液态重水。除去水汽后的氦气由鼓风机送往重水箱，进行再循环。氦气系统还设置高压罐为氦气系统补充氦气或作为某些操作的供气源，设置低压罐收集本系统排出的氦气，设置薄膜压缩机用于由低压罐向高压罐打气，高压罐、低压罐和薄膜压缩机未在图 4－2 中画出。

中国先进研究堆的氦气系统与 101 堆氦气系统配置基本相同，该结构布置已有 40 多年的运行经验，氦气系统运行稳定。不同之处在于中国先进研究堆发生燃料破损事故时，裂变气体不会进入氦气系统。而 101 堆中重水直接

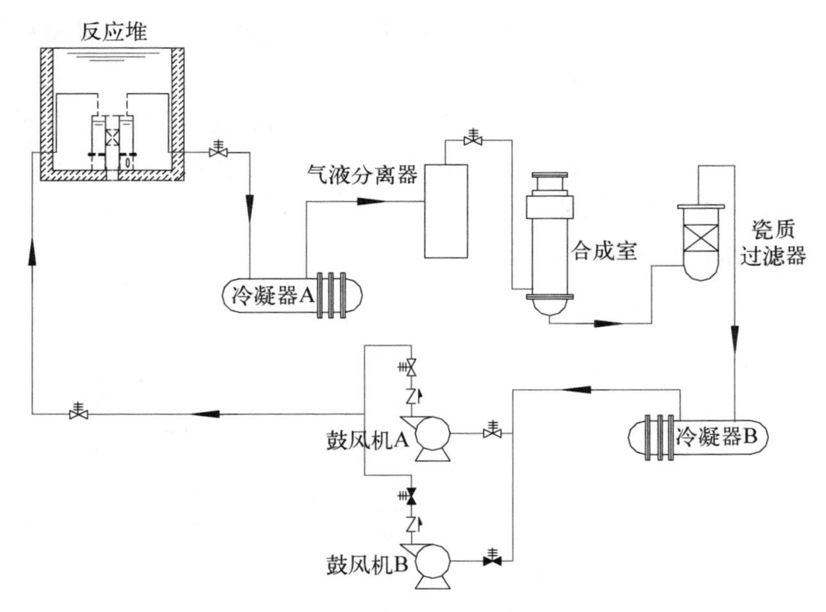

图 4-2　中国先进研究堆氦气系统流程图

和燃料接触，当发生燃料破损事故时，裂变气体进入氦气回路中，因此在氦气系统中设置了一个燃料元件破损探测小回路，以监测氦气总γ射线与子代产物总γ射线进而判断燃料元件是否破损。关于燃料元件破损探测，参见6.1.5节。

4.1.2.2　重水净化系统

重水研究堆在役期间，与重水接触的系统结构材料会因为重水水质恶化而使材料腐蚀加速。这些腐蚀产物及一些可溶性和悬浮性的杂质还会随着重水在系统的流动而转移至各个部分，使整个系统放射性剂量水平增加。因此，必须对重水水质进行监测和控制，以降低重水中的悬浮固体、杂质离子、活化产物等。重水研究堆重水净化系统的功能是去除这些杂质，使重水中杂质的含量控制在允许值之下，降低重水放射性水平，使重水水质维持在规定的技术指标内。

重水净化的方法有蒸馏法、离子交换法、膜过滤法等。目前，重水净化系统较普遍地采用过滤法与离子交换法相结合的方式。重水净化系统主要由前机械过滤器、混合离子交换器、树脂捕集器，以及在线仪表、管道和阀门等组成。首先，从重水系统热交换器出来的重水进入机械过滤器，在这里除去不溶性的杂质；再流入混合离子交换器，在这里主要除去离子态杂质和小部分固体微粒和胶体。从混合离子交换器出来的重水进入树脂捕集器，过滤破碎树脂后再返回堆内，形成重水净化循环。

重水净化系统中的两个关键设备是机械过滤器和离子交换器。机械过滤器类型有单管式过滤器、折叠式过滤器、拉西环式过滤器，如图 4－3 所示。101 堆机械过滤器曾采用过单管式和折叠式[1]，中国先进研究堆重水净化系统机械过滤器采用的是拉西环式过滤器。

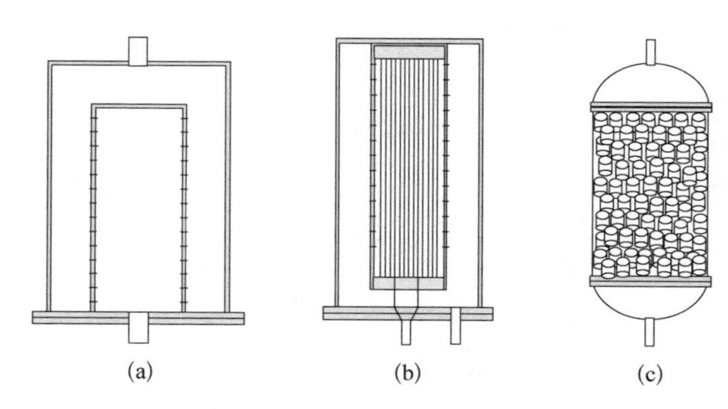

图 4－3　机械过滤器示意图

(a) 单管式过滤器；(b) 折叠式过滤器；(c) 拉西环式过滤器

单管式过滤器内部有一个直管，直管上分布着一些孔洞，外包不锈钢丝滤网。折叠式过滤器内部滤网是折叠的镍网，类似折扇的褶，较单管式过滤器过滤面积大。拉西环式过滤器内部填充大量不锈钢圆柱环，过滤面积更大。单管式和折叠式过滤器一旦阻塞需要将过滤器拆卸进行更换，操作人员所受辐射剂量大。拉西环式过滤器不用更换内部滤料，利用反冲洗的方式将阻留在内部的固体杂质去除，可减少人员所受剂量。

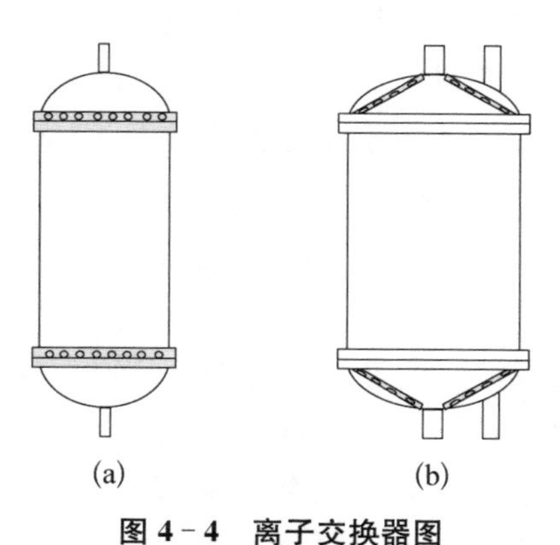

图 4－4　离子交换器图

(a) 早期离子交换器；(b) 改进后的离子交换器

离子交换器为圆柱形设备，两端有圆形封头，为防止树脂从离子交换器内漏出，上端、下端各有多孔钢板 2 块，2 块多孔钢板之间放置 2 层 80 目的不锈钢丝网。早期使用的离子交换器如图 4－4(a)所示，孔板是平面型的，这种结构的离子交换器在进行失效树脂更换时操作不便捷，要拆开法兰面进行失效树脂的更换，工作人员所受到的放射性剂量大。后来对离子交换器设计进行了改进[见图4-4(b)],这种离子交换器的上下多孔钢板是圆锥形的,新树脂装填和失效排放通过离子交换器顶部和底部管路进行。在系统正常运行时,重水流经离子交换器上下侧管进行净化,在进行新树脂装填和失效排放时通过操作净化系统相关阀门即可实现,不仅操作简便而且在很大程度上减少了操作人员所受放射性剂量。

树脂捕集器内过滤网的单个网孔孔径要比离子交换器内的网孔孔径小很多,重水中夹带的破碎树脂被截留在捕集器内,可防止破碎树脂进入反应堆内。重水净化系统树脂捕集器多采用单管式。

重水净化系统一般设有电导率、pD值、流量、压力监测等在线监测仪表,以实现对重水净化系统状态的实时监测。同时,通过取样回路采集具有代表性的水样送往实验室进行重水浓度、pD值、电导率、阴离子浓度、阳离子浓度等的分析,以判断重水水质情况和离子交换树脂性能。

离子交换器使用的离子交换树脂对颗粒度、密度、溶胀性、耐磨性、交换容量、热稳定性和辐照稳定性等有较高的要求。重水净化树脂对使用温度还有一定的要求。重水温度等于或低于3.8℃时,树脂易发生冻结甚至破裂;重水温度过高,树脂会产生热分解,亦会使交换容量下降,一般要求重水温度不超过60℃。

离子交换树脂分为阴离子型和阳离子型。早期阳离子型离子交换树脂为钠型,阴离子型离子交换树脂为氯型。这类树脂交换速度快、交换能力强,对选择性低的离子也有去除效果,且能在很大的pD值范围内产生交换作用,但这种树脂需要经过预处理和转型,比较费时费力。目前使用氢型和氢氧型核级混合离子交换树脂,其具有杂质含量小、转型率高、粒度均匀、交换容量高、热稳定性能和辐照稳定性能好的特点,不需要转型即可直接使用于重水净化系统。

经长期运行后,净化系统树脂的净化效率不断下降。判断树脂是否失效需要综合考虑树脂的放射性水平、树脂柱的压力降、出水电阻率、使用年限等。随着运行时间的增加,树脂吸收的杂质增加,树脂柱的放射性水平升高;流通面积减小,流阻增加,树脂柱的压力降升高;树脂柱净化效率下降,部分离子不能被除去,出水电阻率下降;树脂材料有一定的使用年限,到达使用年限,即使其他参数正常,也应进行更换。研究堆重水净化系统使用过的树脂不考虑再生,失效树脂做放射性废物处理。

新树脂的装填和失效树脂排放多采用水力输送的方法。与此对应,要重点关注树脂的氘化和脱氘。

新的核级混合离子交换树脂分别为 H^+ 型和 OH^- 型，为了防止重水因同位素交换而使重水稀释，在使用前必须把树脂间隙和树脂球内的轻水全部除去，使树脂的交换基团分别转为 D^+ 型和 OD^- 型，此过程称为对树脂的氘化。氘化采用逆流排代法。用摩尔浓度不小于 99.75%的重水将系统与树脂柱内的轻水逆向置换出来。氘化直到出口重水浓度与进口重水浓度相同时为止。含氘轻水送往重水浓缩系统依浓度分级储存与处理。

为了节约重水并减少含氚废水的产生，树脂失效排放作为放射性废物处理时，需要进行脱氘，脱氘为氘化的逆过程，将失效树脂中的 D^+ 和 OD^- 基团替换下来，脱氘采用顺流淋洗法。

中国先进研究堆重水净化系统采用离子交换法，由一台净化泵、两台前机械过滤器、两台离子交换器、一台树脂捕集器以及仪表、管道和阀门等组成，如图 4-5 所示。流程为重水从冷却系统板式热交换器出口总管引出，经净化泵流经机械过滤器去除固体状杂质和悬浮物，再进入离子交换器除去离子态腐蚀产物、裂变产物，经树脂捕集器去除破碎的树脂后，返回至重水慢化剂系统。

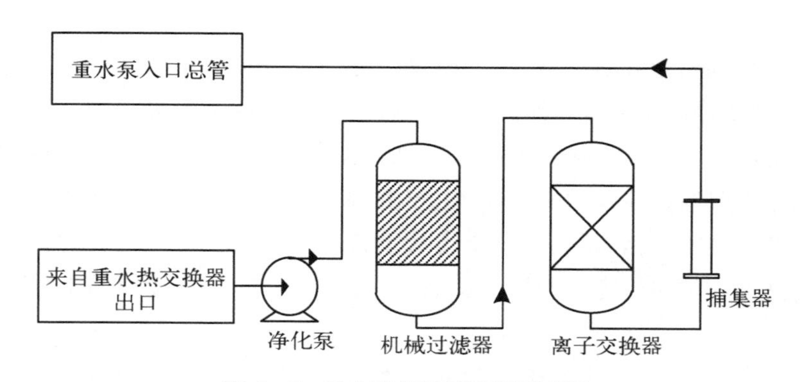

图 4-5 重水净化系统流程示意图

膜过滤法也有应用，如日本的 FUGEN 堆[2]用膜过滤法对碱性较强的重水进行净化，这里不做具体描述。

4.1.2.3 重水浓缩系统

重水浓缩系统的功能就是将被稀释的重水提浓，使其可以被再次利用。目前，重水浓缩的方法主要有电解法、精馏法和化学交换法。

电解法是利用氕、氘在电极上析出的速度不同而进行分离的方法[3]，是浓缩重水最有效的方法之一。氘在阴极上的析出速度比氕的慢，随着电解过程的不断进行，水中的氘逐渐富集，从而达到浓缩重水的目的。电解的原理用下式表示：

$$2H_2O \xrightarrow{\text{电解}} 2H_2 + O_2 \tag{4-1}$$

采用电解方法的重水浓缩系统组成设备包括电解槽、气水分离器、合成室、冷凝器、阻火器、水封罐、蒸汽发生器等。电解前预先将无水碳酸钾加入配料槽中，然后加入电解用原料水，经混合后，用氮气将原料水压入电解槽进行电解。电解产生的氢、氧混合气，通过冷凝器、气水分离器、水封罐和阻火器后进入合成室，在催化剂——钯的作用下，在合成室内合成轻水后进入稀水收集罐；电解后浓重水富集在电解槽内，当浓度达到所需浓度时将电解槽内重水转入蒸汽发生器内进行二次蒸馏除碱纯化，电导率满足要求后转入产品罐内。

电解效率受分离系数影响，影响分离系数的主要因素是电极和温度。不同材料的电极有不同的分离系数，同样材料的电极表面越光滑，分离系数越大，温度越低，分离系数越大[3]。电解装置流程如图4-6所示。

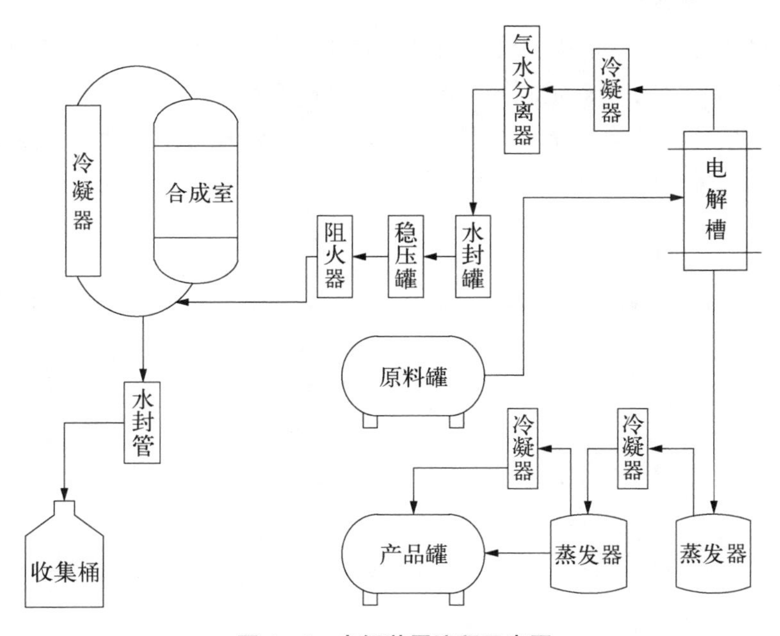

图4-6　电解装置流程示意图

精馏法利用重水和轻水挥发性的差异而使重水与轻水分离，达到浓缩的目的。H_2O-D_2O(HDO)混合溶液在密封容器中，当液相和气相建立平衡后，气相中 H_2O 的分子数较液相中多，而液相中 D_2O 的分子数较气相中的多。混合溶液经过多次部分汽化和部分冷凝，把重水浓缩至所需要的浓度。

化学交换法是利用同位素分子化学活泼性上的微小差异进行的，化学交换法的特点是反应速度快。用硫化氢-水双温交换法从自然水中生产重水，就是其中一种。双温交换法分离氢同位素的效率与工作条件有关，可通过增加双温交换装置冷塔和热塔的温差来提高分离效率，但在选择冷塔和热塔温度和压力时，要根据反应体系的气、液、固相转换点来确定，而不是一味增加温差。硫化氢-水双温交换法硫化氢用量大，硫化氢气体有毒且具有强腐蚀性。使用时特别强调其安全性。

硫化氢-水双温交换法的交换反应如下：

$$H_2O(\text{液相})+HDS(\text{气相})=HDO(\text{液相})+H_2S(\text{气相}) \qquad (4-2)$$

可根据各自的需求选择不同的重水浓缩方法，目前重水研究堆多配有电解浓缩工艺，例如 101 堆、中国先进研究堆等。

4.1.2.4 真空系统

重水研究堆真空系统主要是为维持重水和覆盖气体的纯度，方便在相关压力边界破坏后或系统需要维护维修进行抽真空而设置的。

真空系统的结构和流程如图 4-7 所示。前端通过连接管道将需要抽真

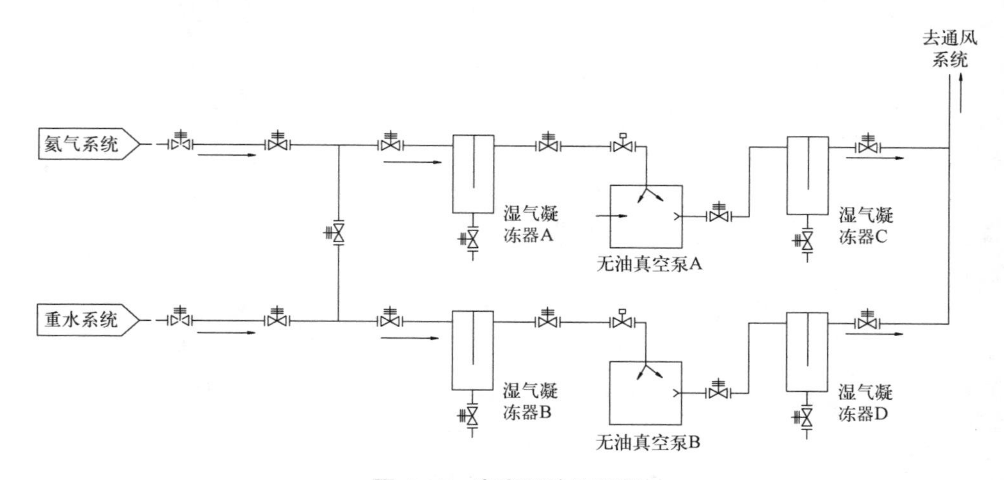

图 4-7 真空系统流程图

空的系统与真空泵连接，后端连接到通风系统，进行过滤后的排放。重水研究堆的真空系统独有的特性是增设重水回收功能，通过添加液氮的方式将气体中的重水蒸气进行凝结，然后回收利用。

4.1.3 反应堆冷却剂系统

反应堆冷却剂系统是用于冷却堆芯的系统，能够将反应堆运行时核裂变释放的热量带出堆芯，通过热交换器传递给二回路系统，同时作为包容放射性物质的第二道屏障，实现防止放射性物质向环境释放的功能。冷却剂系统直接与堆芯燃料接触，设计时还应考虑系统的高可靠性、堆芯不裸露、堆芯的应急冷却、堆芯的余热排出、工艺间的屏蔽等，主要参数如堆芯进出口温差、流量、液位、渗漏等的监测。重水堆的冷却介质主要包括重水和轻水，下面以101堆和中国先进研究堆为例进行介绍。

4.1.3.1 101堆冷却剂系统

我国101堆就是重水既做冷却剂又做慢化剂的研究堆，因此，101堆冷却剂系统[1]也称为重水系统。101堆重水系统的主要作用是导出反应堆运行时活性区内的热量和停堆后的剩余释热，导出热量占反应堆总发热量的98%左右。

4.1.3.2 101堆重水系统

101堆重水系统流程如图4-8所示。重水系统的流程是堆芯→重水泵→主热交换器→堆芯，形成封闭的循环系统。在正常情况下两台或三台重水泵工作。当两台工作时，另一台备用。系统中位于两侧的重水泵(甲、丙)和对应的主热交换器(甲、乙)成为独立的一组，然后两组并列运行。位于中间的一台重水泵(乙)可向主热交换器甲或乙供水或同时供水；两台主热交换器出口管路上的调节闸阀可实现重水流量调节。当需要降低反应堆水位时，可将反应堆内重水排入重水储存罐；亦可向重水储存罐通入高压氦气将罐内重水压回反应堆内。

为了保证重水系统的运行可靠性，重水系统有两套独立的外电源，另有事故直流电源供电。重水系统具有严格的密封性并能保持足够的压力，在管路系统上每个法兰连接处都装有渗漏监测装置，系统一旦渗漏能及时探测并发出信号。在各工艺房间敷设有倾斜度的不锈钢覆面板，便于集中回收漏出的重水。

为保证重水水质，重水系统所有材料具有良好的耐腐蚀性能。系统及设

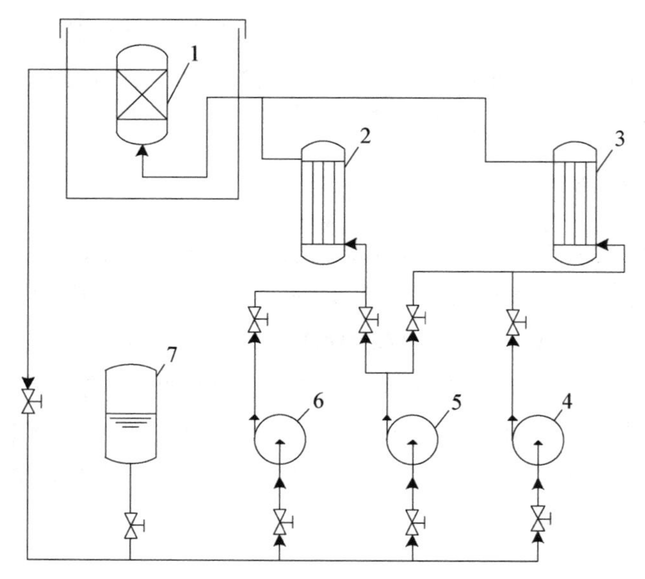

1—反应堆；2—热交换器甲；3—热交换器乙；4—重水泵丙；5—重水泵乙；6—重水泵甲；7—重水储存罐。

图 4-8 101 堆重水系统流程示意图

备均采用不锈钢材料。每个工艺间用 1 m 厚的重混凝土墙和 300 mm 厚的屏蔽门隔开。开关阀门及重水泵启动都是远程操作。系统的管道和设备布置合理紧凑，整个系统的重水容积约为 5 m^3。

4.1.3.3 *中国先进研究堆冷却剂系统*

中国先进研究堆的冷却剂为轻水，作为反应堆冷却剂系统，功能与 101 堆是相同的，组成是相似的，仅仅是冷却剂材料不同。这里只做简单介绍。

中国先进研究堆的冷却剂系统由 4 台主循环泵、4 台主热交换器、阀门、管道等组成。对于正常状态和预计运行事件，反应堆冷却剂系统必须提供足够的堆芯冷却，以确保不超过燃料和反应堆压力边界的设计限值。

中国先进研究堆冷却剂系统根据设计要求分成两种运行状态。运行状态 A 为高功率运行，4 台主循环泵投入运行，运行状态 B 为低功率运行，2 台主循环泵投入运行。运行状态 A 的冷却剂流量设计值约为 2 400 m^3/h，运行状态 B 的冷却剂流量设计值为 1 200 m^3/h，入堆温度不高于 35 ℃。

中国先进研究堆的主循环泵与其他研究堆不同的是，电机配有惰转飞轮，在发生断电等事故时，主泵可以在飞轮的惯性带动下，在停堆初始数秒，即堆芯剩余释热功率较高时仍能保持大流量冷却，以保证堆芯燃料的安全。在丧失厂外电源而应急堆芯冷却系统投入运行之前，这样的设计还可以保证堆芯得到一定程度的冷却，从而保证堆芯不会被烧毁。

4.1.4　其他工艺系统

除了慢化剂系统、反应堆冷却剂系统和重水相关系统，重水研究堆根据自身堆型的特点还有一些其他系统，如池水净化系统、热水层循环系统、屏冷系统等。有的系统是一些重水研究堆独有的，下面分别介绍这些系统。

4.1.4.1　池水净化系统

池式堆具有很好的固有安全性。有的重水研究堆在设计时将反应堆容器放置于轻水水池中，反应堆水池中储有大量的水，可使反应堆容器全部浸在水中，以保证在正常运行工况和事故工况时具有良好的堆芯余热导出功能。为了保持池水水质，设置池水净化系统对池水进行净化，以减少池水中活化产物、腐蚀产物以及可溶性和悬浮性杂质。

池水净化系统的设备组成和功能与重水净化系统的组成和功能基本相同，由净化泵、机械过滤器、离子交换器、捕集器、在线监测仪表，以及相应的管道和阀门等组成。图 4－9 为中国先进研究堆池水净化系统流程示意图。中国先进研究堆池水净化系统流程为从反应堆水池底部引出池水经过净化泵打入池水净化系统，净化后再将水返回至反应堆水池中。

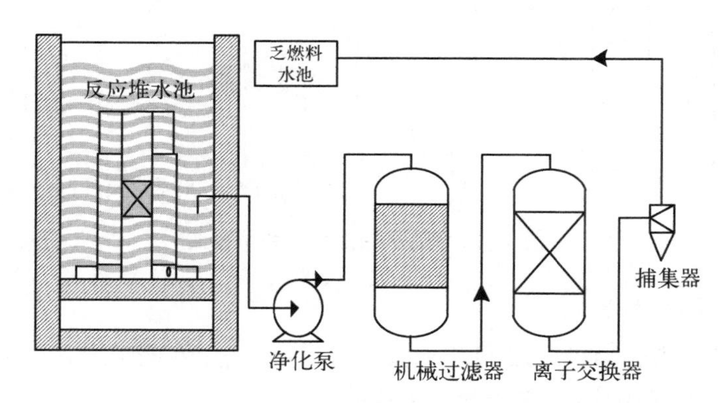

图 4－9　中国先进研究堆池水净化系统流程示意图

重水净化系统与池水净化系统的区别在于，重水净化系统净化的是重水，池水净化系统净化的是轻水；池水净化系统相关设备的规格比重水净化系统的相应设备容量和体积大很多；池水净化树脂无须考虑氘化处理，失效树脂也无须考虑脱氘操作。

4.1.4.2 热水层循环系统

一般来说，运行期间反应堆水池上方具有较高的辐射水平，因而禁止人员进入反应堆水池上方的操作空间。对于研究堆来说，能够解决反应堆运行期间反应堆水池上方操作人员的可达性对许多辐照实验具有重要意义。池式研究堆池水能够在反应堆堆芯上方起到辐射屏蔽的作用，但由于池水的对流，部分携带活化产物的轻水到达水池表面，造成反应堆水池上方辐射水平依然较高。于是在池水上方建立一个热水层，使靠近池水表面的池水温度比下方温度高，利用上层和下层池水的密度差来阻止反应堆水池下部具有较高放射性的水流到水池表面，从而有效解决上述问题，如中国先进研究堆和韩国HANARO堆等[4]。

热水层循环系统的功能就是要使表面的池水温度高于下层池水的温度，并在反应堆运行期间维持一定的温差。热水层循环系统一般由循环泵、净化装置、加热装置、监测仪表以及管道、阀门等组成。中国先进研究堆热水层循环系统如图 4-10 所示。

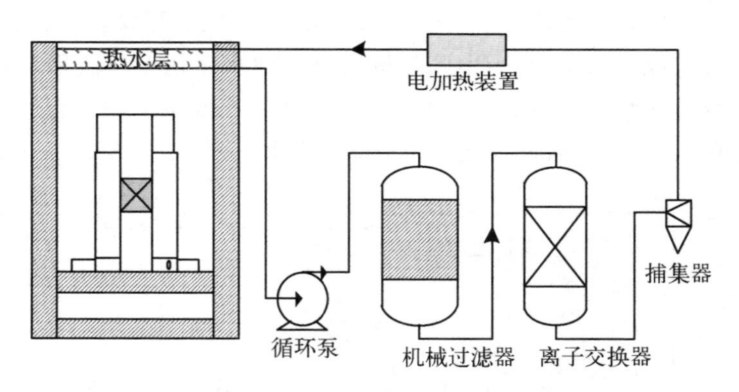

图 4-10 热水层循环系统示意图

4.1.4.3 屏冷系统

101 堆的内壳与外壳之间是石墨反射层，在外壳外侧是屏蔽水箱，由环形水箱和底部水箱组成，在中子和 γ 射线的作用下，其产生的能量在石墨和水中沉积，导致石墨和水的温度升高。

101 堆的屏冷系统是用屏冷泵的动力使冷却水循环将石墨反射层和屏蔽水箱的热量带出，通过热交换器将热量传递给二回路水。

屏冷系统由屏冷泵、热交换器和石墨反射层冷却水管道等组成。主要流程如下：来自环形水箱的热水→屏冷泵→热交换器→石墨反射层冷却管道→底部水箱→环形水箱→屏冷泵。在必要的时候,可通过堆顶水箱向屏冷系统补水。

4.2　CANDU 堆主要工艺系统

CANDU 堆工艺系统繁多,根据运行原理,可以把 CANDU 堆主要工艺系统分为以下几类[5-6]。

(1) 主慢化剂系统:这是与主热传输系统冷却剂隔离的常温低压系统,维持对排管容器内慢化剂重水的冷却和净化,按需注入液体毒物,实施第二停堆、失水事故的备用热阱等功能。

(2) 主热传输系统:一个高温高压系统,实现加压重水经过燃料通道,导出铀燃料中核裂变产生的热量,重水冷却剂携带热量到蒸汽发生器,把热量传递给二次侧的轻水,并使其变成蒸汽驱动汽轮发电机发电的功能。

(3) 主热传输相关系统:支持主热传输系统运行,并且保持其运行参数在限值内。

(4) 主要辅助系统:包括把蒸汽中的热能转换成电能的有关热力系统和设备,以及为这些系统的正常运行提供服务的辅助系统和设备。

(5) 与工艺系统有关的安全系统:如应急堆芯冷却系统、停堆冷却系统等。

本书第 2 章图 2 - 7 给出了 CANDU 核电厂系统流程,本节中对有关系统进行简单介绍。

4.2.1　主慢化剂系统

CANDU 堆主慢化剂系统如图 4 - 11 所示,主要实现如下功能:

(1) 将快中子慢化成热中子。

(2) 排出中子慢化过程中产生的热量。

(3) 将硼酸或硝酸钆溶解到慢化剂重水中以控制反应性。

(4) 在核电厂发生失水事故且应急堆芯冷却系统失效时作为反应堆的一个热阱。

CANDU 堆主慢化剂系统是主热传输系统之外的独立的重水系统,有专门的冷却泵和热交换器带出在慢化剂中堆积的热量。主慢化剂系统属于低温、低压系统,运行压力比大气压稍高,比主热传输系统低得多,同时,温度也

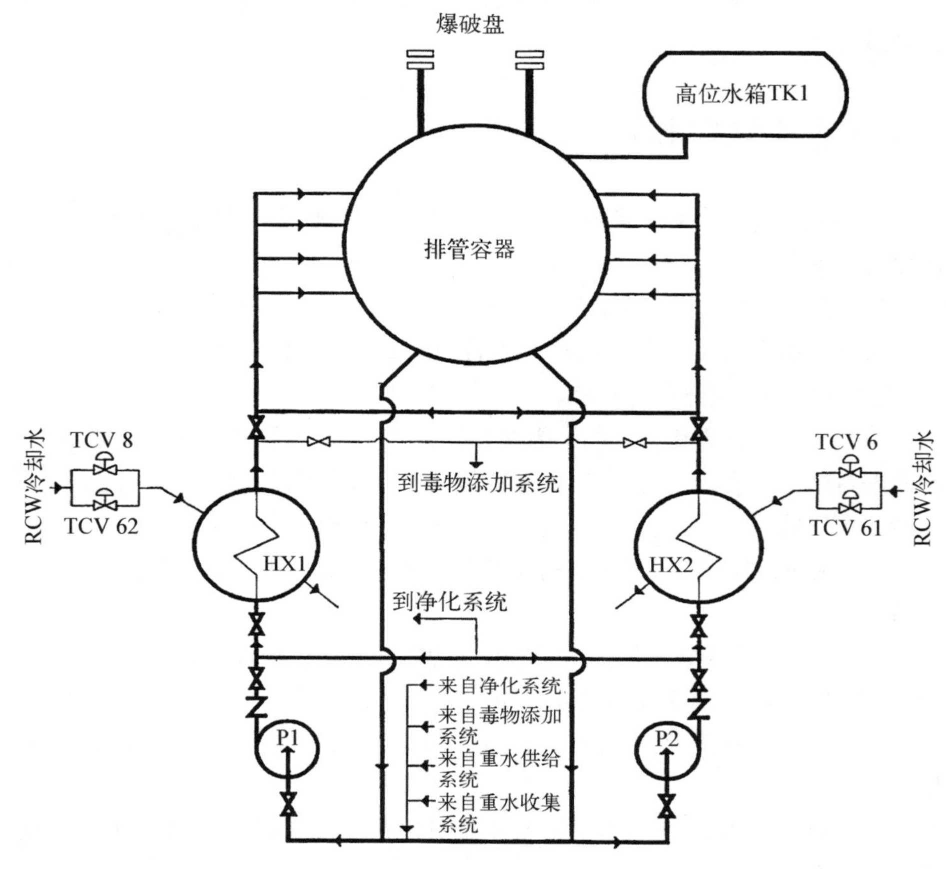

图 4-11　CANDU 堆主慢化剂系统流程

比主热传输系统低得多。CANDU 堆主慢化剂系统由排管容器、具有双电机的 2 台离心泵(P1 和 P2)、2 台热交换器(HX1 和 HX2)、1 台高位水箱(TK1)以及相连的管道、阀门和仪表等组成，如图 4-11 所示。高位水箱维持排管容器慢化剂的液位。慢化剂还作为稀有事故应急堆芯冷却系统失效合并冷却剂丧失事故时反应堆的热阱，为确保这种能力，排管容器内的重水温度必须低于特定限值。

慢化剂覆盖气体系统是 CANDU 电站的一个重要辅助系统，其主要作用是为排管容器组件提供一个惰性氛围并提供超压保护。同时由于重水(D_2O)经中子辐照后产生的氘气(D_2)极易产生爆炸，所以慢化剂覆盖气体系统的另一个重要功能就是进行氘氧复合以控制慢化剂中的氘气浓度[7]。

4.2.2　主热传输系统

主热传输系统导出铀燃料中核裂变产生的热量，把热量传递给二次侧的轻水，使其变成蒸汽驱动汽轮发电机发电。本节介绍该系统的原理特性和主要设备。

4.2.2.1　原理特性

CANDU 堆堆芯采用重水作为主冷却剂的主要优点是它有很低的中子吸收截面和高的热容量。

CANDU 6 主热传输系统由 2 个环路组成，2 个封闭回路通常通过隔离阀门连接，作为中小型 CANDU 堆，这种安排是有效的。每个环路的加压重水循环通过位于反应堆垂直中心面一侧的 190 个燃料通道。因此，冷却剂丧失事故的直接影响就仅限于经受冷却剂丧失事故的环路。这样，便减少了正反应性引入的速率，增加了停堆系统的裕量。

CANDU 6 核电厂主热传输系统的每个环路由 2 台泵、2 台蒸汽发生器、2 个入口集管、2 个出口集管和连接管系组成，形成一个“8”字形，燃料通道中的冷却剂流动是双向的(即相邻通道流向相反)，如图 4 - 12 所示[8]。在这种布置中，每个环路的泵和蒸汽发生器都是串联的，反应堆供水管将燃料通道的入口、出口端分别连接到反应堆的入口、出口集管上。反应堆供水管尺寸大小

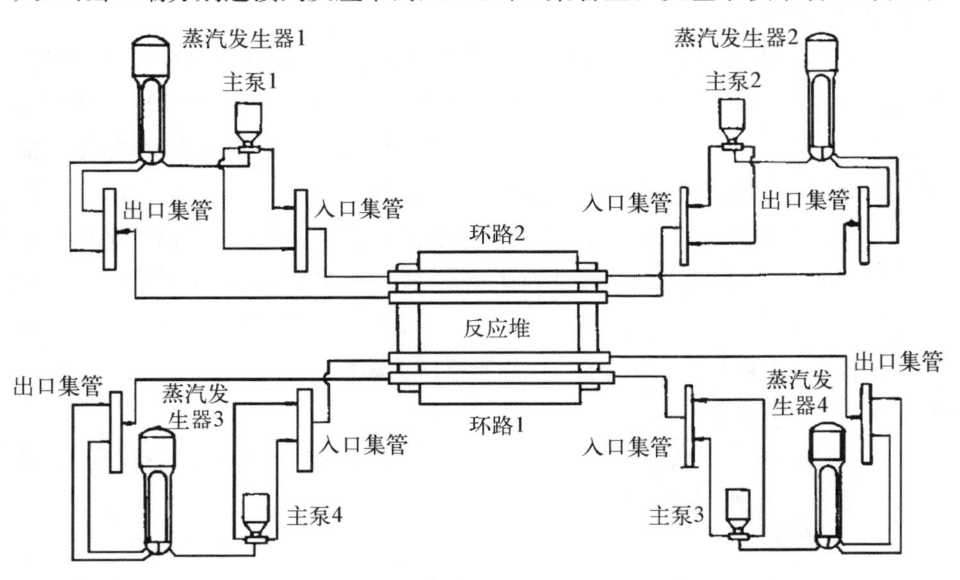

图 4 - 12　CANDU 6 核电厂主热传输系统流程

的选择是使每个通道的冷却剂流量正比于按时间平均的通道功率。因此，每个通道冷却剂的时间平均焓升大致相同。

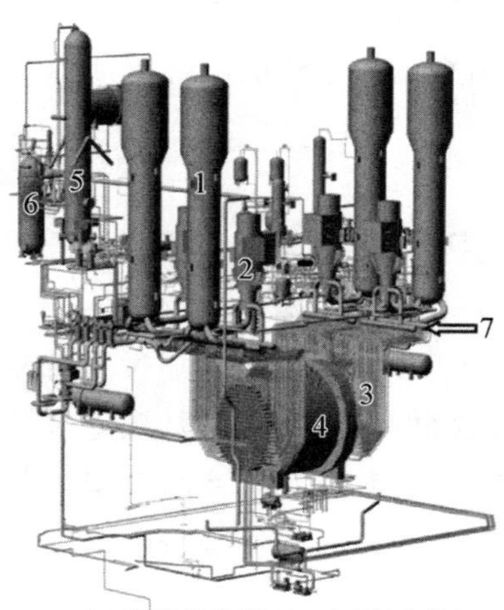

1—蒸汽发生器；2—主泵（电机）；3—主热传输支管；4—堆芯；5—稳压器；6—除气冷凝器；7—主热传输集管。

图 4-13 CANDU 堆主热传输系统设备布置图

主热传输系统布置在反应堆堆芯（热源）最低点，蒸汽发生器（热阱）在最高点，也就是说蒸汽发生器、主热传输泵和集管位于反应堆的上方，如图 4-13 所示。如果能维持蒸汽发生器二次侧的冷却，且反应堆产生足够的热量，热冷却剂与冷冷却剂将存在密度差，较轻的热冷却剂上升至蒸汽发生器，在蒸汽发生器中被冷却为冷冷却剂，其密度增加，然后向下流，在堆芯再被加热为热冷却剂，密度减小，然后再上升，有利于冷却剂产生虹吸自然循环。因此，在主热传输泵失效而事故停堆后，仍可确保燃料冷却[9]。

当反应堆功率在 1%～3%时，且主热传输系统压力和装量控制正常，自然循环能够长期冷却堆芯。这种布置也允许主热传输系统疏水到一个刚好高于集管的水位，以便对主热传输泵和蒸汽发生器进行在役检查和维修。

主热传输系统对结构材料有特殊要求，即需要限制腐蚀（如最低铬含量的限值）和减少放射性产物及传输（如材料中低的钴含量），CANDU 堆主热传输系统广泛采用具有好的可延性、相对易于焊接和在役检查的碳钢材料，尽可能采用焊接结构和波纹管密封阀将重水泄漏减到最小。

在主热传输系统冷却剂化学控制方面有两点主要要求：保持溶解氧的低浓度，以确保锆合金和碳钢低的腐蚀速率；合适的碱性，以保证可接受的低的碳钢腐蚀速率。对于二次侧，防止蒸汽发生器传热管故障非常重要，需进行二次侧的水化学控制，避免化学物质因蒸汽或给水系统泄漏而进入蒸汽发生器的二次侧。

4.2.2.2 主要设备

CANDU 堆主热传输系统所用到的主要设备，如稳压器、主热传输泵、蒸汽发生器等与压水堆的非常类似。

1）稳压器

CANDU 堆出口集管连接至一台稳压器，一台稳压器控制一回路两个环路的压力。CANDU堆稳压器与压水堆核电厂的结构完全一样，只是设计参数略有差别。其结构如图4－14所示，由容器以及附设在容器上的电加热器、波动管、喷淋器、卸压阀和安全阀等组成。稳压器是主热传输系统压力控制的主要部件。用浸没在水下的电加热器将稳压器中所储存的重水加热至相应的饱和温度，从而控制压力。在一回路系统升温时，电加热系统压力从常压升到9.99 MPa。通过卸压阀、除气冷凝器提供超压保护。

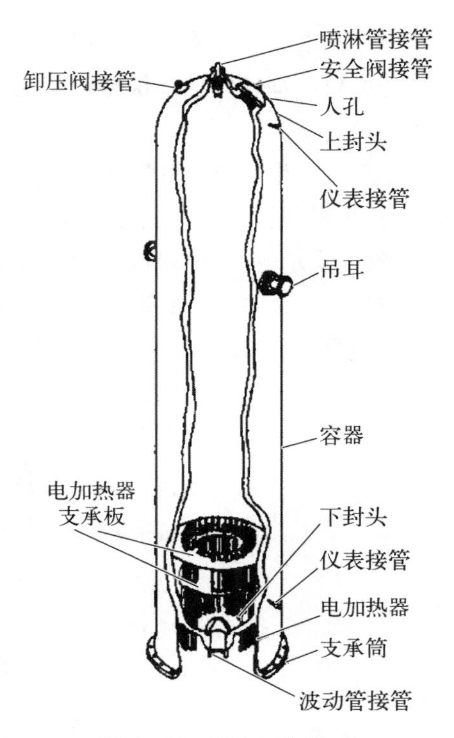

图4－14　稳压器结构

主热传输系统的运行压力是优化CANDU堆核电厂实际成本价格的关键要素之一。主热传输系统压力提高，冷却剂运行温度提高，因此提高了蒸汽压力和热效率。然而，主热传输系统压力提高必须增加压力管壁厚，这将导致燃料燃耗的损失。CANDU 6主热传输系统出口集管运行表压为9.9 MPa，代表了一个比较好的经济性综合平衡结果。为了提高全厂的经济性，减少蒸汽发生器的尺寸和重水装量，在高功率运行时，允许燃料通道出口段出现沸腾。在燃料循环末期满功率时，最大出口集管蒸汽含量为4%。

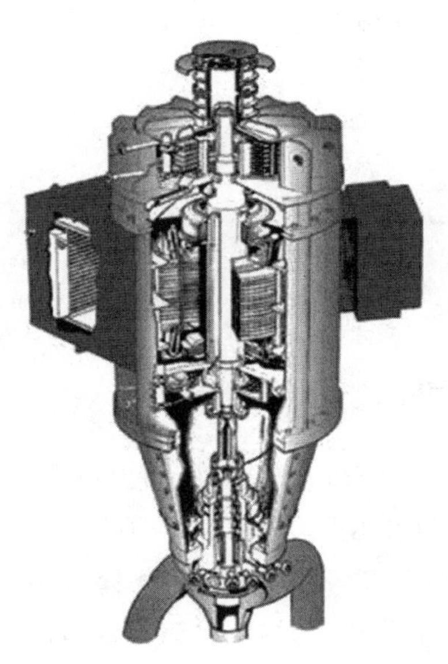
图4－15　主热传输泵结构

2）主热传输泵

CANDU堆的主热传输泵为单级、单吸入口、双出口、立式离心泵，其结构如图4－15所示。主热传输泵由立式含有密封空气水冷的鼠笼感应电机驱动，该泵的密封很重要，具有3道机械密封及1道后备密封。在电动机轴上装有飞轮，提供足够的转动惯量，可在电动机断电后延长惰转时间，使得冷却剂流量减少的速率与停堆后反应堆功率下降速率相匹配。在主热传输泵停转后，自然循环维持燃料冷却；然后，停堆冷却系统可以投入运行。

3）蒸汽发生器[10]

蒸汽发生器结构如图 4－16 所示。主要结构材料为不锈钢。一次侧包括封头、管板和管束；二次侧包括壳体、汽水分离器、管束套筒、管板、预热段隔板、管子支承等。反应堆冷却剂流经传热管内，将热量传给传热管外的二次侧并使其产生蒸汽。CANDU 堆蒸汽发生器由圆柱壳体内垂直倒 U 形管束组成，汽水分离器布置在蒸汽发生器上部的汽鼓内。

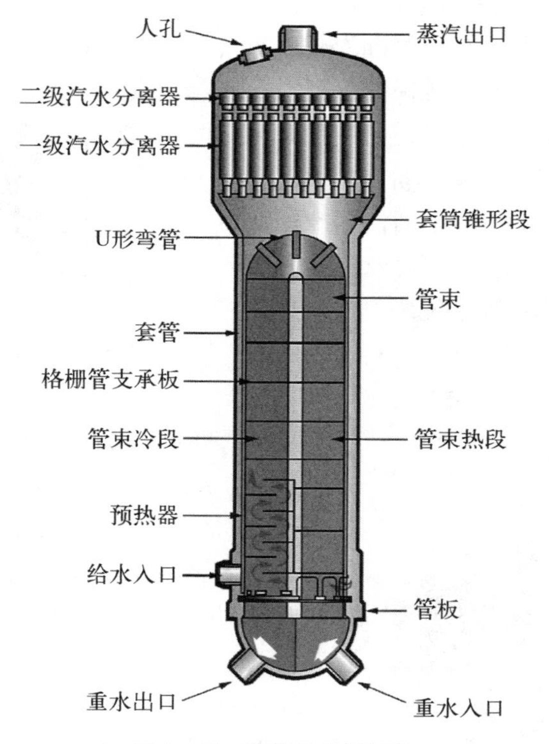

图 4－16　蒸汽发生器结构

给水进入蒸汽发生器二次侧的折流式预热器，流过 U 形管束的出口端。从预热器出来的饱和水和流过管束热段的再循环水相混合，从 U 形管束上端上升的汽水混合物通过旋风汽水分离器，将分离出来的水通过环形下降腔再循环到管束，而分离出来的湿度小于 0.25％（质量分数）的饱和蒸汽则通过出口管嘴离开蒸汽发生器。根据蒸汽发生器液位、蒸汽流量和给水流量测量值，使位于每台蒸汽发生器给水管上的给水流量控制阀将蒸汽发生器的水位控制在给定的运行限值内。高的再循环比和相对低的热流密度，再结合设计控制、材料选择和运行过程中的化学控制，确保了 CANDU 堆蒸汽发生器的长寿命和相对低的保养要求。

4.2.2.3　CANDU 堆压力和装量控制系统

压力和装量控制系统为主热传输系统提供压力与装量控制和超压保护。主要设备由稳压器、除气冷凝器、重水供给泵以及相关的控制与安全阀、仪表组成，如图 4－17 所示。主要系统功能如下。

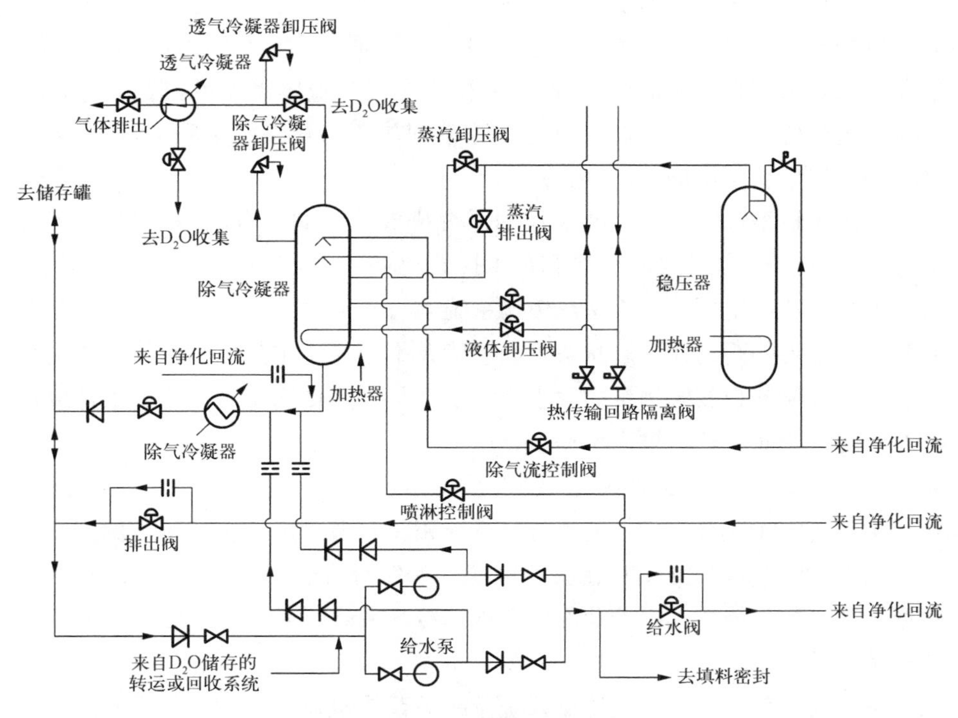

图 4－17　压力与装量控制系统流程

(1) 将主热传输系统压力控制在主热传输系统和反应堆运行模式的设计范围之内。

(2) 将主热传输系统装量控制在主热传输系统和反应堆运行的设计范围之内。

(3) 将由瞬态引起的主热传输系统压力增减限制在可接受的范围。

(4) 调节主热传输系统冷却剂在升温、启动、功率变动、停堆和冷却过程中的热胀和冷缩所引起的容积变化。

(5) 为主热传输系统冷却剂除气。

一个公用稳压器连接到两个主热传输系统环路，在通向每个环路的连接管上装有快速动作隔离阀，一旦出现失水事故信号，这些阀门立即关闭。稳压器内始终装有重水和重水蒸气，在核电厂运行期间用于减少主热传输系统的严重压力瞬态(正、负波动)。在带功率正常运行期间，主热传输系统的压力由稳压器来维持；当需要增加压力时，由位于稳压器底部的电加热元件为稳压器加入能量；当需要降压时，靠蒸汽排放阀从稳压器上部蒸汽空间排放蒸汽而释放能量。

为了维持主热传输系统的装量在给定的运行界限内，由一台 100%容量的重水供给泵给主热传输系统供水，并用重水供给阀(或重水排放阀)自动调节。装量控制的依据是稳压器液位(这个液位设定成反应堆功率的函数)，稳压器可调节主热传输系统冷却剂从热态零功率到热态满功率的膨胀量，稳压器的液位随反应堆功率增加而上升。

主热传输系统和压力与装量控制系统排放重水的所有阀门(如稳压器释放阀、主热传输系统液体释放阀和重水排放阀)都连接到除气冷凝器。除气冷凝器释放阀的设定压力高于主热传输系统运行压力，所以，连接主热传输系统到除气冷凝器的阀门在开启状态下的故障并不会导致主热传输系统重水的损失。除气冷凝器释放阀排量的大小决定了在与主热传输系统串联的液体释放阀开启时能否对主热传输系统提供超压保护。

4.2.2.4 主热传输相关系统

主热传输相关系统指借助主传热系统相关管道和设备实现特定的安全功能的系统，如应急堆芯冷却系统、停堆冷却系统等，同时配备了相应的重水收集系统和净化系统。其中涉及的应急堆芯冷却系统、停堆冷却系统、停堆系统在第 7 章予以介绍。

重水收集系统收集主热传输系统及相关系统机械设备泄漏的重水及检修前疏排的重水。收集的重水经提浓后返回主热传输系统的重水储存箱。

在主热传输系统中，热传输净化系统将放射性沉积物的积累降到最小。在热传输系统中产生的放射性物质很少。这是由于该系统所采用的结构材料受到限制(如很低的钴含量)，而且没有破损燃料在反应堆内运行(一旦燃料发生破损，可以被发现并且通过不停堆换料系统迅速将其更换掉)。冷却剂由净化系统过滤和净化。净化流由每个环路的一台主热传输泵出口引出，经过再生热交换器、冷却器、过滤器和离子交换柱冷却净化，然后经过再生热交换器返回同一台主热传输泵的吸入口进行循环。

4.2.3　二回路系统

二回路系统实现把蒸汽中的热能转换成电能的功能。主要包括主蒸汽系统、汽轮发电机组、汽轮机的给水回热系统、冷凝和给水系统等。

4.2.3.1　原理特性

反应堆厂房中的 4 台蒸汽发生器给汽轮发电机和辅助蒸汽系统提供蒸汽。蒸汽发生器出口的蒸汽压力为 4.69 MPa，蒸汽温度为 260 ℃。每台蒸汽发生器通过各自的一条主蒸汽管道将蒸汽送到位于汽轮机厂房的主蒸汽压力平衡联箱。为保证安全，在每台蒸汽发生器二次侧的主蒸汽管道上安装了安全阀、大气释放阀和隔离阀。提供给汽轮机和辅助蒸汽系统的蒸汽经过了主蒸汽压力平衡联箱，当汽轮机跳闸时，压力平衡联箱内的蒸汽被排向凝汽器。二回路流程如图 4－18 所示[11]。

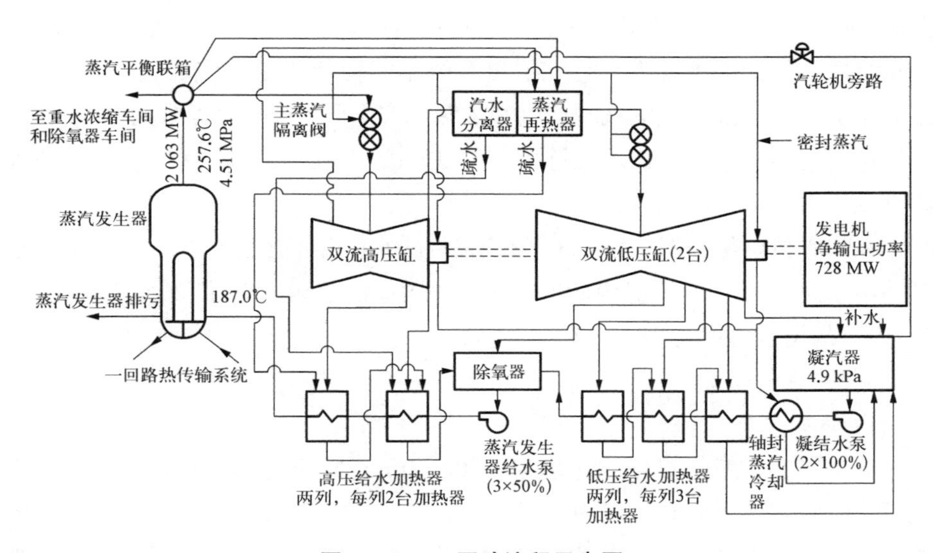

图 4－18　二回路流程示意图

从主蒸汽联箱出来的蒸汽，通过主汽阀和调节汽阀进入汽轮机高压缸，蒸汽经过在高压缸中膨胀做功后，大部分被排入 2 台汽水分离再热器进行去湿和再热，以提高循环效率。有一部分主蒸汽用于加热第二级再热器中冷的再热蒸汽。高压缸有 2 个抽汽口，第一级抽汽用于双级再热器第一级的冷再热蒸汽加热，第二级抽汽用于第六个给水加热器的给水加热。

经过去湿和再热后的再热蒸汽通过联合中间隔离阀和调节阀进入 2 个双流低压缸，每个低压缸上有 4 个抽汽口，最高压力的抽汽供给除氧器，其余三级抽汽分别供给 3 台低压加热器。在低压缸中，蒸汽经过膨胀后排入主凝汽器。除了外部汽水分离外，低压缸最后三级设计成可以将所凝结的水分除去，并通过紧接的最后一级抽汽口排出。外部汽水分离再热器中的分离器疏水排放到疏水箱，通过疏水泵把分离器疏水送入第五号高压加热器，然后与第五号高压加热器疏水混合，自流到除氧器。同样，第一级再热器和第二级再热器的疏水分别流入相应的再热器疏水箱，然后，2 台再热器疏水箱中的再热器疏水全部流入第六号高压加热器。再热器疏水在加热器中逐级自流并且蒸发，热量得到回收，剩余的部分再热器疏水最后同加热器疏水一起流入除氧器。

主凝汽器用于吸收汽轮机和其他回路排出的蒸汽热量。在正常运行期间，主凝汽器接收并冷却汽轮机的排汽；在非正常运行期间，它接收凝汽器蒸汽排放阀(汽轮机旁路阀)的旁路蒸汽。主凝汽器也接收其他各种蒸汽回路的蒸汽、疏水和排汽。当汽轮机旁通系统在运行时，主凝汽器空气抽出系统除去不凝结气体。如果主凝汽器空气抽出系统不能运行或者凝汽器失效，蒸汽发生器中的热量通过大气蒸汽释放阀和主蒸汽安全阀(MSSV)排向大气。

来自凝结水系统的供水在除氧器中去除氧气及其他不凝结气体后，进入蒸汽发生器主给水泵入口。

在汽轮机两侧布置了卧式 U 形管束带疏水冷却器的加热器。通过主给水泵将给水送到反应堆厂房内的蒸汽发生器中，正常运行时末级加热器(第六号)出口的给水温度为 187.0 ℃。

4.2.3.2 主要设备

1) 汽轮机组

秦山三期 CANDU 堆汽轮机为 1 500 r/min、冲动式、单轴串联复式、四排汽、再热机组，末级叶片长度为 1 320.8 mm(52 in)。汽轮机包括 1 台双流高压缸、2 台双流低压缸和 2 台带有二级再热器的汽水分离器。在满负荷(汽轮机连续额定功率)运行时，汽轮机高压缸调速蒸汽阀前的蒸汽压力为 4.51 MPa(绝对)，温度为 257.6 ℃。利用抽汽和新蒸汽再热高压缸排汽，再热后的蒸汽温度达到 243.5 ℃。汽轮机调速蒸汽阀的新蒸汽流量为 3 568 074 kg/h，再热器的新蒸汽流量为 150 726 kg/h。

2) 发电机

汽轮机直接驱动发电机，发电机容量为 817 MVA，端电压为 22 kV、

50 Hz。发电机为三相、旋转磁场电枢、四极。定子线圈的冷却是在定子铜导体的封闭管路内通入低导电性的循环水实现的。

定子铁芯的冷却是通过氢气流过铁芯内的径向导管来实现的。转子线圈的冷却是通过进入风道的氢气流过线圈铜导管来实现的。

发电机的主输出是通过空气冷却离相封闭母线，经升压变压器送入电网，并从封闭母线分支流到要用的变压器、励磁变压器和电压互感器柜来实现的。超速保护和仪表用的电流互感器安装在发电机出线的套管内。

汽轮发电机组的其他相关系统还包括全套的轴承润滑油系统、汽轮机调节系统、汽轮机轴封系统、汽轮发电机组监控仪表(TGSI)系统、超速保护装置、盘车装置、发电机氢气和密封油系统、定子冷却水系统、励磁冷却器、整流器和电压调节器。

4.2.4　辅助系统

辅助系统主要包括凝汽器冷却水系统、服务水系统(开式和闭式冷却水系统)、除盐水和厂内生活用水系统、仪表用空气压缩系统。

凝汽器冷却水系统为凝汽器提供冷却水，冷却介质为海水，在正常运行工况下，做循环冷却用的海水经凝汽器后最大温升限制在 9.5 ℃，循环水经过控污栅及侧面进水旋转滤网过滤，系统还安装有一套连续在线运行的凝汽器管道清洗系统。

服务水系统主要包括闭式冷却水系统、消防水系统、生活水系统、除盐水系统和应急供水系统，皆为淡水系统。

除上述外，还有其他一些为厂房服务的系统，它包括采暖、通风及空气调节(HVAC)、消防、排水和厂用压缩空气。

参考文献

[1] 仲言. 重水研究堆[M]. 北京：原子能出版社，1989.

[2] Hashimoto T, Sato Y. Impurity removal technologies of heavywater [C]. International Congress on Advances in Nuclear Power Plants, ICAPP2017, Kyoto, Japan, in Nuclear Power Safety, Proceedings.

[3] 金忆农，张儒杰. 水-硫化氢双温交换法制取重水[J]. 低温与特气，1998(3): 28-33.

[4] 杨长江，刘天才，刘兴民. 中国先进研究堆热水层热工分析[J]. 核动力工程，2006，27(5)(S2): 45-49.

[5] Pioro I L. Handbook of generation IV nuclear reactors[M]. UK: Woodhead Publishing Ltd., 2016.
[6] Cacuci D G. Handbook of nuclear engineering[M]. Berlin: Springer, 2010.
[7] 电力百科.重水堆主慢化剂系统[DB/OL].知识贝壳: https://www.zsbeike.com/index.php? m=memb&c=baike&a=content&typeid=5&id=130243,2001.
[8] 宫宏起,Hart R S.秦山三期CANDU核电厂热传输系统[J].核动力工程,1999,20(6):496-501.
[9] 蔡剑平,申森,Barkman N.秦山三期CANDU核电厂的安全系统和安全分析[J].核动力工程,1999,20(6):519-525.
[10] CANDU 6 Program Team. CANDU 6 technical summary[R]. Reactor Development Business Unit, 2005.
[11] 季琰,金王贵,何平,等.秦山三期CANDU核电厂主要辅助系统和设备[J].核动力工程,1999,20(6):514-518,537.

第 5 章
重水堆燃料系统

核燃料是核反应堆自持链式核裂变的原料。不论是研究堆还是动力堆，均设计相应的燃料系统，完成核燃料在反应堆厂址内的各项操作，燃料系统是反应堆重要的系统之一。核燃料操作包括新燃料组件的接收、储存、反应堆装卸料、乏燃料的暂存等。燃料系统的设计和运行操作必须遵循相关法规标准，进行缜密的安全分析，严格遵守技术规范和操作规程，保证临界安全、燃料安全、辐射安全和实保安全。限于篇幅，本章仅简要介绍典型重水研究堆和 CANDU 堆的燃料系统的流程、组成和基本原理。

5.1 重水研究堆燃料系统

研究堆的燃料系统是进行燃料组件(新燃料组件、损坏燃料组件、辐照后燃料组件、乏燃料组件等)的操作或存放的系统，是综合性的系统，由多个设备、场所及系统组成。不论是重水堆还是轻水堆，因每个研究堆的堆型特点、选取的工艺运输方案等而不同，不同研究堆的燃料系统差异较大，尽管如此，也存在以下共同特点。

(1) 燃料系统的设计应确保临界安全，不发生意外临界。

(2) 燃料系统的设计应确保燃料安全，防止物理损伤特别是燃料包壳的完整性。严格防止掉落等损坏燃料结构、冷却剂流道的事件发生，严防其他物体砸落在燃料上或其他磕碰的划伤。

(3) 燃料系统的设计应确保辐照过的燃料、乏燃料的充分冷却，确保即使在事故工况下乏燃料的余热能排出。

(4) 燃料系统依据技术手段、管理要求及程序确保燃料的实体保卫安全，防止未授权的人员进入储存区域，防止发生遗失、人为破坏等事件。

(5) 燃料系统中的燃料操作设备的设计应确保在相应设备失效时,正在操作的燃料能够容易地转移至安全位置。

(6) 维持新燃料组件的存储条件应避免表面污染。存储乏燃料的水池应维持水质要求,避免包壳的腐蚀等。

(7) 燃料系统应进行日常维护、保养、定期试验,确保功能的可靠性。

(8) 相关操作、存储应满足辐射防护要求,以保护工作人员免受超剂量照射。

(9) 燃料系统的操作人员应经过充分的培训。

(10) 应根据法规标准、设计和调试经验制订相应的管理程序和操作程序,严格按照批准的程序进行操作。

本节以中国先进研究堆和101堆为例,简述其燃料系统的组成和原理。

5.1.1 中国先进研究堆燃料系统

下面从燃料工艺操作流程、燃料储存及转运设施两个方面介绍中国先进研究堆燃料系统。

5.1.1.1 中国先进研究堆燃料工艺操作流程

中国先进研究堆燃料系统涉及新燃料组件、堆内组件及出堆乏燃料组件等几个部分的工艺,其工艺流程如图5-1所示。

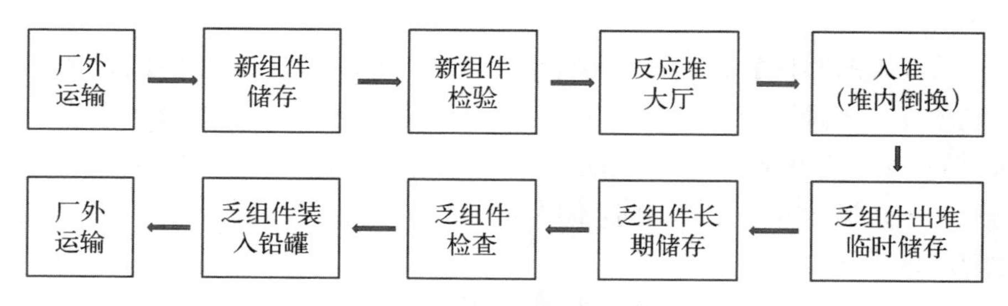

图5-1 中国先进研究堆燃料工艺操作流程

中国先进研究堆燃料工艺操作流程如下。

(1) 燃料生产厂生产的中国先进研究堆新燃料组件运到营运单位后,存放入专门的核材料库内。

(2) 近期需要使用的新燃料组件由专用运输车运至反应堆厂房指定位置后,转换到新燃料运输推车上,由人工推运,运至燃料组件小室暂存。

(3) 在燃料组件小室打开新燃料容器,对新燃料组件做入堆前最后检查,检查合格的新燃料组件放置于新燃料组件推车的格架中，由人工推运新燃料组件推车到水池围堰边。

(4) 用装卸料机配合长杆抓具 A 先将新燃料组件放入水池储存格架中。

(5) 装卸料机再更换长杆抓具 B 将新燃料组件从储存格架转运到堆芯指定格架中，完成新燃料入堆。

(6) 达到一定燃耗后，需要进行换料。打开导流箱小盖板，装卸料机挂载专用工具抓取指定位置的燃料组件从堆芯格架吊出，经导流箱顶口提出后，再下降，插入堆水池乏燃料暂存格架。

(7) 乏燃料组件在堆水池储存一段时间以后，利用装卸料机转运至乏燃料储存水池格架长期储存。

(8) 乏燃料组件湿法储存一定年限后再转到乏燃料储存室进行干法储存。具体操作是利用装卸料机配合长杆抓具将乏燃料组件放在承载器中，操作转运小室提升装置，利用斜滑道将承载器内的乏燃料组件运送到热室，利用乏燃料转运舱将乏燃料组件由热室运输到乏燃料储存室进行干法储存。

(9) 储存至一定年限后，乏燃料组件装入运输容器，外运至特定地点储存或后处理。

5.1.1.2　中国先进研究堆燃料工艺操作硬件

1) 新燃料组件储运

中国先进研究堆新燃料组件储运包括核材料库储存及新燃料装入堆芯前的储运。中国先进研究堆的新燃料组件储存在专用核材料库内，该库房受到严格统一的管理。核材料库房内设置新燃料储存格架，新燃料组件被安放于新燃料容器中，新燃料容器再放置于储存格架上。

近期需要使用的新燃料组件运至反应堆厂房内的燃料组件小室暂存。燃料组件小室为独立房间，设置专门的储存格架，采用“双人双锁”，房间内无水源和水池，不存在其他中子慢化材料等。燃料组件小室设置检查台，功能为检查新燃料组件的外观和几何尺寸。

2) 装卸料机

新燃料组件推车到达水池围堰边，需要用到装卸料机[1]和长杆抓具先将新燃料组件放入储存水池格架中。

装卸料机是中国先进研究堆工艺运输系统的关键设备，是机械电气与数字化仪控技术相互融合的又一例证。装卸料机在反应堆厂房内堆水池和乏燃料水池上方运行，其轨道安装在堆水池顶部两侧围堰上，如图 5－2 所示。装卸料机执行机构能够完成三向运动，配备多种抓具完成燃料组件、单晶硅吊篮、同位素吊篮在不同工位的装卸、转运任务。燃料组件装卸转运采用多种长度的双工位长杆抓具，操作人员在装卸料机平台上操作。

图 5－2　中国先进研究堆装卸料机现场

中国先进研究堆装卸料机主要由以下几部分组成：大车、燃料组件小车（含主吊钩提升机构）、2 套单晶硅抓具小车、同位素抓具小车、抓具屏蔽套筒、监控装置小车、堆芯定位系统、位置确认系统、大车偏斜检测系统、动力供应系统、控制系统、长杆抓具等。装卸料机的结构如图 5－3 所示。

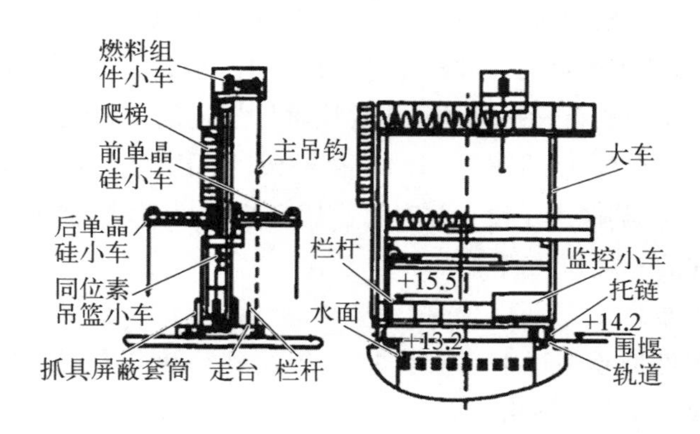

图 5－3　中国先进研究堆装卸料机示意图

(1) 大车：机架主体，驱动整机沿堆水池顶部两侧围堰轨道(X 向)移动并定位。

(2) 燃料抓具小车：沿大车横梁(Y 向)移动和定位、主吊钩吊挂燃料抓具后，完成垂直(Z 向)升降并对运行参数进行检测，具有防单一故障结构。

(3) 双工位长杆抓具：悬挂在主吊钩上，操作人员站在装卸料机平台的固定标高上，完成不同标高抓取工位与存放工位的抓取与释放操作。

(4) 监控装置小车：驱动主控制台 Y 向移动。

(5) 水池检修平台：为水池以上提供升降检修平台。

(6) 定位系统：在 X 向和 Y 向用编码器对目标点坐标进行测量定位。

(7) 位置确认系统：在大车轨道一侧及大车机架设有标记刻线和编号，分别用于对大车、燃料抓具小车位置进行确认。

(8) 压缩空气系统：为气动抓具提供动力。

(9) 操控系统：电气控制、联锁、报警及监视。

中国先进研究堆装卸料机具有如下特点。

(1) 功能多，基于中国先进研究堆多功能的要求，中国先进研究堆装卸料机操作对象包括标准燃料组件、吸收体、跟随体组件、单晶硅吊篮、同位素吊篮和辐照样品等。

(2) 接口多，服务与接口设备包括各类抓(工)具、堆芯格架、乏燃料储存格架、燃料组件承载器、控制棒导向筒、围堰外新燃料推车、辐照孔道、水下转运车。

(3) 操作覆盖堆水池和储存水池并需跨过围堰从围堰外转运物项，操作范围大。

(4) 对 800 多个坐标点进行了精确定位。

(5) 配备必要的行程测量、速度测量、载荷测量、机械限位等，依靠测量结果进行运行、联锁、报警等处理。

(6) 配备了足够的水上和水下摄像机辅助操作人员对现场进行判断。

(7) 设本地操控系统和远程操控系统两个控制台。

(8) 基于上述特点，中国先进研究堆装卸料机充分利用数字化控制系统，提供了友好的人机界面，保证燃料组件操作功能的实现和操作安全的实现。

3) 水池燃料储存格架

水池燃料储存格架包括两部分，一部分在堆水池池边，储存格架数量较少，用于换料时新燃料组件的存放，也用于乏燃料组件在堆水池暂存，以利于短寿命放射性核素的衰变，储存时间为半年到一年或更长时间，之后再运往乏燃料水池储存。另一部分为乏燃料水池的乏燃料储存格架，其容量满足反应堆运行10年所产生的乏燃料的储存。乏燃料水池和堆水池通过闸门连通，并配备专门的净化系统。

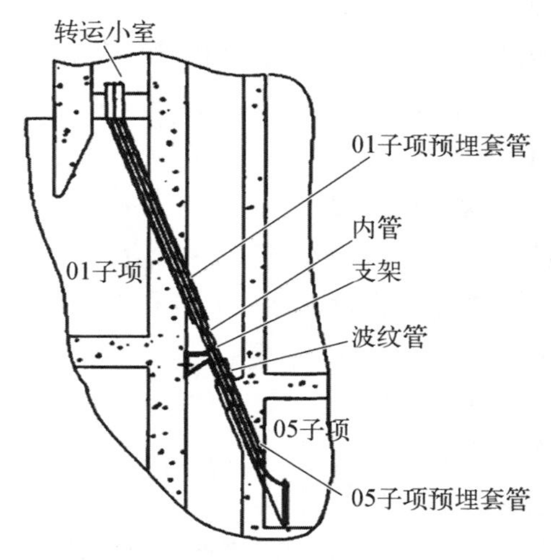

图5-4 中国先进研究堆转运小室及斜孔道示意图

4) 转运小室

转运小室是连接乏燃料水池和热室的通道，包括斜滑道、斜孔道、承载器的提升、下降装置，如图5-4所示。其中斜孔道横跨01、05子项两个厂房，其设计既要保证厂房的密封，又要考虑在地震工况下2个厂房间产生相对位移时不致对斜孔道造成破坏。

乏燃料组件由承载器运输，转运小室内提升装置完成承载器在斜滑道、斜孔道中的提升、下放操作。实现乏燃料组件从乏燃料水池到热室的转运。

5) 热室

中国先进研究堆热室是进行强放射性操作的房间(见图5-5)，铺设不锈钢衬里，整体具有很好的屏蔽功能。热室内部配有检查台架、铣床、吊车等基础设备，工作人员只需在热室房间外通过机械手及可直视的铅玻璃(有屏蔽γ射线功能)窗口或监控摄像，就可完成燃料组件、各类靶件的远距离检查、解体等工作。

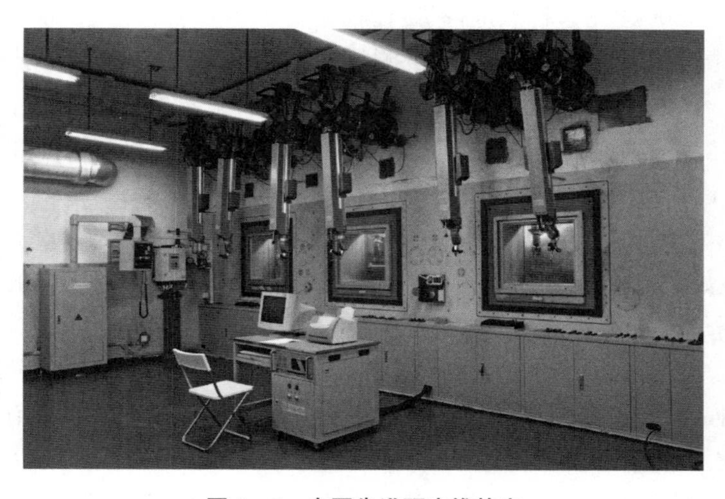

图5-5 中国先进研究堆热室

热室顶部开有带闸门的转运通孔，便于连接各类屏蔽容器，完成燃料组件或靶件的转运。

6）干法乏燃料储存室

干法乏燃料储存室是乏燃料储存水池的补充，乏燃料在储存水池湿法储存 10 年，其衰变热和放射性已大大降低，即可转入干法乏燃料储存室，在此，通过对储存筒进行通风即可满足乏燃料衰变热导出的要求。通过此设置可扩充中国先进研究堆现场乏燃料暂存能力，减少乏燃料储存水池的建设规模，从而节省乏燃料暂存的建设投资和运行成本。

乏燃料储存室的功能是屏蔽包容乏燃料组件。设置乏燃料干储格架，将乏燃料储存室分为若干组合的固定单元，每个单元可屏蔽、包容乏燃料组件。乏燃料储存室的结构具有防止极限地震载荷破坏的能力，能够保证储存室内物项不受地震的影响。储存室采用通风散热和换气措施，满足乏燃料组件的冷却要求。室内设置良好排水装置和设施，保证乏燃料组件不被水淹。乏燃料干储格架设计时留有足够的间隙，端部有光滑导向锥口，且组件顶部远低于格架管口，燃料底座与格架支撑的间隙适当，燃料抓具也采取相应措施，防止燃料与格架碰撞。另外，格架上留有通风冷却循环的通道，保证储存组件的冷却。格架固定在储存室地面，每个格架储存单元对应一个装卸密封孔道，使乏燃料组件顺畅地插入和取出储存室及干储格架，并且乏燃料组件不能插到格架其他位置。

中国先进研究堆干法乏燃料储存室位于 05 子项内，室体顶部布置钢筋混凝土井字梁，每个网格内安装一组储存筒，每组储存筒包括 21 个储存管，储存管用屏蔽塞封盖，储存筒上方设密封盖板。储存管上下开孔，通风气流沿储存管下部穿过燃料板缝隙向上流动，带走乏燃料元件的释热。排风经过滤后排入烟囱，大气排放。

5.1.2　101 堆燃料系统

101 堆燃料系统与中国先进研究堆燃料系统要素基本类似[2]，不过，由于建造年代比较早，反应堆的结构差异较大，因此，两者的燃料系统结构、工艺流程差异也很大。

1）燃料操作工艺流程

（1）新燃料组件入堆工艺流程：新燃料组件从燃料生产厂运至营运单位的专用核材料库，经验收后储存。根据反应堆装料或部分换料需要量及预定日期,从核材料库领取所需数量新燃料组件运到反应堆厂房内燃料组件暂存间,燃料组件在装入工艺管前在燃料组件复检间进行清洗与检查。新工艺管从制造厂运到营运单位厂区库房,经验收后储存。在需要使用时从库房领取所需数量的工艺管,在反应堆大厅内进行清洗检验。经清洗复验的燃料组件和工艺管在反应堆大厅装配平台上装配完毕,然后把装有燃料组件的工艺管装入防尘保护套内,并用反应堆大厅吊车小钩将其运到吊挂平台处临时存放,以待入堆。在停堆状态下,就地操作反应堆大厅吊车将新燃料组件——工艺管经堆小室按预定栅格位置放入堆芯。

在换料操作过程中,应将反应堆保护系统投入工作,两根安全棒提到顶,或事先在垂直实验孔道内装一定数量的强吸收体,保证反应堆有足够的停堆深度。

(2) 乏燃料组件出堆工艺流程:在停堆状态下,利用反应堆大厅吊车将反应堆顶部圆形水箱和条形水箱吊走。由于乏燃料组件具有强放射性,在乏燃料组件出堆前必须保证所有人员撤离反应堆大厅,操作人员在反应堆大厅外通过远距离操作,将换料方案确定的乏燃料组件——工艺管从堆芯吊出(活性段仍处于堆小室内),经位于混凝土防护层内的垂直导管(0 号孔道)下放进入接收室,燃料组件——工艺管插入挂在水道运输小车上的保存套管内。

必须注意的是,101 堆换料方式是比较特殊和少见的!乏燃料组件出堆后直接暴露在空气中,失去了水的冷却。这存在两个主要问题:① 没有了水的冷却,燃料芯块和包壳的温度都将升高,因此,要严格控制换料的条件,首先,从停堆到换料的时间足够长,使得燃料的衰变热下降到足够小,其次,严格控制燃料组件在空气中的停留时间;② 乏燃料组件进入空气,失去了屏蔽,周围的辐射水平将极大地升高,因此,换料期间的管理要严格,首先,在乏燃料组件出堆前,确保所有人员撤离反应堆大厅,其次,严格控制工艺管提出堆芯的高度,确保乏燃料组件整体仍在堆小室内,环形水箱仍可以起到有效的屏蔽作用,可大大降低反应堆大厅的辐射水平,再次,加强换料期间的辐射监测,确保万无一失。从 101 堆的运行经验来看,虽然换料方式特殊,难度大、风险高,但是,从未发生过异常事件,实践证明该堆的换料方案、操作人员技术水平和管理都是合格的,风险是可控的。

(3) 乏燃料组件储存工艺流程:乏燃料组件放入保存套管后,操作人员手动推着运输小车将接收乏燃料组件的保存套管经过水下运输通道运到保存水池。根据保存水池乏燃料组件装载的实际状态,选择相应的水池及存放单元,将保存套管顶部的吊梁挂在储存架上，并做记录，然后盖上保存水池顶部盖板，于是乏燃料组件就在保存水池暂存。

2) 101 堆燃料系统设施

(1) 核材料库与燃料组件暂存间：核材料库统一集中储存营运单位的核材料，包括研究堆燃料组件。为防止水淹，库内没有水源。101 堆燃料组件按出厂原包装木箱放置在钢制货架上。每箱装两根燃料组件，8 箱一排，货架间距及排间距均大于 400 mm。根据临界安全计算，当燃料组件间距为 100 mm 时，在浸水情况下有效增殖因子 $k_{eff}<0.7$，因此，新燃料组件储存可保证临界安全。

反应堆厂房内设置燃料组件暂存间，用于暂存从核材料库领取的、准备入堆的新燃料组件。

(2) 工艺管库房：反应堆厂房内设置工艺管库房，用于储存新工艺管。该库房比较简单，只有一个或者若干个货架，把工艺管码放整齐。不过，由于采用横卧的方式码放，工艺管的支撑方式很重要，必须采用平板或多点支撑方式，避免工艺管产生弯曲变形，同时，工艺管必须有包装盒或保护套，以免表面划伤或磕碰。另外，根据辐照或实验的需要，还有可能存放其他不同规格的铝管或铝棒。

(3) 吊挂平台：吊挂平台在反应堆大厅西侧的平台上，用于悬挂已装入新燃料组件的工艺管，等待入堆。该平台还可用于悬挂操作工具、辐照装置等，还可临时悬挂换料期间从堆芯卸出的节流塞，由于节流塞在堆芯强中子辐射场中并与重水接触，具有较强的放射性并沾有重水，因此，必须套上塑料袋以避免重水损失和污染扩散，并加强管理，避免人员靠近，以确保安全。

(4) 堆顶水箱与对中设备：堆顶水箱由 8 个独立的单元组成。堆小室四周是 4 个环形水箱。在靠近保存水池的环形水箱，有宽 260 mm 的导向槽，其末端下方有直径为 229 mm 的垂直孔道(0 号孔道)与接收室相连。在堆小室上方有 2 个扇形水箱，依台阶坐落在环形水箱上。通往保存水池方向，有宽为 260 mm 的导向槽，与环形水箱的导向槽相连，用作乏燃料组件运输通道。除了换料之外，导向槽用条形水箱盖住。在由 2 个扇形水箱形成的中央圆孔处设置圆形水箱，也是依台阶坐落在扇形水箱上。在换料前，将条形水箱和圆形水箱吊起，为换料准备操作空间和乏燃料组件运输通道，依靠环形水箱和扇形水箱提供屏蔽。

经过总结多年的经验，101 堆运行人员发明了一种将工艺管与 0 号孔道对中的简单、有效的方法。为了将工艺管与 0 号孔道准确对中，采用标杆反射定位法。工艺管吊运前，先将大厅吊车移动到 0 号孔道上方，使吊钩对准 0 号孔道中心，并在吊钩两侧各放一根标杆，使标杆和吊钩处在一条直线上。在标杆旁放置一面或两面镜子，调整镜子位置和角度，直到操作人员在反应堆大厅外的铅玻璃窥视窗观测到两根标杆与吊钩在镜子中重合，即说明工艺管与 0 号孔道已经对中。

(5) 堆小室：堆顶水箱 8 个独立单元在堆顶形成直径为 5.6 m、高为 2.2 m 的空间，即堆小室。堆小室是放射性操作的重要场所，也是换料操作的重要场所。堆小室设置了悬臂吊车和转运吊车，可以远距离控制，也可以就地控制，也设置了通风、照明、远距离监控系统的多个耐辐照摄像头和辐射监测等系统。

(6) 大厅吊车：大厅吊车属于桥式吊车，承担反应堆大厅与地下室的全部吊运工作。吊车由行走机构和起重机构两部分组成。行走机构由跨桥、载重小车及其驱动装置组成。起重机构由主起重机构(配有主钩)、副起重机构(配有副钩)以及固定式电动葫芦(配有小钩)三部分组成。

跨桥的滚轮放在反应堆大厅两侧的两根钢轨上，沿着反应堆大厅纵向行走。载重小车的滚轮放在跨桥的两根钢轨上，沿着跨桥(即反应堆大厅横向)行走。

起重机构安装在载重小车上。主钩、副钩以及小钩分别由独立的起重装置驱动。主钩、副钩和小钩的起重能力分别为 20 t、5 t 和 100 kg。小钩主要用于工艺管和垂直实验孔道的吊装、运输。

(7) 接收室：接收室位于反应堆本体靠近保存水池的混凝土防护层中，垂直方向经 0 号孔道与堆小室相连，水平方向经水下运输通道与保存水池相连。接收室是强放操作场所，也是强放运输的中转站，包括乏燃料组件、同位素辐照罐、单晶硅辐照罐、辐照装置等。

(8) 保存套管：保存套管用来保存乏燃料组件及工艺管。保存套管由两段不锈钢管组焊而成。上段管为 ϕ105 mm×5 mm，其中装有不锈钢衬套，使工艺管在套管中处于自由悬垂状态，即使在吊运、暂存过程中发生意外时也不会损伤燃料组件。下段管为 ϕ76 mm×5 mm，装有去离子水，用于冷却燃料组件，并起防护作用，水防护层厚度不小于 3 m。保存套管下端焊有长 326 mm、外径为 102 mm 的碳钢套管，以增加保存套管的重量使其重心下移，避免保存套管在水中漂浮。由于碳钢套管外径与上段管外径接近，即使在意外情况下发生群体堆积，也可保证工艺管之间有一定的距离，以保证临界安全。保存套管的入口处装有可转动的悬梁及密封盖，避免水蒸发及保证水质，避免破损元件的放射性气体外逸。

(9) 运输通道与保存水池：保存水池位于反应堆大厅的西侧，由 4 个水池组成，共设置 293 个储存位置。水池深为 6.5 m，充水极限深度为 5.895 m，总容量为 240 m^3。每个水池由悬梁分成若干存放单元，存放单元布置在水池两侧，中央有 195 mm 宽的运输通道。每个存放单元设两排储存架，架间距为 180 mm。每个水池的入口处与水下运输通道相连，运输通道一直延伸到反应堆接收室，运输通道宽为 200 mm，在水池入口装有两道密封闸门，可以将各水池隔绝起来。4 号水池里安装一台水下切割机，用于切割工艺管，取出燃料组件。4 号水池的底部还有一个孔道，直径为 320 mm、深为 3 m，可以把工艺管插入该孔道，直接将乏燃料组件从工艺管中取出。保存水池顶部还有盖板，在没有操作的时候，保存水池顶部都盖着盖板，以减少水蒸发，并避免杂物、尘土进入保存水池。

(10) 运输容器与吊篮：101 堆乏燃料组件外运使用的运输容器是 RY-Ⅰ型乏燃料运输容器。在 101 堆陶瓷二氧化铀乏燃料组件第一次外运时，首次研究、设计、制造了 RY-Ⅰ型运输容器。同时，RY-Ⅰ型乏燃料运输容器适用于其他研究堆的乏燃料运输，只要改变吊篮的设计即可。

RY-Ⅰ型乏燃料运输容器是圆柱形铅屏蔽容器，属于立式、干法运输。容器最大外径为 1 116 mm，高为 2 390 mm，内腔直径为 260 mm，高为 1 525 mm，质量为 5 t。容器外表面不设散热片。容器由本体、端盖、吊篮和减震器组成。容器本体有三层不锈钢筒，内筒和中筒之间灌铅，作为 γ 射线屏蔽层。在中筒和外筒之间设置硅酸铝耐火纤维针刺毯。在容器本体上端有端盖。内腔用于放置吊篮，其容量是 12 个 101 堆的乏燃料组件。在容器两端各安装一个减震器，它是用泡桐木外包不锈钢板制成的，用于在运输途中保护容器免受损伤。容器外表面还有安装、固定和吊装的结构。

吊篮是直接承载乏燃料组件的结构。吊篮由 12 根管、底座和两层定位格架组成，材料均为不锈钢，管子与底座、定位格架焊接连接。底座与 RY-Ⅰ型乏燃料运输容器底部结构配合，确保吊篮的定位与固定。吊篮的这种设计，使得乏燃料组件装入和卸出运输容器的操作以及储存变得简单、方便、灵活，既安全可靠，又适应性好，而且成本低。

5.2 CANDU 堆燃料系统

相对于其他反应堆,CANDU 堆燃料组件的结构简单,使其在乏燃料操作、储存和处置方面存在很多优势,在相关活动中对公众、环境提供了高水平的保护,不论是 CANDU 堆乏燃料短期的水池储存还是中期的干法储存,在成本上相比其他堆型具有优势。

CANDU 堆燃料系统(refueling system of HWR)[3]是实现新燃料运入、储存,反应堆的装换料,以及乏燃料储存等操作所需设施和装备的组合。整个燃料装卸系统包括新燃料储存和转运、装卸料,以及乏燃料的储存和转运,如图 5-6 所示。

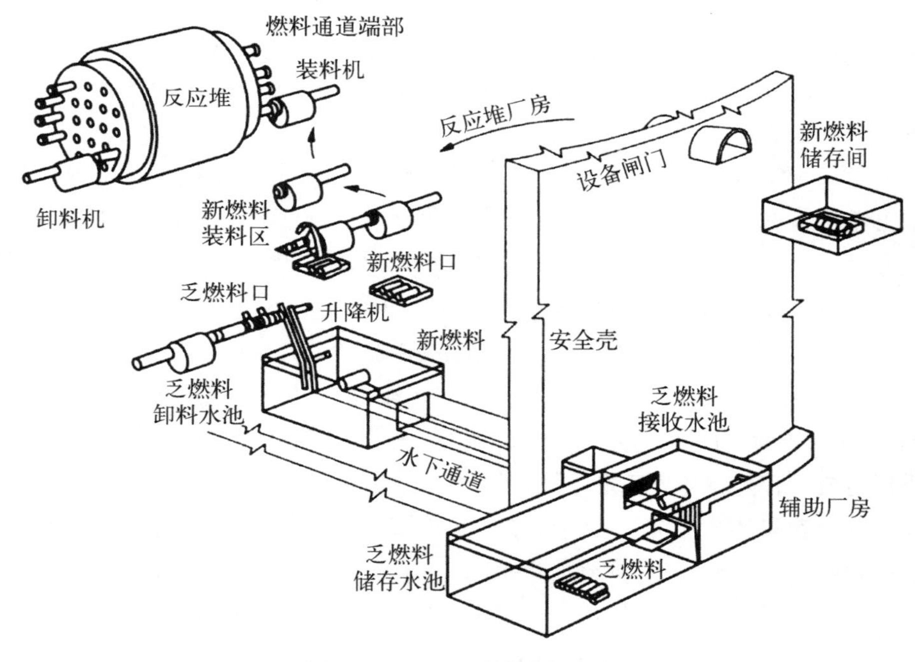

图 5-6　CANDU 堆燃料系统

CANDU 堆燃料系统的任务包括新燃料储存和转运,燃料更换,以及乏燃料的转运和储存。新燃料储存间、乏燃料接收池和储存池、装卸料机去污间和检修间以及与本系统有关的主控室都坐落在辅助厂房内;而燃料装卸系统的其他部分都在反应堆厂房内。燃料系统运行主要由计算机远距离自动控制,仅仅在新燃料装入传送机构时或者系统有关部件维修时，才需要工作人员进入反应堆厂房。由于乏燃料包含强放射性物质，整个系统采用生物屏蔽和排风控制，以确保工作人员受到的辐照剂量在规定范围之内[3-5]。

为燃料操作配置的电气仪表控制系统包括用于执行由电厂控制计算机或操作员发出的指令，并反馈信息的现场装置、控制设备、控制计算机及与燃料装卸系统的接口。燃料操作控制系统的控制方式分为四类：自动连续运行、自动步进、半自动和手动。燃料操作的保护系统用于防止设备的重大损坏，保护工作人员、环境和燃料的安全，保护系统的逻辑是独立于计算机的，并与它分开。保护系统的各种联锁能用手动开关旁通，但其钥匙是由专人保管的。

下面将重点介绍 CANDU 堆的新燃料传输系统、装卸料机系统、乏燃料传输和储存系统、乏燃料干式储存设施。

5.2.1　新燃料传输系统

新燃料的接受、储存、检验和传送由新燃料传输系统完成。该系统由 2 台新燃料传输机构及空气平衡吊等主要设备组成，其功能是通过空气平衡吊将新燃料棒束手动装载入新燃料传输机构的料仓内，然后新燃料传输机构料仓内的新燃料棒束通过新燃料通道自动地装载到装卸料机料仓中。新燃料传输系统的设计寿命为 40 年。新燃料传输机构如图 5 - 7、图 5 - 8 所示，它由一个完全封闭的料仓、一根传输杆及其驱动机构、一个气闸阀、一根燃料装载杆和装载槽、一个新燃料通道、一个连接新燃料料仓和新燃料通道的适配器部件组成。

图 5 - 7　CANDU 新燃料传输机外形

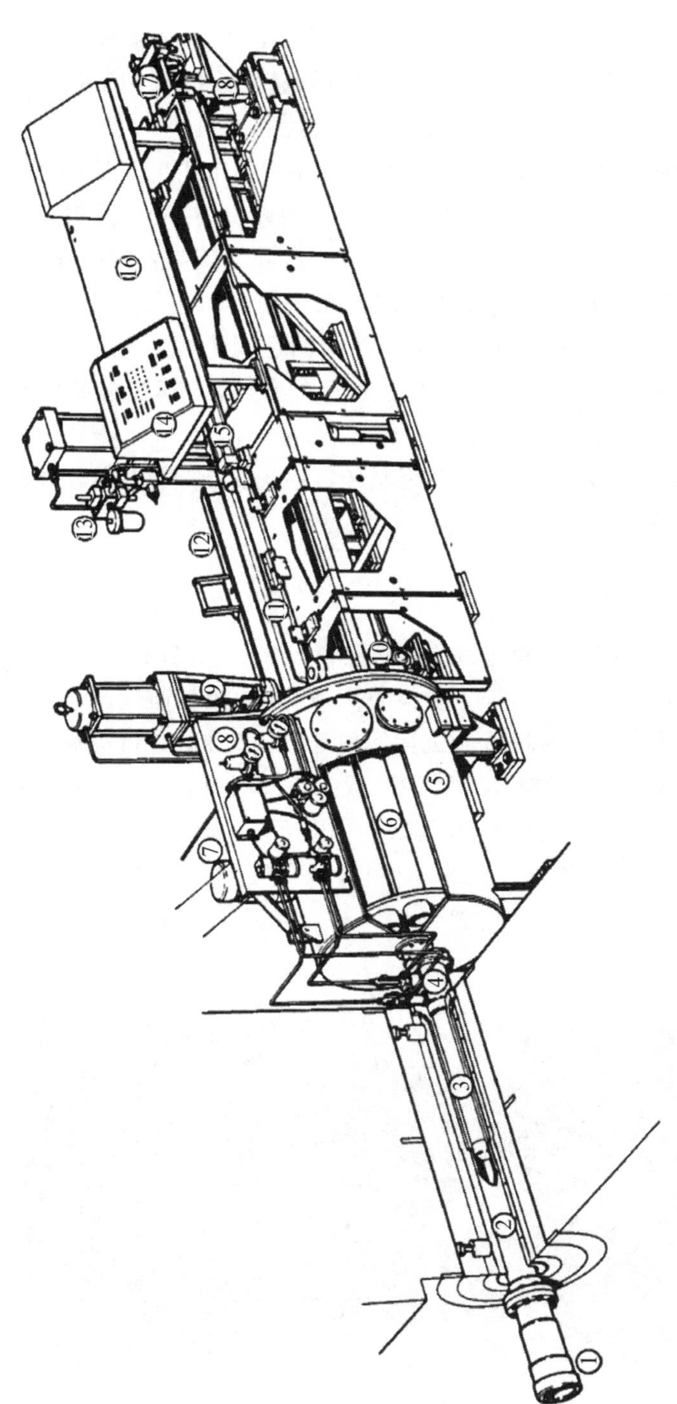

1—端部接头;2—燃料通道;3—屏蔽塞;4—燃料舱适配器;5—燃料舱壳;6—燃料舱;7—燃料舱驱动电机;8—空气系统面板;9—气闸阀门;10—转运活塞驱动;11—装料槽;12—装料槽盖;13—空气/油部件;14—控制面板;15—装料活塞;16—棒束检查台;17—转运活塞;18—转运活塞支撑。

图5-8 新燃料传输机结构示意图

新燃料储存间足够储存核电厂运行9个月所需的新燃料装量加上初装燃料的临时存放。反应堆A侧和C侧共两套新燃料传送机构位于反应堆厂房新燃料传送间，它邻近反应堆腔室，并在两个装卸料机维修区之间。两台新燃料传送机构分别与各自的新燃料口相连接。通过在空气平衡吊上的燃料棒束提升工具将两个新燃料棒束提起。通过一个量规检查燃料棒束，检查合格的两个新燃料棒束装入燃料装载槽中，将槽盖盖上，通过燃料装载杆的油/气驱动杆将燃料棒束推入新燃料料仓。接着新燃料料仓转到下一个燃料通道的位置，这样可以装入第二对燃料棒束。重复这个过程直到新燃料料仓装入所需的燃料棒束数，一般为8根。接着，通过电机驱动的传输杆将燃料棒束从新燃料料仓传输到装料机的料仓。

气闸阀安装在新燃料料仓和装载槽之间，在燃料棒束未装入料仓的任何时候起到密封料仓的作用，可防止任何污染物从装卸料机、装卸料机维修区或反应堆端面厂房进入新燃料传输房间。为了进一步防止污染物扩散进入新燃料传输房间，任何时候均通过一个与蒸汽回收系统连接的管道维持新燃料料仓的负压状态。

在装卸料机连接到新燃料口后，新燃料传送机构料仓旋转到屏蔽塞工位，它的传送推杆将新燃料口内的屏蔽塞取出，并装入新燃料传送机料仓内。接着，装卸料机料仓旋转到空工位，而新燃料传送机构料仓旋转到满工位。然后，传送推杆将两个新燃料棒束装入装卸料机料仓内。这个过程再重复三次，直到8个新燃料棒束都装入装卸料机料仓内为止。

5.2.2 装卸料机系统

CANDU堆的燃料棒束短小简单，燃料通道及压力管又水平布置，燃料棒束可水平移动，因此，给不停堆换料的实现创造了条件。带功率不停堆换料由装卸料机系统完成，在换料的时候，两台装卸料机分别与一个通道的两端对接；在装卸料机把两端的密封塞取下放好之后，事先装在燃料仓中的新燃料棒束就一个一个被推入燃料通道，顺着冷却剂流动方向进入堆芯；同时，另外一端的装卸料机则将卸下来的乏燃料棒束接收入燃料仓。也就是说，换料时两台装卸料机需在高温、高压下与反应堆燃料通道相衔接。可见，CANDU堆的装卸料机系统技术难度大，结构复杂，是CANDU堆的关键和核心技术(见图5-9)[3-5]。

下面介绍装卸料机系统的功能、组成和换料步骤，尤其是装卸料机的基本构造、性能和运行特征。

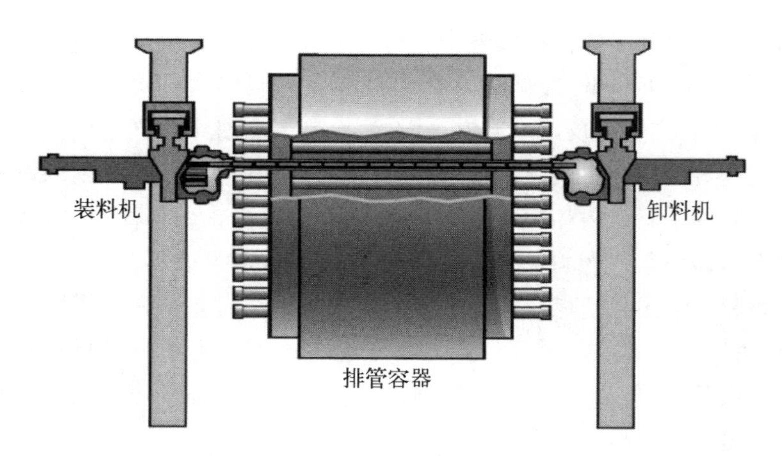

图 5-9 CANDU 堆不停堆换料示意图

5.2.2.1 装卸料机系统的功能

装卸料机系统的功能是从新燃料通道接受新燃料棒束，并将它们装入反应堆燃料通道内，以及从反应堆接受乏燃料棒束，并通过乏燃料通道将它们卸入卸料水池内。具体如下。

(1) 从新燃料通道取出新燃料并且移动到反应堆端面选定的通道。

(2) 在装卸料机抱卡并打开燃料通道的整个时间内，保证热传输系统的完整性。

(3) 通道上游装入新燃料，在下游末端接收乏燃料，保持装卸料料仓的压力略高于热传输系统的压力。

(4) 装卸料机从端部解除抱卡前，保证密封塞的密封性。

(5) 在保证连续燃料冷却情况下，将乏燃料从反应堆转运到乏燃料孔道。

(6) 从反应堆卸出乏燃料送到乏燃料孔道，在装卸料机内的重水下降至堰坝液位，控制乏燃料在空气中停留的时间。

(7) 完成各种专门操作，如完全排空燃料通道以便于检查，借助燃料抓取工具将燃料从通道移走，安装活塞停止主系统流量等。

(8) 基于对每个燃料通道中的燃料运行性能的监测结果，一旦发现破损，及时将破损的燃料更换掉，以避免裂变产物的进一步扩散。

(9) 对于个别 CANDU 堆可能通过燃料通道生产放射性同位素，如^{99}Mo 等，可以根据该同位素辐照靶件的辐照时间要求，及时卸出辐照靶件。

5.2.2.2 装卸料机系统的基本组成

装卸料机系统由装卸料机，以及重水系统、油压系统和电控系统等组成。

1）装卸料机

装卸料机[5]是装卸料机系统的关键设备。每座反应堆各有两台相同的装卸料机，执行装新燃料的装卸料机称为装料机，执行接受乏燃料的装卸料机称为卸料机。它们通常一起工作，装料机和卸料机分别位于选定的同一燃料通道两侧，并分别与这个燃料通道的两端相连接。

装卸料机外形由装卸料机头、托架、行车和桥架等组成，如图5－10所示。装卸料机头支撑在托架上，托架悬挂在行车上。当装卸料机头在反应堆面工作时，行车悬挂在桥架的导轨上。当装卸料机头在维修区工作时，行车悬挂在维修区的导轨上。装卸料机桥架能上下移动，而行车能沿两个水平方向移动并能在竖直方向做精细移动，所以装卸料机头能灵活移动到任一指定的燃料通道处。

由图5－10可知，装卸料机的核心组件是装卸料机头。它主要由管嘴、分离器、料仓和推杆组成，另外还包括管嘴塞、推杆座、导向套管和它的插入工具等（见图5－11）。管嘴、料仓、推杆和分离器组件的外壳构成装卸料机的压力边界，其中分离器和管嘴组件用螺栓固定，靠O形环密封，而其他通过Graylock法兰相互连接和密封。装卸料机头可充重水，并能加压至稍高于反应堆燃料通道的压力，属核1级部件。下面对这些部件做简要说明。

（1）管嘴：管嘴部件能使装卸料机头牢固地连接在反应堆燃料通道上，并保证其在高温高压下的密封。同样，它能使装卸料机头与新燃料通道、乏燃料通道、辅助通道或演习通道相连接。管嘴部件前部有一个触环，假如装卸料机头朝向燃料通道端部移动有较大的对中偏差，触环就会碰到燃料通道端部，并触发安置在触环后面的磁性簧片开关，由此输入信号给计算机，计算机再输出信号给控制电路，以中止装卸料机头向前移动，并重新对中。在管嘴内的探针监视燃料通道端面相对于装卸料机头管嘴密封面的位置。探针由4个线位移电位计构成，电位计臂尖与管嘴密封面邻近。当装卸料机头向前移动直至探针的4个电位计臂尖中的一个或几个碰到燃料通道端面，这就标志装卸料机头已到位，下一步就可与燃料通道端部件衔接和夹紧。

（2）分离器：每个装卸料机头有两个分离器，它们执行相同的功能且同时操作，每个分离器部件包含一个传感器、一个回推器和两个燃料挡块。传感器像一个机械手指，能感知燃料棒束或屏蔽塞的存在。回推器用来将一对燃料棒束或一个屏蔽塞与位于它上游的燃料束分开。燃料挡块用来挡住在上游的燃料束。分离器的上述动作是由装卸料机重水控制系统的液压传动来实现的。

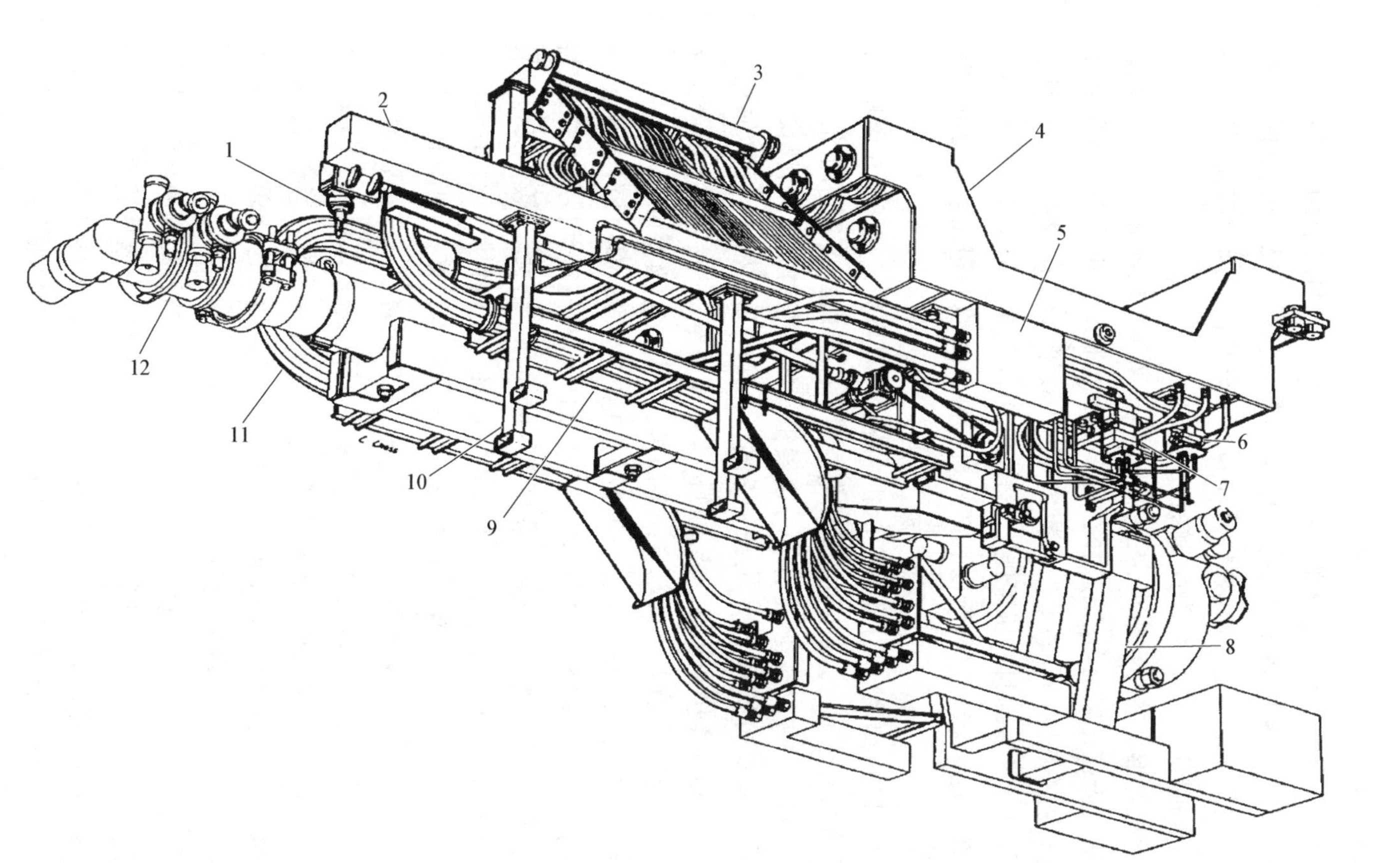

1—Z-运动手动操作输入；2—Z-运动回路支承梁；3—电缆回路；4—支架组件；5—支架接线盒；6—Z-运动阀组；7—Y-运动精控制阀组；8—装卸料机头支架；9—Z-运动回路支架；10—电缆回路导向器；11—电缆束；12—装卸料机头组件。

图 5-10 CANDU 堆装卸料机示意图

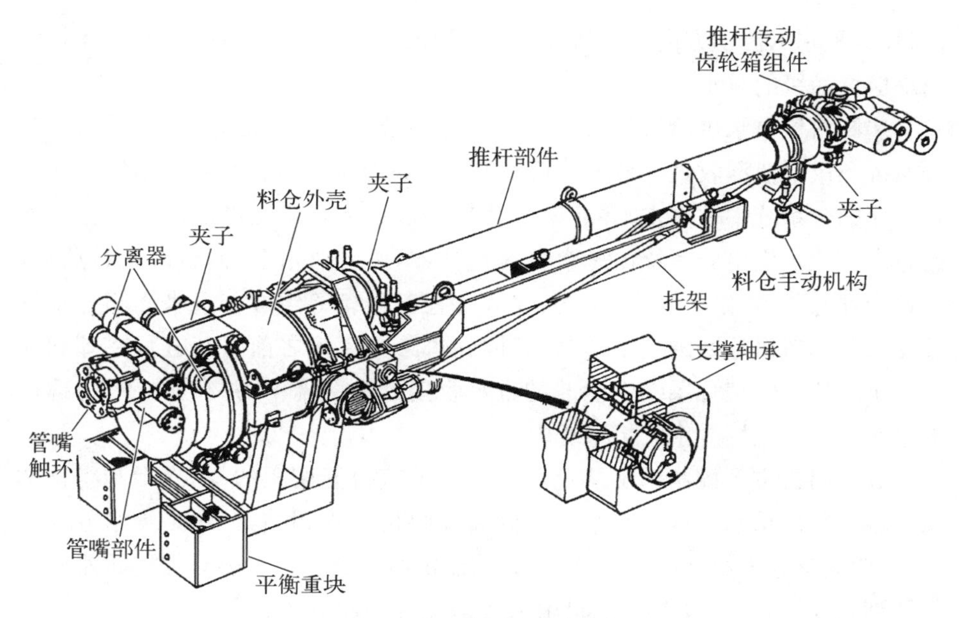

图 5－11　装卸料机头结构

（3）料仓：料仓部件有 12 个仓位，它们用来存放燃料棒束、燃料通道的密封塞和屏蔽塞、管嘴塞、推杆座、导向套管和它的插入工具等。12 个仓位连接在一起，并由液压电机、减速器和传动装置带动旋转。换料时，料仓部件根据需要，转动使各仓位轮流转到工作位置，以配合整个换料操作。

（4）推杆部件：推杆部件用来传送燃料棒束，安装和收回导向套管、密封塞、屏蔽塞和管嘴塞。推杆部件包括 B 杆、锁紧杆和 C 杆。这三根杆是同心圆管。B 杆和锁紧杆由液动机通过齿轮系和滚珠丝杆驱动，而 C 杆由重水控制系统驱动。B 杆的总行程略大于 3 m，它能向前移动到燃料通道内的屏蔽塞处。C 杆除随 B 杆移动外，还能相对于 B 杆运动，其相对行程接近 4 m，所以 C 杆的总行程约为 7 m，足够达到反应堆中心。锁紧杆除随 B 杆移动外，也能相对 B 杆移动，其相对行程是 33～38 mm，它用来为存取各种塞子、推杆座、导向套管和插入工具时提供锁紧和解锁功能。

2）装卸料机重水系统

装卸料机有些部分需要各种压力的重水供给。一般来说可以分为两类。

第一类是用于控制装卸料机料仓压力和温度在规定值的工艺重水，工艺重水还用来冷却在料仓内的乏燃料。

第二类是用于操作装卸料机 C 杆和分离器的动力重水。由于在不停堆装卸料时，重水的流动方向总是从装卸料机流向反应堆的燃料通道，故装卸料机用反应堆品级的重水。

装卸料机重水供给系统可分为三个分系统：重水供给分系统、重水回归分系统和重水泄漏收集分系统。重水供给分系统从热传输系统重水储存箱或重水回归分系统中取重水，并向两台装卸料机重水阀站提供能调压的已过滤的重水。重水供给分系统由一台低压过滤器，两台供水泵，两台高压过滤器，一台旁通冷却器，以及管道、阀门、仪表和控制设备等组成。重水回归分系统接受从装卸料机返回的重水，并在其回到供给分系统之前对其进行冷却和净化。重水泄漏收集分系统将泄漏的重水收集到两个罐中，并在必要时将罐内的重水排放到全厂重水收集系统内。

装卸料机重水控制系统从重水供给系统获得能调压的、已冷却和净化的反应堆品级的重水。这些重水供应到装卸料机重水阀站，在阀站重水分成两股，一股到料仓供给回路，另一股到驱动器供给回路。供给驱动器的重水最终也回到料仓，与前一股重水一起用来冷却储存在料仓内的乏燃料。料仓的压力由重水控制回路和重水供给回路共同决定，料仓的压力随装卸料机的工作方式而变，它有 4 个压力整定值：准备压力、高压、中压和低压。

准备压力：当装卸料机未与任何通道连接，它的料仓处于准备压力状态时，其压力整定值是 3.11 MPa。

高压或中压：当装卸料机与燃料通道上游端相连接时，在移走密封塞前，它的料仓选择高压状态，其高压整定值是 11.38 MPa，这压力稍高于燃料通道上游端的压力(最大值是 11.10 MPa)。当密封塞被移走时，料仓压力降到燃料通道的压力。因为这个压力低于控制阀的设定值，使控制阀关闭，从而中止料仓回归管线上的回归流；于是进入上游装卸料机料仓的重水将流入燃料通道，这就防止了热传输系统的重水进入装卸料机。当装卸料机与燃料通道下游端相连接时，在移走密封塞前，它的料仓选择中压状态，其中压整定值是 10.48 MPa。这压力稍高于燃料通道下游端的压力。同样道理，当密封塞被移走时，进入下游装卸料机的重水也将流入燃料通道。

低压：当装卸料机连接到新燃料通道、乏燃料通道或辅助通道时，它的料仓选择低压状态，其低压整定值是大气压力。

3）装卸料机油压系统

装卸料机油压系统分为两套独立的装置：液压动力组和阀门组。液压动力组包括油箱、主泵、增压泵、过滤器、滤网和阀门等。阀门组包括高压过滤器、压力开关和仪表、储油器和阀门等，每个油箱中的油用电加热器加热，油的冷却用热交换器。装卸料机油压系统用来操作管嘴夹紧器、B 杆、锁紧杆和料仓转子以及装卸料机小车上的某些传动装置等。

5.2.2.3　CANDU 堆换料步骤

换料时，两台装卸料机都停在需换料的燃料通道两侧，并与燃料通道相连。由于各个燃料通道内冷却水的水流方向不一致，因此燃料通道里燃料换料操作需根据该燃料通道的水流方向而定。燃料通道上游侧的燃料传送机把新燃料预先送入该侧的做装料机用的装卸料机。燃料通道下游侧的装卸料机此时做卸料机用。在通道换料结束后，需把从通道里接受的乏燃料通过卸料孔道向外发送。当需换料的燃料通道里水流方向改变后，换料操作随之变换。

典型的 8 个燃料棒束换料操作的步骤(见图 5－12)大致如下[6]。

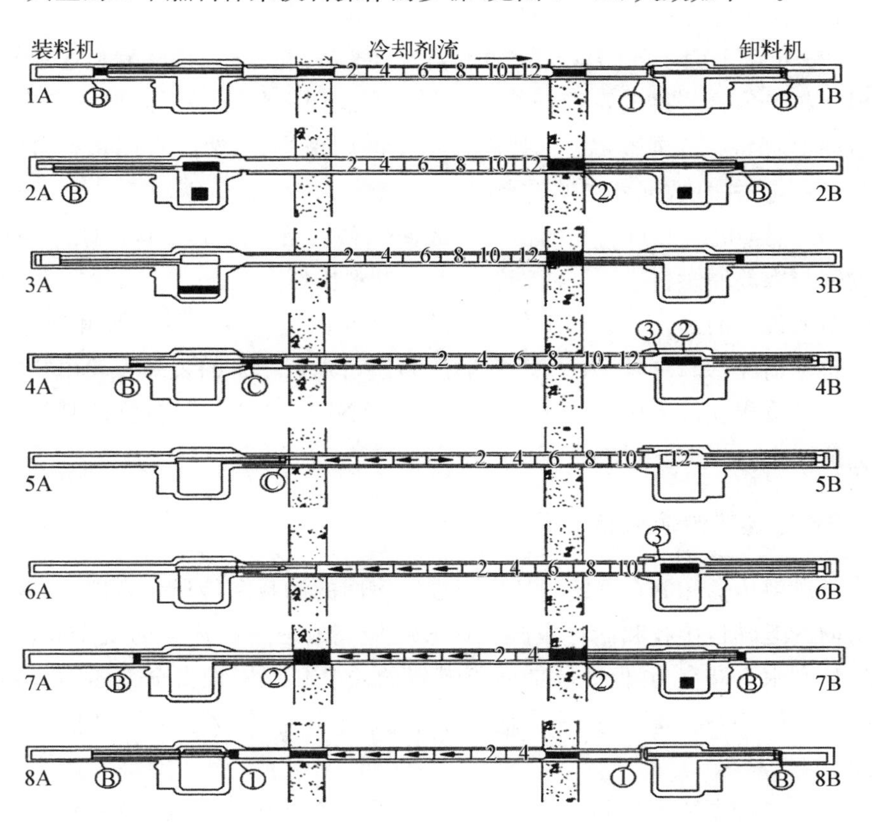

图 5－12　CANDU 堆装卸料步骤

(1) 装料机的B杆取回在燃料通道上游端的密封塞;卸料机的B杆取回在同一燃料通道下游端的密封塞,装料机的B杆和卸料机的B杆分别推各自导向套管管嘴,并到达燃料通道相应位置。

(2) 装料机的B杆与燃料通道上游端的屏蔽塞相连,并将它置入装料机的料仓内;卸料机的B杆与燃料通道下游端的屏蔽塞相连接。

(3) 装料机料仓旋转,使某一对新燃料棒束处在装料位置。

(4) 装料机的C杆将一对新燃料棒束推入燃料通道。重复上面步骤,直至装料机内的8个燃料棒束都被推入燃料通道内。其间,卸料机的B杆将它的屏蔽塞往回撤,直到它的分离器内的侧向挡块插入并挡住燃料串;与此同时,B杆已将屏蔽塞撤回料仓。

(5) 卸料机料仓旋转到某个空工位,接受燃料通道内列在最前面的两个乏燃料棒束。它的侧向挡块挡住剩余的燃料串。

(6) 卸料机料仓转到某个空工位。

(7) 重复上面步骤(5)和(6)3次,直至8个乏燃料棒束都从燃料通道卸入卸料机料仓内。装料机的B杆将它的屏蔽塞放回燃料通道上游原来位置;卸料机的B杆将它的屏蔽塞放回燃料通道下游原来位置;然后它们将各自的导向套管移走,并且放回各自的料仓内。

(8) 装料机的B杆将它的密封塞放回燃料通道上游端;卸料机的B杆将它的密封塞放回燃料通道下游端。至此装卸料操作完成。

需要说明的是,上面介绍的是CANDU堆在通常情况下的装卸料步骤。对于特殊情况,如破损燃料棒束、放射性同位素辐照靶束的装卸需要由物理人员通过计算机软件分析后做出决策,并由CANDU堆的装卸料机控制系统实施完成。

5.2.3 乏燃料传输和储存系统

乏燃料传输和储存系统包括反应堆厂房内的卸料和传送设备以及在辅助厂房内的乏燃料接收和储存设施。该系统应完成乏燃料棒束的安全卸出、水下转移和水下储存,并保证此期间乏燃料的安全和反应堆安全壳压力边界的完整性。CANDU堆乏燃料传输和储存设施布局及传输路线如图5-13所示。

乏燃料首先装入卸料水池,再通过水下通道到接收水池,最后到达储存水池。

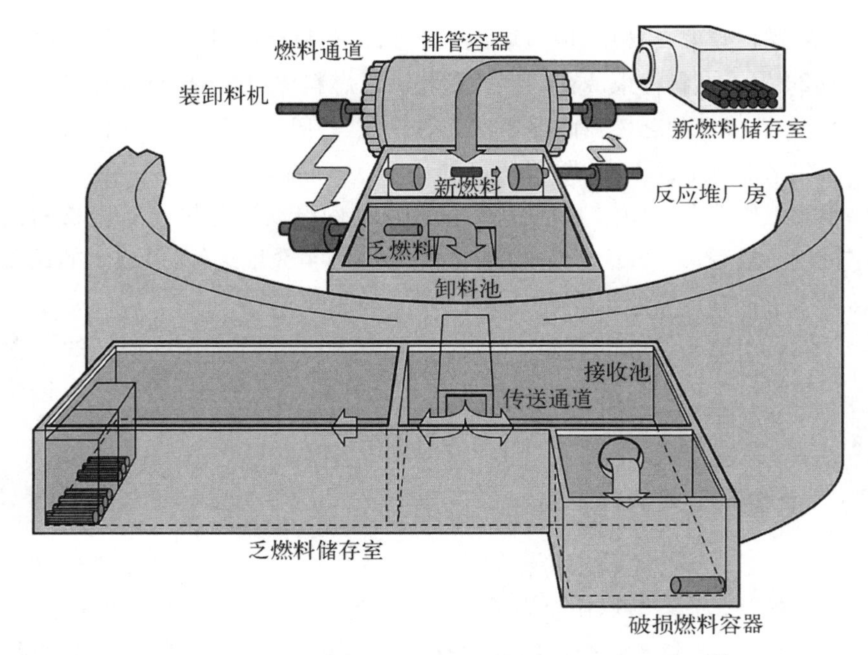

图 5－13　CANDU 堆乏燃料储存设施布局及传输路线[7]

在满足卸料条件后，装卸料机卸料时，C 杆把料仓内的两根乏燃料棒束从装卸料机推出，经过装卸料机维修区与乏燃料卸料池隔墙上的乏燃料通道，进入该侧停在通道出口下方的升降斗上。在每个乏燃料通道上都安装有两个球阀，即内球阀和外球阀，在传输乏燃料前两个球阀必须打开，在不传输乏燃料时，两个球阀必须及时关闭。在乏燃料通道球阀打开前，安全壳闸门应是关闭的；在球阀关闭后，才能打开安全壳闸门。

两根乏燃料棒束被推到升降斗上并在满足升降斗下降条件后，通过其驱动机构使升降斗下降，把乏燃料棒束放置到传送带上传输小车托架的一个位置上。此托架可通过安装在卸料池底传送带的传输小车由计算机控制换位，以使托架按规定位置定位。此时传输小车向接收池方向移动一个位置。升降斗便可上升并返回至乏燃料通道再接收下两根乏燃料棒束。重复此过程直至托架装满棒束，使装卸料机卸下从一个燃料通道中接收的全部乏燃料棒束。一旦装卸料机内的乏燃料全部进入传送格架内，通过传送带上的链轮传动装置，小车抵达水下通道始端处的安全壳闸门。

装有乏燃料的小车从卸料水池传送带转移到水下通道传送带上，随后抵达接收水池。接着，在接收水池上方工作走道上的操作工人使用专用工具，将格架内的燃料棒束，一根一根地取出并放到乏燃料储存托盘内。每个储存托盘容纳 24 根乏燃料棒束。在储存托盘装满乏燃料棒束后，托盘被移到它的传送带上，并被传送到乏燃料储存水池临时储存(一般 6～7 年)。人桥安装在乏燃料储存水池桥吊的下方，跟着桥吊的移动，人桥能覆盖整个水池，成为一个可移动式工作平台。操作工人站在人桥上，利用电动升降机和专用长柄工具操作托盘。最后，每 76 个托盘被叠成 19 层高的 4 叠堆组件，最顶上的托盘中乏燃料棒束仍有足够的水屏蔽层厚度。

乏燃料水池有足够的容量，能储存 CANDU 堆运行 10 年积累的乏燃料量。乏燃料传输辅助设施为本系统提供了乏燃料通道球阀、燃料棒束挡块以及备用冷却系统仪表空气，以确保乏燃料传输的安全。

5.2.4 乏燃料干式储存设施

乏燃料干式储存是使用特殊气体(惰性气体——氦气，或非活性气体——氮气)或空气作为冷却剂，用金属或混凝土作为辐射屏蔽的乏燃料储存方式。

CANDU 6 堆每年每个机组大约有 5 000 根燃料棒束出堆，两个机组每年有 10 000 根棒束出堆，由于乏燃料储存水池存放能力有限，6 年就可以将整个水池存满，如不及时倒出，反应堆的乏燃料就无法卸出，从而影响反应堆的正常生产运行。可见，CANDU 堆由于采用天然铀产生的乏燃料较多，用于储存乏燃料的水池容量有限，为了保证 CANDU 堆长期连续运行，必须考虑乏燃料中间储存问题，以解决 CANDU 堆核电机组投运后乏燃料的出路问题。

早期采用乏燃料湿式中间储存技术，即在原乏燃料池旁再建一个新水池继续储存乏燃料。但是乏燃料的湿式储存有以下几个缺点：其一是乏燃料池的泄漏难以检查和维修；其二是由于水质需净化，每年会产生一定量的废树脂和过滤器的二次废物；其三是建造费用高，需预留场地，施工困难等。另外，对于庞大的乏燃料水池，燃料水下运输也会带来不小的困难，给设备的运行维修保养也带来挑战。

乏燃料干式中间储存就是将乏燃料池内经过一段时间储存的乏燃料移出，通过操作工艺流程放入储存容器内，然后放置在混凝土设施内长时间储存。由于乏燃料在水池内已经储存了至少 6 年，其放射性水平、衰变热都有较大幅度的降低，储存设施较易满足屏蔽和衰变热散出的要求。根据 CANDU 堆乏燃料元件的特性：尺寸小、重量轻、燃耗浅、没有临界危险，可以采用简单而紧密的储存方式。加拿大原子能有限公司(AECL)最早于 1974 年在 White

Shell实验室开发了一种乏燃料干式中间储存技术以替代乏燃料的湿式储存。建造的乏燃料干式储存筒仓于1977年首次投入运行，随后相继在多个重水堆核电厂建造了干式储存设施，使乏燃料都得到了安全、可靠、稳妥的中间储存。此后，AECL经过长期的试验、设计，从起初的混凝土筒仓式至目前最新研发的MACSTOR模块式空气冷却储存技术。MACSTOR模块式中间储存设施具有结构简单、储存容量大、空间利用率高、储存工艺过程简易、储存费用低、适用性强、环境安全及不产生新的污染物等诸多优点[8-13]。

5.2.4.1 乏燃料干式中间储存设计要求

从CANDU堆卸出的乏燃料需要在乏燃料水池内储存一段时间，然后才转移到乏燃料中间储存设施。在初始储存期间，挥发性放射性核素的数量、辐射场的强度和余热的产生量都有相当大的衰减，从而使乏燃料中间储存设施内导致事故的各种条件形成过程相对变慢，有足够时间采取纠正行动。因而，乏燃料转运和储存操作的安全，无须依赖于复杂的自动保护系统。

根据加拿大核安全法规CSA/CAN3 N292.2－96的要求，乏燃料干式储存设施的建设要考虑乏燃料在整个中间储存寿期内处于安全状态，应具有下列性能目标：即在寿期内使乏燃料防止意外临界状态、易排出衰变热、满足辐射防护的要求和保持对放射性物质的包容。

1）防止意外临界状态

在干式储存各种操作和储存的各种状态下应确保乏燃料始终保持次临界状态并留有适当的裕度。

2）排出衰变热

在乏燃料的装卸和储存过程中，应考虑乏燃料的余热排出，避免燃料包壳、储存容器和储存设施过热而导致燃料破损以及设施力学性能下降，从而影响乏燃料的长期储存。

3）防止过量的照射

在放置乏燃料的场所周围应设置足够的屏蔽，以保证在乏燃料的操作、储存、检查和监测活动中使运行人员所受到的辐射剂量不超过有关标准和规定的限值，且应保持在合理可行尽量低（ALARA）的水平。

4）防止放射性物质的释放

在乏燃料的装卸和储存过程中，应防止乏燃料受到实体破坏，以避免因乏燃料完整性破坏后可能导致的放射性物质向邻近厂区或周围环境不可接受地释放。

5.2.4.2 储存设施组成

乏燃料干式储存设施主要由以下几个部件如储存篮、屏蔽运输容器、屏蔽工作箱、储存筒、储存模块及燃料操作工具等组成。以下介绍 MACSTOR-400 混凝土乏燃料干式储存设施。

1) 乏燃料储存篮

乏燃料储存篮是特殊设计的容器,由奥氏体不锈钢的篮座组件和篮盖组件构成,其结构如图 5-14 所示。它可以垂直方向存放 60 根 CANDU 堆乏燃料棒束,当装满乏燃料棒束后加盖在屏蔽工作箱内干燥,并用自动焊机焊接密封。

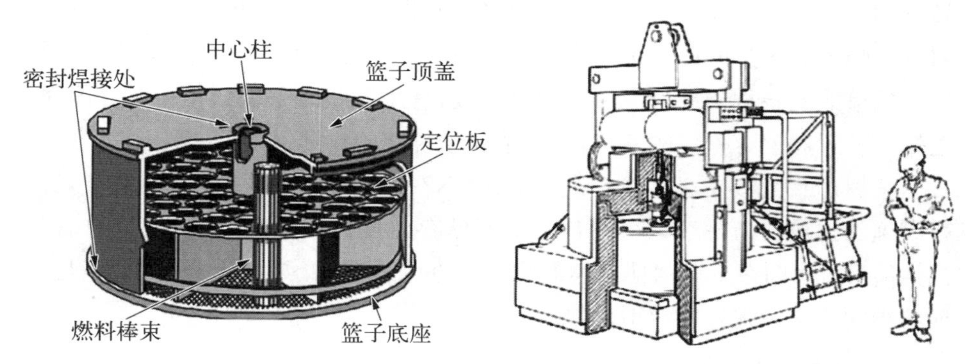

图 5-14 乏燃料储存篮结构

图 5-15 屏蔽运输容器外观

2) 屏蔽运输容器

在储存篮从屏蔽工作箱到储存模块区的运输期间,屏蔽运输容器用于提供储存篮的放射性屏蔽。屏蔽运输容器由填充铅的钢板构成,外表面贴附含硼聚乙烯板,可容纳 1 个储存篮。其筒体与储存篮外形匹配,方形底座为移门提供门框。屏蔽运输容器设有环链葫芦并由气动抓具头操作储存篮。其外观如图 5-15 所示。

提升和平移门采用电动操作,抓具头采用气动操作。屏蔽运输容器与内装一个乏燃料储存篮的总质量约为 26.5 t。

屏蔽运输容器的屏蔽设计保证屏蔽容器外表面稳态的剂量率小于 25 μSv/h,在乏燃料储存篮装载和卸载操作期间,门边接触区域的剂量率可能在小于 2 min 内达到 250 μSv。

3) 屏蔽工作箱

屏蔽工作箱采用充铅的钢结构提供辐射屏蔽。屏蔽工作箱外观结构如

图5-16所示。设备安装于一个基板上并锚固到乏燃料水池操作平面地面上,一部分悬空延伸到水池上方(延伸长度约2 m)。设备设有供气、供电和控制信号操作台,用以控制屏蔽工作箱内的操作。设备上设有一个电动环链葫芦和一个气动抓具头用于将储存篮吊入屏蔽工作箱,通过输送机构运输到屏蔽工作箱的旋转台上。干燥系统提供热空气使燃料棒束和储存篮表面干燥,过滤排风系统维持屏蔽工作箱内的负压。屏蔽工作箱顶部开口用于安装屏蔽运输容器。屏蔽运输容器上的电动葫芦将密封焊接好的储存篮吊入屏蔽运输容器内,随后运输到储存模块区。

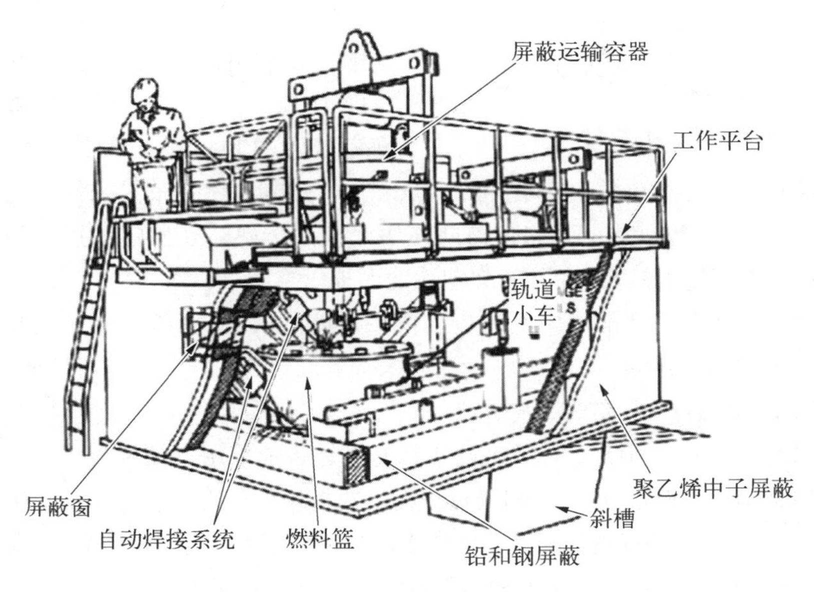

图5-16 屏蔽工作箱外观

屏蔽工作箱的操作由控制台进行控制和监测。通过摄像机对焊接进行目测检查。在屏蔽工作箱的前端设有屏蔽窗,万一摄像机失效,可通过此屏蔽窗进行观察。采用两道密封焊密封储存篮:第一道密封焊位于储存篮底部,用于篮座部件的底板与篮盖部件的筒体之间的密封焊接;第二道密封位于篮盖上,是篮盖的顶板与篮座部件的中心柱之间的密封焊接。焊接质量通过目测检查和焊接参数来监测控制,焊接参数采用连续在线监测。

4) 储存筒

储存筒由储存筒体、屏蔽塞和防水盖组成。储存筒也包含了排气管和排水管,它们都延伸到一个模块外可手动操作的截止阀,这两条管道和相应的阀

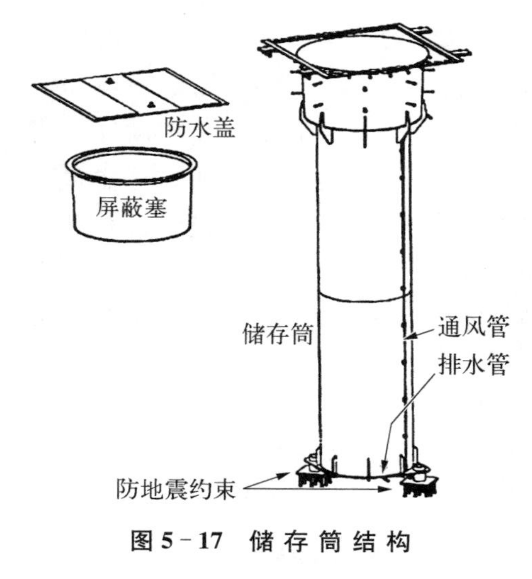

图 5-17 储存筒结构

是储存筒包容边界的一部分。在储存筒装满乏燃料储存篮后,屏蔽塞与储存筒顶部焊接,此时为储存篮提供一个完整的包容边界。储存筒结构如图 5-17 所示。

储存筒体顶部是密封环和方形法兰,底部是支撑燃料储存篮重量的底板。顶部和底部之间是存放乏燃料储存篮的圆柱形筒体。储存筒体的所有碳钢表面采用镀锌保护,内表面镀层厚度为 125～150 mm,外表面镀层厚度为 350～400 mm。

储存筒底部距离模块底板约 200 mm。这为排水管的布置和储存筒的热膨胀预留了空间,也减小了储存筒向模块底板的传热。在假定的燃料筒跌落事故中,它也能为储存筒向下的弹塑性变形提供空间。

每一个储存筒底部由模块底板提供一对防地震约束,防止储存筒在地震事件中发生侧向移动。

5) MACSTOR-400 型储存模块

MACSTOR-400 乏燃料干式储存模块是一个采用钢筋混凝土建造的矩形整体结构。由混凝土侧墙、端墙及顶板组成模块的外部结构,其底部为底板,埋在地下。另外,为保证混凝土墙体内表面温度不超限,需要在混凝土墙体及顶板内表面敷设隔热板。MACSTOR-400 型模块的总尺寸为 21.94 mm×12.93 mm×7.6 m,其外部结构如图 5-18 所示。MACSTOR-400 型模块采用非能动冷却设计,通过乏燃料衰变热加热空气,形成自然循环,将乏燃料衰变热排到大气环境中,确保燃料包壳、混凝土等结构满足温度限值要求,从而保证模块及包壳的完整性。

MACSTOR-400 型模块的内部结构分别如图 5-19 和图 5-20 所示。每个模块内设计有 40 个钢结构储存筒,排列为 4 行 10 列。

模块墙厚为 985 mm,除了满足结构完整性要求,提供足够刚度抵抗水平剪力和传递竖向力之外,还能满足屏蔽要求。模块两长边每边墙的下部和上部分别设有 5 个进风口和 6 个出风口,以提供空气的自然对流。进风口和出风口呈迷宫布局以屏蔽放射性。每个外部的空气流通口装有不锈钢栅栏,防

图 5－18　MACSTOR－400 型模块外部结构型模块

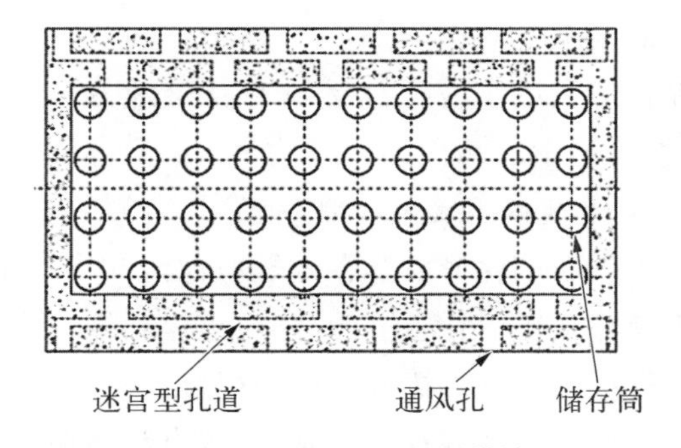

图 5－19　MACSTOR－400 型模块平面图

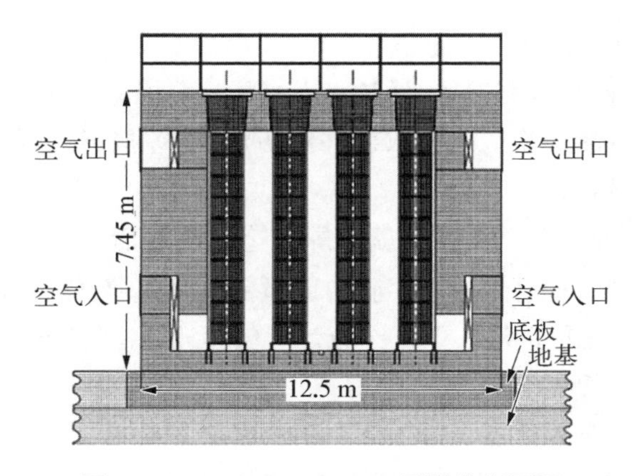

图 5－20　MACSTOR－400 型模块剖面图

止外界堆积物、小动物和大昆虫进入。模块短边一端设有观察孔，另一端在施工过程中设有临时出入口，用于施工中吊装储存筒和人员出入。

模块顶板厚为 1 080 mm，为储存筒提供足够的支撑刚度。储存筒顶部预埋在模块顶板中，悬挂于顶板。储存筒底部离模块底板有足够的高度以便于取样管的通过。预埋在模块底板中的防地震约束键为储存筒提供水平方向的约束，但不限制竖向位移，这样的布置允许储存筒能够向下自由热膨胀，同时保证储存筒顶部与混凝土之间的密封性，并且减少了储存筒热量向模块底板传递。

由于模块内的储存筒存放带放射性元素的乏燃料，为保证乏燃料持续冷却及放射性屏蔽和包容的完整性和密封性，以防止放射性向环境释放，模块结构设计成抗震 I 类结构，承受安全停堆地震荷载(SSE)。

5.2.4.3 乏燃料干式储存流程

通过计算，CANDU 堆乏燃料在进行干式储存之前，应放置在乏燃料池内进行冷却和放射性衰变至少 6 年。

乏燃料干式储存涉及的主要工作区域有三个地方：乏燃料储存水池、吊装转运间(屏蔽工作箱)、干式储存区。

1) 从乏燃料储存水池装入乏燃料储存篮

首先将待用的乏燃料储存篮放置在乏燃料池内的专用工作台上。利用水下倾翻机的专用抓具将乏燃料托盘上的 24 根乏燃料棒束进行转向(由水平倾斜至垂直)，随后通过提升工具将棒束一根一根装入不锈钢的乏燃料储存篮内特定的储存格架上。当乏燃料储存篮装满 60 根燃料棒束时，安装乏燃料储存篮顶盖。

2) 从乏燃料储存篮装入储存筒

乏燃料储存篮装载完成后，通过水下小车移至屏蔽工作箱吊装口，再通过相关控制系统，将储存篮从水池取回并经历烘干、焊接，然后将储存篮装入乏燃料屏蔽运输容器。

烘干焊接好的乏燃料储存篮就位屏蔽运输容器后，通过专用运输车辆将其运至干式储存区，将乏燃料储存篮从顶部装入储存筒，储存筒顶部设有阶梯形屏蔽塞子。每个储存筒装入 10 个乏燃料储存篮，10 个乏燃料储存篮装载完毕后，上面有两道焊缝需焊接。

5.2.4.4 乏燃料干式储存能力设计

乏燃料干式储存模块设计寿命为 50 年。干式储存 50 年后再考虑乏燃料外运并最终处置。

CANDU 6 机组采用不停堆换料方式，基本上每天都卸出乏燃料并补充新燃料，单个机组每年产生乏燃料棒束约为 5 000 根，约 120 t。对于双机组的电站，设计寿期内(40 年)约产生 400 000 根乏燃料棒束。

为满足双机组电站 40 年乏燃料的存放，一般部署 18 个 MACSTOR－400 模块，其中预留 2 个，可以使用 2.5 年，而模块可以分批建造，每 5 年建造 2 个。每个模块有 40 个储存筒，每个储存筒存放 10 个储存篮，每个乏燃料储存篮存放 60 根乏燃料棒束。每个储存模块共计存放 400 个乏燃料储存篮，总储存乏燃料棒束 24 000 根。

参考文献

[1] 武文广，陈峰，王卫星. CARR 工艺运输系统设计[J]. 核动力工程，2006，27(5)(S2)：106－110.

[2] 仲言. 重水研究堆[M]. 北京：原子能出版社，1989.

[3] 中国电力百科. 重水堆燃料装卸系统[EB/OL]. https://www.zsbeike.com/bk/608352.html，2023－09－19.

[4] 科普中国・科学百科. 重水堆燃料装卸系统[EB/OL]. https://baike.baidu.com/item/，2023－09－19.

[5] 苏耀祖. 重水堆核电站燃料装卸系统及装卸料机[J]. 核电工程与技术，2000，13(4)：30－36.

[6] 杜圣华. 重水堆装卸料机[EB/OL]. 中国电力百科 https://www.zsbeike.com/index.php? m=memb&c=baike&a=content&typeid=5&id=608355，2023－12－30.

[7] 佚名. 重水反应堆 CANDU(PHWR)[EB/OL]. https://wenku.baidu.com/view，2023－09－20.

[8] CANDU 6 Program Team. CANDU 6 technical summary[R]. Reactor Development Business Unit, May, 2005.

[9] 王忠辉. 坎杜乏燃料干式中间储存技术[C]//中国核学会. 中国核科学技术进展报告(核能动力分卷(上)). 秦山第三核电有限公司，2011，2(2)：240－246.

[10] 郑利民，申森. 重水堆核电厂乏燃料干式中间储存现状和技术[J]. 核安全，2005(1)：39－44.

[11] 洪哲，赵善桂，杨晓伟，等. 乏燃料干式储存技术比较分析[J]. 核安全，2016，15(4)：75－81.

[12] 曹钧. 重水堆乏燃料干式储存安全影响因素分析[J]. 安全与环境学报，2017，17(6)：2062－2068.

[13] 徐珍，左巧林，干富军，等. CANDU 6 重水堆乏燃料干式储存技术优化研究及应用[J]. 核科学与工程，2020，40(6)：1065－1076.

第 6 章
重水堆主要工艺监测系统

工艺监测系统是观察反应堆以及各个构筑物、系统和部件的火眼金睛，有了这些“眼睛”，就能在各种运行状态、各种工况下，实时、准确地掌握反应堆以及各个构筑物、系统和部件的状态，及时发现偏离正常运行的征兆，为运行人员提供必要的数据。重水堆设置了一般反应堆常规的工艺监测系统，如反应堆功率、温度、温差、压力、流量等的监测；同时，也有自身特有的工艺监测系统，如重水浓度、爆炸性气体含量等的监测。

本章分别介绍重水研究堆和重水动力堆主要工艺监测系统的组成、功能、流程以及基本原理等。

6.1 重水研究堆主要工艺监测系统

与其他堆型的研究堆类似，重水研究堆也有很多常规的监测系统，比如流量、压力、温度、水位、辐射监测系统等。同时，由于重水堆的特殊性，重水研究堆还有一些特殊的、特有的监测系统，如重水浓度监测等，或者根据重水研究堆的结构采用独具一格的监测系统，如工艺管温差监测。

本节介绍重水研究堆的主要工艺监测系统，而常规的监测系统不再赘述。

6.1.1 重水水位测量

无论对于作为冷却剂还是慢化剂的重水堆，重水水位都是一个重要的参数，必须进行监测。根据不同的原理，重水水位监测可以有不同的监测方法。

6.1.1.1 101 堆堆芯重水水位测量

101 堆是重水冷却、重水慢化的研究堆，重水水位的高低反映了堆芯冷却剂和慢化剂的装量，水位过低，有可能导致燃料组件裸露，也降低了中子慢化、反射的效果，因此，必须对堆芯重水水位进行监测。

101 堆堆芯重水水位测量采用沉子式水位计，是一个称重原理的水位计，沉子式水位计主要由沉子、绕线轮、曲轴、滑轮、负重滑轮、钢丝绳、管道、悬臂、簧片、差动线圈、弹簧、铁芯等组成，如图 6－1 所示。

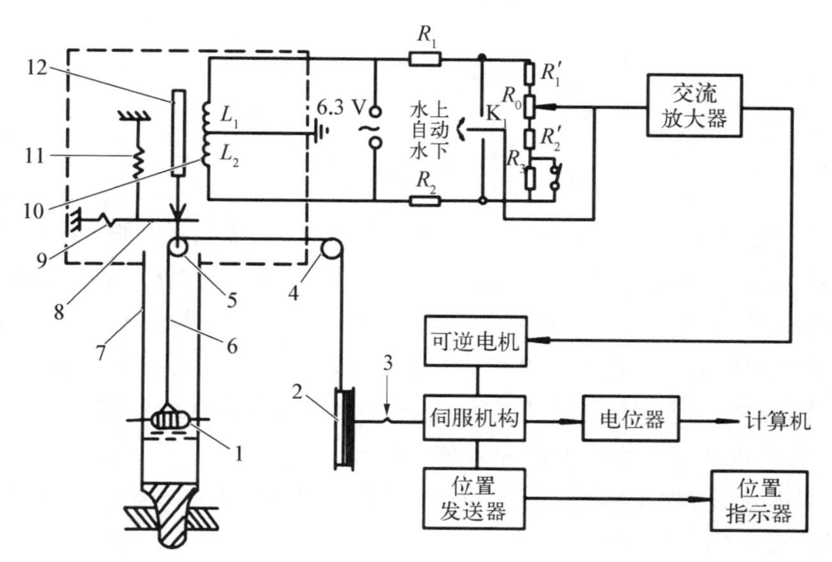

1—沉子；2—绕线轮；3—曲轴；4—滑轮；5—负重滑轮；6—钢丝绳；7—管道；8—悬臂；9—簧片；10—差动线圈；11—弹簧；12—铁芯。

图 6－1　101 堆堆芯重水水位测量

水位恒定时，沉子 1 的重量、弹簧 11 的拉力和沉子所受的浮力，三者使悬臂 8 自由端处于平衡状态，此时铁芯正好处于差动线圈的中间位置，交流桥处于平衡状态，电阻 R_0 对地的交流电压输出信号 $\Delta u=0$，沉子静止不动。这时位置指示器的读数即是此时刻的水位。水位上升，沉子 1 所受浮力增大，负重滑轮 5 受力减轻，铁芯向上移动，交流电桥失去平衡，电阻 R_0 动端对地有交流电压信号输出，驱动可逆电机转动，带动绕线轮使沉子向上移动，所受浮力减小，铁芯逐渐回到差动线圈的中间位置，电桥输出电压信号为零，达到一个新的平衡状态，由位置指示器把变化的水位指示出来。

沉子水位计的优点是耐辐照，结构简单，维修方便。

6.1.1.2　101 堆重水储存罐水位测量

101 堆重水储存罐是一个卧式圆柱形容器，容积约为 6 m^3。它的主要作用如下：在正常运行期间，与反应堆氦气系统连通，起到稳压器的作用；在事故工况下，如果采用应急排重水停止反应堆，则接收反应堆排出的重水；在检修前，接收重水泵、热交换器及相应管道排出的重水，检修结束后，把重水储存罐内的重水用高压氦气压入反应堆。

101 堆重水储存罐使用压差变送器来测量水位。测量系统由 DDZ-Ⅲ型压差变送器、隔离式输入组件和显示仪表组成，如图 6-2 所示。隔离式输入组件向压差变送器提供+24 V 电源，使压差变送器输出 4～20 mA 电流信号，压差变送器的输出电流和待测水位成比例，在这个电路中串联一个 2.5 Ω 标准电阻，压差变送器输出的 4～20 mA 电流信号在 2.5 Ω 标准电阻上产生 10～50 mV 电压信号，再输入计算机和显示仪表。

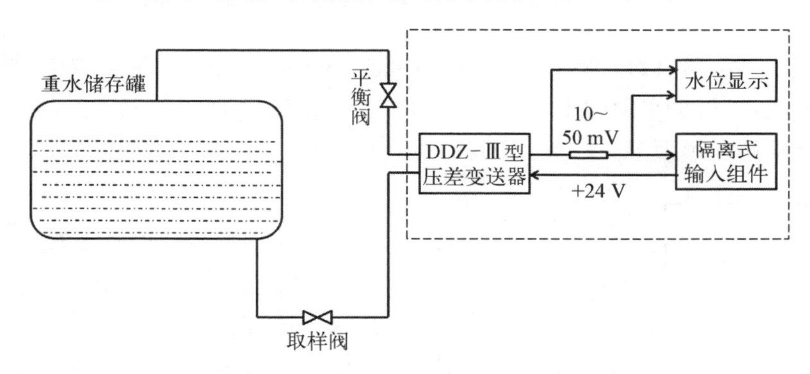

图 6-2　101 堆重水储存罐水位测量装置

为保证测量的准确性，压差变送器负腔选定取样点取在重水储存罐顶部，防止被液面封住，正腔选定取样点在重水储存罐底部。

6.1.1.3　中国先进研究堆重水水位测量

中国先进研究堆是轻水冷却和慢化、重水慢化和反射的研究堆。与 101 堆不同，中国先进研究堆的重水系统不经过堆芯，而是在反应堆容器外围，这就是重水箱，只是起到慢化和反射中子的作用，因此，监测重水箱的水位，就是要确保慢化剂和反射层的装量，确保其慢化和反射的能力。

对中国先进研究堆重水系统的重水箱水位和重水储存罐水位进行连续监测，中国先进研究堆重水箱和重水储存罐都是使用压差式变送器测量水位的。

测量水位选用 1151 型智能压差变送器，压差变送器的输出电流和待测水位成比例，可编程逻辑控制器向压差变送器提供+24 V 电源，使压差变送器产生 4～20 mA 电流信号，并将压差变送器产生的 4～20 mA 电流信号传输给可编程逻辑控制器，在数字化监控系统设置 4～20 mA 对应的测量范围，即可在主控室操作员站显示液位值，如图 6-3 所示。

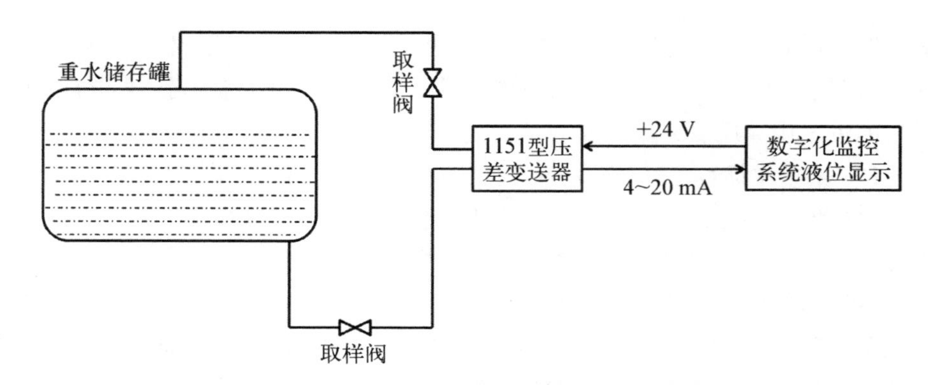

图 6-3　中国先进研究堆重水储存罐重水水位测量装置

由于重水箱有氦气腔，且氦气腔与重水储存罐的气腔相连通，为保证测量的准确性，测量重水箱和重水储存罐的压差变送器负腔选定取样点的位置都取在重水储存罐顶部。

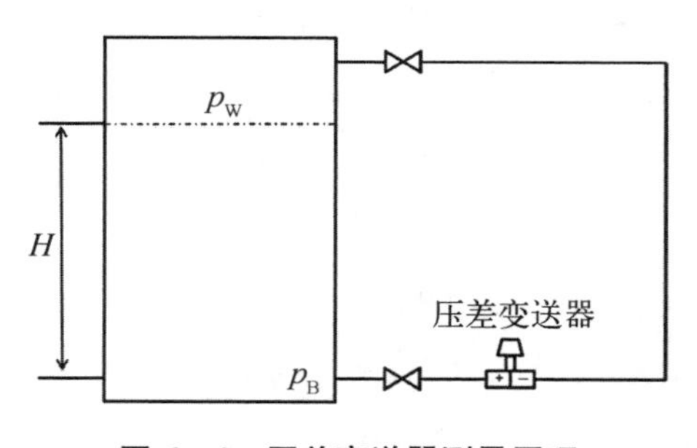

图 6-4　压差变送器测量原理

6.1.1.4　压差变送器测量原理

当容器内液体液位发生变化时，液体产生的静压也随液位的变化而变化。利用这个原理，压差变送器测量主要用于密闭压力容器的液位测量，压力变送器的负腔与容器气腔相连，正腔与容器底部相连，如图 6-4 所示。正腔与负腔的压差为

$$\Delta p = (p_W + \rho g H) - p_W = \rho g H \tag{6-1}$$

式中，Δp 为压差，p_W 为负腔压力（气腔压力），ρ 为液体密度，g 为重力加速度，H 为液面高度。

6.1.2　重水浓度监测与分析

无论重水用作反应堆的冷却剂或慢化剂，重水浓度都是重水水质的重要指标。重水主要以 D_2O、HDO、H_2O 三种组分构成。随着反应堆的运行，由于堆密封破坏、重水设备检修、重水取样、重水净化系统氘化等原因会使重水浓度降低，重水浓度降低主要是由氢的同位素交换反应引起的。重水净化系统更换树脂时需要进行氘化和脱氘操作，整个过程是以重水浓度变化来判断氘化和脱氘的进程。监测重水浓度可以发现是否有重水与轻水的交换，从而判

定设备和压力边界的完整性。

重水浓度变化主要的影响是引起反应堆反应性的变化，也会影响重水箱中中子能谱和中子注量率的分布。导致这些变化的原因就是，氕和氘对中子的慢化截面和吸收截面不同，氕的中子吸收截面比氘的高3个数量级，而氘的慢化比比氕的高2个数量级。因此，重水浓度的检测与分析对含有重水的反应堆非常重要。

重水浓度检测和分析方法很多，有质谱法[1]、红外光谱法[2]、落滴法[3]、比重瓶法[3]、阶梯管法[4]、密度计法[5]等。这些方法大致分为两类：基于光的透射、折射率等的差异进行重水浓度的测量和基于密度差异进行重水浓度的测量。目前，研究堆分析重水浓度多用密度计法和红外光谱法，两种方法各有优缺点。

密度计法是基于重水和轻水密度差异进行测量的。密度法利用标准密度表可直接查找出浓度值，操作简便，其缺点是当样品中含有杂质或富集^{18}O时会对测量结果有影响。

红外光谱法遵从朗伯-比尔定律，利用物质对某一单色光吸收度的强弱与吸光物质的浓度和厚度之间的关系计算出物质的浓度。

$$A = abc \tag{6-2}$$

式中，A为吸光度，a为吸光系数，b为样品厚度，c为样品浓度。

红外光谱法不受杂质及^{18}O的影响，样品用量少。但红外光谱法因在某一个波数下很难将所有浓度的重水分开，需要划分多个波数段、作多个标准曲线。

使用重水的反应堆设有专门的取样回路，定期对重水浓度进行检测分析。高浓重水具有吸收空气中的水分而浓度下降的问题，在检测与分析中要尽量减少暴露在空气中的时间。

中国先进研究堆用重水作为慢化剂和反射层，重水浓度的变化直接对反应性产生影响。重水浓度是中国先进研究堆的一个重要水质指标，在重水净化系统中设有专门的取样回路用于取样分析监测反应堆内的重水浓度。样品取样到实验室后，利用红外光谱仪进行浓度分析。

6.1.3 重水水质控制与监测

在反应堆中，轻水和重水作为冷却剂、慢化剂，直接与许多重要部件接触，对各个部件会造成一定的腐蚀，严重时会威胁到反应堆的安全。在 γ 射线辐照下重水会发生分解(即辐解)，其辐解产物同样会加剧材料的腐蚀速率，从而引起水质恶化，使重水的放射性增高，重水浓度的变化还会影响反应堆反应性的变化。另外，水的 pH 值或 pD 值控制不当，以及水中有害杂质离子的存在，都会加速材料的腐蚀。因此必须严格控制水质，定期进行水质分析监测。各反应堆多是根据反应堆采用的材料，参考材料的腐蚀研究，以及反应堆实际情况来确定各自的水质控制指标。重水研究堆水质控制多对重水浓度、电导率、pH/pD 值、氯离子、总固体物、铜离子、放射性核素等项目进行定期检测和控制[6-8]。

1) 重水浓度

重水浓度是重水研究堆水质监测的重要指标。重水与空气中水汽接触，会发生氢-氘同位素交换反应，使重水浓度降低。随着反应堆的运行以及一些相关操作，堆内重水浓度会降低。为保持重水浓度在规定的范围内，在重水系统和重水净化系统充重水前要对系统及设备的密封性进行严格检查，除了系统渗漏率要满足要求，还要对系统和设备进行干燥后，方可进行充重水操作。定期取样对重水浓度进行监测，一旦发现重水浓度降低立即分析查找原因，并采取相应措施，保证堆内重水浓度满足运行限值和条件的要求。监测重水浓度还可以及时发现压力边界是否有泄漏。重水研究堆设有重水浓缩系统，必要时开启重水浓缩系统对重水进行浓缩提纯。重水研究堆重水浓度多采用红外光谱法或密度法定期进行测量，详见 6.1.2 节。

2) 电导率

电导率是物质传送电流的能力，它反映出水中存在电解质的程度，是衡量水质的一项重要参数，电导率受离子浓度、温度、离子迁移率等影响。大气中二氧化碳溶于水中会使电导率增加，取样后应立即测量以减少误差。杂质离子的存在会影响材料的腐蚀情况，在堆芯被活化后会使放射性剂量水平增加。因此，反应堆对水的电导率有较高要求。

每座反应堆均设有在线电导率仪实时监测电导率。除最初充入系统的水要满足电导率的要求外，在运行期间还要利用净化系统除去水中的杂质离子，控制电导率在规定范围内。电导率一般要求小于 2.0 μs/cm。

3) pH/pD 值

pH 值反映水溶液的酸碱程度，是影响材料腐蚀的重要因素。pH 呈碱性有利于减少不锈钢的腐蚀，pH 呈弱酸性有利于减少铝合金的腐蚀，在低温水中，pH 值为 5.5～6.5 时铝腐蚀速率是最低的[1]。反应堆中采用多种材料，需要综合考虑对各种材料的影响，从而确定最佳的 pH 值。

反应堆一般设有在线 pH 计对 pH 值进行实时监测，并配有离线 pH 计定期进行检测以确保水的 pH 值在限值范围内。对于重水，用 pD 值进行表征，pD＝pH＋0.4[2]。重水堆的 pD 值一般控制在 5.9～6.9。

4）氯离子

重水研究堆中使用了大量的不锈钢材料，应力腐蚀对不锈钢危害最大，水中溶解氧和氯离子（Cl^-）的共同作用是不锈钢穿晶应力腐蚀的重要原因[3]。不锈钢应力腐蚀破裂概率与氯离子浓度和游离氧含量的乘积成正比。氯离子浓度达到一定程度还会引起不锈钢发生点腐蚀和缝隙腐蚀，氯离子有促使氧化膜薄弱处或缺陷处加速溶解的作用。氯离子容易在结构缝隙处和循环水滞流区域以及水位高处与空腔交界处富集，从而增加应力腐蚀的机会。

重水研究堆一般都要求氯离子浓度控制在 0.1 ppm① 以下，多采用离子色谱仪对氯离子浓度进行测量。

5）总固体物

总固体物包括冷却剂或慢化剂中可溶性的盐类及悬浮性的固体颗粒，总固体物主要来源有反应堆结构材料的腐蚀产物、裂变产物、运转设备磨损的产物、灰尘、吊装和换料时带入的其他杂质等。水中悬浮的固体物经过堆芯时会被活化，增加冷却剂的放射性水平。如附着在热交换器上会结垢使换热效率下降，一旦聚集在缝隙处还会加速局部腐蚀。因此，必须控制冷却剂或慢化剂中总固体物的含量。

总固体物含量通过蒸馏的方式，采用重量法测得。为了保证总固体物在规定的范围内，设备需定期维护保养，在换料吊装等操作时应严防带入杂质，并定期运行净化系统以控制水质。

6）铜离子

水冷反应堆材料的腐蚀主要是由电化学反应引起的，铜离子（Cu^{2+}）由于氧化-还原反应与铝、不锈钢等反应堆材料形成微电池而造成反应堆材料的腐蚀。

定期取样，利用原子吸收光谱仪或分光光度计对铜离子浓度进行分析监测，一般要求将其控制在 0.05 ppm 以下。

---

① 业内习惯用 ppm 做浓度单位，表示百万分之一。

7）放射性核素

反应堆运行后，水中的放射性核素会增加，给检修等工作带来影响，定期分析放射性核素，可了解水中的放射性核素的成分及水平，核素迁移、沉积和释放的情况。水中的放射性核素多采用高纯锗 γ 谱仪监测分析。为降低放射性剂量水平，利用净化系统净化水质，部分放射性物质留在净化系统的过滤器和离子交换树脂内，水中的放射性水平会降低。

研究堆水质控制的方法主要是利用净化系统对水质进行净化，使活化产物、腐蚀产物、杂质离子、灰尘、胶体等通过机械过滤和离子交换的方式留存在净化系统中，从而降低系统、设备和工作场所的辐射水平，减少设备材料的腐蚀。

6.1.4 重水系统泄漏在线监测

重水系统泄漏在线监测系统作为热工参数监测系统的一部分，其主要功能是对重水系统一次侧管道法兰进行泄漏监测。当泄漏监测点发生泄漏时，能够准确地发出声、光报警信号并明确泄漏点的具体位置，为反应堆运行人员采取适当的措施提供必要的信息。重水泄漏的探测原理与普通水的泄漏探测原理相同。

重水系统泄漏在线监测系统由泄漏探测器、信号转换组件、信号输出组件、电源组件等组成。泄漏监测系统流程如图 6－5 所示（图中 DCS 指分散式控制系统）。

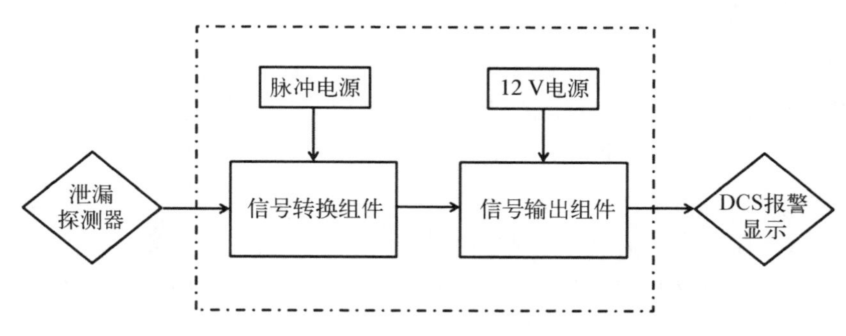

图 6－5 重水系统泄漏在线监测系统

通过石棉绳包裹不锈钢丝形式的泄漏探测器实现泄漏信号的检测，并将电阻信号送至泄漏监测机柜的信号转换组件。当监测点没有发生泄漏时，探测器的绝缘电阻为无穷大；当有泄漏时，其电阻降至 200～30 kΩ。

信号转换组件实现电阻信号的转换、比较、电气隔离。组件上设有报警灵敏度调整按钮。

信号输出组件是一组无源继电器触点信号，接至机柜内接线端子板上，将信号传输至主控室分散式控制系统。

电源组件主要包括脉冲电源组件和12 V低压电源组件，分别向信号转换组件和信号输出组件供电。

泄漏监测机柜设有报警阈值调整按钮，以方便系统调试及系统维修时对报警精度进行调整。泄漏监测机柜内部已考虑脉冲电源部分的“互为备用、自动切换”问题，以提高整个系统的可靠性。

6.1.5　燃料元件包壳破损在线监测

^{235}U裂变生成的裂变产物包含多种核素，其中很多是放射性核素，因此，辐照后的燃料元件(组件)具有很强的放射性。在反应堆设计中，采取了多道屏障，以防止裂变产物的释放而导致对人类和环境的影响。同时，从反应堆中卸出的乏燃料也必须进行有效的储存和严格的管理。

燃料元件包壳是多道屏障的第一道屏障，如果包壳完整，则可以有效地把裂变产物封固在燃料元件内，不会污染系统、设备和环境。相反，一旦包壳出现裂缝或者破口，裂变产物尤其是裂变气体(如氙、氪)就会从开口处泄漏出来，首先进入冷却剂中，引起冷却剂和(或)覆盖气体的放射性水平快速升高，进而随着冷却剂和(或)覆盖气体的流动而扩散，污染各相关系统和设备。

冷却剂系统是多道屏障的第二道屏障，如果冷却剂系统压力边界(包括反应堆容器)的完整性受到破坏，则裂变产物将从破口处泄漏到相应的系统或工艺间，进一步污染更多的系统、设备和构筑物，甚至释放到环境中。

一般而言，为了及时发现燃料元件包壳破损的征兆，以便及时采取措施，防止裂缝扩展，减少裂变产物释放，避免造成严重的后果，应设置燃料元件包壳破损在线监测系统。

燃料元件包壳破损在线监测系统是一种专门的辐射监测系统。因为不同裂变产物的物理形态不同，衰变类型不同，衰变放出射线的能量不同，半衰期长短不一，因此，根据裂变产物的物理特性和衰变特性，可以设计燃料元件包壳破损在线监测系统，通过探测、甄别、放大、采集、分析等过程，判断出介质(冷却剂或覆盖气体)的放射性剂量水平或存在的放射性核素，并由此判断是否发生燃料元件包壳破损。

根据元件破损监测的性质，可分为定性监测和定量监测。根据不同的介质，可分为冷却剂系统监测和覆盖气体系统监测。冷却剂系统监测与其他反应堆的元件包壳破损监测方法相同，不再赘述。

由于101堆的结构特点，采用覆盖气体系统监测元件破损。本节以101堆氦气系统的元件破损监测氦气小回路为例介绍覆盖气体系统监测。

根据2.1节的介绍，101堆与中国先进研究堆的结构不同。对于101堆，重水既是冷却剂，又是慢化剂，两者合二为一，只有一个系统；而对于中国先进研究堆，轻水是冷却剂和慢化剂，重水是慢化剂和反射层，分属冷却剂系统和重水慢化剂系统，两者是相互隔离的。虽然101堆和中国先进研究堆的重水液面以上都有氦气覆盖气体，并连通氦气系统，但是，两者对于监测燃料元件包壳破损的作用是不同的。由于中国先进研究堆的重水系统与冷却剂系统是隔离的，即使元件包壳破损，裂变产物不会进入重水系统，也就不会进入氦气系统。而101堆的重水直接与燃料元件接触，一旦元件包壳出现裂缝或者破口，裂变产物就会从开口处泄漏出来直接进入冷却剂中，进而进入氦气系统，引起冷却剂和氦气的放射性水平快速升高，这样，就可以通过在线监测氦气的放射性水平来及时判断是否发生元件包壳破损。

元件破损监测氦气小回路可分别测量氦气中总γ射线的放射性(简称氦气总γ监测)和氦气中裂变气体子代产物总γ射线的放射性(简称子代产物总γ监测)。

元件破损监测氦气小回路由1个流量计、2个过滤盒、2个探测容器、2个G-M计数管和2个电离室组成，如图6-6所示。元件破损监测氦气小回路来自氦气系统入口，流经氦气流量计、1号和2号过滤盒以及4号、5号两个探测容器后返回氦气系统的鼓风机入口。两个过滤盒的容积相同，但1号过滤盒内放有滤布，2号过滤盒是空的。每个过滤盒上安装一支G-M计数管γ射线探头。4号、5号两个探测容器内各放一个体积为1L的电离室。

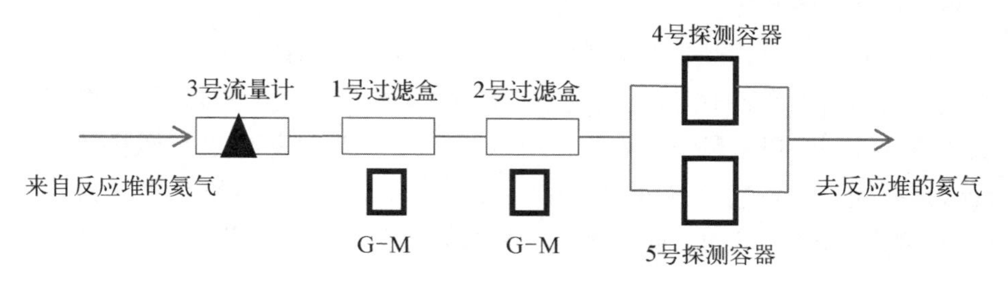

图6-6　101堆元件破损监测氦气小回路

元件破损监测氦气小回路氦气总 γ 和子代产物总 γ 的监测原理如下：元件破损监测氦气小回路随反应堆连续运行，当燃料元件包壳发生破损时，释放到氦气系统里的裂变气体将随氦气进入元件破损监测氦气小回路。这时裂变气体的子代产物（如^{88}Rb、^{89}Rb、^{138}Cs、^{139}Cs 等）将在 1 号过滤盒内的滤纸上积累，而裂变气体（如^{88}Kr、^{138}Xe、^{139}Xe、^{135}Xe 等）可连续通过 1 号、2 号过滤盒和 4 号、5 号探测容器。1 号过滤盒上子代产物总 γ 计数率应逐渐高于 2 号过滤盒上的计数率，直至达到某一平衡值，两者之差就是子代产物总 γ 剂量。4 号、5 号电离室测量的是氦气总 γ 剂量，两个电离室的指示应当同步上升并稳定在同一水平。当反应堆正常运行时，氦气总 γ 和子代产物总 γ 监测仪均有一定指示，这主要是由氦气中的^{41}Ar 引起的。实践证明，探测 γ 辐射就能及时发现元件包壳破损，且简化了测量设备，提高了仪器的稳定性。

两台氦气总 γ 电离室和 1 号过滤盒子代产物总 γ 监测仪的报警信号均与反应堆的保护系统连接。当发生元件包壳破损，这三台仪表中任意两台同时发出报警时，则立即触发保护系统自动停堆，然后进行破损燃料组件的筛查、处理。

根据运行经验，一旦发生燃料元件包壳破损，首先是大量裂变气体进入氦气系统，这时元件破损监测氦气小回路的总 γ 仪表的指示比正常运行值高 $10\sim10^3$ 倍。虽然元件破损监测重水小回路总 γ 仪表的指示也有明显的增加，但是，由于重水系统的正常运行值较高，因此，元件破损监测氦气小回路的灵敏度更高，这正是通过覆盖气体监测燃料元件包壳破损的优点。

6.1.6　燃料通道冷却剂温度在线监测

冷却剂流过燃料元件/燃料组件，吸收核燃料裂变释放的能量，温度不断升高。通过监测流过燃料组件冷却剂的温度，可以监测燃料组件的功率、堆芯功率分布、燃料组件安装是否正确、燃料组件冷却剂流道的变化及燃料元件包壳的完整性等，对于燃料元件/燃料组件与反应堆的安全运行具有重要的作用。

一般而言，大多数反应堆都没有直接监测每个燃料组件冷却剂的温度。虽然压水堆核电站的堆芯出口有若干热电偶，不过目的是监测堆芯的功率分布，而不是监测每个燃料组件冷却剂的温度。与之形成鲜明对比的是，101 堆的每个燃料组件通道都设有冷却剂温度在线监测，以实时监测每个燃料组件的运行情况，这种设计是独特的。

101 堆共有 72 根工艺管，每个工艺管内放置一个燃料组件。工艺管由元件管、隔流管、节流塞、温度计四部分组成，除了温度计，其他部件的材料都是铝合金。工艺管的作用是为燃料组件提供导向、定位、固定、密封，并形成流过燃料组件冷却剂的流道，同时，它的一个很重要的、独特的作用就是监测燃料组件冷却剂的温度。虽然功能与 CANDU 堆的燃料通道相似，但是，101 堆的工艺管不是一回路压力边界的一部分。

工艺管温度测量使用 BA_2 型铂电阻温度计，它封闭在 $\phi 6$ mm 的铝制软管内，由细长的温度计套管保护，装在节流塞中，温度计套管可以沿节流塞轴向滑动，位于燃料组件顶端以上一定的距离，测量燃料组件冷却剂的出口温度。温度计由真空橡皮与密封连接件固定并经电缆插座引到堆外。通过设计“ΔR/U”测量电路，在 0～100 ℃的温差范围内，转换电路输出 0～50 mV 温差信号，由输出电压值就可以计算出温度值，供计算机或数据采集装置采样。

工艺管温度测量电路如图 6-7 所示。图中，$V_1 \sim V_{72}$：电压，输入至计算机或数据采集装置；R_0：温度为 0 ℃时温度计的固定电阻值；R_t：工艺管温度计的实际电阻值。该测量电路是一个简化的不平衡电桥。每根工艺管设有一个独立的不平衡电桥，桥臂低温端（工艺管冷却剂进口温度）为温度计零度时的固定电阻值，桥臂高温端（工艺管冷却剂出口温度）为工艺管温度计实际电阻值。每根工艺管内部装有温度计测量冷却剂出口温度，出口温度和进口端温度之差就是每根工艺管的温差，实际上就是燃料组件的温差。

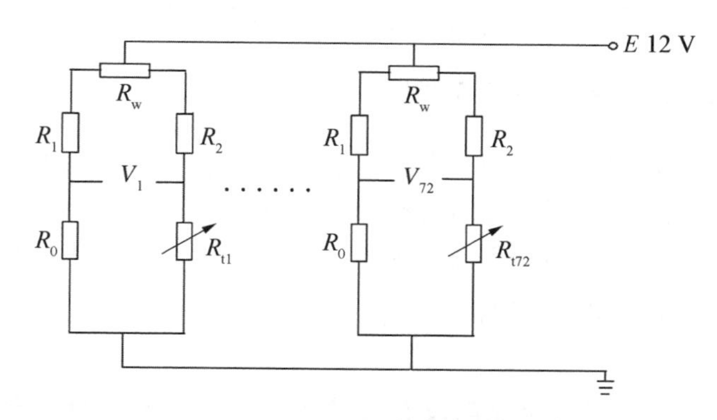

图 6-7　101 堆工艺管温度测量电路

在测量线路中，当冷却剂的进口温度与出口温度存在温差时，电路失去平衡，测量线路就产生与温差成正比的电压信号，通过计算机或数据采集装置完成温差测量。

除了共性的作用外，101 堆工艺管冷却剂温度监测的重要作用还有监测节流塞安装是否正确、工艺管漏流率的变化等。工艺管通过下端的插头插在铝合金反应堆容器(内壳)的插座内，由于冷却剂流动产生工艺管流致振动，插头与插座不停地发生撞击和摩擦，造成两者均产生磨损，随着磨损的增加，插头与插座之间的间隙增大，从这个间隙流过的冷却剂流量增大，即冷却剂漏流增大。漏流增加，则流过燃料组件的流量下降，对燃料组件的冷却能力下降，影响反应堆的最大允许功率和燃料组件的安全。间隙增大、漏流增大，又进一步加剧工艺管振动，从而增大磨损和漏流，如此形成恶性循环。由此可见，必须监测工艺管漏流率及其变化趋势，确保反应堆安全运行。

工艺管漏流率可以通过基于质量守恒和能量守恒原理建立的与工艺管冷却剂温差有关的关系式计算得到。不过，理论计算存在误差，还要通过工艺管流通试验来辅助判断。工艺管流通试验是指在 101 堆停堆模式下，通过调节冷却剂系统阀门开度，逐步增加冷却剂流量，采集各工艺管冷却剂出口温度与冷却剂流量，得到工艺管冷却剂温度-流量变化曲线，通过数据分析确定最小临界流通流量。根据不同运行周期的临界流通流量的变化，就可以判断工艺管漏流率的变化趋势。

工艺管流通试验的基本原理如下：101 堆停堆一段时间后，重水泵(即主泵)停止，由于核燃料存在衰变热，堆芯内的冷却剂温度不断升高(工艺管内的冷却剂温度比工艺管外的冷却剂温度还要更高一些)，位于反应堆外管道内的冷却剂因向环境散热而温度不断下降直到与环境温度达到平衡。基于这个事实，当启动重水泵时，一回路主管道阀门开度较小，冷却剂流量很小，由于工艺管漏流的存在，管道内温度低的冷却剂主要从工艺管插头与插座之间的间隙流过，工艺管内的冷却剂缺乏向上流动的动力，当阀门开度增大、冷却剂流量增大，工艺管内冷却剂向上流动，当冷却剂流量增大到某个值，漏流率小的某工艺管内温度高的冷却剂首先向上流动到达工艺管温度计，温度计实测温度升高，经过一段时间，该工艺管内温度高的冷却剂全部流出工艺管，冷却剂系统管道中温度低的冷却剂进入工艺管并到达温度计，温度计实测温度快速下降，这证明此时该工艺管已经完全流通。当堆芯最后一根工艺管的温度显著下降时，此时的冷却剂流量即为临界流通流量。当阀门全开时，如果冷却剂流量还不能使全部工艺管流通，则说明一旦发生异常事件导致反应堆自动停堆时，部分工艺管将得不到正常冷却，其冷却剂温度将持续升高，可能达到饱和温度，产生局部沸腾，蒸汽不断积累，导致元件包壳传热变差、反应堆压力升高，燃料的温度与燃料元件包壳压力也随之升高，甚至威胁燃料元件包壳的完整性，导致燃料熔化。因此，在 101 堆启动前，必须进行工艺管临界流通试验，确保临界流通流量满足要求。

6.2 CANDU 堆主要工艺监测系统

与反应堆设计相适应，CANDU 堆工艺监测系统设计有自身鲜明的特点，与压水堆核电厂有较大的不同。

6.2.1 核测系统

CANDU 堆核测系统的主要功能与压水堆核电厂是相同的，不过，由于 CANDU 堆采用卧式排管容器，堆芯结构与压水堆核电厂也存在不同，因此，核测系统在组成、结构、布置等方面存在一定的区别。

为了监控 CANDU 6 堆内核反应的进行，在反应堆的水平和垂直方向布置了很多功率测量元件，用于测量堆芯各区域热中子注量率，为反应堆功率控制、保护及换料提供必要的信号和数据。CANDU 6 在满功率运行时的堆芯热中子注量率为 2×10^{14} $cm^{-2}\cdot s^{-1}$ 左右；为此 CANDU 6 的核测量元件要覆盖 $0\sim2\times10^{15}$ $cm^{-2}\cdot s^{-1}$的测量范围以便反应堆内核反应能全程受控地进行。为了使核测系统满足可靠性、范围、精度、信号响应速度的组合要求，CANDU 6 使用了 BF_3 探测器、电离室探测器、自给能铂探测器、自给能钒探测器来进行组合测量[9]。

CANDU 6 反应堆的功率测量和控制分区进行，功率调节通过改变反应堆各区域内液体区域控制器水位实现。

6.2.1.1 启动和停堆阶段功率测量

BF_3 探测器是启动仪表专用的探测器，它在堆内中子注量率水平很低时（$0\sim2\times10^{9}$ $cm^{-2}\cdot s^{-1}$）测量堆内功率水平，用于停堆及启动阶段反应堆功率异常升高时触发 1 号停堆系统动作。

6.2.1.2 快速中子功率测量

(1) 电离室探测器（在堆内中子注量率为 $2\times10^{8}\sim2\times10^{14}$ $cm^{-2}\cdot s^{-1}$ 的范围提供信号）在堆外两侧贴近于反应堆水平布置，CANDU 6 的两个停堆系统及反应堆调节系统都有各自的电离室探测器组（每个系统 3 个通道共 9 个电离室）提供反应堆对数核功率、线性核功率和对数功率变化率信号。电离室探测器用于低功率[小于15%满功率(FP)]时的整体功率控制。虽然电离室功率的信号可以覆盖从零功率至满功率的整个范围,但是只在很低的功率水平电离室的信号才比较准确。

(2) 铂探测器(在中子注量率为 $10^{13}\sim10^{15}\ cm^{-2}\cdot s^{-1}$ 的范围提供信号)是在堆内分散布置的自给能探测器,它对中子注量率变化响应快,但测量精度略低。CANDU 6 有三组相互独立布置的铂探测器,其中有两组(一组34个,另一组28个)由堆顶插入堆芯,34个的一组为1号停堆系统提供反应堆局部功率信号,28个的一组(每区域布置两个探头)为反应堆调节系统提供反应堆14个区域功率信号;第三组(24个)沿水平方向插入堆芯,为2号停堆系统提供反应堆局部功率信号。铂探测器用于高功率(大于15%FP)时的整体功率控制和区域功率倾斜控制。

6.2.1.3　慢中子功率倾斜测量

102个钒探测器(在中子注量率为 $10^{13}\sim10^{15}\ cm^{-2}\cdot s^{-1}$ 的范围提供信号)由上部插入堆芯,它对中子注量率变化响应慢,但精度高,它用于堆芯功率分布的在线监测并拟合计算堆芯功率分布和通道功率分布图、提供功率测量信号校正因子计算数据。由在线中子注量率测绘程序 FLX 计算出14个区域的校验因子,用于动态区域功率倾斜校验。

6.2.2　热工参数监测

反应堆在线热功率测量包括两种方法,分别用于不同的功率水平。

(1) 反应堆热功率 P_{RTD}[由电阻式温度探测器(RTD)测得的反应堆功率]:用于低功率阶段(5% FP～70% FP)。

(2) 蒸汽发生器(SG)热功率(P_B):用于高功率阶段(50% FP～100% FP)。

6.2.2.1　反应堆电阻式温度探测器热功率

24个电阻式温度探测器成对位于4对出口集管和入口集管上,用于功率小于70% FP时动态校验整体反应堆功率。入口集管温度模拟输入信号的有效范围是0～320 ℃,出口/入口温差模拟输入信号的有效范围是0～60 ℃。

反应堆电阻式温度探测器热功率由以下公式计算:

$$P_{RTD}=W_P(h_{OUT}-h_{IN})=\frac{W_P}{(P_{THM})_{NOM}}\Delta T[b+c(2T_{IN}+\Delta T)] \quad (6-3)$$

式中,W_P 为主冷却剂回路的流量;h_{OUT} 与 h_{IN} 为反应堆出口和进口冷却剂焓，使用近似拟合公式：$h = a + bT + cT_2$；T_{IN} 为反应堆进口温度；ΔT 为反应堆进出口温差；$(P_{THM})_{NOM}$ 为反应堆核燃料传到冷却剂的额定热功率(2 061.4 MW)。

由于在冷却剂沸腾前，冷却剂流量随功率的变化非常小(小于 2%)，所以在 CANDU 6 核电厂并不设置冷却剂总流量的测量仪表，而在 PMCR 程序中使用 1 个常数值(W_P)，当调试期间在 50%FP 前对该参数进行校正后，其误差会进一步缩小。因此，在线反应堆热功率测量的关键就在于反应堆冷却剂进出口温度及其温差的测量。CANDU 6 核电厂在反应堆冷却剂每个进口集管上安装了 3 个热电偶(电阻式温度探测器)(总共 12 个电阻式温度探测器)，同时在 4 对进出口集管安装了测量温差 ΔT 的热电桥，所以反应堆热功率在 CANDU 6 核电厂被称为电阻式温度探测器热功率。

当冷却剂开始出现沸腾后，冷却剂集管的温度测量就不再适用于冷却剂焓和热功率的计算，所以在高功率以后必须采用蒸汽发生器的热功率测量值用于反应堆功率指示和控制。

6.2.2.2 蒸汽发生器热功率

4 套蒸汽发生器(SG)功率测量装置分别测量 4 个蒸汽发生器的热功率。每一套包括 1 个给水流量探测器、1 个给水温度探测器、1 个蒸汽流量探测器，它们用于在大于 50%满功率时的整体反应堆功率动态校验。给水流量模拟输入信号的有效范围是 0～300 kg/s，蒸汽流量模拟输入信号的有效范围是 0～300 kg/s，给水温度模拟输入信号的有效范围是 0～320 ℃。

在低功率阶段，由于给水流量和蒸汽流量不稳定以及蒸汽品质不理想，SG 热功率的计算偏差较大，但当功率水平大于 50% FP 后，以上偏差将减少到 2%以下。并且蒸汽流量在调试或定期使用更准确的给水流量校正后，更提供了 SG 热功率计算的精度。因此，当机组达到高功率后使用 SG 热功率用于反应堆功率指示和控制。

核电厂稳定状态的热平衡为

$$P_B = P_R + P_P - L \tag{6-4}$$

式中，P_B 为蒸汽发生器一次侧传到二次侧的热功率；P_R 为反应堆中燃料传到冷却剂中的热功率；P_P 为主泵添加到冷却剂中的功率；L 为主回路中的热传输损失。

反应堆蒸汽发生器热功率由以下公式计算：

$$P_{Bi}=\frac{1}{(P_{Bi})_{NOM}}[K_{si}W_{si}(h_s-h_f)+W_{fi}(h_f-h_{fw})] \tag{6-5}$$

式中，$(P_{Bi})_{NOM}$ 为设计额定蒸汽发生器满功率，$(P_{Bi})_{NOM}=515.75$ MW；h_s 为蒸汽焓（=1 657.5 kJ/kg）；h_f 为饱和液体焓；h_{fw} 为给水焓（$=-21.58+4.36T_{Fi}$）；T_{Fi} 为给水温度；W_{si} 为未校正的蒸汽流量；W_{fi} 为给水流量；K_{si} 为蒸汽流量校正因子（在调试期间和运行期间定期进行离线蒸汽发生器功率计算后调节）。

平均蒸汽发生器热功率为

$$P_B=\frac{\frac{P_{B1}+P_{B2}}{2}+\frac{P_{B3}+P_{B4}}{2}}{2} \tag{6-6}$$

式中，P_{B1}、P_{B2}、P_{B3}、P_{B4} 分别为 4 个蒸汽发生器各自的功率。

6.2.3　辐射防护监测

重水堆核电厂涉及辐射防护监测的系统比较多，分别有放射性活度、燃料元件破损、气体放射性、重水泄漏、放射性氚等辐射监测系统。

6.2.3.1　总放射性活度监测系统

因为种种原因燃料元件包壳可能破裂，使燃料裂变产物进入主热传输系统的冷却剂中。同时，由于冷却剂中存在的杂质被活化，使主热传输系统中包含有放射性物质。

总放射性活度监测系统就是设计用于在线连续监测主热传输系统中的^{88}Kr、^{131}I、^{133}Xe 和^{135}Xe 的浓度以及总的 γ 活度，这些参数传送到电站计算机（DCC）中给予操作员指示，以判断堆芯中是否存在燃料元件包壳破损，同时可以监测到主热传输系统中的总放射性水平。

1）系统功能

（1）通过对冷却剂中^{88}Kr、^{131}I、^{133}Xe 和^{135}Xe 四种核素浓度的监测，探测反应堆内是否存在破损燃料元件。

（2）监测主热传输系统内^{131}I 的活度，这个值必须低于规定的限值（186 MBq/kg）。

2）系统描述

放射性活度监测系统取样部分分为 2 个独立的回路，每个主热传输系统环路对应一个回路，环路一的取样点在 2 号主热传输泵的出口，环路二的取样点在 4 号主热传输泵的出口，样品流经采样器 63103 - Y1/Y2(在这里被探测)后，分别送回到 2 号和 4 号蒸汽发生器重水侧入口。

系统的电子监测回路采用 γ 谱仪对经过采样器的取样流的放射性水平进行测量，如果从主热传输系统来的取样流含有带放射性的气体裂变产物，不同的放射性核素发出特有能级的 γ 射线，使探测器产生电子脉冲。系统需要监测 4 种核素 ^{133}Xe(81 keV)、^{135}Xe(250 keV)、^{131}I(364 keV)和 ^{88}Kr(196 keV)，计数率仪对每个能级的放射性水平进行计数，信号经微机通过有关程序自动甄别和分析后，立即显示出主热传输系统中包含的 ^{88}Kr、^{131}I、^{133}Xe 和 ^{135}Xe 4 种核素浓度以及总放射性水平，并将信号送到电站计算机中进行显示。系统的简化流程如图 6 - 8 所示。

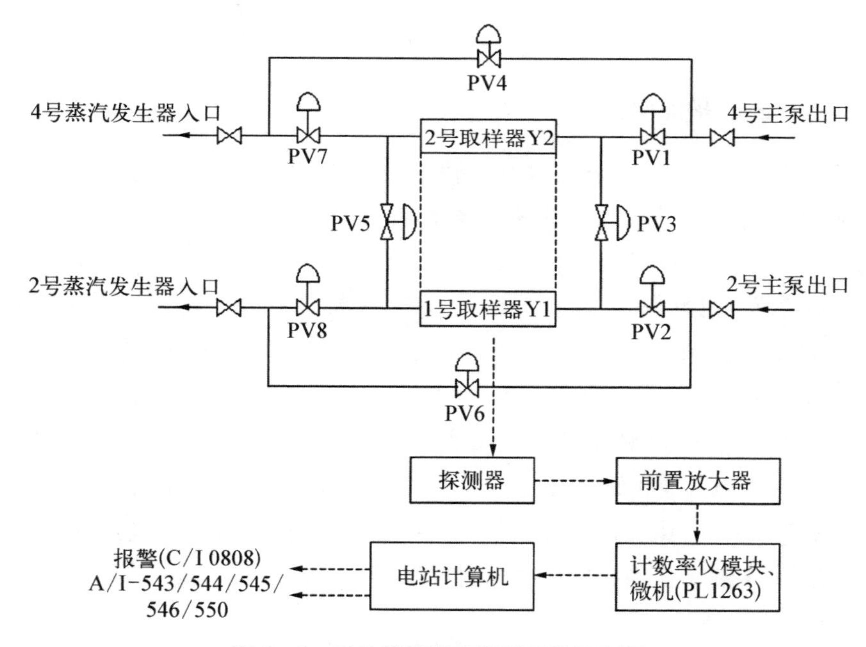

图 6 - 8　总放射性活度监测系统示意图

6.2.3.2　破损燃料定位系统

如果堆芯中某个燃料通道的某个燃料棒束中的某个燃料棒发生破损，原包容在燃料元件包壳内的裂变产物(包括 ^{137}I 和 ^{87}Br)将释放到冷却剂中。本系统采用测量与 ^{137}I 和 ^{87}Br 相关联的缓发中子的原理，通过对 380 个燃料通道分别采样测量其通道中缓发中子的计数，来判断各燃料通道中是否存在破损燃料。本系统是 CANDU 堆重要的监测系统之一。

1）系统功能

（1）当总放射性活度监测系统探测到堆芯内有破损燃料存在时，启动该系统来对破损燃料所在的通道进行定位。

（2）在对所定位的通道换料时，再通过该系统对其进行持续监测，最终可判定某个燃料棒束的破损。

2）系统描述

系统的流程简图如图6-9所示[10]。破损燃料定位系统从每个燃料通道压力管出口支管上（共380个通道）引出取样管线，该取样管线连接到A侧R-304房间和C侧R-303房间。

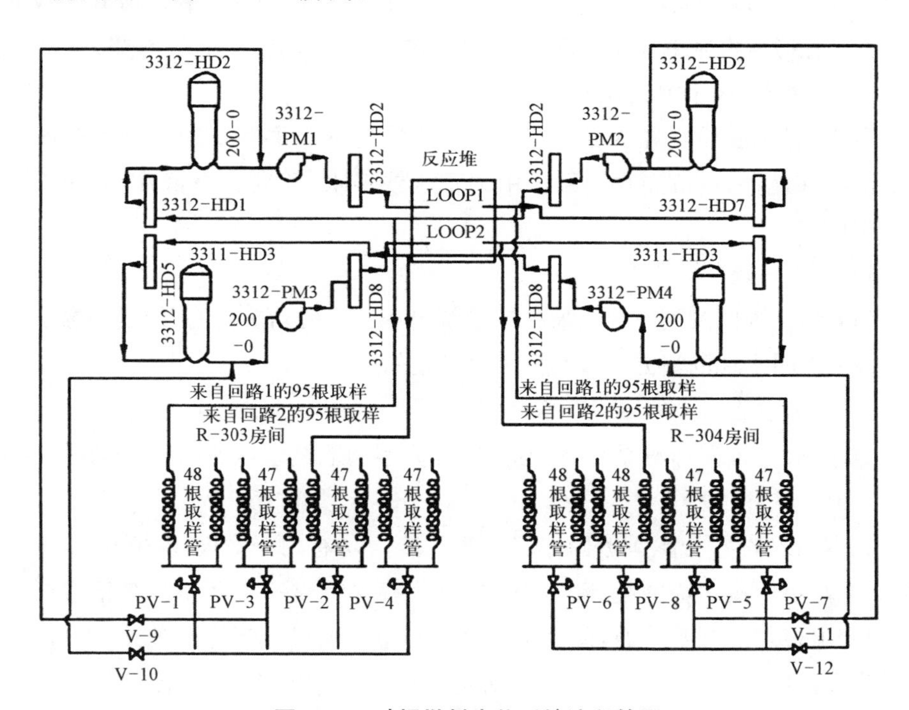

图6-9　破损燃料定位系统流程简图

每个取样管线（每个房间190根）上都连接着一个取样盘管，取样盘管浸没在装有除盐水的慢化水箱里，除盐水的作用是提供慢化和屏蔽中子的作用。每个通道的取样流经过取样盘管后汇集到8根集管中的一根，然后经过取样回流阀后，取样重水流向蒸汽发生器的重水出口与主热传输系统泵的吸入口之间的主管道。

本系统采用测量^{137}I和^{87}Br释放出的缓发中子来识别有破损燃料的通道。

裂变产物从破损燃料棒束中释放出来进入主热传输系统，由于破损燃料通道中这些核素(^{137}I 和^{87}Br)增加的原因，缓发中子增加，就能够确定在哪个通道中有燃料包壳破裂。系统的取样和扫描主要是通过测量小车和探测器来完成的，小车的用途是将探测器移动到正确的位置进行测量。每个小车上装有 6 个 BF_3 探测器，在小车的每个定位点，把探测器放入取样盘管的中央，三个放入上层盘管，另三个放入下层盘管。一旦探测器就位，在预定时间内对这 6 个通道的中子计数进行测量，并将数据传输到系统微机上进行显示和记录。然后测量小车将 6 个探测器提升起来，移动到下一个定位点，对下 6 个通道进行测量。反应堆物理人员通过对数据进行分析，判断出哪个通道存在破损燃料。取样和数据处理都是在微机控制下自动执行的，并可以在就地打印机上打印出结果。

6.2.3.3 重水/轻水泄漏监测系统

重水/轻水泄漏监测系统的功能是探测反应堆厂房和辅助厂房各个区域可能泄漏在地板、地坑和收集系统中的重水或轻水，并发出报警，以方便人员及时响应。

1) 系统功能

(1) 当系统监测到有泄漏发生或系统电源丧失时，在主控室发出报警。

(2) 表明出现的泄漏以及泄漏发生的位置。

2) 系统描述

重水/轻水泄漏监测系统有管道型、地面型和地坑型三种探头，如图 6－10 所示。

在本系统的每个泄漏检测探头(BEETLE)上均有两个电极，电极与 63861－PL99 上与该探头对应的电流表和泄漏报警装置组成一个回路。在正常情况下，两个电极之间互不导通，回路中也就没有电流通过。当探头的两个电极因接触到泄漏的重水/轻水而导通时，回路中将会通过电流，当电流信号增大到 65 μA 时，泄漏报警装置触发，主控室出现“63861－MS BEETLE TROUBLE C413”的显示器报警。此时，运行人员需要到 63861－PL99 盘台上通过电流表确认是哪一个探头报警，并将报警开关置于“ACKNOWLEDGE”位置使泄漏报警装置旁路，然后安排现场值班员进行确认和取样。将泄漏报警装置旁路之后，主控室 PL15 盘台上的“LEAK ACK”指示灯常亮以提示操作员有探头报警处于旁路状态，同时主控室 CI0413 报警会复位，这样在其他探头检测到泄漏时，仍然可以发出 CI0413 报警，以便操作员及时响应和处理。

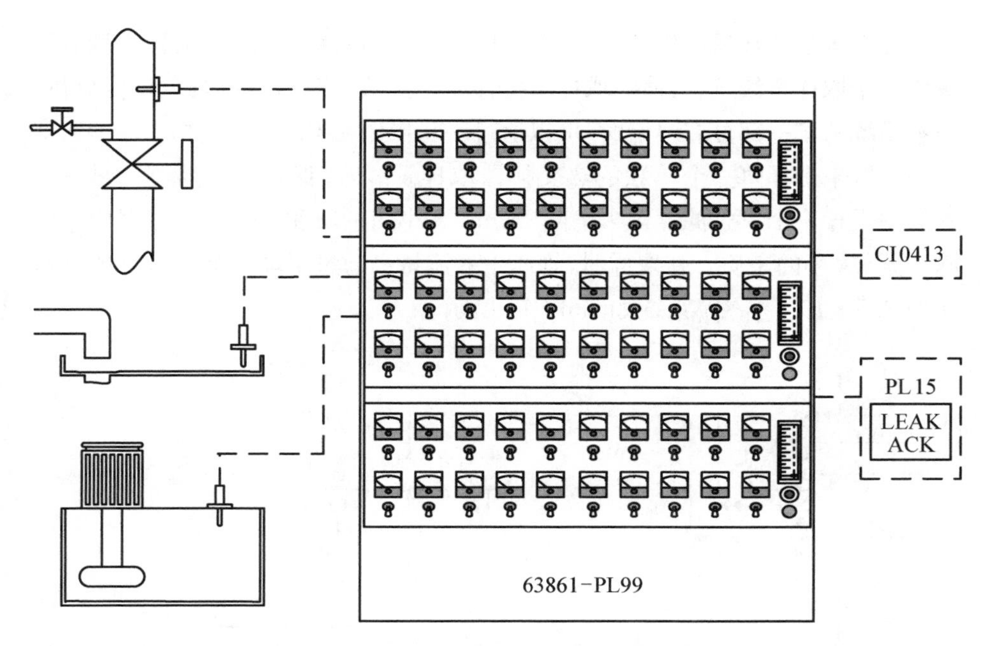

图6-10　重水/轻水泄漏监测系统示意图

6.2.3.4　氚在轻水中的监测系统

氚在轻水中的监测系统[11]是CANDU 6堆监测重水泄漏的系统之一，采用液闪分析仪原理[11]，通过对二回路轻水中氚浓度的监测，判断一回路是否存在重水泄漏。

氚在轻水中的监测系统从反应堆厂房、辅助厂房及汽轮机厂房的工艺系统中取样，并把样品送到辅助厂房的63862-PL1498机架上。

有5条取样管线连接到二回路取样系统，其中4条管线分别来自4台蒸汽发生器排污的取样管线，剩余1条管线为蒸汽发生器新蒸汽出口的取样管线，5条取样管线在63862-PL1498上形成1条公共管线，进行连续监测。取样管线的流速是通过调节流量计的针阀实现的。为了能在10 min内监测到重水泄漏，调节流量计的针阀使流量计流量为2.5×10^{-3} L/s，通过液闪取样泵把样品送到液闪分析仪进行氚的浓度分析。

有14条取样管线接到再循环冷却水系统(RCW)，其中3条管线为慢化剂热交换器和慢化剂净化热交换器的冷却水管线，9条管线为停堆冷却系统热交换器、主热传输净化系统热交换器、主热传输泵轴封热交换器、装卸料机辅助系统热交换器和除气冷凝器下游热交换器的冷却水管线，还有2条管线是再循环冷却水系统从反应堆厂房 A 侧和 C 侧返回的管线。这 14 条管线最后汇聚成 5 条取样管线，通过液闪取样泵把样品送到液闪分析仪进行氚浓度分析。当本系统的某一部分有泄漏时，可以通过手动操作在 PL1498 上相应的三通球阀的位置来选择每一个单独的热交换器取样管线，以保持在线监测。每一条管线中设置一个大过滤器用来清除 10 μm 大小的杂质和一个小过滤器用来清除 5 μm 大小的杂质。在取样时，管线中的流量也通过手动调节流量计的针阀达到 2.5×10^{-3} L/s。系统如图 6 - 11 所示。

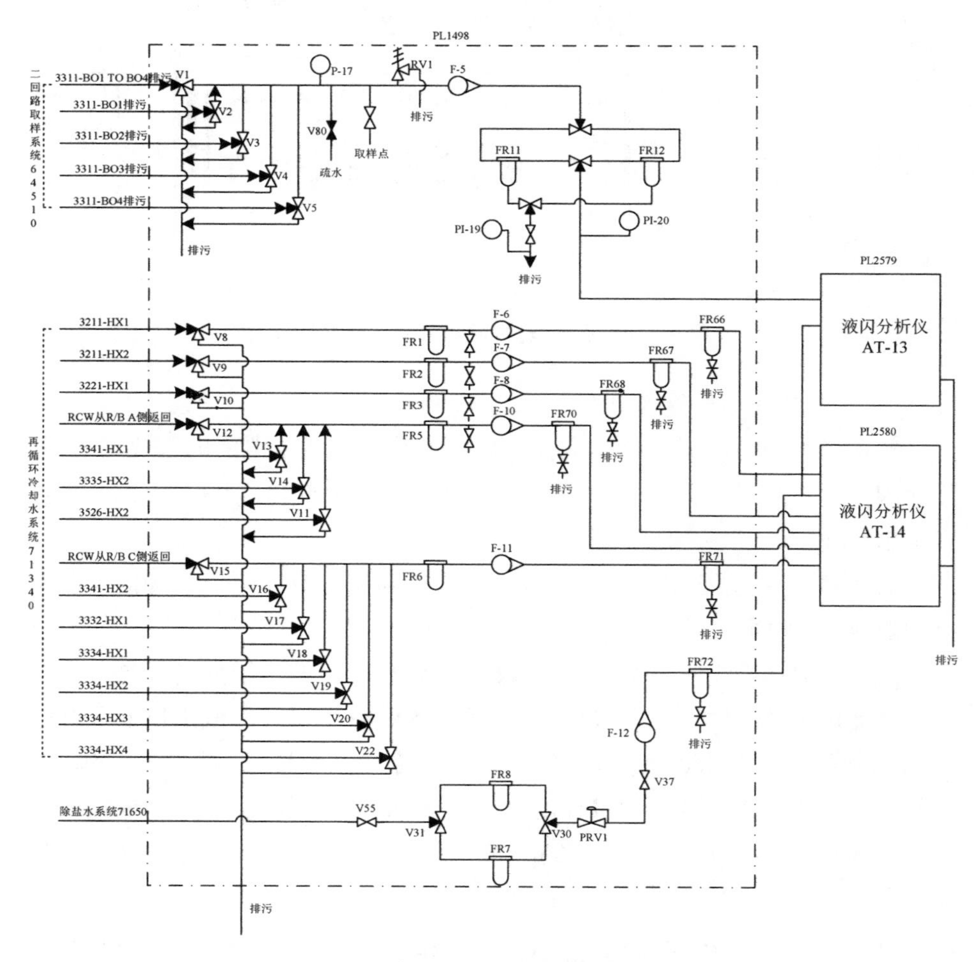

图 6 - 11 氚在轻水中的监测系统示意图

6.2.3.5 空气中的重水监测系统

CANDU 6 堆采用重水作为慢化剂和冷却剂，重水在堆内经过辐照转变为氚水蒸气，氚具有放射性，其半衰期为12.3年，氚水蒸气可通过吸入和皮肤接触进入人体造成内照射。另外，因重水价格非常昂贵，异常的重水泄漏是不可接受的。

空气中的重水监测系统[12-13]就是设计用于连续监视反应堆厂房烟囱排气中的重水浓度，当空气中的重水浓度超过一定值时给出报警，提示操作员反应堆厂房可能存在重水泄漏。除了系统故障检修和标定以外，系统均应保持正常连续运行，本系统是CANDU 6中重水泄漏重要的在线监测系统之一。

1）系统功能

（1）对反应堆厂房烟囱排气中的重水浓度进行监测，通过红外分析原理得出空气中的重水浓度送入电站计算机进行显示并计算重水损失率，当浓度超过设定值时，在主控室给出两个报警，分别是大于15 ppm的高报警和大于40 ppm的高高报警。

（2）根据重水浓度以及反应堆厂房通风系统排气压力、温度、流量，计算出排气中重水含量和单位时间内重水泄漏率，当泄漏率大于0.4 kg/h时给出重水泄漏率高的报警。

2）系统描述

空气中的重水监测系统通过取样泵从烟囱中抽取排气流量进入红外分析仪，由红外分析仪对重水浓度进行计数，从而得出空气中的重水浓度并送入电站计算机进行显示和计算。通过一个电阻式温度探测器温度探头、一个压力计和流量计对R/B排气进行排气温度、压力、流量测量，并把测量结果送入电站计算机用以显示和计算重水损失率。系统的流程如图6-12所示。

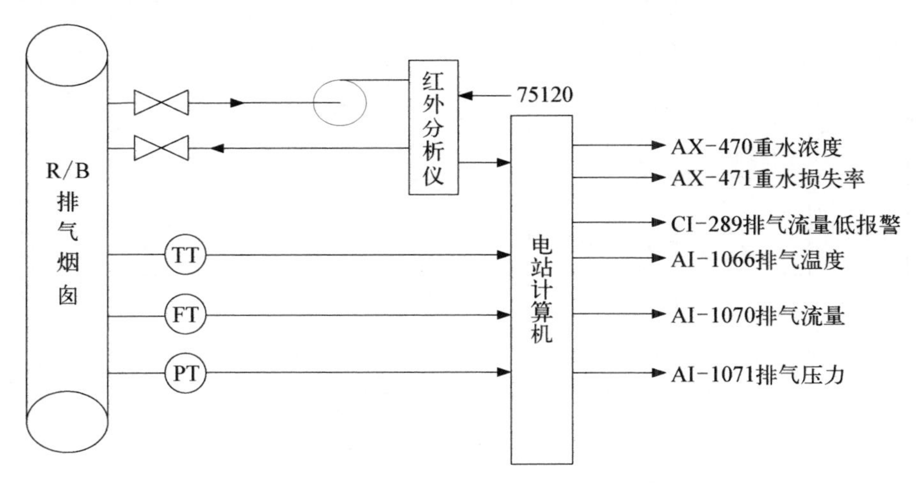

图6-12　空气中的重水监测系统示意图

6.2.3.6 区域γ监测系统

区域γ监测系统设计用于在R/B和S/B可能存在高γ辐射场的区域，为工作人员提供保护。

1) 系统功能

(1) 监测核电厂可能存在高放射性区域的γ放射性水平。

(2) 提供核电厂各个监测区域放射性水平的连续和集中显示。

(3) 在每个监测区域附近提供声光报警装置(当出入控制系统所属“A”“B”区不允许进入时，则这些区域的报警不可用)。

(4) 主控室操作员能够在任何时候检查每个监测区域的放射性水平和报警情况。

(5) 当核电厂任一监测区域发生报警时，主控室显示器上将发出报警信号，提醒主控室操作员。

(6) 两个多点图表记录仪提供一个永久记录表格(18个输入信号能被连接到任一个图表记录仪)。

2) 系统描述

在正常运行时，系统33个监测回路(包括67873R1～67873R24、67873R26～67873R34)的探测器监测各个区域的放射性水平，并发送一个与区域放射性水平成正比的电流信号经前置放大器后，送到相应的电子模块(数字电子计数率计)。电子模块放大接收到的信号并与报警设定值进行对比，高于设定值时发出报警。同时，电子模块向就地报警装置发送信号输入显示剂量率，并发送一个模拟输入信号到控制计算机，该信号能由操作员调用并在显示器上显示。系统如图6-13所示。

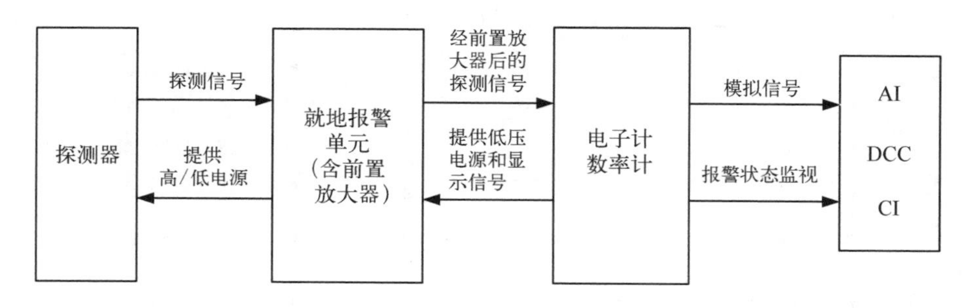

图6-13 区域γ监测系统简图

6.2.3.7 事故后辐射监测系统

事故后辐射监测系统为事故后采样与监测的系统。发生冷却剂丧失事故后在仪表压空系统投入运行的同时投入本系统,对反应堆厂房内的气体进行取样、监测,评估反应堆厂房内放射性水平,监测对象包括放射性气溶胶、碘、惰性气体、氚。本系统是全厂辐射监测的重要组成部分。

事故后辐射监测系统(PAASM)包括 2 套监测回路,一套为高量程,另一套为高高量程。高量程回路如图 6 - 14 所示。

在系统正常投运后,从事故后仪表压空压缩机入口抽气取样,经过气溶胶采样器、碘采样器、惰性气体采样器、氚收集器、真空泵,最后回到事故后仪表压空压缩机出口。回路中气溶胶采样器、碘采样器、惰性气体采样器、氚收集器均可以旁路运行。在发生冷却剂丧失事故后,为保证探头测量结果的准确性,从 S/B 压空引一路管线经过冲洗气体过滤器,对惰性气体采样腔室进行冲洗。

高高量程回路如图 6 - 15 所示。

当高量程监测设备监测到惰性气体的放射性活度超过 1×10^{11} Bq/m^3 时,高高量程监测设备会自动投入运行。从高量程检测设备过来的气体经过采样器“A”或者“B”、惰性气体采样器、氚收集器、泵,最后回到高量程检测设备。在惰性气体通道需要进行取样工作时,需要将惰性气体测量通道投入旁路运行状态。在发生冷却剂丧失事故后,为保证探头测量结果的准确性,从 S/B 压空引一路管线经过冲洗气体过滤器,对惰性气体采样腔室进行冲洗。

6.2.4　特殊参数测量与分析技术

CANDU 堆特殊参数测量与分析包括氚监测和重水除氚技术。

6.2.4.1　氚监测系统

由于重水堆固有的特点,其重水和中子反应会产生氚。氚是低能量的、纯 β 发射体,穿透力弱,因此对人体不会产生外照射的风险。但是氚蒸气可以通过呼吸或与皮肤接触进入人体,一旦氚蒸气进入人体,它就会均匀地遍布全身,从而对人体形成内照射。所以在 CANDU 6 核电机组运行期间,必须对厂房内的氚浓度进行监测,以减少氚对工作人员的辐射风险[11,13]。

1) 系统功能

氚监测系统就是用来监测厂房某些区域的氚放射性活度浓度,一旦氚浓度上升,可及时提醒工作人员采取相应的防护措施,以减少氚对人员健康的危害。同时还可以通过氚浓度的上升速度来判断厂房内是否存在重水泄漏。

2) 系统描述

氚监测系统由两个子系统组成:取样系统和固定监测仪。

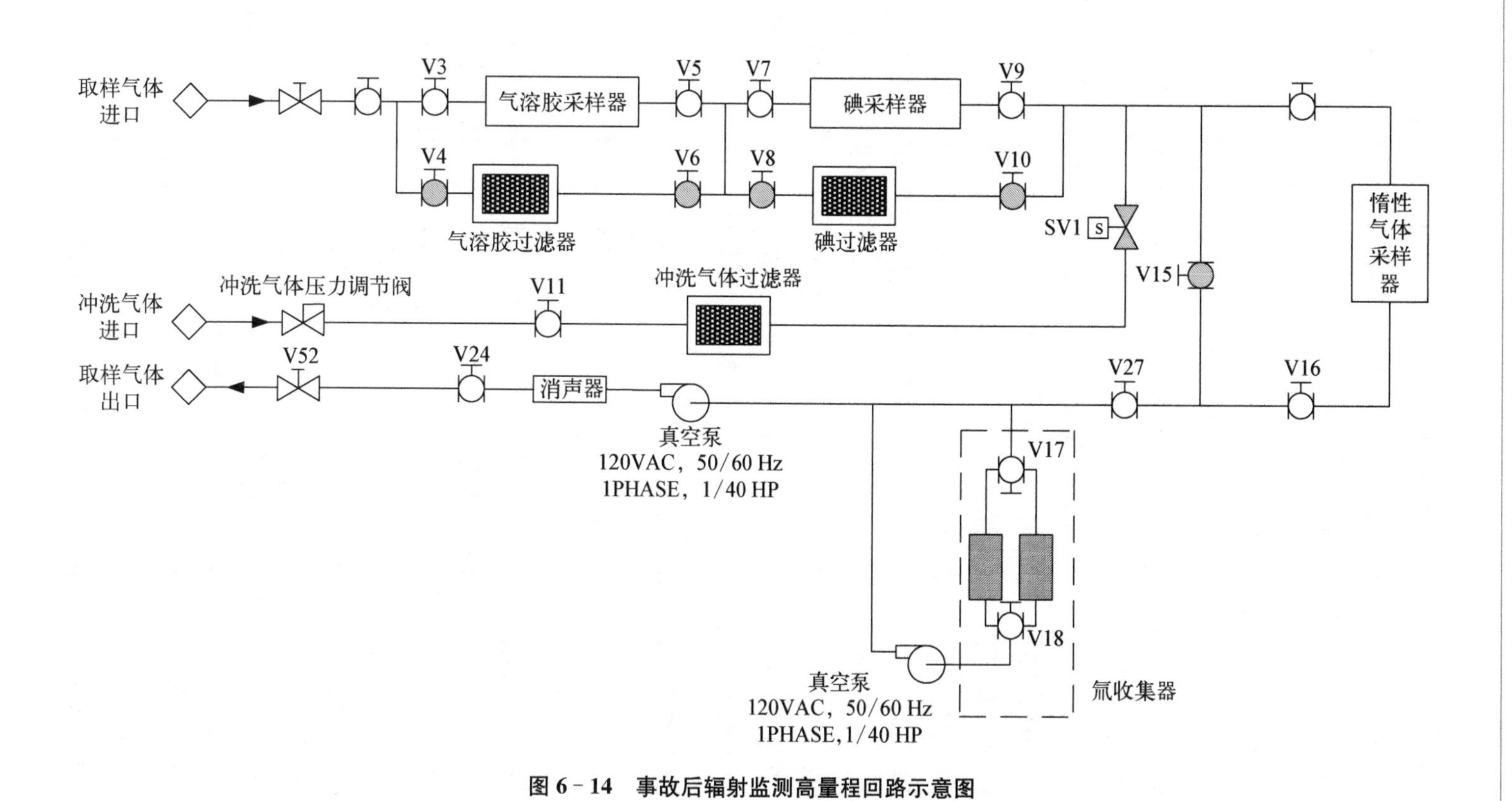

图 6-14　事故后辐射监测高量程回路示意图

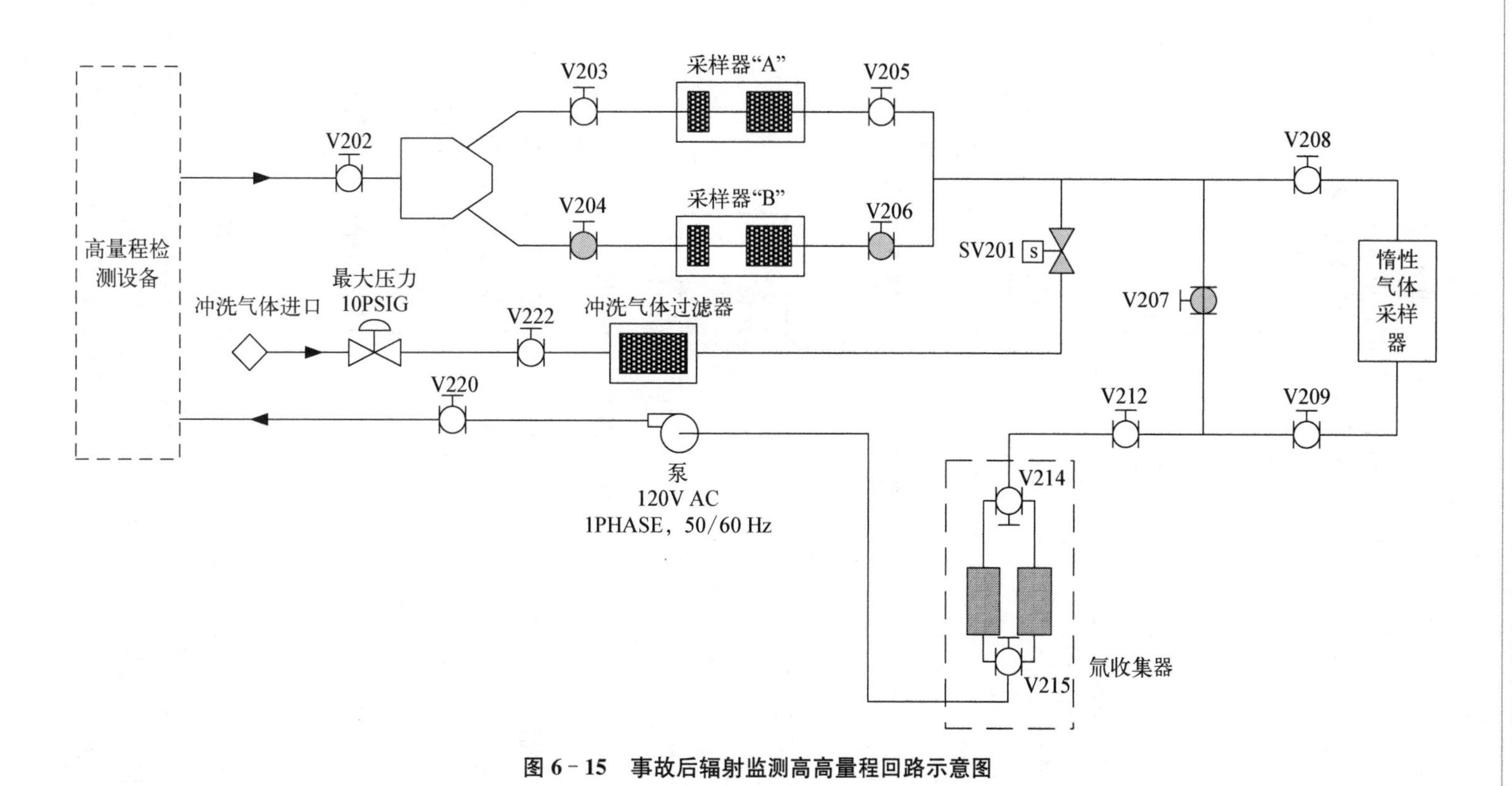

图 6－15　事故后辐射监测高高量程回路示意图

取样系统的流程如图 6-16 所示,大体流程如下:首先启动真空泵建立负压,然后打开相应房间的取样电磁阀,从该房间抽取气体送到固定监测仪进行放射性活度分析,分析结束后将气体排到反应堆厂房通风系统。

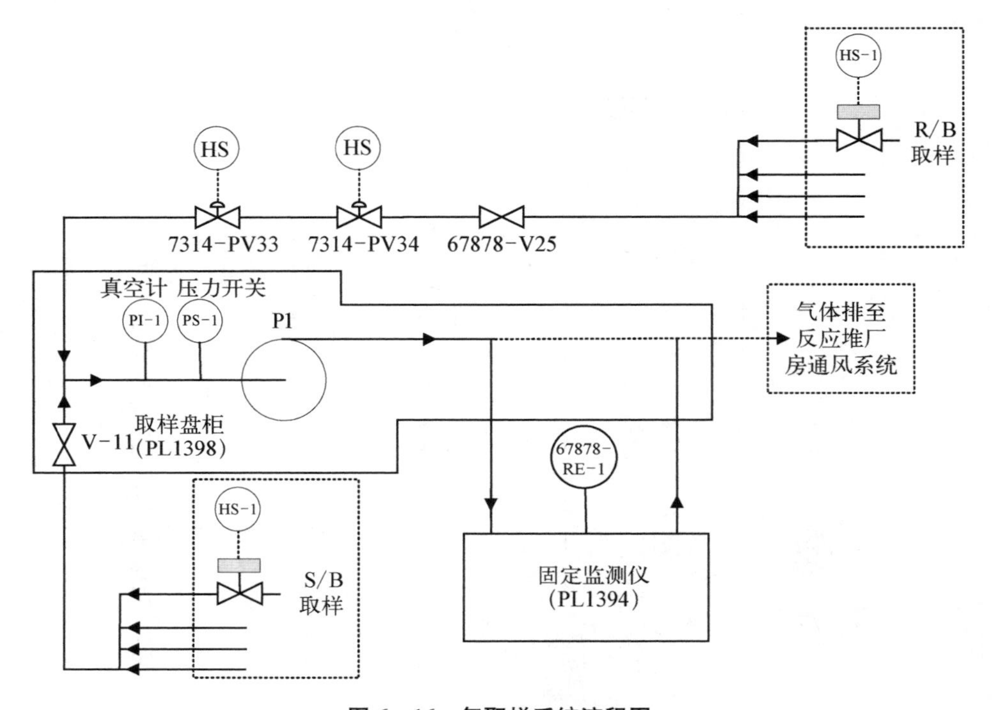

图 6-16　氚取样系统流程图

固定监测仪的工作原理如图 6-17 所示,大体流程如下:取样系统送来的空气样品首先进入湿回路,检测空气中氚和惰性气体的总放射性活度,然后空气样品通过过滤器、干燥器进行干燥,除去空气中的水分(氚),再对干燥后的样品进行放射性检测,得到空气中惰性气体的放射性活度。将两次探测结果相减,就可以得到空气样品中的氚活度,最后将分析完的气体排往反应堆厂房通风系统。

6.2.4.2　重水除氚技术

含有重水的反应堆在运行时中子与重水中的氘作用会产生氚,随着反应堆运行时间增长,重水中将积聚一定量氚,甚至可达到 100 Ci/L 的水平。氚的半衰期很长,会使运行维护人员所受剂量增加,给运行和维护带来不便。当含氚重水以液体或气体的形式泄漏时,会影响核电站的辐射水平,并严重污染环

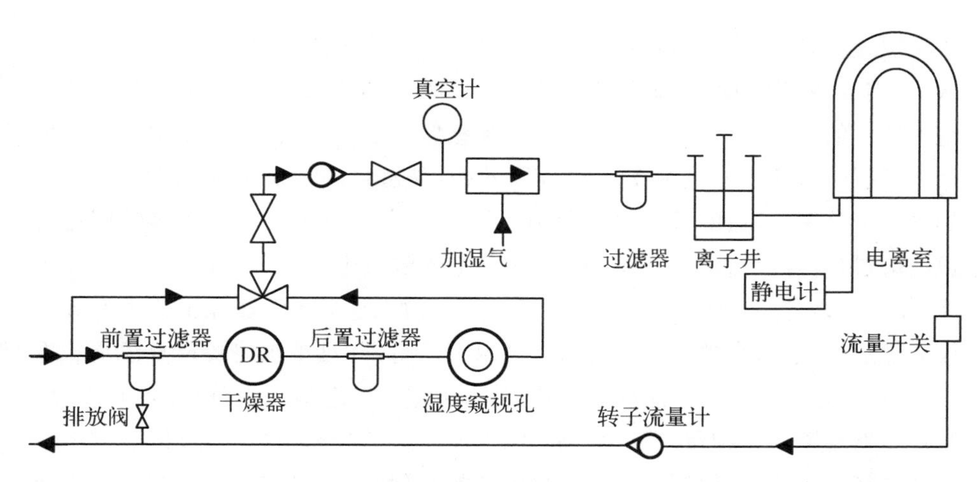

图 6－17　氚固定监测仪工作原理图

境。另外，氚可用作聚变反应燃料或用于生产核武器，是一种战略资源，具有很大的利用价值。因此，从反应堆运行维护人员安全、环境保护以及重要战略资源利用等方面考虑，首先需要对含氚重水进行除氚[14-15]，在此基础上进一步浓缩提纯，也称为提氚。

20 世纪 70 年代初法国在 Grenoble 核研究中心 Lauelangevin 研究所建立了世界上第一套气相催化交换的重水除氚装置。20 世纪 80 年代加拿大安大略水电公司（Ontario Hydro）在参照法国 Grenoble 除氚工艺流程的基础上，对技术稍加改进，在达林顿（Darlington）建造了一座最大的重水除氚装置。含氚重水提氚技术主要包括氚的相转移和氘、氚同位素分离浓缩两部分。氚的相转移就是将液态的氚组分转化成气体形式，氚的相转移技术主要有蒸汽催化交换技术（VPCE）、液相催化交换技术（LPCE）和组合电解催化交换技术（CECE）几种。而氘、氚同位素分离浓缩主要采用热扩散、气相色谱、低温精馏（CD）和水电解技术。与其他几种技术相比，低温精馏具有处理量大、分离因子高的特点，目前国际上工业化的氢同位素分离浓缩普遍采用液氢低温精馏。

现有重水除氚和提氚工艺主要有 VPCE＋CD、LPCE＋CD 和 CECE＋CD 几种。VPCE＋CD 工艺是将含氚重水经过纯化加热后与 D_2 气体混合，再通过催化交换柱进行氢同位素交换，使含氚重水中的氘和氚转化成为 HD 及 DT 形式，交换出来的氘、氚混合气体再输送到 CD 单元进行同位素的分离浓缩。LPCE＋CD 工艺是将含氚重水自上而下经过柱内液体分配器流入催化交换柱内，与自下而上逆流的氘气进行接触，在催化交换柱内进行氢同位素气-液催化交换反应，使氚从液相转移到气相，然后含氚、氘的气体经干燥净化后再进入 CD 单元从而实现氘、氚分离和浓集。CECE+CD 是将含氚重水与电解池电解产生的 D_2/DT 气体在催化柱内逆流接触，在催化剂作用下发生催化交换反应，氚从 D_2/DT 转化到 D_2O/DTO 液相，被富集的含氚重水流入电解池得到进一步浓集，贫氚的气体进入氢氧复合器复合成重水。经过多次的催化交换电解过程，含氚重水不断浓集，电解产生的浓集 D_2/DT 气体输送到 CD 单元，使氚得以分离和浓集。以上几种工艺各有特点，VPCE 法在工业上有大规模成熟运行经验，它的缺点是要求在高温下运行，并且重水需要反复汽化和冷凝，能耗大。LPCE 法流程设备简单，容易操作，工艺难度小，所以比较安全，缺点是低温精馏负担重，能耗较高。CECE 优点是分离系数大，可以通过电解对氚进行预浓集，可以缓解低温精馏的负担。但其流程比较复杂，其催化交换塔富集段需要处理的氚浓度高于从反应堆来的重水中的氚浓度，另外，电解槽中氚的浓度远高出料液中氚浓度，对氚的防护要求高。

随着对氚的需求的增加和科技的不断进步，除氚和提氚技术中的各个环节还在不断优化和进步。

参考文献

[1] 刘琦，刘永福，王文杰，等. 重水质谱分析[J]. 原子能科学技术，1965(9)：803 - 810.
[2] 刘焕良，张丽华，付建丽，等. 傅里叶变换红外光吸收谱法测定 D_2O 浓度[J]. 同位素，2009，2(3)：165 - 168.
[3] 沙登史坦 A И，等. 水的同位素分析[M]. 纯冰，译. 北京：科学出版社，1960：70 - 79.
[4] 蔡镏生，金日光，夏重信. 利用阶梯管法测定重水含量[J]. 吉林大学自然科学学报，1960(1)：129 - 133.
[5] 郑彦巍，李桂花. 密度计法测定重水浓度[J]. 同位素，1994，7(1)：43 - 46.
[6] 仲言. 重水研究堆[M]. 北京：原子能出版社，1989.
[7] 核工业标准化研究所. 重水研究堆水质技术条件 EJ/T 764—1993[S]. 北京：中国核工业总公司，1993.
[8] 张绮霞. 压水反应堆的化学化工问题[M]. 北京：原子能出版社，1984：119 - 129.
[9] 熊伟华. 秦山 CANDU 堆功率测量校正和控制改进[J]. 核科学与工程，2017，37(1)：48 - 53.
[10] 刘子川. PLC 在破损燃料定位系统中的应用[J]. 设备管理与维修，2017，7(9)：91 - 94.
[11] 田正坤，王孔钊，徐侃. 秦山核电三厂氚内照射辐射防护[J]. 辐射防护通讯，2007，27(4)：34 - 38.
[12] 孔雷，王孔钊. 重水堆核电站空气中氚的监测与泄漏查找中国核科学技术进展报告

[R]. 北京：辐射防护分卷，2009：173－178.

[13] 杨冬. 重水堆核电机组空气中的氚监测系统运行经验[J]. 中国核电，2019(4)：430－436.

[14] 罗阳明，孙颖，彭述明，等. 含氚重水提氚工艺技术进展[C]. 第二届全国核技术及应用研究学术研讨会，绵阳：2009－5－1.

[15] 夏修龙. 重水除氚工艺发展回顾[C]//中国化学会. 中国化学会第29届学术年会摘要集——第09分会：应用化学. 中国工程物理研究院核物理与化学研究所，2014－11.

第7章
重水堆安全技术

重水堆中子寿命较长，扰动引起的反应堆功率变化速度较慢，并采用了独特的结构和技术特点，使得重水堆具有很好的固有安全和非能动安全特点，可防御严重事故的多重固有应急热阱等优点[1]。本章将分别介绍重水研究堆和重水动力堆的安全技术，重水研究堆主要介绍中国先进研究堆(CARR)的安全技术，重水动力堆则主要介绍CANDU堆的安全技术。

7.1 重水研究堆安全技术

与动力堆相比，研究堆的功率、堆芯大小和裂变产物总量相对较小，其假想事故对环境引起的放射性物质释放也较少，但研究堆操作频繁、堆芯状态变化大，且建设地点往往贴邻人口稠密地区，因此，研究堆安全同样不可忽视。另外，鉴于不同重水研究堆之间在燃料类型、功率水平、功能要求方面也千差万别，其安全技术也不同。下面将从研究堆通用安全要求、典型研究堆“停堆、冷却和放射性包容”三大安全功能设计等方面阐述重水研究堆的安全技术。

7.1.1 研究堆通用安全要求

研究堆设计和运行需遵循《中华人民共和国核安全法》《中华人民共和国民用核设施安全监督管理条例》《核动力厂、研究堆、核燃料循环设施安全许可程序规定》《研究堆设计安全规定》《研究堆运行安全规定》、GB 18871—2002《电离辐射防护与辐射源安全基本标准》等要求。但这些要求针对性还不够强，还需关注风险等级、选址源项、“三区”原则及应急计划等重要的研究堆安全要素。

1）基于风险的分类管理[2]

鉴于不同类型研究堆之间存在重要差异，对研究堆实施安全分类管理。

基于研究堆潜在的风险水平，将其分为以下三类。

Ⅰ类研究堆：功率、剩余反应性和裂变产物总量都较高的研究堆，热功率范围为10～300 MW。这类研究堆一般在强迫循环下运行，通常必须设置高度可靠的停堆系统，需要设置应急堆芯冷却系统以保证堆芯余热的有效排出；对反应堆厂房或者其他包容结构需要有特殊的密封要求。

Ⅱ类研究堆：功率、剩余反应性和裂变产物总量属于中等的研究堆，热功率范围为500 kW～10 MW。这类研究堆可采用自然对流冷却方式或强迫循环冷却方式排出热量；反应堆需要设置可靠的停堆系统，停堆后必须保证堆芯在要求的时间内得到冷却，对反应堆厂房无特殊密封性要求。

Ⅲ类研究堆：功率低、剩余反应性小、停堆余热极少、裂变产物总量有限的研究堆，其热功率小于500 kW，如果具有较高的固有安全特性，热功率范围可扩展至1 MW。这类研究堆通常无特殊的冷却要求，或通过冷却剂自然对流冷却即可排出热量；利用负反馈效应或简单的停堆手段即可使反应堆停堆并保持安全状态；对反应堆厂房无密封要求。

2）选址源项确定

对传统的大型轻水堆电厂，美国联邦法规“反应堆选址准则(10 CFR 100)”和美国核管会监管导则“用于评价核动力厂设计基准事故的放射性源项(RG1.183)”等为其确定了假想的事故源项，但对于研究堆，国内外尚缺乏相应的法规和标准。研究堆选址源项的确定需与特定研究堆的放射性源项特点及安全水平相适应。

3）研究堆“三区”的确定

GB 6249—2011《核动力厂环境辐射防护规定》对核电厂周围设置非居住区(厂区)、规划限制区和应急计划区的三区原则及区域大小均做了明确的规定。但对于研究堆，国内外尚缺乏相应的法规和标准。由于研究堆的功率小、源项总量少，从技术上可实际消除大规模放射性释放，可简化甚至取消场外应急，因此，研究堆一般仅设置非居住区，而不设规划限制区和应急计划区，而且对于非居住区的大小也可以根据选址源项及厂址特征进行评价，在发生选定的假想事故时厂址边界的放射性剂量能满足 GB 6249—2011 规定即可[3-4]。

4）研究堆应急计划的确定

应急计划一般分为4个等级：应急待命、厂房应急、场区应急和场外应急。

必须根据各研究堆的安全特征和潜在风险等级确定应急计划等级。

7.1.2　中国先进研究堆安全技术

在中国先进研究堆的安全设计中，遵循了纵深防御安全设计原则，贯彻了冗余、多样性、独立性、实体隔离、故障安全等可靠性设计原则，采用非能动和固有安全等一系列的措施，提高反应堆的安全特性，达到在严重事故下不需采取场外公众应急撤离的目标[5]。按照纵深防御的安全设计原则，设计提供了多种手段确保中国先进研究堆实现如下基本安全功能：

（1）在所有运行和事故工况下，均能停堆并使之保持在安全停堆状态。

（2）足以排出停堆后（包括事故工况停堆后）堆芯的余热。

（3）包容放射性物质，尽量减少向环境的释放。

在固有安全性方面，中国先进研究堆堆芯通过材料的选择、水-铀比例调整、堆芯和重水反射层尺寸的选择，使得冷却剂温度系数、燃料温度系数以及慢化剂温度系数等反应性系数在所有设计工况下均为负值。同时，中国先进研究堆还具有堆芯轻水被重水替代、重水反射层被轻水替代均能使反应堆的反应性下降的特性。这些特性确保了反应堆具有良好的运行稳定性和固有物理特性所保证的抵御事故的能力。

在非能动安全性方面，作为缓解超设计基准事故的重要手段，中国先进研究堆利用非能动开启的自然循环瓣阀，即使在发生全厂断电事故下，应急冷却泵提供流量将堆芯冷却至设定值后，非能动建立的自然循环通道为堆芯提供有效的冷却，避免发生堆芯熔化，保证了堆芯的安全性。

下面将具体介绍中国先进研究堆在实现三大安全功能中所采取的措施。

7.1.2.1　停堆措施

中国先进研究堆反应性控制是通过控制棒驱动系统和重水排放系统完成的[6]。在反应堆正常运行及事故工况下，反应性控制通过控制棒运行实现。重水排放系统作为辅助停堆措施，在控制棒系统和安全棒系统失效发生未能停堆预期瞬态（ATWS）时，通过排放重水能有效地缓解反应性事故。

1）控制棒驱动系统

中国先进研究堆的控制棒驱动系统采用两种不同驱动方式：调节棒及补偿棒采用电磁驱动方式，安全棒采用水力驱动方式。不同的驱动方式可以大大降低共因失效的可能性，从而提高反应堆运行的可靠性。

中国先进研究堆设计 4 根铪控制棒，其中 1 根作为调节棒，3 根作为补偿棒。调节棒和补偿棒的磁力驱动机构位于堆芯下方，从反应堆水池底部向上驱动调节棒和补偿棒，采用自下向上的传动方案，调节棒和补偿棒磁力驱动机构采用可动线圈电磁传动方案。

其主要的特点如下：

(1) 在发生断电、步进电机失去驱动力等事故下，调节棒和补偿棒磁力驱动机构可以通过重力、水力的作用自动落棒，使反应堆停堆。

(2) 控制棒插入方向与冷却剂流动方向相同，使在紧急停堆时冷却剂的流动可加快控制棒下落的速度，有利于安全。

(3) 在控制线路设计中，通过对提棒程序进行限制以及联锁设计，避免快速引入较大的反应性。

(4) 由于调节棒和补偿棒磁力驱动装置设置在堆芯底部，自下而上运行，而冷却剂是自上而下地流过堆芯，因此可以防止弹棒事故的发生。

2) 安全棒驱动系统

中国先进研究堆在重水箱中设置 2 根安全棒，是反应堆事故停堆的安全保障。

控制棒与安全棒的提升是互为联锁的，即控制棒的提升只有在安全棒全部提升至上端位置时才有可能。而安全棒的提升也只有当堆芯控制棒都在底部位置时才能进行。

安全棒驱动机构的主要特点如下：

(1) 在发生断电、系统设备破坏等事故时，安全棒驱动机构靠重力作用自动落棒，使反应堆停堆。

(2) 安全棒驱动装置设置在堆芯上部，安全棒由上而下插入堆芯，安全棒冷却剂同样自上而下流过，可防止弹棒事故发生。

安全棒的驱动机构设置在导流箱上，采用水力驱动方案，在反应堆启动前安全棒必须首先提升到顶，控制棒驱动机构方可启动。当系统断电时，下降电磁阀打开，泵停止运行，安全棒运动组件在重力作用下于 1 s 内降落到底，安全棒和控制棒共同执行停堆功能，保持反应堆在冷停堆状态下的功能。中国先进研究堆的设计满足卡棒准则，在假设具有最大价值的一根控制棒即使发生卡棒，其他控制棒和安全棒下落时，仍然具有足够的停堆深度以实现反应堆的冷停堆。

3) 重水排放系统

重水排放系统作为辅助停堆措施，可以通过排放重水引入负反应性使反应堆停堆，保证反应堆的安全。

在堆芯设计上，堆芯高度欠慢化，反射层的反应性价值较高，当控制棒驱动系统出现故障而失效时，可以通过排放重水引入负反应性使反应堆停堆。在重水排放系统中，排重水管道位于重水箱底部，排水阀门采用电动阀门，在断电时打开，并且并联两台，一台工作，另一台备用，以确保在一台失效时另一台仍能执行排放功能。

重水作为堆芯反射层结构装在重水箱中，布置在堆芯的周围，总质量约为 8 000 kg。重水箱为圆筒形结构，导流箱下封头为重水箱的上盖，堆芯容器是重水箱的内壁，箱体内重水上部覆盖氦气保护，运行时池水的压力高于重水压力，一旦重水箱发生泄漏，只会让轻水流入重水，反向则不会。此外在重水箱的外侧壁面上设置有重水的出入口管道和应急排重水管。

在假想的共因事故中，只有在控制棒全部磁铁电源无法切断，叠加全部步进电机电源无法切断或者所有控制棒组件机械卡死，导致控制棒系统无法停堆的极端情况下，可以启动重水排放系统。排放重水可以逐步降低反应堆的功率，在约 240 s 后排空重水，最终实现停堆。通过排放重水实现停堆是一个逐渐且相对缓慢的过程，而且不能确保反应堆进入冷停堆状态。可见，重水排放系统并不是通常意义上的 2 号停堆系统。但是重水排放系统仍然是中国先进研究堆控制棒系统的重要安全保障和补充。在相对长的时间内，还可以通过人为的干预进而确保反应堆的安全。

在正常运行和预计运行事件下，控制棒系统的设计可以安全可靠地启动反应堆，调节并维持反应堆功率以及正常停堆。中国先进研究堆反应性控制系统为多重反应性控制，通过设置控制棒系统和重水排放系统两套原理不同的停堆系统，从根本上避免了由于共模故障造成的两套停堆系统同时失效的可能。

4）控制保护系统

设置了足够多的用以触发紧急停堆的安全保护信号，所涉及的仪器设备均是 1E 级的，满足可靠性要求，即满足冗余和单一故障准则、多样性原则、独立性原则（包括功能独立和实体隔离）、故障安全设计原则以及可试验性要求。这些信号中任一预先设定的保护条件得到满足都将触发紧急停堆。

5）未能紧急停堆的预期瞬态缓解系统

为了应对未能紧急停堆的预期瞬态（ATWS）事故，中国先进研究堆

(CARR)设置了 ATWS 缓解系统。该系统的主要目的在于当反应堆发生 ATWS 事故时,保护系统将与 ATWS 缓解系统同时触发棒控系统实施紧急停堆,确保控制棒停堆系统可靠地执行。一旦发生部分控制棒未能插入堆芯事故工况时,将由 ATWS 缓解系统触发排放重水保护动作实现紧急停堆功能,使反应堆进入热停堆状态[5]。

7.1.2.2　余热导出措施

中国先进研究堆的功率较高,停堆后剩余发热功率还相当可观,如不及时导出足以使堆芯燃料烧毁,因此,设计一套可靠的堆芯余热排出系统是必须的。

遵照核安全法规要求,针对 CARR 特点设计了一套"三阶段"无缝衔接的事故停堆情况下的余热导出措施,即停堆初期的主泵惰转冷却、停堆中期的应急堆芯冷却和停堆后期的全堆芯自然循环冷却的 CARR 特有的停堆冷却模式,同时要求三阶段的冷却流量与堆芯余热的变化全程适配,流量过渡平顺,三阶段冷却模式的转换均为非能动[7]。CARR 三阶段余热导出堆芯冷却流程如图 7-1 所示。

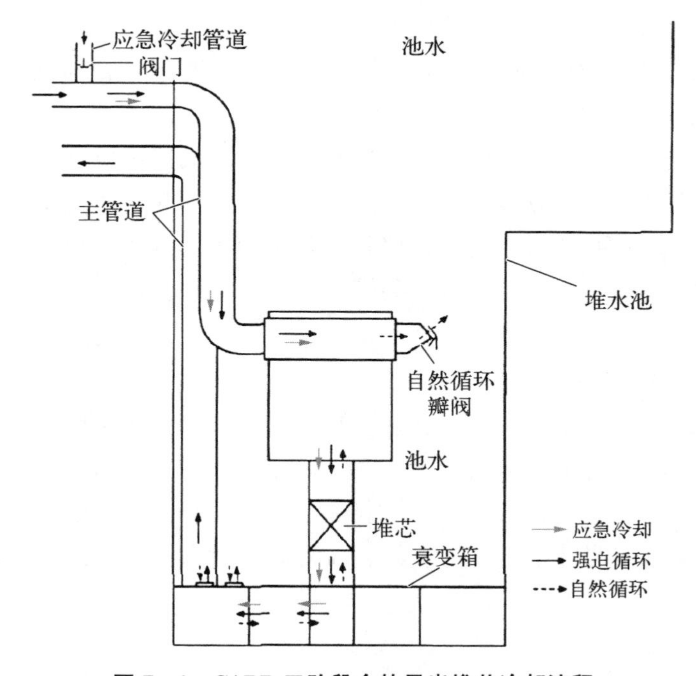

图 7-1　CARR 三阶段余热导出堆芯冷却流程

1）主泵惰转冷却模式

中国先进研究堆主冷却回路的 4 台主泵设有惯性飞轮，延长了主泵失电后的惰转时间，使事故停堆后的堆芯冷却剂流量得以保证，提高了堆芯余热导出的可靠性。

从反应堆停堆的瞬间到应急堆芯冷却系统切换投入为停堆初期冷却阶段。在正常停堆工况下，该阶段冷却采取保留一台主泵运行的方式，在事故工况下所有主循环泵将停止运行，堆芯冷却靠主循环泵的惰转实现。

中国先进研究堆设计的主泵飞轮转动惯量为 450 $kg \cdot m^2$，加上电机和叶轮的转动惯量约为 500 $kg \cdot m^2$，设计时考虑了较大的裕量，以保证全部失流情况下对堆芯的冷却。

2）应急堆芯冷却模式[8]

中国先进研究堆应急堆芯冷却系统是一套非单一用途、安全可靠的专设安全设施。在设计上采用独立性原则，应急堆芯冷却系统与反应堆主冷却剂系统采用隔离措施。考虑单一故障原则，共设置 2 台应急泵，分别设置在各自独立的房间实现实体分隔保护，防止单一事件引发的共因故障。应急堆芯冷却系统流程如图 7－2 所示。系统随堆运行，2 台应急泵由不间断电源（UPS）供电，在反应堆正常运行时执行池水冷却功能；无论是正常停堆和事故停堆，一旦主泵停运，应急堆芯冷却系统将非能动地转为执行堆芯冷却功能。该系统流量自动匹配，满足正常运行冷却池水和停堆后冷却堆芯的要求。这种设计可以有效避免应急泵的启动失效（即由停运态转为启动运行态的失效），提高应急冷却的可靠性。

这种融应急堆芯冷却功能和池水冷却功能于一体的设计，各工况之间的功能转换是完全非能动的。

反应堆在正常运行时，应急泵随堆运行，由于反应堆冷却剂进堆母管压力远高于应急泵出口压力，其止回阀始终处于关闭状态，应急泵不能将池水注入堆芯而是经过旁路流经板式热交换器使池水得到冷却，执行池水冷却功能。

当发生“丧失热阱”事件时，由“冷却剂出口温度过高”信号触发反应堆紧急停堆，当反应堆功率已降至 1 MW 以下时，主循环泵自动停止运行，此时反应堆进堆总管的压力降低，应急泵将反应堆池水输送到反应堆冷却剂进堆总管，保证至少有 180 m^3/h 冷却流量从上至下流经堆芯并带出堆芯放出的热量，再经堆芯底部衰变箱滤网返回堆水池。

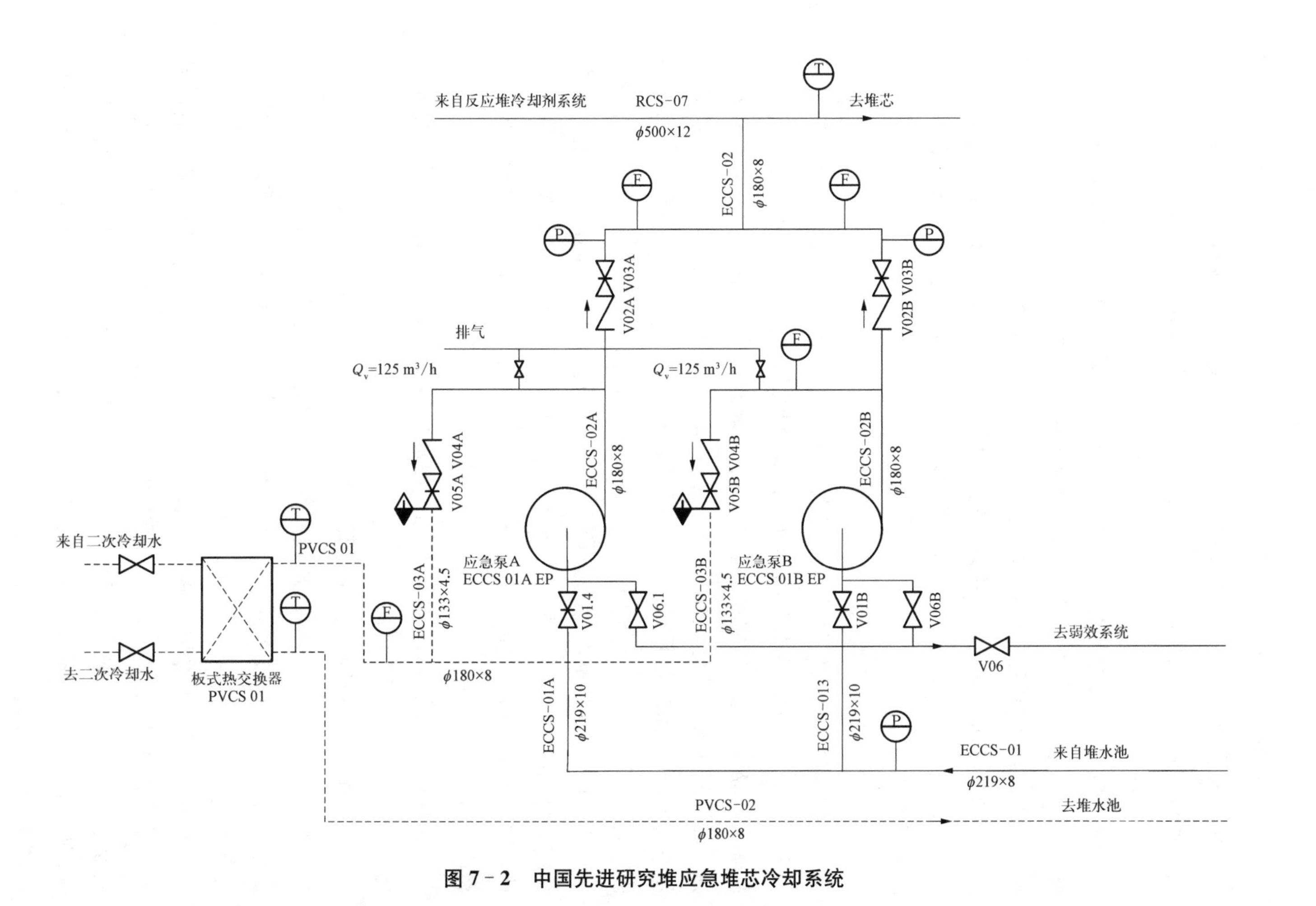

图 7-2　中国先进研究堆应急堆芯冷却系统

当发生“丧失厂外电源”事件时，主循环泵停运，反应堆停堆，系统主管路上的止回阀由于主回路压力降低而自动打开，应急泵将池水同时打入进堆主管路和应急泵旁路管道，且管路流量能自动匹配以满足应急堆芯冷却要求，确保堆芯冷却。不间断电源能维持应急泵连续运行2小时。

3）全堆芯自然循环冷却模式[9]

当堆芯剩余发热功率降到约9 kW以下时，应急泵可以停止运行，则堆芯余热的导出进入全堆芯自然循环冷却模式。由于流动方向发生改变，会出现零流量时刻，如果此时衰变功率依然很大，会对堆芯安全带来不利。因此，在设计上通过主泵的惰转时间、应急堆芯冷却系统的持续时间以及自然循环瓣阀的开启时间的相互配合，最终保证零流量时刻堆芯是安全的。

中国先进研究堆的自然循环堆芯余热导出模式由安装在导流箱上的自然循环瓣阀实现（共有2台，图7-1中仅显示1台），它是一种非能动阀门，完全符合固有安全和非能动安全的设计理念。自然循环瓣阀根据导流箱内外压差并依靠重力作用开启，这种设计避免了人因故障，体现了中国先进研究堆的安全性和先进性。

自然循环瓣阀的结构设计满足只运行一台主泵就可以使自然循环瓣阀由开启状态变成关闭状态，并可靠地维持关闭状态，使主回路成为闭合回路，使主冷却剂流经堆芯，带出堆芯热量。当失去外电源时主循环泵停止运行，只运行一台应急泵（堆芯流量不小于180 m^3/h）时自然循环瓣阀可靠地维持在关闭状态，使应急流量流经堆芯，带出堆芯余热。当应急泵停止运行而需要建立自然循环时，自然循环瓣阀保证在堆芯流量下降到100 m^3/h（自然循环瓣阀必开流量）时，自然循环瓣阀靠自身重力非能动打开，并能可靠地维持在开启状态，执行堆芯余热导出的功能。

在应急泵和自然循环排热期间，带入水池的余热会使池水的温度升高，700 m^3池水将作为事故工况下的应急热阱，要求在24小时内池水的温度不超过60 ℃，外部电源将恢复，应急泵的旁路流量将通过池水冷却系统热交换器冷却池水，将热量排放至最终热阱。

4）中国先进研究堆堆芯不裸露设计[5]

中国先进研究堆主回路系统管道及气密性工艺间的布置高于堆芯，也高于自然循环瓣阀，由于工艺间的容积有限，即使发生主回路失水事故将工艺间充满，堆水池水位的下降仍能保证中国先进研究堆堆芯不裸露，为事故处理赢得时间，也不会影响流经堆芯的自然循环通道。

除此以外，气密性设计的中国先进研究堆堆底小室空间有限，即使发生池水泄漏事故，堆水池水位下降很少，也不会导致堆芯裸露。

5）池罐结合设计[5]

中国先进研究堆本体淹没在水池中，通过衰变箱上的滤网与堆水池连通，充分发挥了池式反应堆大热阱的作用。堆水池 700 t 的水可作为事故情况下的应急热阱。即使发生堆芯熔化，池水的滞留作用也可使进入反应堆大厅的放射性物质大大减少。

7.1.2.3 放射性包容措施

中国先进研究堆的设计遵循包容放射性物质的多重屏障设计原则，在设计中考虑了对事故的预防，运行中出现偏差后防止向事故的转化，一旦发生事故后尽量减少事故引起的放射性后果等纵深防御的原则。在结构上力求最大限度包容放射性物质，尽可能减少放射性物质向周围环境的释放量。

中国先进研究堆设有多道实体屏障，包括燃料基体、燃料包壳、主冷却剂系统压力边界、池水的滞留作用以及低泄漏率密封厂房等。

1）第一道屏障

燃料基体和燃料板包壳是放射性物质的第一道屏障。中国先进研究堆采用 $U_3Si_2Al_x$ 弥散型燃料，其机械性能、抗辐照特性以及对气态裂变产物的滞留能力都很好。$U_3Si_2Al_x$ 弥散型燃料基体包容裂变产物的能力远超过二氧化铀燃料。

2）第二道屏障

主冷却剂系统压力边界及池水是第二道屏障。由于中国先进研究堆堆芯置于直径约为 5.5 m、水深约为 10 m 的水池中，堆水池中的水在发生燃料元件破损时，对裂变产物的滞留将是非常可观的。

3）第三道屏障

密封厂房及隔离系统是包容放射性物质的第三道屏障，属于专设安全设施。

中国先进研究堆密封厂房为钢筋混凝土预应力箱式楼盖结构，为保证气密性，采用环氧树脂加玻璃布涂装衬里，并采用安全级的机械贯穿件和电气贯穿件，以及双道密封门。这种方式与压水堆核电站的密封厂房采用钢筋混凝土加不锈钢衬里不同，具有施工工期短、造价低、耐腐蚀、耐辐射等优点，适用于事故工况下内压不大的反应堆厂房[10]。中国先进研究堆密封厂房如图 7-3 所示[11]。

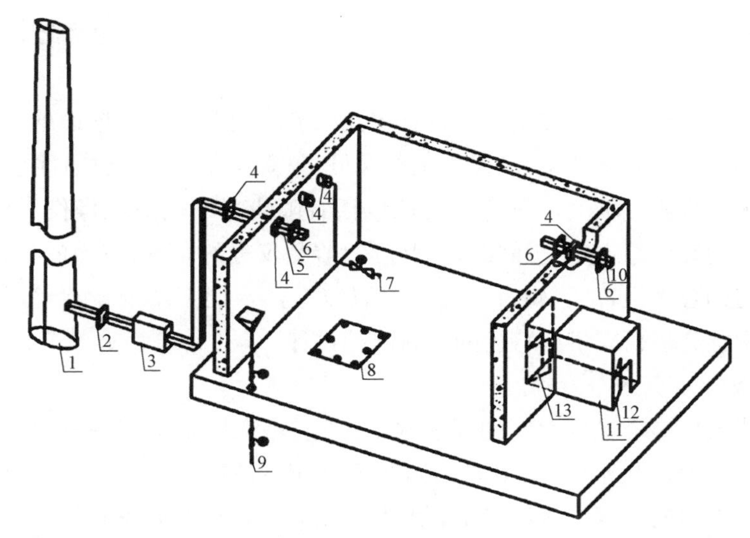

1—排放烟囱；2—风机阀门；3—除碘过滤器；4—贯穿件；5—风管；6—零泄漏阀门；7—压缩空气总管；8—吊装孔；9—工艺下水管；10—压缩空气总管；11—缓冲过渡间；12，13—过渡间出入密封门。

图7-3　中国先进研究堆密封厂房及隔离系统

当发生设计基准事故时，厂房密封大厅内温度升高，压力上升，事故工况下大厅内部压力为10 kPa。为保证发生事故时能将放射性裂变产物有效地包容在厂房内，使放射性物质向环境的释放量低于可接受限值，设计要求厂房的泄漏率不大于3%容积/天。

在正常运行工况下，设置正常通风系统使得反应堆厂房内部保持负压，可有效地阻止放射性物质向环境的释放。

在事故工况下，设置应急排风系统维持操作大厅内的压力不超过限值，保持操作大厅的完整性[12]。并设置高效除碘过滤器，把事故引起的放射性物质向环境的释放减到最小。

当发生伴随放射性物质释放的严重事故时，首先停止正常通风系统，阻止放射性气体和气溶胶从反应堆厂房向环境释放，然后有控制地开启应急通风系统，将放射性物质暂时封闭在厂房内，随后以有控制地逐渐排放的处理模式，有效控制厂房内放射性物质向周围环境的释放，确保周围公众不必实施应急撤离行动。

除了上述放射性包容措施外，中国先进研究堆还设计了可居留性系统[5]。可居留性系统设计是保证控制室在正常工况下的可居留性，并保证在事故期间及事故后控制室的可居留期得以延长。可居留性系统包括与控制室相关的辐射屏蔽、新鲜空气供应系统、防火、个人防护设备、应急照明等措施。

7.1.2.4　绿色设计

辐射安全设计和核安全设计具有相同的安全总目标：在核设施中建立并维持一种有效的防御体系，以保护工作人员、公众和环境免遭放射性危害。

中国先进研究堆的辐射防护设计包括有限泄漏率反应堆操作大厅、布置于堆水池的衰变箱、各工艺间的合理分区、监测仪表的布置、有效的生物屏蔽、卫生通道的合理设置、除碘过滤器的设置以及热水层系统的设置等。下面介绍两项中国先进研究堆有特色的辐射防护设计。

1）热水层系统设计[13]

为降低反应堆操作大厅的辐射水平，通过热水层系统使得反应堆池水上部有约 3 m 厚的热水层（见图 7－4），其温度比下部池水高 3～5 ℃，有效抑制了放射性池水向上部的对流扩散，使操作大厅的辐射水平降低了约 1 个数量级，操作大厅的剂量率水平小于 1 mSv/h。该特性对于中国先进研究堆作为重要的科普教育平台非常重要，可允许实验人员及参观培训人员在反应堆运行时即能进入操作大厅，观看切伦科夫蓝光。

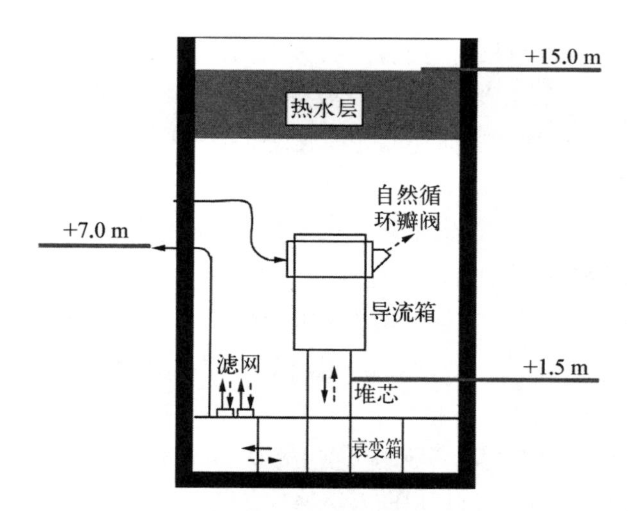

图 7－4　中国先进研究堆热水层示意图

2）衰变箱设置

轻水冷却剂经堆芯中子辐照后产生^{16}N，大大提高了一回路工艺间的辐射水平，在冷却剂堆芯出口和一回路工艺间之间设一衰变箱，用以衰减^{16}N 的活性。中国先进研究堆衰变箱设在堆芯容器出口的堆水池底部，其箱体内设置迷宫式回转流道,冷却剂在衰变箱中的滞留时间约为 40 s,达到^{16}N约 6 个半衰期的衰变时间,大幅度降低了工艺间辐射水平。该设计对提高中国先进研究堆可维修性也非常重要,它允许维修人员能及时进入工艺房间实施相关的维修活动。

7.1.2.5 抵御严重事故的能力

中国先进研究堆是池罐式高通量研究堆,但堆芯功率密度很高,若需要建在人口稠密地区,选址源项、研究堆"三区"及应急计划的确定成为安全设计的关键。需要证明该堆具有抵御严重事故的能力,切实消除大规模放射性释放,不能有场外应急。

1) 堵流事故分析[3]

因为中国先进研究堆采用板状燃料组件,其堵流事件发生概率相对较高。国际上美国的高通量工程试验堆 ETR(板状燃料)曾发生过一次堵流事故。为了评价中国先进研究堆堵流事故的后果,利用系统分析软件 RELAP5/SCADP/MOD3.2 对功率最大的一盒标准燃料组件进行了分析。假设满功率运行时该燃料组件的进口全部堵塞时,除边燃料板外的其他燃料板将烧毁,但边燃料板和侧板在组件间隙通道冷却剂的作用下并不会烧毁,更不会导致相邻燃料组件烧毁。

2) "三无"事故分析[5]

前面已提及中国先进研究堆在停堆、堆芯余热导出等方面均采取了严苛的可靠措施,假设这些措施均失败,发生了概率极低(小于 10^{-8})的"三无事故"(失电、不停堆、自然循环瓣阀未打开)。为了评价该事故的后果,同样利用系统分析软件 RELAP5/SCADP/MOD3.2 进行仿真分析。计算表明,在"三无事故"期间,由于自然循环瓣阀未能打开,不能形成自然循环,堆芯冷却不足,冷却剂温度迅速上升,开始沸腾产生气泡,堆内压力升高,使堆芯部分的水和气泡通过滤网被挤出堆芯。气泡遇过冷水后破灭,由于堆芯压力的下降,池水又经滤网和衰变箱补进堆芯,实现堆芯的冷却,而后又被汽化,产生的气泡将重复以上过程。由于气泡产生的脉动,使堆芯时而充满蒸汽,时而又获得池水冷却。滤网的这种"呼吸"作用,带走了堆芯衰变热,保证了反应堆的安全。这种状态可以使堆芯维持到事故后 3 800 s 而不会烧毁,这给事故处理留出了相当长的时间。也就是说,在约 1 小时内堆芯不会烧毁,在此期间想办法打开自然循环瓣阀,就可实现堆芯冷却。

综上分析,由于中国先进研究堆有池水作为一个大应急热阱,具有很好的固有安全性,有很强的抵御严重事故的能力。

7.2 CANDU 堆安全技术

CANDU 堆的安全性包括固有安全性和非固有安全性。固有安全性是指正常运行的反应堆受到事故扰动后,没有外界或人为干涉自身所具有的保证反应堆安全的行为。

CANDU 堆的固有安全性主要包括以下几个方面[1,14]。

(1) CNADU 堆用天然铀做燃料,总后备反应性比较小,堆芯控制的反应性小,即反应堆控制系统故障所能引入的正反应性的量相对比较小,功率的瞬变过程比较缓慢。

(2) CANDU 堆采用重水慢化,瞬发中子寿命约为 1 ms,比压水堆大 30～60 倍,因此在同样的反应性扰动下重水堆的功率瞬变过程比较慢,反应堆更加容易控制,反应性控制装置的单独使用即可对整个运行范围进行控制。

(3) 反应堆控制机构及安全停堆设施均布置在低温低压的慢化剂区域内,控制棒靠重力和弹簧加速下落,液体中子毒物的注入靠压缩气体,不会出现由于水力作用导致控制棒插不下去的情况,这种依靠自然力的动作安全可靠,从而避免了其他水堆需要考虑的高压水力弹棒等一类事故。

(4) 不停堆换料可以使剩余反应性维持在很低水平(大约为压水堆燃料循环初期的 1/10),由燃耗引起的反应性降低可不断通过更换燃料棒束得到补偿。控制装置的反应性总价值很小(典型值约为 2 000 pcm),单个控制装置可能引入的反应性是很小的,因而从根本上提高了堆的固有安全性。

(5) 由于不停堆换料,堆芯中子注量率和功率分布在反应堆达到首次临界后不到 1 年的时间内达到平衡,并且在反应堆的整个设计寿期内几乎保持不变。这有利于实施高度自动化运行控制,而且在各种扰动和假想事故工况下也便于预测和分析堆芯的行为。

(6) 由于不停堆换料功能可以将破损的燃料棒束及时移出堆芯,有利于使热传输系统维持非常低的裂变产物的放射性水平;而不需要像其他水堆一样,破损的燃料要在堆内停留很长时间,增加了对冷却剂系统的放射性污染。

(7) 在反应堆的堆芯设计中,为了得到最大后备反应性,重水堆按最大材料曲率布置栅格,任何燃料棒束的变形或者压力管布置位置的变化,都只能导致材料曲率减少,从而导致反应性减小,这种设计是偏安全的。

(8) 一回路系统由数百个(如CANDU 6堆型有380个)独立的环路组成，当一个环路发生破漏时，可以迅速加以隔离，不太可能出现全堆同时失水的现象，不会发生由于轻水堆庞大的压力容器的重大失效而导致对安全壳内的直接加热。加上高度可靠的快速停堆系统，因而事实上可以排除轻水堆必须考虑的高压熔融喷射而危及安全壳屏障的可能性。反应堆进出口管的布置也有利于在失水事故时将事故水注入堆芯。

(9) 当发生一回路冷却剂丧失事故时，慢化剂是吸收反应堆余热导出的可靠热阱，即使在失水事故时应急堆芯冷却系统也不可用，慢化剂仍然可以起应急热阱的作用，也不会导致堆芯熔化，燃料的余热可以通过辐射传给慢化剂。

(10) 压力管变形下塌，与燃料通道外层的排管接触，可以把燃料中的热量传给与排管外表面接触的慢化剂，有效避免了燃料的大规模熔化，从而保持压力管的完整性。对于轻水堆，这种双重事故将可能导致堆芯熔化、压力容器底部熔穿和危及安全壳等严重后果，因为附近没有冷却水可避免燃料过热而熔化。

(11) 除了慢化剂之外，排管容器外侧表面浸泡在大体积的屏蔽水之中，即使发生了极不可能的大破口失水事故同时加上应急堆芯冷却系统失效，再加上让慢化剂任其烧干这样三重事故叠加的情况，堆芯会严重变形，一些燃料通道会逐渐熔化坍塌到排管容器底部，但热量还可以传给容量很大的屏蔽水。因此，排管容器可起一种“堆芯捕集器”的作用而避免影响到安全壳。

综上所述，CANDU堆具有良好的固有安全性，下面将重点介绍CANDU堆的非固有安全性，即反应堆的安全系统[15-17]。CANDU堆安全系统设计考虑限制两类事故引起的放射性物质向公众环境的释放，即工艺系统的单一故障和工艺系统的单一故障同时又出现安全系统之一发生故障，根据这两类事故，CANDU堆安全系统需满足的设计原则如下。

(1) CANDU堆应该配置专设安全系统，包括1号停堆系统、2号停堆系统、应急堆芯冷却系统和安全壳系统。其他一些给专设安全系统提供安全服务的系统，如应急供电、应急冷却水、压缩空气等，称为安全支持系统。专设安全系统在设计和运行上是相互独立的，并且保证尽最大可能与所有工艺系统分开。

(2) 要求抑制一次工艺系统的单一故障时，在任一专设安全系统失灵不能完成其功能时，放射性物质向周围环境的释放量仍在限值之内。

(3) 设置两套停堆系统，确保发生任何工艺系统单一故障后，至少有一个系统可以正常运行，保证电站安全功能的执行。

(4) 在设计上不要求两套停堆系统同时动作。

(5) 对于工艺系统的单一故障，在设计上只考虑一个停堆系统有效动作，并表明即使在停堆系统失灵不能停堆的情况下，双重故障所导致放射性物质的释放仍在有关规定的限值内。

为了达到上述安全原则，与安全系统运行相关的重要工艺和核测回路都是三重设计，当单个回路或供电系统出现故障时，不会影响运行或引起安全系统的误动作，不同通道的回路和安全系统之间相互隔开。

为满足安全原则，CANDU 堆设置两组安全系统，确保下述安全功能的执行：

(1) 停堆并维持在安全停堆状态。

(2) 导出反应堆余热。

(3) 防止诱发任何工艺故障。

(4) 提供必要的信息，以便为操作员确定核蒸汽供应系统的状态。

(5) 维持屏障以限制放射性释放。

第一组安全系统包括电站正常运行系统和第一线预防性安全系统，这些系统包括反应堆调节系统、1 号停堆系统(SDS1)、应急堆芯冷却系统以及除辅助慢化剂系统以外的全部工艺系统。第一组安全系统的设计通过反应堆调节系统或 1 号停堆系统实现反应堆的停堆。

第二组安全系统包括几个同时动作的系统，可以独立停堆并导出余热，防止放射性物质的释放，包括 2 号停堆系统(SDS2)、安全壳系统、辅助慢化剂冷却系统、应急供电系统、应急供水系统。在第二组安全系统中，通过 2 号停堆系统实现反应堆停堆。

以上两组安全系统的设计和运行都是独立的，并在最大可能范围内与所有的工艺系统包括调节系统分开，系统各个通道之间也保持隔开，确保有效地执行安全功能。

7.2.1 反应性控制技术

CANDU 堆中的反应性控制分长期控制与短期控制，长期反应性控制通过不停堆换料与调节慢化剂毒物浓度来实现。短期反应性控制通过以下措施实现：

（1）液体区域控制。

（2）调节棒控制。

（3）机械吸收体控制。

（4）钆毒物注入。

7.2.1.1　液体区域控制系统

液体区域控制系统是CANDU堆反应性控制机构之一。其目的是通过改变14个液体区域控制单元内的轻水水位而改变反应性，它可以同时改变14个液体区域控制单元的水位来调节反应堆总体功率，也可以单独改变单个控制单元的水位来进行区域功率调节。在正常运行期间，液体区域控制可以补偿由堆芯燃耗、换料、功率波动等引起的堆芯反应性变化。

液体区域控制系统从功能上分为控制回路和工艺回路两大块，控制回路根据功率偏差、液位偏差和功率变化率等参数，通过控制各液体区域单元的液位控制阀开度来调节液体区域控制单元的水位，向堆芯引入反应性变化来改变区域功率或整体功率；工艺回路又分为水回路和气回路两部分。液体区域控制系统流程如图7-5所示。除盐水吸收中子，氦气覆盖气提供使轻水流出区域腔室的压力。水回路是一个封闭的除盐水回路，由3台泵（P1/P2/P3）中

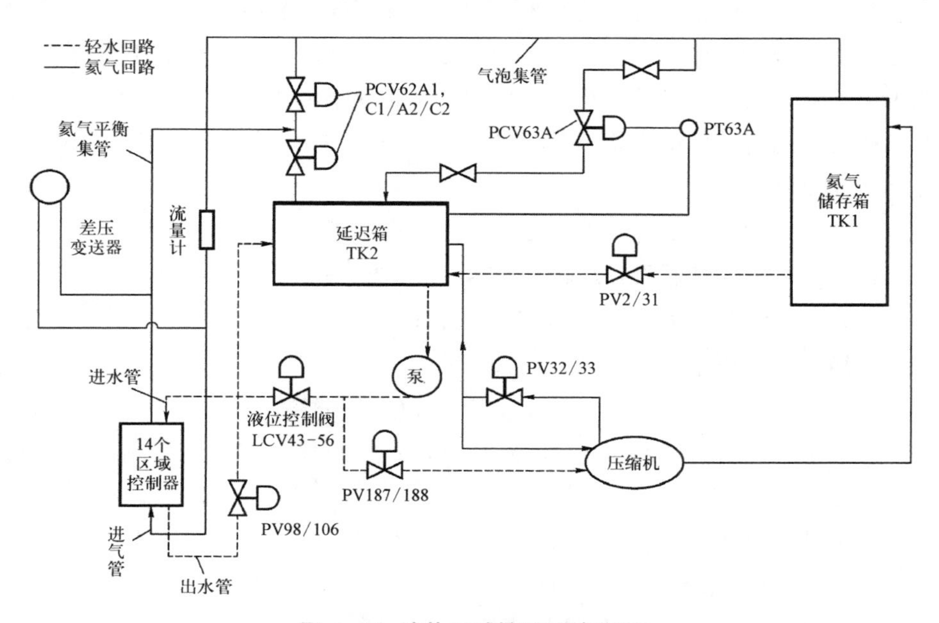

图7-5　液体区域控制系统流程

的一台提供驱动，将除盐水从延迟箱 TK2 中加压送出，通过热交换器 HX1，经供水集管向每个液体区域供水。每个区域的进水流量由液位控制阀控制在 0～0.9 L/s，而出水流量通过控制平衡集管与延迟箱间的差压为常量，即维持在 0.45 L/s。气回路同样是一个封闭的氦气回路，氦气用作液体区域单元和延迟箱 TK2 的覆盖气体，系统主要包括 2 台压缩机 CP1 和 CP2（每台压缩机可提供所需的 100％氦气容量）、氦储存箱 TK1、热交换器 HX2、延迟箱 TK2、氦气平衡集管、氦气气泡集管和气体压力调节阀。2 台压缩机中的一台持续运行在自动模式，使延迟箱中压力稳定在 170 kPa 左右，另一台压缩机则在备用状态，如果延迟箱的压力达到 240 kPa 以上超过 2 min，则该备用压缩机启动。

液体区域控制系统必须具备以下 3 种功能：

（1）按照反应堆功率调节系统要求的功率变化率，以足够的速率调节 14 个液体区域控制单元的轻水水位。

（2）为反应堆功率调节系统提供 14 个区域控制单元的轻水水位。

（3）通过关闭液体区域控制单元回水阀 3481－PV98 和 PV106，防止供水压力丧失时反应堆功率激增。

7.2.1.2　调节棒控制系统

使用调节棒的主要目的为在额定功率运行下，调节棒插入堆芯以展平功率分布，但同时还可以提供一定的反应性（约为 1 500 pcm），在氙中毒停堆情况下克服氙毒负反应性的作用，并在装卸料机不可用情况下延长反应堆一段时间的功率运行。但由于调节棒拔出后丧失了它的展平功率分布的功能，因此必然需要降功率运行。

调节棒控制系统的主要功能如下：

（1）在正常情况下调节棒插入堆芯以展平堆内中子注量率分布。

（2）在功率降低时，提出调节棒引入正的反应性补偿氙毒的积累，以维持液体区域液位在正常控制范围。

（3）在失去换料的情况下，提出调节棒以补偿燃耗。

（4）在功率偏差较大、液位太高或太低时动作，使液体区域控制在正常范围内。

当液体区域平均水位升到 70％后，反应堆功率调节系统要求插入一组调节棒组，并出现要求插入调节棒的报警。但当只有 1 组调节棒提出时，为优化控制，可在液体区域平均水位不低于 50％时就直接插入。由于第一组调节棒的反应性价值很小，插入以后，不会引起液体区域平均水位的较大变化，所以液体区域平均水位不低于50%即可，而对于其他调节棒组来说，由于其反应性价值大，所以必须等液体区域平均水位出现报警（即液体区域平均水位不低于70%），才能插入调节棒组。

7.2.1.3　机械吸收体控制系统

机械吸收体控制系统作为液体区域控制和调节棒（ADJ）控制的后备，在它们控制能力不足时辅助进行功率调节。其主要的功能包括如下两个方面。

（1）快速降功率，当系统中某些功率参数或工艺参数超出其设定值时，机械吸收体在停堆系统动作之前落入堆芯，以防止停堆系统频繁动作。

（2）根据反应堆功率偏差与平均液位水平，辅助液体区域控制系统控制整体功率。

7.2.1.4　停堆棒系统

停堆棒系统[18]属于专设安全系统之一，通过向反应堆中插入停堆棒来终止反应堆的自持链式裂变反应，减少核燃料中产生的能量，保护反应堆的安全。该系统是CANDU堆第一套可以快速停闭反应堆的保护系统，又称为1号停堆系统（SDS1）[19]。

1号停堆系统由停堆保护系统、停堆棒装置组成。每根停堆棒由一不锈钢管包覆的管状镉吸收棒、垂直导向管、屏蔽塞、棒位指示器和1台驱动机构组成，如图7-6所示。停堆棒装置在紧急情况下由停堆逻辑线路触发，使镉棒迅速插入堆芯，实现停堆。该系统仅用于反应堆的紧急停堆，正常停堆则通过反应堆调节系统控制其他反应性机构实现。1号停堆系统总响应时间（仪表、逻辑的响应时间与停堆棒完全插入堆芯的时间之和）小于2 s。

停堆棒悬挂于驱动机构绞轮的不锈钢丝绳上，驱动机构安装于套筒管顶部的反应性机构平台的上方。绞轮经过自锁齿轮组由电磁摩擦离合器与电动机联轴。当离合器由紧急停堆信号解开时，释放绞轮，棒在重力作用下掉落，且由一压缩弹簧赋予一个小的加速度。棒落至全行程时，被驱动机构内的旋转水力阻尼器所制动。当离合器由紧急停堆消除信号通电合上时，棒由驱动机构的绞轮提升。棒的位置由绞轮上的旋转电位计测量。还设有一个棒位即时指示器，直接监测棒位置。在反应堆的寿期内，驱动机构设计的循环次数为2 000次。

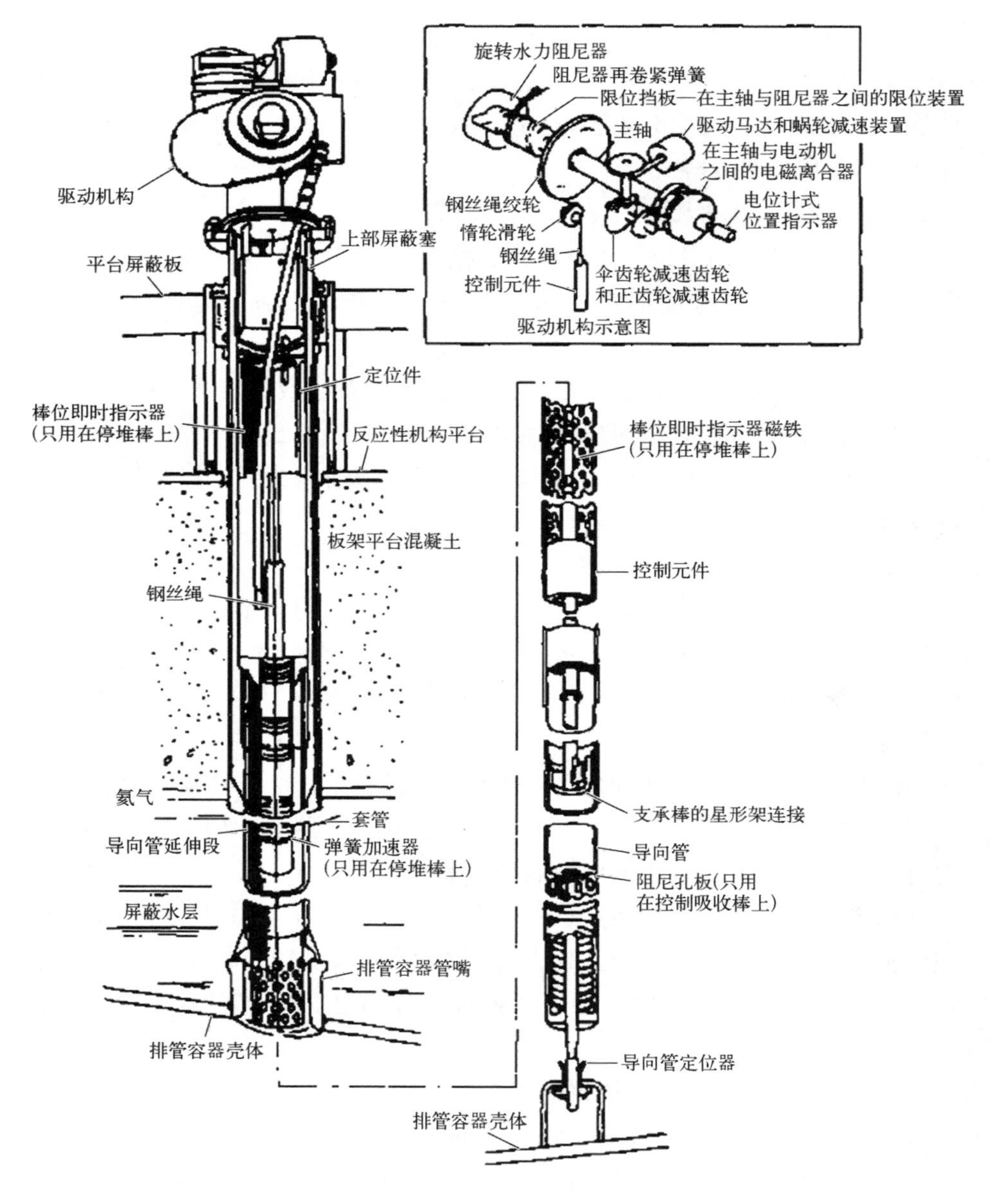

图 7-6　停 堆 棒 装 置

停堆棒系统共有 28 根停堆棒，分为 2 组，每组 14 根。其中，18 根停堆棒(长棒)长度为 5.46 m，10 根停堆棒(短棒)长度为 4.94 m(位于外侧)。28 根停堆棒全部插入堆芯后所引入的负反应性约为 −8 000 pcm；如果 2 根最大价值的停堆棒卡在顶部，则其他剩下的 26 根停堆棒全部插入堆芯所引入的负反应性约为−5 000 pcm。

在参数测量和执行逻辑上分为独立的 D、E、F 三个通道，在通道内任意 1 个参数脱扣都将导致该通道的脱扣，任意 2 个通道脱扣都将导致 1 号停堆系统触发。在 1 号停堆系统的设计要求中，对任何经过安全分析的事件都至少设置 2 个不同的停堆参数可以触发 1 号停堆系统动作。

1 号停堆系统迅速动作的假想初始事件包括以下各项：丧失调节(LOR)、冷却剂丧失事故(LOCA)、丧失冷却剂流量(丧失四级电源)、丧失二次侧热阱、丧失慢化剂冷却。

除大破口失水事故外，对于上述任一假想初始事件，当假想初始事件前燃料没有发生缺陷，1 号停堆系统必须防止反应堆各通道内的燃料发生损坏。另外，在确认 1 号停堆系统处于可用状态前，反应堆不能运行。当 28 组弹簧加速的重力停堆棒中至少有 26 组在堆芯外部设定位置时，表明 1 号停堆系统是处于可用状态的。

1 号停堆系统是完全独立于 2 号停堆系统以及其他任何的工艺系统，1 号停堆系统简要流程(从工艺参数的测量到停堆棒落入堆芯)如图 7－7 所示。

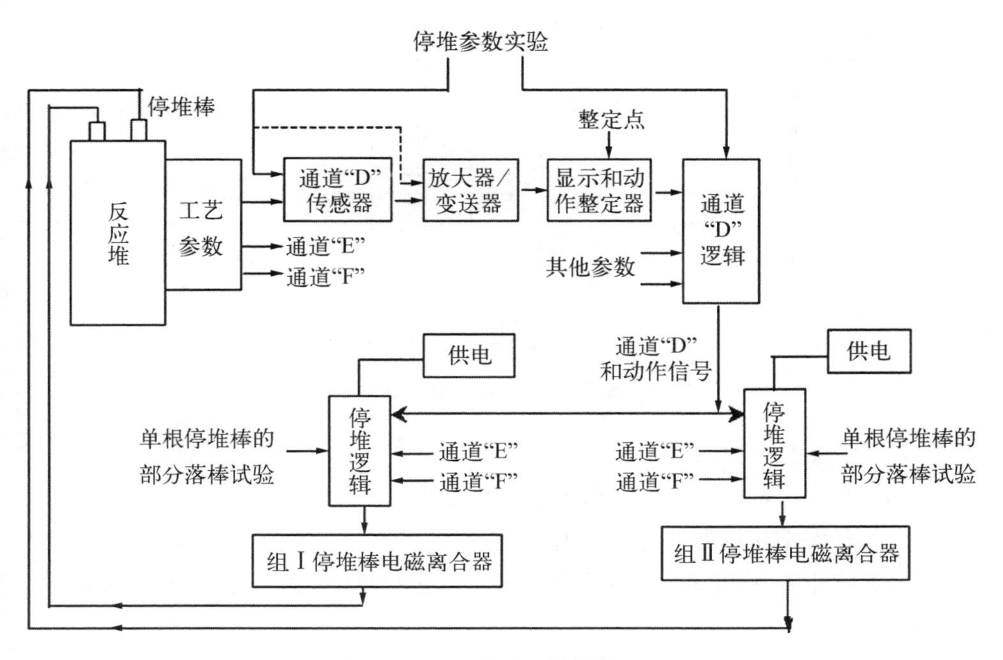

图 7－7　1 号停堆系统简要流程

7.2.1.5 液体毒物注入系统

液体毒物注入系统是CANDU核电站特有的专设安全系统之一，通过向慢化剂中注入中子毒物溶液（硝酸钆溶液）来快速终止反应堆的自持链式裂变反应，减少核燃料中产生的能量，维持反应堆在停堆状态，保护反应堆的安全。它是第二套可以快速停闭反应堆的保护系统，又称2号停堆系统（SDS2）[19]。

2号停堆系统流程如图7-8所示。硝酸钆溶液储存在堆室外的6个储箱中，每个储箱与堆内的水平注入管相连接，注入管上有开孔，使液体毒物能快速注入慢化剂中。其中硝酸钆由氦气高压压入堆芯中，氦气瓶有3根管与储箱相连，均设置快速动作阀门。当需要第二套停堆系统动作时，氦气迅速将硝酸钆压入堆芯，管线上有设置隔离球阀，当毒物注入一定量后，隔离阀门迅速关闭，避免氦气进入堆芯。

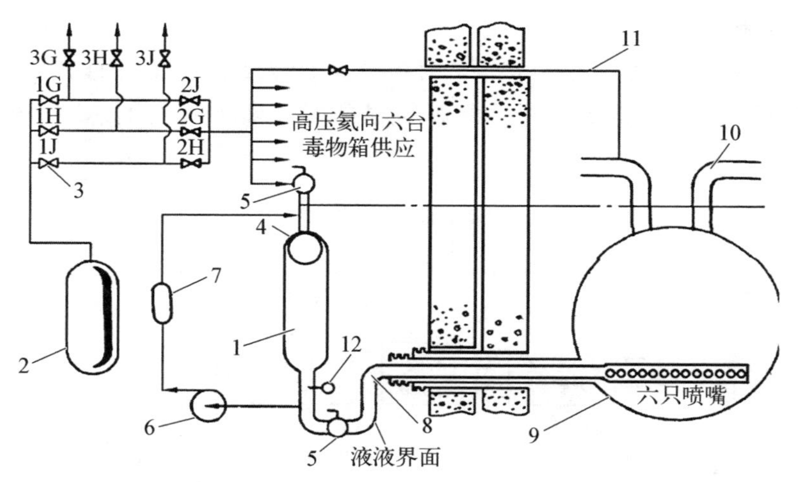

1—毒物箱；2—氦气供给箱；3—快开阀；4—浮球；5—手动阀；6—取样泵；7—取样罐；8—慢化剂；9—排管容器；10—慢化剂覆盖气体；11—平衡管；12—液位报警器。

图7-8 2号停堆系统

2号停堆系统的主要功能如下：

（1）使反应堆处于次临界状态并保持该状态足够长的时间。

（2）确保不超过参考剂量限值。

（3）防止由于超压、燃料超温、破损引发的故障，保证热传输系统的完整性。

（4）在事故工况下，限制堆芯能量的产生速率和可能释放到安全壳的总能量，以确保安全壳的完整性。

2号停堆系统在设计上采用三取二逻辑触发回路，三个独立的通道相互间隔离，当任意一个通道上的参数脱扣都能导致相应通道的脱扣，而不会影响其他2个通道。只有2个或以上的通道触发后才能导致2号停堆系统动作。设计上要求2号停堆系统总响应时间（从仪表与逻辑触发到硝酸钆溶液注入）必须小于2 s。

2号停堆系统的硝酸钆溶液分别储存在6个罐体中，每个罐体与一个管嘴相连接，使用独立的三重逻辑系统（G、H和J通道），每个通道配备可靠性的电源和气源。一旦逻辑系统探测到紧急停堆的条件，将打开氦气压力阀把硝酸钆毒物注入慢化剂中。在硝酸钆溶液注入后所引入的负反应性约为−50 000 pcm，如果1个毒物箱不可用，5个毒物箱内硝酸钆溶液注入后所引入的负反应性约为−40 000 pcm。

为了保证毒物能迅速注入慢化剂中，2号停堆系统通过将氦气罐体加压至8.3 MPa，并维持该压力以确保足够高的氦气压力。

2号停堆系统迅速动作的假设初始事件为：丧失调节（LOR）、冷却剂丧失事故（LOCA）、丧失冷却剂流量（丧失四级电源）、丧失二次侧热阱和丧失慢化剂冷却。

对于上述假想事件，2号停堆系统必须保证热传输系统的完整性，除了发生大破口失水事故外，对于其他假想初始事件，需要考虑事件前的燃料缺陷，同时还要考虑事件后燃料的损坏。与1号停堆系统一样，除非表明2号停堆系统处于可用状态，否则反应堆不能运行，当6个毒物罐体中的5个和3个逻辑通道中的2个均可用时，则表明2号停堆系统是可用的。

使用2号停堆系统后，反应堆必然会发生氙中毒，需经40小时后才能重新启动，重新启动过程中慢化剂的除毒、净化需要较长时间，对电站的经济性不利，因此设计上希望先由1号停堆系统完成停堆，这通过对停堆信号的整定值或延时长短来实现。例如主热传输系统高压力信号停堆的整定值分为两组：一组为无条件立即停堆值，SDS1和SDS2分别为10.45 MPa和11.62 MPa；另一组为延时停堆值，其整定值10.24 MPa对两套停堆系统是一样的，但SDS1在信号触发后延时3 s动作，而SDS2在信号触发后延时5 s动作。这样就能保证先由SDS1停堆，若SDS1停堆失败则由SDS2停堆，将硝酸钆毒物注入慢化剂。2号停堆系统流程如图7-9所示。

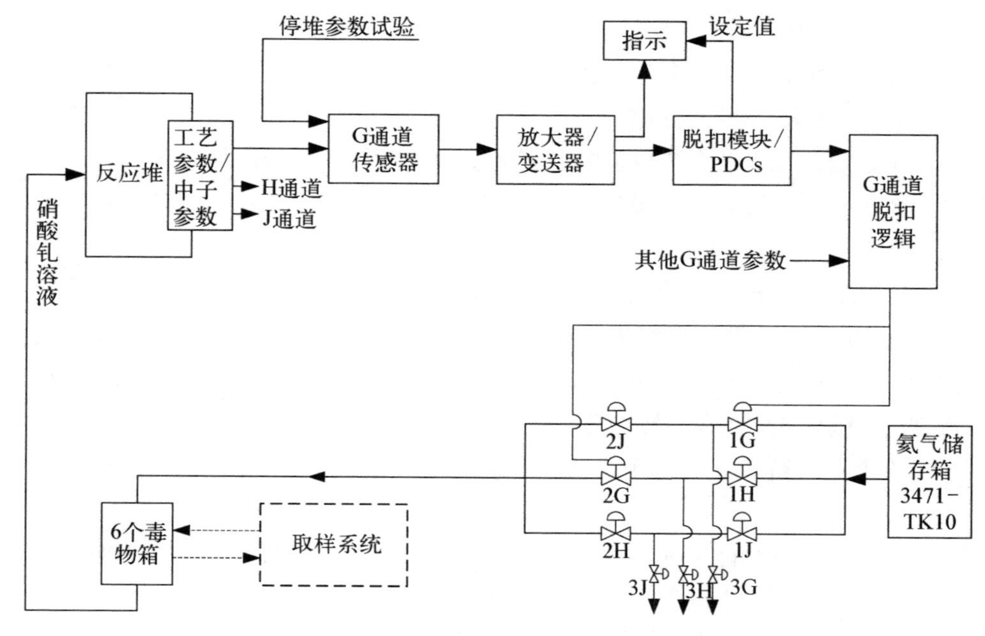

图 7-9　2 号停堆系统流程

7.2.2　余热导出技术

CANDU 堆余热导出依靠停堆冷却系统和应急堆芯冷却系统实现。

7.2.2.1　停堆冷却系统

重水堆余热导出主要依靠停堆冷却系统，简称停冷系统。

反应堆因长期停运而需要进行必要的检修时，由于堆芯内的裂变产物和衰变热仍然存在，因此需要一个热阱将堆芯余热导出并长期维持主热传输系统处于低温状态(54 ℃)。如果要检修蒸汽发生器一次侧或主泵轴封，则需要控制主热传输系统的水位至检修水位，并维持燃料冷却。在异常紧急工况下(如失去蒸汽发生器二次侧给水等)需要通过停冷系统将主热传输系统从热态零功率(260 ℃)冷却下来。

系统包括以下功能：

(1) 在异常工况下(如失去蒸汽发生器二次侧给水等)能够对主热传输系统由热态零功率进行冷却。

(2) 在发生失水事故后能够对主热传输系统的完整回路进行冷却。

(3) 在发生设计基准地震时保持主热传输系统的完整性。

停堆冷却系统作为工艺系统还可以完成以下功能：

(1) 主热传输系统在蒸汽发生器冷却后由该系统继续进行冷却到检修温度；

(2) 在停堆期间(包括水实体和低水位状态)排出反应堆衰变热；

(3) 提供对主热传输系统的充水和疏水及低液位运行时控制液位；

(4) 在停堆冷却系统运行期间为净化系统提供压头，通过净化系统对冷却剂进行净化(低水位运行除外)。

停冷系统包括两条回路，分别位于反应堆 A 侧和 C 侧。当反应堆在功率运行时，每条回路通过 4 个电动隔离阀与主热传输系统隔离。每条停冷回路包括一台停冷泵、一个停冷热交换器和泵的旁通管线。在停冷系统投入运行时，8 个电动隔离阀开启，每条停冷回路与 2 条主热传输环路相连。

因为停冷系统按主热传输系统全压力和温度设计，所以通过停冷热交换器的主冷却剂能由主泵或停冷泵提供。不管停堆冷却使用主热传输泵或是停冷泵，冷却剂循环总以同一个方向经过堆芯。

当主泵和停冷热交换器运行时，主泵从出口集管抽水，通过蒸汽发生器并驳运到入口集管。重水通过堆芯并返回出口集管，但部分流量以与正常流向相反的方向通过停冷热交换器。停冷泵启用其防倒转装置而停转。当温度接近 100 ℃时，蒸汽发生器逐渐停止热阱的作用，冷却越来越依靠堆芯旁通流量，这部分旁通流量通过停冷热交换器。该流量相对较低(只占 2%)，但绝对流量高(约 90 kg/s)。

当停冷泵与停冷热交换器运行时，重水取自出口集管，通过热交换器驳运到入口集管，然后流过堆芯到相对的出口集管。部分流量(约 55%)通过蒸汽发生器和主泵旁通堆芯，以与正常流相反的方向通过这些设备。流过热交换器的流量约为 130 kg/s。

在切换到停冷系统且上充泵停运后，所有主热传输回路和停冷回路都处在由重水储存箱压头产生的压力下，即 200 kPa 左右。

如果主热传输系统在低液位，蒸汽发生器不可能再有旁路流量。则全部停冷流量用来冷却堆芯。

根据设计，在停堆状态下，主热传输系统最终温度应通过停冷热交换器温度控制阀控制在 54 ℃。停冷系统流程如图 7 - 10 所示。

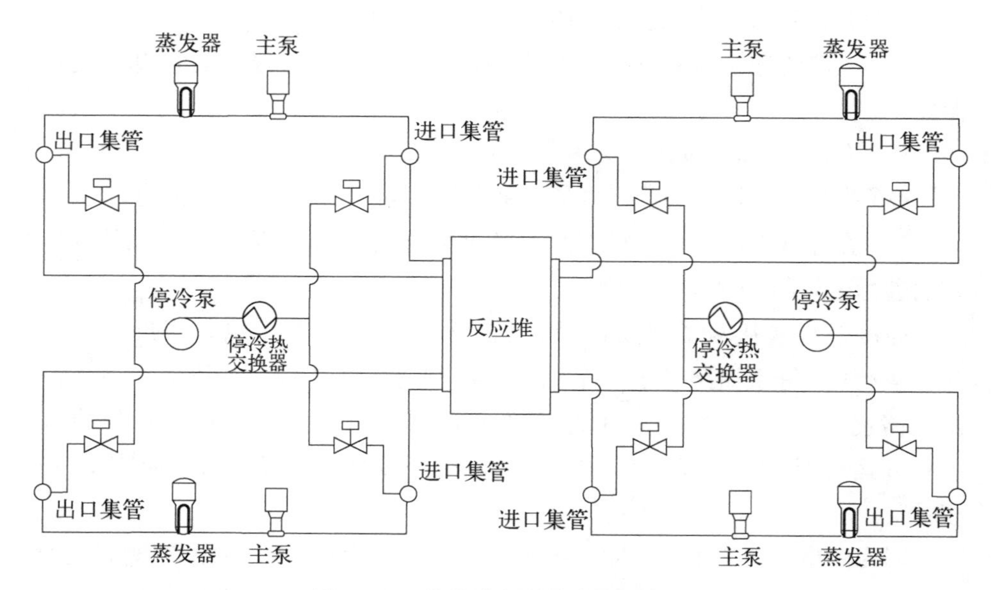

图 7-10 停堆冷却系统流程示意图

7.2.2.2 应急堆芯冷却系统

应急堆芯冷却系统(ECCS)是在发生失水事故时,为反应堆燃料提供轻水冷却,确保反应堆余热和裂变产物衰变热导出,维持反应堆的安全。应急堆芯冷却系统是 CANDU 堆专设安全系统之一。

应急堆芯冷却系统的基本功能是在系统失去主热传输系统(HTS)正常冷却剂储量,导致不能保证燃料元件冷却事故时,向燃料元件提供冷却的重要手段。应急堆芯冷却系统能够探测失水事故发生并将轻水注入主热传输系统,重新给燃料通道补水,从而导出堆芯余热和衰变热,以缓解事故后果[18-19]。在两根注入总管上各设一个爆破盘,它将重水与轻水实体隔离,防止正常运行期间反应堆冷却剂重水降级。

所有的失水事故发生时应急堆芯冷却系统的设计基准事件要求应急堆芯冷却系统满足下述 3 项设计要求:

(1) 应急堆芯冷却响应速度/流量要求。

(2) 应急堆芯冷却系统的压力/冷却要求。

(3) 探测小失水事故。

CANDU 堆应急堆芯冷却系统由下述的 6 个子系统组成,如图 7-11 所示。

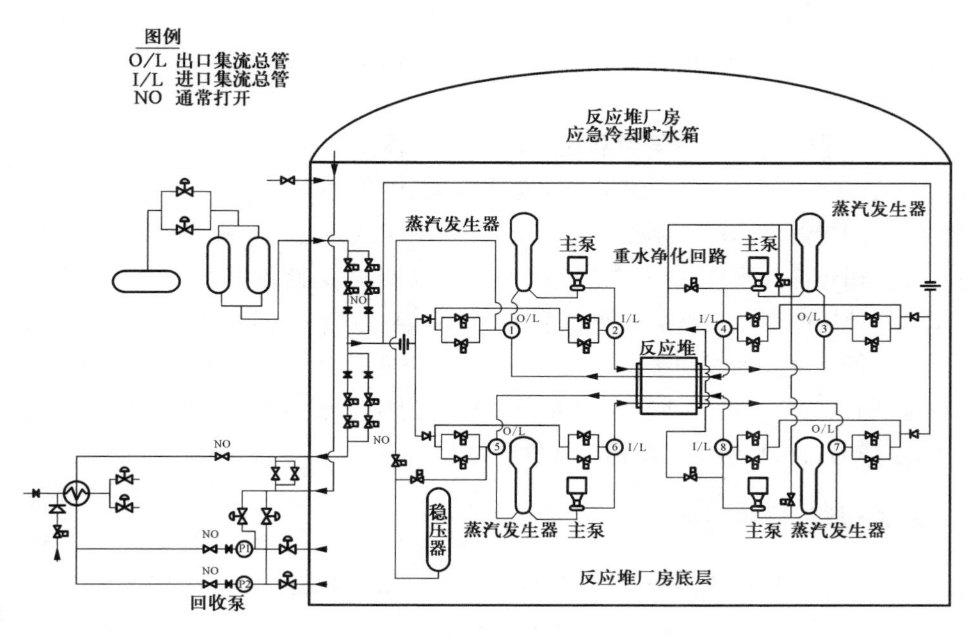

图7-11　应急堆芯冷却系统

(1) 环路隔离。当发生冷却剂丧失事故，主热传输系统压力达到5.42 MPa时，关闭环路隔离阀实现环路的隔离，防止冷却剂从一个主热传输系统环路转到另一个环路。

(2) 探测冷却剂事故及系统启动。当任一环路的一套不同的压力测量指示压力降低到5.42 MPa，并且反应堆厂房内的压力不小于3.45 kPa或高慢化剂水位不小于10.12 m，或主热传输系统持续低压(不大于5.42 MPa)时，则表明产生了冷却剂丧失事故信号，并触发应急堆芯冷却系统。

(3) 蒸汽发生器快速冷却。接收到冷却剂丧失事故并延迟30 s后，主蒸汽安全阀打开，使蒸汽发生器快速降温降压。

(4) 高压注入阶段。反应堆厂房外的一个储气罐和两个应急堆芯冷却水箱为反应堆提供高压应急冷却水，储气罐在正常情况下维持压力在4.14 MPa，由两个并联的气动隔离阀和应急堆芯冷却水箱隔离。当主热传输系统压力降低到注入压力为4.13 MPa时，储气罐中的压缩空气将高压水箱的水迅速注入主热传输系统，对于100%破口，高压注入时间可持续2.5 min，对于小破口，高压注入的时间相对延长，会持续30 min。

(5) 中压注入阶段。中压注入由安装在辅助厂房的两台应急堆芯冷却泵将喷淋水箱的水注入反应堆堆芯。在中压注入阶段热交换器二次侧设有冷却水，对于100%破口，中压注入阶段可持续12.6 min，对于小破口中压注入的时间要延长。

(6) 低压注入阶段仍然利用中压注入阶段所使用的两台应急堆芯冷却泵。低压注入根据喷淋水箱低水位信号触发，中压注入结束，打开与反应堆厂房相连的应急堆芯冷却泵吸入管上的阀门，关闭从喷淋水箱吸水的阀门，然后打开再循环冷却水返回阀，向应急堆芯冷却系统热交换器供水。应急堆芯冷却泵将地坑中温度较高的轻水和重水混合水通过热交换器冷却后重新注入反应堆。低压注入的时间维持很长，要保证可以维持1个月。当堆芯温度已降得很低时，用应急堆芯冷却泵将混合水输送到喷淋水箱中。堆芯温度再升高时，可依靠自重从喷淋水箱再注入堆芯冷却。

7.2.3 放射性包容技术

重水堆放射性屏障主要由燃料包壳、一回路压力边界，以及安全壳系统组成，燃料包壳及一回路压力边界在前面的系统中已经介绍过，本节主要介绍安全壳系统，安全壳系统主要包括安全壳隔离系统、安全壳喷淋系统和氢气控制系统。

7.2.3.1 安全壳隔离系统

安全壳隔离系统是专设安全系统，它保证反应堆厂房内主要工艺系统释放出的放射性物质对环境的影响维持在可以接受的低水平，以保护核电厂工作人员、厂区周围的公众和环境免受危害[18]。

在事故工况下，安全壳隔离系统能够防止泄漏到反应堆厂房内的放射性物质通过安全壳的贯穿件释放到安全壳结构的外部；在假想的最恶劣事故工况下(如大量失去冷却剂事故)，与其他安全壳系统的子系统共同维持安全壳的完整性和密封性，保证一个核电厂的基本安全功能：包容放射性物质，不使其外泄。在正常情况下，反应堆厂房由反应堆厂房排风系统维持在微负压(一般为−0.623 kPa)，以保证在正常情况下安全壳的微小泄漏都从外部漏入反应堆厂房并经过反应堆厂房排风系统和放射性监测后进行排放，从而满足在正常运行工况下防止放射性物质外泄的功能。

安全壳隔离系统是隶属于安全壳系统的一部分。安全壳系统与燃料包壳和主热传输系统压力边界(包括压力管)一起作为反应堆放射性的3道屏障，保证放射性物质向环境的释放无论在正常运行工况还是事故工况下均能够满足设计要求。当发生异常运行工况造成反应堆厂房高压或/和高放射性信号触发时安全壳隔离阀自动关闭，并确认空气闸门和乏燃料通道关闭以避免放射性污染物扩散到反应堆厂房之外，以保护厂内人员、核电站周围的公众和环境。根据提高可靠性的设计，大多数贯穿安全壳的系统有 2 个串联的安全壳隔离阀。如果安全壳隔离系统失效，则可能会使放射性物质通过这些管道释放到反应堆厂房之外，甚至释放到周围的环境中。

安全壳的贯穿件很多，除安全壳隔离系统和设备闸门以及人员闸门之外，还有电气贯穿件、管道贯穿件、取样管线等以提供水、气、电、仪控和人员及设备进出反应堆厂房的通道。提供设备和人员进出的贯穿件是空气闸门，它包括设备空气闸门、应急空气闸门和反应堆厂房 R/B－001 的空气闸门。反应堆中卸出的乏燃料经过专门的乏燃料传输通道，包括两个隔离球阀和水下闸门，传输到乏燃料储存池存放。

7.2.3.2　安全壳喷淋系统

安全壳喷淋系统是安全壳系统的一个子系统，属于专设安全系统。其目的是在反应堆厂房内发生冷却剂丧失事故或蒸汽发生器主给水（或主蒸汽）管线在反应堆厂房内破裂时，将导致安全壳内压力升高，安全壳高压力信号会触发安全壳自动喷淋逻辑动作，或操作员用手动触发喷淋，喷淋水箱内的喷淋水喷向安全壳内，限制安全壳内的压力急剧增加，缩短高压持续的时间，以维持安全壳的完整性。同时喷淋水还可作为气态裂变产物和气溶胶的溶剂，将部分气态放射性产物溶解到喷淋水中，从而限制放射性物质向安全壳外的释放。另外，喷淋水箱的水还用于应急堆芯冷却中压安注及蒸汽发生器应急给水。

安全壳喷淋系统主要包括位于安全壳穹顶的喷淋水箱、6 组共 12 个安全壳喷淋阀、6 路独立的由喷淋集管-支管-喷嘴组成的喷淋水分配设备、压力测量与逻辑控制回路等组成，如图 7－12[18] 所示。厂房为双穹顶，穹顶间是一个环形大水箱，其容量足以供喷淋和安全注射使用。在厂房内穹顶处设有 6 个独立的喷淋子系统，在水平面上各占 1/6（60°

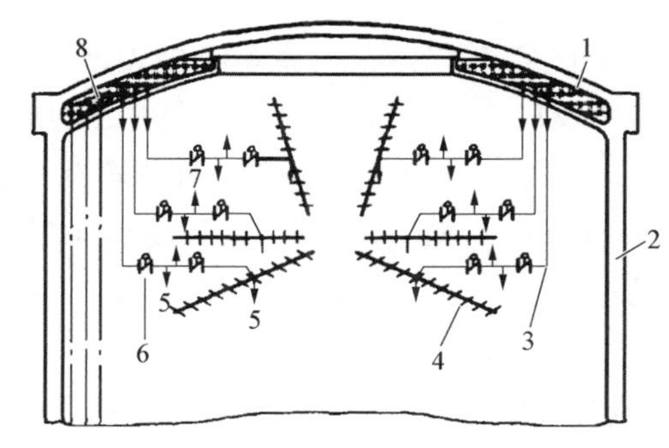

1—喷淋水箱；2—反应堆厂房；3—下降管；4—喷淋管网；5—疏水管；6—喷淋隔离阀；7—排气管；8—冷却水管。

图 7－12　安全壳喷淋系统

角),喷淋范围覆盖了整个反应堆厂房。为了增加喷淋的覆盖面积和液滴在空中的延迟时间,增加传热效率,所有喷嘴的喷淋方向全部向上。提高喷淋效率的另一措施是降低喷淋水箱的水温,为此采用冷冻水对喷淋水箱进行冷却,始终保持其温度远低于正常运行时反应堆厂房的温度。该系统属非能动安全系统,当接到喷淋信号时,气动的隔离阀可快速开启,水靠重力喷出。在事故工况下,随着安全壳压力上升,达到喷淋阀开启设定值后,喷淋阀打开,通过向安全壳喷淋以降低安全壳内的压力,达到限制放射性物质向安全壳外释放的目的。安全壳喷淋系统流程如图 7-13 所示。

7.2.3.3 氢气控制系统

氢气控制系统是安全壳系统的子系统,在安全系统的分类中属于第二组,可以在副控制室(SCA)进行操作并可以通过应急电源(EPS)对其进行供电。

在发生主热传输系统失去冷却剂事故时,反应堆厂房内会产生氢气,当氢气的体积浓度达到 4.1%~74.2%时就会发生爆炸。由于发生主系统失去冷却剂事故后安全壳自动隔离,不能通过换气的方式来降低反应堆厂房内氢气的浓度,所以,需要在反应堆厂房内的氢气浓度达到爆炸浓度之前主动消氢,阻止氢气浓度持续累积达到爆炸的水平。

氢气控制系统的主要功能为在事故工况下消耗掉反应堆厂房内的氢气,避免氢气积聚发生爆炸。该系统在设计上主要针对以下两种事故工况:

(1) 主系统失去冷却剂事故+失去应急堆芯冷却系统。

(2) 主系统失去冷却剂事故 24 小时后发生厂址设计地震(SDE)。

在第一种工况下,主系统破损回路中的金属锆和水蒸气发生强烈的锆水化学反应产生氢气,这些氢气集中产生于事故发生后的 20 分钟之内。

在第二种工况下,虽然氢气产生的速度远比不上第一种情况,但由于水的辐射分解,氢气仍会在反应堆厂房内慢慢地积累到能引起爆炸的浓度。

该系统主要由 44 个消氢点火器及其控制系统组成,在正常情况下处于自动备用状态。当出现反应堆厂房压力高或反应堆厂房放射性高时,系统自动动作,给设置在反应堆厂房装换料房间 R-107、R-108、蒸汽发生器房间 R-501 和反应堆上部房间 R-601 的消氢点火器通电,产生高温。在氢气浓度到达爆炸浓度之前,将氢气燃烧掉,从而避免发生氢气爆炸。

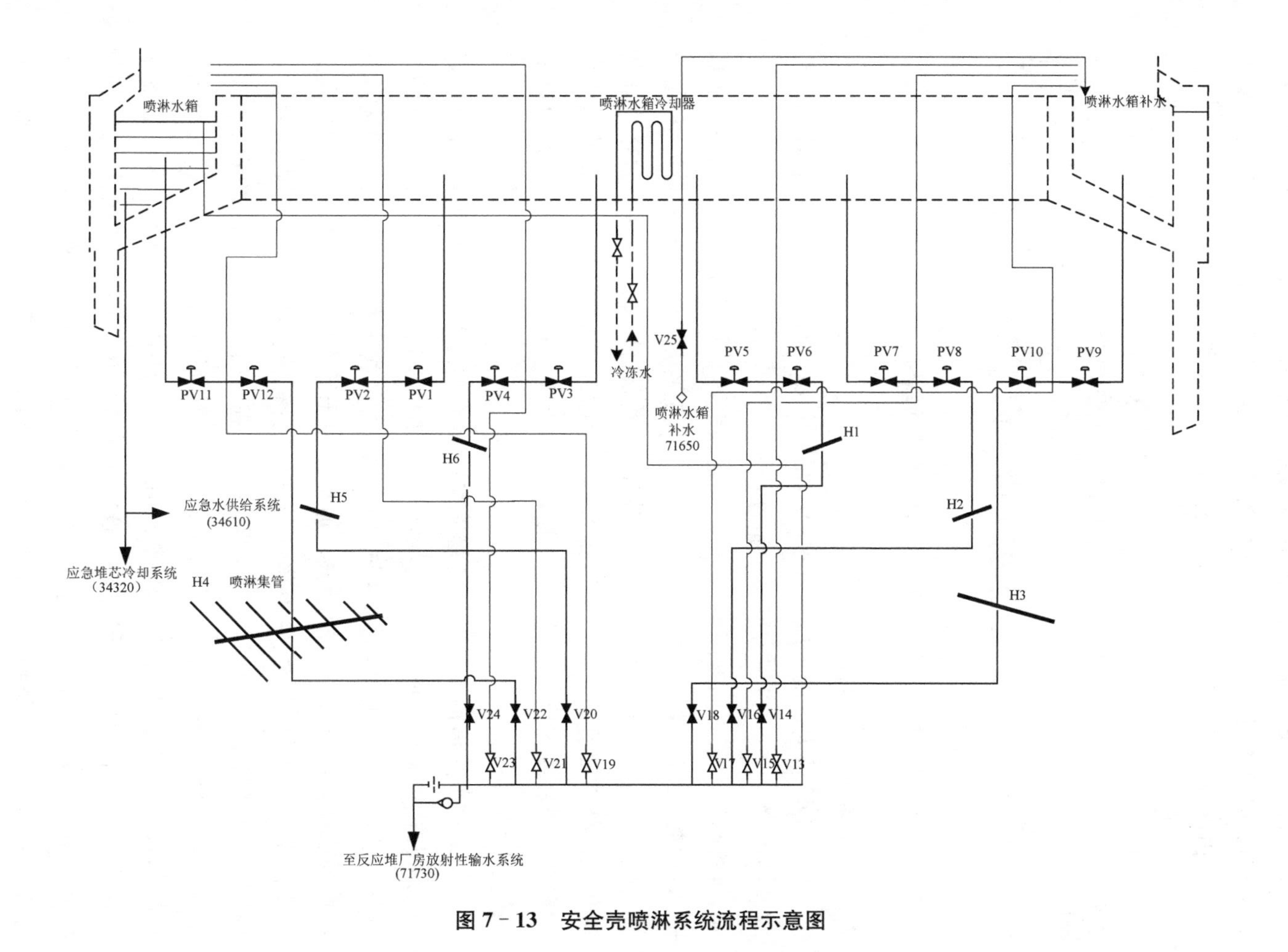

图 7 - 13　安全壳喷淋系统流程示意图

消氢点火器主要部件是表面高温式点火线圈。当线圈通电后，线圈表面温度将在 120 s 内上升到 750 ℃并引燃氢气，氢气控制系统由Ⅲ类电源供电并由应急电源做备用，消氢点火器的结构如图 7 - 14 所示。

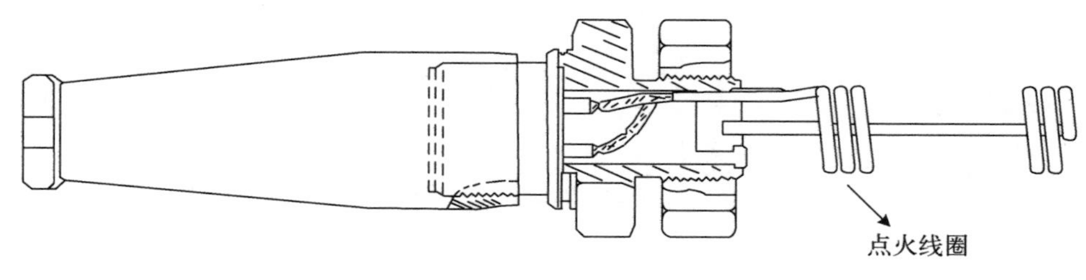

图 7 - 14　消氢点火器结构

7.2.3.4　抵御严重事故能力

CANDU 核电厂的反应堆堆芯容纳在一个卧式的圆筒形排管容器内。在容器的水平方向上，以正方形排列布置着 380 根排管，每根排管内装一根压力管，排管与压力管之间有间隙，充有二氧化碳气体。每根压力管构成一个燃料通道，内装 12 个燃料棒束，加压重水的冷却剂流经压力管内的燃料棒束，带走核裂变的热量。排管的外部为排管容器内的低温、低压重水，这部分重水作为慢化剂及外围反射层。在反应堆排管容器两端设有端部屏蔽，端部屏蔽构件内充有钢球和冷却水。这种多重热阱的结构决定了 CANDU 堆对抗严重事故的优良特性[19-21]。

如果在主热传输系统发生了堆芯燃料得不到冷却的重大事故，并且应急堆芯冷却注射系统也同时失效，这时将导致燃料棒和压力管升温，压力管的升温将导致压力管膨胀和下垂，并与排管接触，此时排管外的低温低压慢化剂就可作为冷却剂而有效地冷却燃料。加拿大原子能有限公司的研究表明，在这种事故下堆芯燃料不会发生熔化，尽管可能会有一些燃料棒损坏和压力管弯曲，但压力管的完整性仍可维持。也就是说，在这种初始事件叠加安注失效的情况下，不会导致堆芯的严重损坏。在这种工况下，如果又进一步失去慢化剂的冷却，慢化剂温度上升并逐渐蒸发，在经过一段时间后，慢化剂水位会逐渐下降至排管以下，即排管开始裸露，裸露的排管以及这些排管内的压力管和燃料才会由于失去冷却而导致过热破坏，但这些较大的固体碎片会掉入慢化剂中而得到冷却，它们将随着慢化剂水位下降逐渐沉积在排管容器的底部，形成碎片床。当慢化剂全部蒸发完后，这个碎片床才会过热，最终导致熔化。加拿大原子能有限公司的研究表明，这个碎片床在事故开始后的 2.5 小时开始熔化，但在熔化的碎片床和排管容器壁之间会有一层硬壳，它被外面的屏蔽冷却系统所冷却，这样这个由堆芯物质组成的熔化碎片床将被包容在排管容器内，并得到屏蔽冷却系统的冷却而逐渐固化。如果屏蔽箱中的冷却水也被逐渐蒸发，则屏蔽箱中的冷却水水位降至碎片床以下大约需要 25 小时，之后排管容器才会失效。因此很显然，采取一系列的补救行动，如恢复电力供应，恢复屏蔽箱的冷却，安排临时水源向排管容器内和屏蔽箱内注水等，完全有足够的时间，也就是说防止排管容器失效是完全可能的。这样如果安全壳的完整性也不被破坏的话，释放到环境的放射性物质仍可控制在设计基准的限值之内。

从以上事故过程可以看到，CANDU 堆的这种多重热阱的结构在对抗严重事故方面具有非常优良的特性。

参考文献

[1] 王小亮. 重水反应堆简介[EB/OL]. https://wenku.so.com/d/903e71555217e5afcf9f6c611e3a721d,2023-06-30.

[2] 宋琛修，朱立新. 研究堆的分类和基于分类的安全监管思路探讨[J]. 核安全，2013，12(S1)：134-137.

[3] 刘天才，金华晋，袁履正. 中国先进研究堆堵流事故分析[J]. 核动力工程，2006，27(5)(S2)：32-35，44.

[4] 黄东兴，浦胜娣，李吉根. 中国先进研究堆事故源项分析[J]. 原子能科学技术，2005，39(5)：438-441.

[5] 刘天才，杨长江，刘兴民，等. 中国先进研究堆安全设计[J]. 核动力工程，2006，27(5)(S2)：29-31，64.

[6] 金华晋，柯国土，张文惠，等. 停堆装置及方法：中国，201910106374.4[P]. 2020-06-23.

[7] 石永康，柯国土，袁履正，等. 耦合的反应堆余热导出系统：201920184598.2[P]. 2019-10-15.

[8] 庄毅. CARR 停堆冷却问题及措施分析[D]. 北京：中国原子能科学研究院，2004.

[9] 庄毅，黄兴蓉，姜百华，等. CARR 应急堆芯冷却系统停堆冷却措施分析[J]. 核动力工程，2006，27(5)(S2)：79-83.

[10] 李忠献，荣峰，董占发，等. CARR 堆反应堆厂房结构分析与密封设计[J]. 核动力工程，2006，27(4)：30-34，43.

[11] 袁履正，刑公平，荣峰，等. 具有放射性包容的研究堆密封厂房：201920184694.7[P]. 2019-11-08.

[12] 李建敏，荣峰. CARR 反应堆厂房通风设计[J]. 核动力工程，2007，28(1)：115-119.

[13] 杨长江，刘天才，刘兴民. 中国先进研究堆热水层热工分析[J]. 核动力工程，2006，27(5)(S2)：45-49.

[14] 温丽丽. 压力管式重水堆典型事故工况下安全特性分析[D]. 上海：上海交通大学，2022.

[15] 许献洪. CANDU 6 型重水堆核电厂安全系统简介[J]. 核工程研究与设计，1999(31)：20-28.

[16] 王奇卓，徐及明，等. 压管式重水堆核电站[M]. 北京：原子能出版社，1985.

[17] 王奇卓，潘婉仪. 重水堆核电站译文集[M]. 北京：原子能出版社，1983.

[18] 中国电力百科. 百科知识. 重水堆安全系统[EB/OL]. https://www.zsbeike.com/index.php? m=memb&c=baike&a=content&typeid=5&id=608342，2023-09-20.

[19] 蔡剑平，申森，Barkman N. 秦山三期 CANDU 核电厂的安全系统和安全分析[J]. 核动力工程，1996，20(6)：519-525.

[20] 申森. CANDU 堆核电厂严重事故分析研究[J]. 核动力工程，2003，24(6)(S2)：13-15，69.

[21] 宫海光，郭丁情，佟立丽，等. 重水堆核电厂典型严重事故氢气风险分析[J]. 核科学与工程，2015，35(3)：525-531.

第8章 重水堆运行与维护技术

在运行阶段，反应堆运行与维护是反应堆日常工作的核心。在设计、制造、建造完成后，反应堆进入运行阶段，反应堆是实现核能利用的载体，运行是实现核能利用的过程。此时，构筑物、系统和部件的性能、技术参数、寿期等固有特性已经确定，如何开展运行与维护将直接决定安全、质量以及经济性。只有高质量完成反应堆运行和维护工作，才能确保反应堆的核安全，确保工作人员、公众和环境的辐射安全，确保核能可持续健康发展。

与反应堆设计、建造阶段一样，反应堆运行、维护也需遵守相应的法律法规、标准规范。同时，在运行阶段，营运单位必须在经审查和批准后颁布一套包括行政和组织方面要求在内的总的运行规则，必须在初始装料之前编制和颁发反应堆安全运行和使用的运行规程，以补充这些总的运行规则。营运单位必须严格执行这些运行规程。核安全监督管理部门有权检查这些规程。

反应堆运行与维护的工作范围十分广泛。反应堆运行主要包括反应堆(包括实验装置)启动、提升功率、功率运行、下降功率、停堆、换料，堆芯管理、燃料管理(包括新燃料和乏燃料)，异常事件或事故处理，应急准备与响应，应用，修改，定期试验与检查，在役检查，定期安全评价，老化管理等。反应堆维护主要包括预防性维修、纠正性维修、设备管理、备品备件管理等。其中的每一项工作都涉及专业性很强的技术与管理，而且要持续改进。

重水堆与压水堆相比，反应堆结构、系统与部件的组成、材料、技术参数及安全特性等都存在不同程度的区别，同时，重水也有其自身很多特性，比如氘与高能γ光子反应产生光激中子、氘吸收中子生成氚等，对重水堆的运行与维护都有重要的影响。因此，重水堆的运行与维护具有自身的特点，需要研发独特的技术。本章对启动、反应堆运行控制、定期试验与检查等较有特色的重水研究堆及CANDU堆运行维护技术做简要介绍。

8.1　重水堆启动及运行控制技术

反应堆采用铍或者重水作为反射层时，铍或者重水与裂变或者裂变产物衰变放出的高能 γ 光子反应，产生中子，这些中子称为光激中子[1-2]。光激中子对于重水堆控制具有重要的作用。

在首次临界启动时，重水堆需要外中子源。首次临界启动后，由燃料裂变产物衰变释放出的高能缓发 γ 光子或堆芯结构材料活化产物衰变释放出的 γ 光子与重水中氘核产生的 $D(\gamma,n)H$ 反应所放出的光激中子，可作为启动中子源，因此后续启动不再需要放置外中子源，这是重水作为慢化剂、冷却剂或反射层的反应堆一大特点。需要注意的是，如果反应堆处于长期停闭，或者其他导致光激中子过少的状态(如全堆芯换料)，出于临界安全的考虑，有可能需要另外分析。

从物理角度，重水堆停堆后，^{235}U 裂变产物中有 30 多种核素，其在 β 衰变过程中释放出 γ 光子，能量大于氘核反应阈值(2.225 MeV)的光子发生 $D(\gamma,n)H$ 反应释放光激中子。其反应方程式为

$$D+\gamma=H+n \tag{8-1}$$

由于光激中子能量较低，对于热中子反应堆而言，其价值比裂变瞬发中子的要高，对于研究堆而言，由于运行需要，研究堆的停堆和倒换料等工作都比较频繁，每次物理再启动都需要考虑光激中子对其启动物理特性的影响，这对于确保启动过程中反应堆的安全十分必要。

8.1.1　重水研究堆启动技术

反应堆启动的过程是反应堆由次临界逐渐实现自持链式反应临界的过程。反应堆达到临界有多种途径，例如采用水位法，通过向堆芯添加水(轻水或重水)增加水位，使反应堆达到临界；元件法，逐步添加燃料组件，使反应堆达到临界；棒位法，逐步提高控制棒位置，使反应堆达到临界等。也有可能不同方法互相配合实现临界。总而言之，在反应堆启动过程中，通过逐步改变堆芯状态使反应堆达到临界的方法多种多样，在许多学术专著和论文中都有详细阐述，这里不再赘述。

反应堆启动过程必须确保核安全。新建造的反应堆装料首次启动前必须

经物理计算、零功率实验，根据实验数据逐步装料。待运行一段时间达到一定燃耗后，再通过计算和实测的剩余反应性进行满装载；当从堆芯取出中子吸收截面大的毒物或改变装载时，必须在停堆状态下进行，并投入功率保护、周期保护，提升安全棒，必要时，事先在堆芯实验孔道内放入中子吸收截面大的毒物。若临时采用手动插棒停堆进行改变反应性的操作，必须估计反应性变化量去确定插棒根数，以保证有足够的停堆深度。

8.1.1.1 重水研究堆启动前光激中子水平的计算

重水研究堆辐照过的燃料元件在停堆后一定时间内仍然具有较强的衰变 γ 射线，γ 射线与重水作用产生光激中子。堆内只要有一定数量的辐照过的燃料组件，光激中子的强度就可以超过启动中子源，从而使反应堆在深次临界下就有较高的本底中子注量率而不再需要启动中子源。一种情况是，如果本底中子注量率水平过高，在反应堆临界时，可能超出布置在反应堆近距离的启动用中子裂变室的计数范围；另一种情况是，如果本底中子注量率水平过低，可能会造成启动过程中存在“盲区”，不利于及时发现反应堆中子注量率的异常增长。因此，在反应堆大规模换料或长期停闭后，重新启动前应该通过计算的方式充分估计反应堆本底光激中子注量率的水平[2-4]。

下面简单介绍光激中子计算过程。裂变产物衰变释放的 γ 光子与氘核发生反应的阈能为 2.225 MeV，反应截面如图 8 - 1 所示。

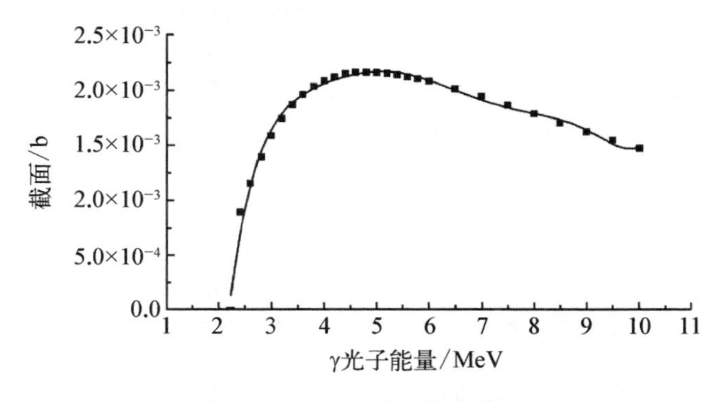

图 8 - 1 D(γ,n)H 反应截面

光激中子的强度与裂变产物缓发 γ 光子能量和强度有关，即与反应堆运行功率、运行时间和停堆时间有关。随着停堆时间的增加，γ 光子强度将随之减弱，进而导致光激中子产生率降低。

举例，采用阿尔及利亚的多功能重水型研究堆(ES - SALAM)运行历史数据，采用 SCALE 程序包中的 TRITON 和 ORIGEN-APP 功能模块可以计算反应堆停堆后堆内 γ 光子强度($E \geqslant 2.225$ MeV)随停堆时间变化的曲线，如图 8-2 所示。计算时堆芯各燃料组件的燃耗值采用实际历史燃耗数据，停堆前反应堆在 1.18 MW 功率水平下运行了 2 小时。表 8-1 给出了停堆后 1 000 天反应堆内 γ 光子的强度。

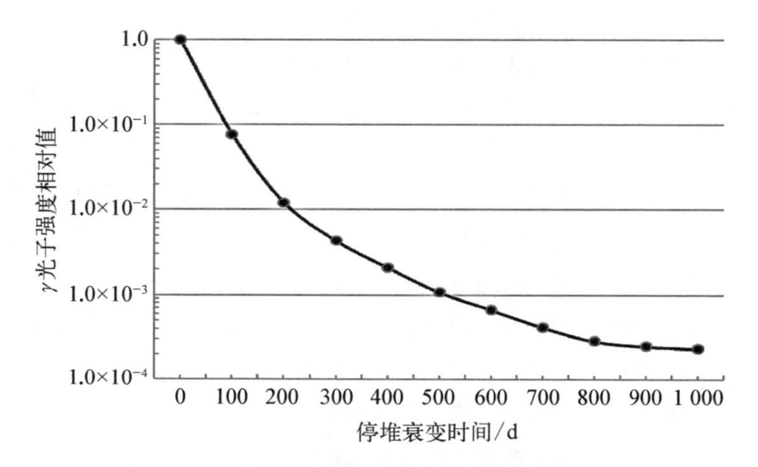

图 8-2　γ 光子强度随停堆衰变时间相对变化曲线

从图 8-2 中可看出，刚停堆后一段时间内 γ 光子强度衰减迅速，之后衰减逐渐趋于平缓。停堆 1 000 天后，γ 光子强度衰减 3 个数量级以上。

表 8-1　停堆后 1 000 天反应堆内光子强度

群　组	1	2	3	4	5	6
能量/MeV	2.225～3.0	3.0～4.0	4.0～5.0	5.0～6.5	6.5～8.0	>8.0
光子强度/s^{-1}	1.46×10^{10}	1.22×10^{9}	1.80×10^{3}	7.16×10^{2}	1.39×10^{2}	2.93×10

由表 8-1 数据和图 8-1 所示 D(γ,n)H 反应截面计算得到，停堆后 1 000 天时刻堆内光激中子总源强为 $1.36\times10^{7}\ s^{-1}$。

8.1.1.2　重水研究堆启动前光激中子测量

对重水研究堆启动前进行光激中子注量率本底水平的测量也是重水研究堆长期停闭或换料后启动前的常规要求，如图 8-3 所示。

为了在低本底情况下监督反应堆启动过程中中子注量率的变化情况，重水研究堆可以采用两种方式解决堆外电离室启动中测量“盲区”问题。一是在堆芯或者反射层的适当位置增设额外的辅助测量装置，利用^{3}He计数管监测极低本底启动初期的中子注量率水平变化。二是结合堆芯实际状况，布置电离室，将电离室位置调整到离堆芯更近的位置，测量临界附近中子注量率水平变化。在通常情况下，采用两种方式相结合来处理启动“盲区”的问题。两种方式测量范围部分重叠，可以安全渡过重水堆启动过程。

图 8－3　光激中子注量率本底测量

8.1.2　CANDU 堆启动技术

在长期停堆后(包括保证停堆状态)启动，需要除去慢化剂中的毒物(钆)来逐步达到临界，并将功率升到 5×10^{-4} FP(满功率)。一般而言(除新堆芯无裂变产物外)，由于光激中子源的效果，在深度次临界约 10 000 pcm 以上的保证停堆状态，停堆大约 25 天以内，功率会维持在电离室线性工作范围以内(2×10^{-7} FP 以上)。

在停堆后 25～60 天内，功率会维持在 2×10^{-7} FP～10^{-8} FP 范围内，超出了电离室的线性工作范围，要求用启动仪表(BF_3)进行测量，但在达到临界前功率会升到 10^{-7} FP 以上，能到达电离室的线性工作范围。对于停堆超过 60 天的情况，则需要完全靠启动仪表来监测启动过程。

8.1.2.1　使用启动仪表到达临界

启动仪表包括 3 个通道：D、E、F 通道，每个通道包括了一个启动仪表正比计数管、标准的中子计数仪表以及特殊设计的中子变化率表和停堆触发单元。3 个通道的停堆触发单元分别向 1 号停堆系统提供停堆触发信号，只要 2 个或 3 个通道同时触发，就会导致 1 号停堆系统触发动作，将 28 根停堆棒插入堆芯中，确保反应堆进入安全的停堆状态。启动仪表能提供一个连续的反应堆功率指示，指示范围从堆内初始自发裂变功率水平到电离室量程范围。

单通道启动仪表要求具有下列输出：

(1) 线性量程和对数量程两者的反应堆功率(相关的)参数直观显示。

(2) 对数输出(P)变化率直观显示,等效为 $\frac{1}{P}\times\frac{\mathrm{d}P}{\mathrm{d}t}$ (%/s)。

(3) 以时间为函数的线性输出记录图表。

(4) 高对数计数、高对数变化率和仪器失效输出停堆触发信号。

整套启动仪表装置分成了 4 个独立的通道,其中 3 个与第一停堆系统的 D/E/F 3 个通道相连,剩下的 1 个通道为备用通道,备用通道除正常运行时备用外,还可用于堆内和堆外中子计数管(探头)切换时使用。启动仪表布置如图 8-4 所示[5-6]。

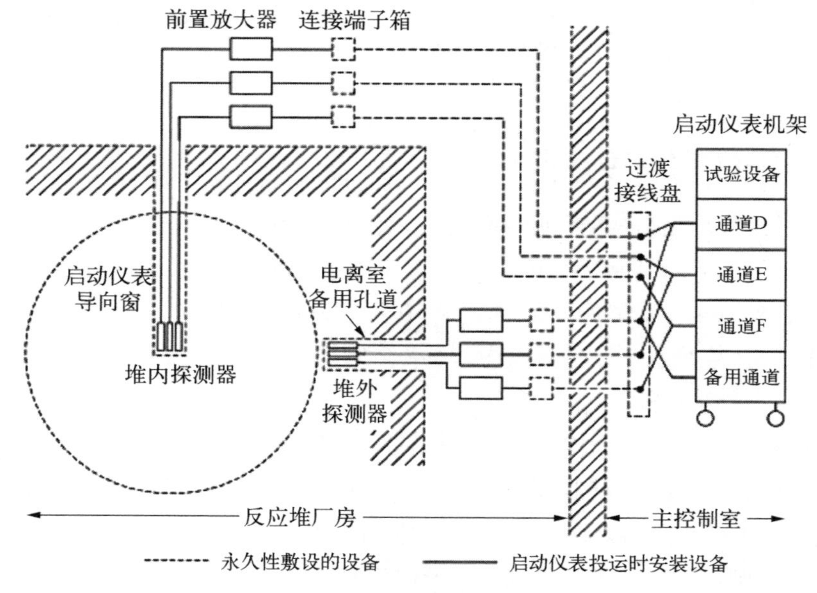

图 8-4 启动仪表总体布置

主要操作步骤如下。

(1) 使用 2 个离子交换柱开始除钆(Gd),分析慢化剂中钆的浓度,当钆浓度大于 6 ppm 时每小时分析一次,当钆浓度小于 6 ppm 时每 30 min 分析一次。

根据分析的钆浓度、净化流量、计算的钆浓度、当前时间等进行临界外推,确保临界状态安全。

持续监测反应堆功率调节系统电离室(SDS#1,SDS#2),当反应堆功率调节系统电离室信号在临界前到达 10^{-6} FP,则直接转到第(7)步。

(2) 当预计次临界反应性仅有 100 pcm 时，停止除钆，精确预计达临界时间，改为用 1 个离子交换柱，重新开始除钆。每 5 min 记录 1 次启动仪表计数率，进行临界外推。每 30 min 分析 1 次慢化剂钆浓度。

(3) 当预计次临界反应性为 50 pcm 时，停止除钆，精确预计达临界时间。提升 ADJ＃10 棒达临界，每步 1%～6%，稳定 5 min 后，验证反应堆是否已达临界。

判断临界的方法：在没有任何正反应性引入(除毒停止和调节棒不移动)情况下，反应堆有一定的正倍增周期(中子计数率稳定缓慢地持续增加)。

(4) 反应堆到达临界，宣布临界，评估临界钆浓度。

(5) 提升反应堆功率到 10^{-6} FP，提升 ADJ＃12 引入大约 20 min 的正倍增周期。

(6) 反应堆功率达到 1×10^{-6} FP 及 2×10^{-6} FP，验证反应堆功率调节系统控制响应。反应堆控制由手动转入自动控制。

(7) 除钆调节液体区域平均水位到 60%，插入所有的调节棒(如果有)。

(8) 执行 SDS＃1 SHUTTER TRIP TEST 后，启动仪表断开 SDS＃1，拔出启动仪表堆外探头到孔道口，执行 SDS＃2 SHUTTER TRIP TEST。

(9) 如果反应堆已临界，则直接提升功率到 5×10^{-4} FP。

(10) 如果反应堆还没有临界，则重新启动净化系统除钆。

(11) 调节液体区域平均水位到 50%，执行临界验证试验后，维持反应堆稳定的临界状态。

(12) 在功率提升到 1×10^{-3} FP 前，取出启动仪表探头，安装屏蔽塞。

8.1.2.2　使用反应堆功率调节系统电离室达临界

当中子功率在反应堆功率调节系统(RRS)电离室线性工作范围以上(大于 2×10^{-7} FP)时，反应堆启动达临界就比使用启动仪表简单多了[5-6]。此时，反应堆功率调节系统可以有效监测反应堆的中子功率，并且如果 STARTUP FLAG＃1 没有设置的话，它也会参与控制和调节，启动速率允许更快(倍增周期小于 10 min)。由于在功率小于 1×10^{-6}FP 时，考虑到 STARTUP FLAG＃1 设置状态的差别(即反应堆功率调节系统是否参与控制和调节)，启动程序有所不同。主要是如果要求 STARTUP FLAG＃1＝1，反应堆功率调节系统还没有参与控制和调节的话，要求控制启动速率(倍增周期大于 20 min)，确保临界操作的安全和稳定。当反应堆功率调节系统参与控制和调节，即 STARTUPFLAG＃1＝0 后，可在除毒达临界过程中，利用设置和监测

Demand Power、液体区域平均水位响应的简单直观的方法，安全地将反应堆达到临界。主要操作步骤如下[5-6]。

（1）如果初始时 STARTUP FLAG＃1＝0，则要求设置 Demand Power＝2 倍当前功率。如果初始时 STARTUP FLAG＃1＝1，则要求确认 Demand Power＝2×10^{-6} FP。

（2）检查调节棒的状态，特别注意并明确达到临界的预计钆浓度。如果调节棒全插入，临界钆浓度等于 1.1 ppm；如果调节棒全拔出，临界钆浓度等于 1.7 ppm。

（3）使用 2 个除钆树脂床，流量约 10 kg/s 开始除钆，并分析慢化剂钆浓度：当钆浓度大于 6 ppm 时，每小时分析一次。当钆浓度小于 6 ppm 时，每 30 min 分析一次。

（4）持续监测反应堆功率调节系统电离室（SDS＃1，SDS＃2）信号的上涨。如果 STARTUP FLAG＃1＝1，则要求计算和监测倍增时间：

$$T_D=\frac{(T_2-T_1)\times0.6}{V_2-V_1} \tag{8-2}$$

式中：T 表示时间；V 表示电离室电压值。

（5）反应堆功率调节系统自动控制后，继续启动净化系统除钆。在其平均水位到达 20%前，反应堆功率到达设定值时如果液体区域平均水位变化大于 15%，则继续除毒，监测反应堆功率和液体区域平均水位的变化。如果其平均水位变化小于 15%，则停止净化除毒，宣布反应堆临界，提升功率到 5×10^{-4} FP。

（6）调节液体区域平均水位到 50%，执行临界验证试验后，维持反应堆稳定的临界状态。

（7）如果调节棒组在堆外，则需要在达到临界后继续除毒，当每次液体区域平均水位升到 70%后，要求反应堆功率调节系统依次自动插入调节棒组。

8.1.2.3 氙毒停堆达临界

反应堆从高功率（如 100% FP）降到低功率或停堆后，由于氙中子吸收的减少或消失以及碘衰变对氙的贡献，氙负反应性会逐渐增加，反应堆中子功率也会持续下降，直到 13 000 pcm 的氙峰值（比满功率平衡大 10 000 pcm），此后氙毒将逐渐减少，由于反应堆次临界程度的减少，其中子功率也会随之增加[7]。由于 CANDU 6 剩余反应性非常小，因此会出现在中毒期间内的死堆现象。如果调节棒全部拔出，中毒死堆时间大约为35 h；如果调节棒全部插入堆芯，则中毒死堆时间大约为40 h。然后反应堆将重返临界，如图8－5所示。

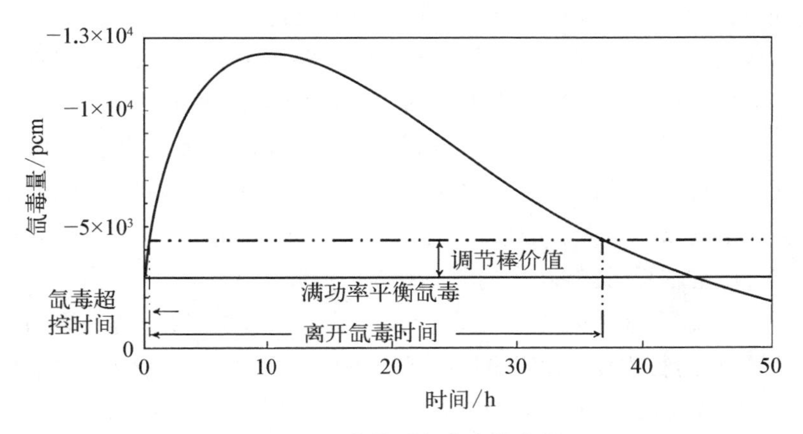

图8－5　停堆后氙毒变化曲线

因此，为了确保反应堆的安全运行，需要预计氙中毒后临界时间并跟踪反应堆中子功率的变化，以下是主要的操作步骤[7]。

(1) 反应堆氙中毒停堆后，持续监测氙毒变化趋势(调节棒控制软件DCC程序输出)、反应堆功率和液体区域平均水位，直到反应堆重返临界。

(2) 如果不是停堆系统动作导致停堆，最好在反应堆功率降到0.1%FP前，通过设置Demand Power稍小于当前中子功率来维持液体区域平均水位在20%～70%。

(3) 当反应堆功率降到0.1%FP以下，功率偏差为负，液体区域平均水位小于20%时，随着氙毒增加允许反应堆功率调节系统自动拔出所有调节棒。拔出所有调节棒的优点在于可使反应堆提前5～6 h重返临界，但如果调节棒拔出被禁止(如冷态主热传输系统主泵停运)，则可保持调节棒在堆芯中。

(4) 当氙毒继续增加，功率减少到1×10^{-4} FP以下时，设置Demand Power=1×10^{-4} FP，并确认功率偏差为负时，设置液体区域进入“特殊停堆模式”。

(5) 当氙毒渡过最大的负反应性峰值后，设置Demand Power=2倍当前中子功率。

(6) 继续监测中子功率和液体区域平均水位，当液体区域退出“特殊停堆模式”后：① 当液体区域平均水位到达65%后，输入新的 Demand Power 等于2倍当前功率。监测反应堆功率的上涨和液体区域平均水位的变化。② 如果在反应堆功率到达设定值前，液体区域平均水位到达20%以下，并确认功率偏差为负时，设置液体区域为“特殊停堆”模式，即水位20%。继续监测氙毒趋势、反应堆功率和液体区域平均水位的变化，直到液体区域退出“特殊停堆模式”为止。③ 如果在液体区域平均水位到达20%前且平均水位变化已大于20%，反应堆功率到达设定值，继续除毒，监测反应堆功率和液体区域平均水位的变化，重复以上步骤。如果液体区域平均水位变化小于20%，停止净化除毒，宣布反应堆临界，提升功率到 5×10^{-4} FP。

(7) 继续监测氙变化趋势，监测液体区域平均水位变化，适当添加钆维持液体区域平均运行水位。如果调节棒组在堆外，则当液体区域平均水位每次升到70%后，要求反应堆功率调节系统依次自动插入调节棒组。

8.1.3 CANDU 堆运行控制技术

CANDU 6 机组(如秦山三期机组)的数字化控制已经达到了一个很高的水平，全面应用到反应堆功率控制、热传输系统控制、蒸汽发生器二次侧控制、汽轮机控制、装卸料机不停堆换料控制，以及报警、显示和其他信息处理等各方面。有两台计算机同时运行，每一台都能完全独立进行全厂控制，当一台万一出现故障则自动切换到另一台；如果两台计算机同时出现故障，则自动停堆。

与压水堆核电厂相似，CANDU 核电厂同样设有反应堆控制系统、一回路压力控制系统、蒸汽发生器水位控制系统、蒸汽排放控制系统、汽轮机调节系统等。其中 CANDU 堆控制技术很有特色而且复杂。CANDU 堆控制主要包括如下技术：① 反应性控制；② 反应堆功率调节；③ 降功率控制；④ 中子注量率分布展平控制。由于本书第7章已介绍反应性控制技术，这里介绍其他几类控制技术。

8.1.3.1 CANDU 堆功率调节

CANDU 核电厂的控制原理如图 8-6 所示[8]。由设置在反应堆四周的电离室和位于堆芯的铂自给能堆芯中子注量率探测器测量反应堆中子功率，由位于堆芯各分区内的钒自给能堆芯中子注量率探测器测量反应堆堆芯各区的功率，并通过蒸汽发生器出口蒸汽流量信号测得反应堆输出的热功率，并与功率设定值比较求得偏差，用以进行反应性控制，调节反应堆功率达到设定值，同时使得慢化剂中的毒物含量、调节棒和停堆棒的位置、堆芯内各轻水小室的水位高度和堆芯中子注量率分布、控制吸收棒的位置等都满足运行要求。

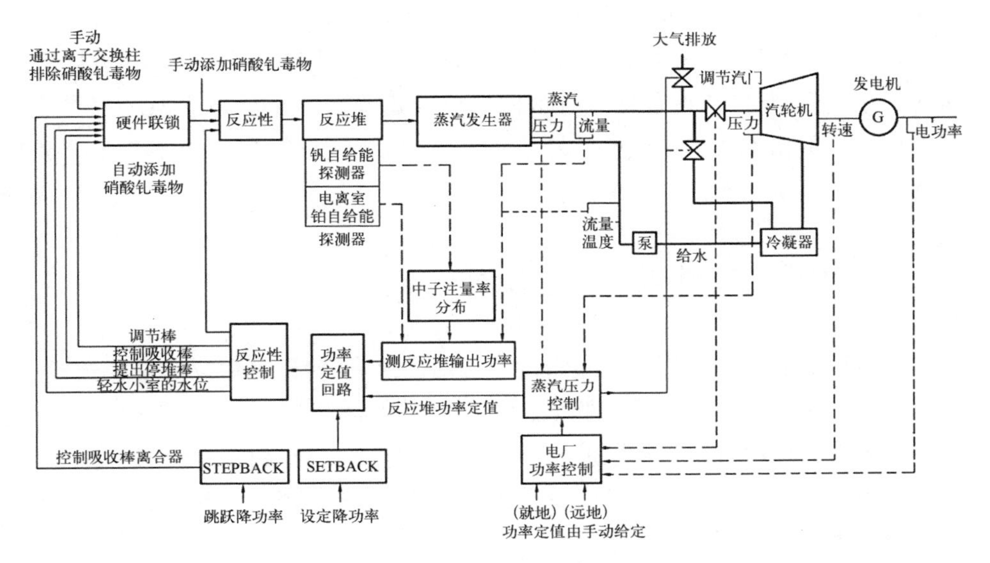

图 8-6　CANDU 核电厂控制原理

当电厂按“机跟堆”方式运行时，反应堆的功率定值由手动给定。当电厂按“堆跟机”方式运行时，反应堆的功率定值由汽轮机调节级蒸汽压力控制。此时反应堆功率控制和蒸汽压力控制这两个控制回路串联运行。由于汽轮机负荷的变化反映在蒸汽压力和流量的变化上，故通过蒸汽压力控制回路给出相应于汽轮机负荷的反应堆功率整定值，可以实现负荷跟踪，使反应堆功率与汽轮机负荷一致。系统响应时间约为 15 s，其中一回路延时 6～7 s，二回路延时 7～8 s。为加速系统的调节过程，可引入蒸汽压力变化率作为输入信号。

8.1.3.2　降功率控制

在出现运行故障时，可通过调节系统以较慢的速度设定降功率(setback)，例如当汽轮机脱扣时，可设定降功率至满功率的 60%；也可通过控制 4 根控制吸收棒离合器断开后又吸合的时间以控制落棒距离进行跳跃降功率(stepback)，例如一台主泵脱扣时可跳跃降功率至满功率的 1%。这种降功率可以减小反应堆停堆次数。在甩负荷时一回路和二回路之间的能量失配，可将主蒸汽往凝汽器排放或往大气排放[8]。

8.1.3.3 堆芯中子注量率展平控制

根据布置在活性区每个分区内的钒自给能堆芯中子注量率探测器信号或每个堆芯分区内的燃料通道冷却剂出口的平均温度,分别调整相应分区内的用以进行反应性区域控制的控制棒插入深度或轻水小室的水位高度,以展平堆芯中子注量率分布,使各堆芯分区的燃料通道冷却剂出口平均温度都在给定范围内。流出堆芯各分区轻水小室的流量基本为常数,轻水小室的水位高度通过调节其进水阀门的开度进行调节[8]。

8.2 重水堆定期试验与检查技术

定期试验和检查是反应堆运行的重要活动之一,对于确保反应堆安全、稳定运行具有重要作用。定期试验和检查的目的是确认构筑物、系统和部件继续满足安全分析报告及运行限值和条件中的要求。在役检查的目的是确定并评价与老化效应有关的反应堆安全重要构筑物、系统和部件的安全状况,以保证反应堆在运行寿期内安全运行。

8.2.1 重水研究堆定期试验与检查技术

按照法规要求,编制研究堆定期试验与检查大纲及在役检查大纲。任何维修、定期试验与检查活动都应在确保反应堆始终得到控制,其安全性不会降低或受到危害的前提下进行[9]。

8.2.1.1 定期试验与检查

定期试验用以维持并改善设备的可用性,确保与运行限值和条件的一致性,并查明和纠正能够对安全造成严重后果的异常工况。这些异常工况不仅包括构筑物、系统和部件以及软件性能的缺陷,也包括构筑物、系统和部件的状况虽处于可接受的限值范围内,但存在偏离设计要求的趋势。

定期试验包括可运行性核查(定性试验)和标定核查(定性和定量试验)。定期试验通常按固定的时间间隔进行,但也包括根据具体任务(如运行前仪控系统的核查,与堆芯布置变更有关的试验等)在可变的时间间隔内进行的重复性试验。

为了方便管理,可以将定期试验和检查工作分为几大类,分别编写不同的子程序,对周期、方法、验收标准等进行归类管理。研究堆的定期试验可以分为反应性和反应性控制系统、放射性包容系统、辐射监测系统、回路系统、电气系统、仪表和控制系统以及通风系统等。

对反应堆的构筑物、系统和部件的例行检查包括以下几类活动，例如设备状况（如泄漏、噪声、振动）的观察，具体通过现场操作员及各岗位值班员、值日员的巡检实现；通过固定或便携式设备测量过程变量和运行参数；在线或离线监测；取样做化学和放化分析；安全系统响应时间测量；进行计算或测量，以验证是否符合运行限值和条件。

在记录方面，为了方便记录和整理，可以制作通用和专用的记录表、专项报告等。在定期试验和检查中，若发现安全重要系统或设备的功能不满足运行限值和条件中的规定，必须按有关规定报告上级主管部门和核安全监督管理部门，并采取措施予以纠正。

在重水研究堆的定期试验检查项目中，还需要对重水的水质进行定期测量，主要包括重水的浓度、电导率、pD 值、铜离子浓度和氯离子浓度等。

重水研究堆的主要定期试验和检查项目如表 8-2 所示。

表 8-2　重水研究堆的主要定期试验和检查项目

系　统	定期试验和检查项目
反应性和反应性控制系统	剩余反应性测量，控制棒当量测量，燃料组件燃耗计算，安全棒落棒时间测量，补偿/调节棒落棒时间测量，补偿/调节棒全行程试验，控制棒联锁条件检查，控制棒状态检查，控制棒工作状态检查等
保护系统、未能紧急停堆的预期瞬变缓解系统	通道数据校核，通道响应时间测量，连锁关系检查，停堆功能试验等
放射性包容系统	反应堆大厅压力检查，反应堆大厅隔离功能试验，反应堆大厅隔离整体泄漏率试验等
通风系统	通风系统状态检查，应急排风功能试验等
反应堆冷却剂及其相关系统	主泵运行状态检查，停主泵功能试验，一次水电导率测量，一次水 pH 值测量，一次水离子浓度测量，一次水总固体测量，反应堆冷却剂净化系统检查，堆水池水位、平均水温检查（如有），池水净化系统检查（如有），热水层循环系统检查（如有）等
应急堆芯冷却系统	应急堆芯冷却系统检查，应急堆芯冷却系统功能试验，旁路流量检查（如有），自然循环瓣阀状态检查（如有）等

（续表）

系　　统	定期试验和检查项目
重水及相关系统	重水箱水位检查（如有），重水泵运行状态检查，重水浓度测量，重水电导率测量，重水 pD 值测量，重水离子浓度测量，重水净化系统检查，氦气系统检查，重水排放阀动作试验等
供电系统	供电系统状态检查，中压母线电压、频率检查，低压供电系统主要负荷电流检查，直流供电系统检查，1E 级不间断电源、蓄电池组状态检查，1E 级蓄电池组电解液液位检查，1E 级蓄电池组放电试验，应急电源功能试验，柴油机组运行状态检查，柴油机组例行启动试验，柴油机组自启动功能试验，应急照明启动检查，应急照明电源切换试验等
辐射监测系统和排出流	辐射监测系统启动前检查，辐射监测系统状态检查，气态排出流监测等
仪控系统	渗漏监测系统检查，渗漏监测系统功能试验，核测量系统启动前检查，核测量系统运行检查，分散式控制系统检查，报警功能试验，地震监测系统试验（如有）等
其他	消防系统检查，消防系统功能试验，广播通信系统检查，广播通信系统功能试验，防雷接地测量，装卸料机检查（如有），冷中子源装置功能试验（如有），冷源氦气流量、压力、温度运行检查（如有）等

8.2.1.2　在役检查

根据构筑物、系统和部件的安全重要性，在役检查的范围主要包括核安全级系统和部件，包括其支撑件。

在役检查前应进行役前检查，役前检查是在役检查不可分割的一部分，目的是获取初始状态下的数据，作为以后在役检查结果的比较依据。役前检查使用的方法、技术和装备类型应与以后在役检查时使用的一致。

在役检查是在反应堆运行寿期内，按在役检查大纲规定进行的有计划的检查，及时发现新产生的缺陷和跟踪已知缺陷的扩展，判断它们对反应堆的运行是否可以接受或需采取补救措施。在役检查安排在反应堆停堆期间实施，系统泄漏试验和压力试验安排在反应堆更换堆芯容器或大修期间实施。在役检查的方法、技术和装备应与前一次（或役前检查）的相同，若有变更，必须证明后一次所得的结果与前一次相当或更好，或者相差不大。

在役检查的方法包括目视检查、表面检查、体积检查、辐照监督和泄漏连续监测等。其中表面检查方法主要是液体渗透、涡流或磁粉探伤等方法，体积检查方法主要是射线照相、超声或涡流检验。涡流检验和超声检验通常用于确定管道或管状结构是否存在缺陷及其深度。利用如 X 射线、γ 射线或热中子等贯穿辐射的射线照相技术，并配以适当的图像记录装置，既可探测是否有缺陷，也可确定缺陷的尺寸。

各研究堆应根据自身设备编制在役检查计划表，并进行相应的检查，保证设备和部件在整个寿期处于正常状态。

以中国先进研究堆为例，按照每十年一个周期，对核级管道焊缝进行一次全面检查，其中，前五年进行一次，检查范围为 34%～66%，后五年将剩余部分完成，直到寿期结束。

根据构筑物、系统和部件的安全重要性，在役检查的范围主要包括下列核安全系统和部件：

（1）反应堆冷却剂系统和应急堆芯冷却系统中部件的承压部分。

（2）重水冷却及重水排放系统部件中的承压部分。

（3）水冷同位素系统部件中的承压部分。

（4）其位移或故障可能危及上述系统和部件的其他部分，如部件支撑件。

（5）安全棒驱动回路压力边界。

（6）控制棒驱动线压力边界。

（7）堆芯容器。

对于内径小于或等于 25 mm 的管道，以及与其相连的容器、循环泵、阀门及其连接件或由于嵌入混凝土、埋入地下、位于贯穿件或保护套管内或其他原因不可达的焊缝或焊缝部分，可免受体积检查和表面检查，但不免除水压试验条件下的目视检查。

还有的部件是预埋件或可达性限制等原因，根据现有的检查技术无法正常开展在役检查，可以提交“免除在役检查的申请”，得到核安全监督管理部门批准后，可免于在役检查。

8.2.2　CANDU 堆定期试验与检查技术

按照法规要求，CANDU 堆核电厂编制定期试验和检查大纲及在役检查大纲。由于核电厂的运行特点与研究堆不同，结构、参数等差异巨大，因此，定期试验和检查大纲及在役检查大纲的要求也存在较大的差别[10-11]。

8.2.2.1 定期试验

为保证核电站运行限值和条件得到完整的遵守，保证核电站《安全重要物项的监督大纲》得到正确的执行，保证核电站运行的稳定性和经济性。需要对安全相关的设备开展定期试验，定期试验分为强制性定期试验和非强制性定期试验两部分。

1）强制性定期试验的基本内容

强制性定期试验是根据技术规格书中的运行限值和条件及监督要求所编制的试验内容，其目的是核实运行限值和条件所涉及的设备部件或工艺过程的状态、可运行性、性能及其整定值或指示值是否正确，是保证遵守运行限值和条件的基本前提。

满足监督要求的方法可以有监测、检查、仪表校验、标定和响应时间的验证试验、功能试验、化学取样等。安全系统试验包括所有通过标定和响应时间的验证试验、功能试验、化学取样等手段以满足监督要求的活动。强制性定期试验包含所有为满足核电站执照文件的要求而进行的上述类型的活动。

2）非强制性定期试验的基本内容

某些设备，在核电站正常运行期间处于备用状态，其功能丧失虽然不影响核电站的核安全，但会显著影响核电站运行的稳定性和经济性。非强制性定期试验包含对这类设备的功能验证活动。

（1）停堆棒和控制吸收棒全部落棒试验。

试验目的：验证停堆棒能够自由下落，且下落时间满足要求，机械吸收棒能自由下落。

试验条件：慢化剂的液位高于 7 250 mm；1 号停堆系统可用；2 号停堆系统可用；反应堆功率调节系统运行正常；机械吸收棒都在堆外；反应堆临界，功率为 0.05%FP；数字化控制计算机 DCCY 下线，停堆棒落棒测试板卡已经安装。

验收准则：所有机械吸收棒都能下落到底；所有停堆棒都能下落到底；所有停堆棒下落 1.83 m 的时间小于 0.71 s；所有停堆棒下落 3.96 m 的时间小于 1.17 s；所有停堆棒下落 7.32 m 的时间小于 1.57 s；所有停堆棒下落到底的时间小于 2 s。

（2）2 号停堆系统注入试验。

试验目的：验证 2 号停堆系统能将硝酸钆液体快速注入慢化剂，起到迅速停堆的功能。

试验条件：反应堆功率大于等于 2%FP；SDS#2 在自动备用；反应堆功率

记录仪已投入;反应堆物理人员已根据仪控人员提交的记录仪样本数据验证信号正常。

验收准则:2 号停堆系统触发后 G、H、J 3 个通道中至少 2 个通道脱扣;毒物注入阀打开时间小于 160 ms;3471 - TK1～TK6 中至少 5 个箱子液位小于 0.5 m;反应堆功率下降曲线在参考曲线范围之内。

(3) 安全壳隔离逻辑和动作试验。

试验目的:试验安全壳的自动隔离逻辑和氢气控制系统的自动触发逻辑。

试验条件:反应堆停堆,并且隔离慢化剂净化系统(32210)和停运重水蒸气回收干燥器 3831 - DR1 - 5、DR7 - 10,以及 R/B 通风风机 7312 - F1 - F3。

验收准则列于表 8 - 3。

表 8 - 3　安全壳隔离逻辑和动作试验的验收准则

<table>
<tr><th colspan="2">试验项目</th><th>验收准则</th></tr>
<tr><td rowspan="3">反应堆厂房高压力触发隔离</td><td rowspan="2">67314 - HS - 52N、52P 置于 TEST 位置</td><td>所有的安全壳隔离阀能自动关闭</td></tr>
<tr><td>氢气控制系统自动触发</td></tr>
<tr><td>67314 - HS - 52Q 置于 TEST 位置</td><td>逻辑报警响应正常</td></tr>
<tr><td rowspan="6">反应堆厂房高放射性触发隔离</td><td rowspan="2">67314 - 51N、51P 置于 TEST1 位置</td><td>所有的安全壳隔离阀能自动关闭</td></tr>
<tr><td>氢气控制系统自动触发</td></tr>
<tr><td>67314 - 51N 置于 TEST2 位置</td><td>逻辑报警响应正常</td></tr>
<tr><td>67314 - 51P 置于 TEST2 位置</td><td>逻辑报警响应正常</td></tr>
<tr><td>67314 - 51Q 置于 TEST1 位置</td><td>逻辑报警响应正常</td></tr>
<tr><td>67314 - 51Q 置于 TEST2 位置</td><td>逻辑报警响应正常</td></tr>
</table>

(4) 奇段四级电源丧失试验。

试验目的:验证 5323 - BUE 母线失电时,其进线断路器和三级电机负荷断路器(除主消防泵断路器)自动跳闸逻辑;验证在奇段失去四级电源情况下,1 号备用柴油机发电机能在 30 s 内自动启动且达到额定转速和额定电压,并在规定的带载时间内完成带载;验证程序带载期间,2 台奇段循环冷却水

(RCW)泵中1号循环冷却水泵71340-P4001首先启动,并闭锁3号循环冷却水泵71340P4003;验证5433-BUK、5433-BUM母线的电源恢复功能;验证程序带载期间,1号备用柴油发电机输出电气参数的稳定性;验证1号备用柴油发电机完成带载时,停运单台奇段循环冷却水泵后,1号备用柴油发电机的电压和频率变化在要求范围内;验证循环冷却水系统阀门在奇段失去四级电源时响应动作正确;验证乏燃料池冷却系统在柴油机供电的情况下可运行。

试验条件:反应堆保证停堆状态,主系统在冷态卸压;5314-BUA母线通过5323-BUE03断路器向5323-BUE母线供电。按照98-52000-OM-001要求,1#SDG已投入热备用状态;所有BUE、BUF母线电机断路器都可用,且已将断路器置于要求的状态;6.3 kV母联开关5323-BUE/01和BUF/19至少一个开关已置于冷备用位置;确认5433-BUK、5433-BUM母线进线断路器5323-BUE13和5323-BUE14在工作位置合闸状态;确认主控室、开关室、柴油机房及其他相关系统区域的通信状况良好;主控室PL16和PL17盘的报警窗和就地报警显示应无异常报警状态;确认奇段母线上停运的循环冷却水和重要海水冷却水(RSW)泵充水放气完成,在热备用状态;继保人员已将录波装置连接好,并调试完成;乏燃料池冷却系统运行在模式7;端屏蔽先导热交换器选择手柄63411-HS5置于"HX1 LEAD"位置。

验收准则:5323-BUE母线失电时,其进线断路器和三级电机负荷断路器(除主消防泵断路器外)自动跳闸;在奇段失去四级电源后,1号备用柴油发电机在30 s内达到额定电压和额定频率;在奇段失去四级电源且1号备用柴油发电机自启动并带上5323-BUE母线后,400 V母线5433-BUK、5433-BUM电源恢复;在奇段失去四级电源后,除冷冻机以外的安全相关负荷能够按照程序带载器设定的顺序在180 s内完成带载;并且在210 s内完成冷冻机带载;在程序带载期间,1号备用柴油发电机出口电压不低于5.04 kV(除备用柴油发电机出口断路器合闸瞬间引起的电压降外);在两个连续负荷带载时间间隔的60%时间内,电压要恢复到5.67 kV以上;在程序带载期间,1号备用柴油发电机频率变化应维持在47.5~52.5 Hz范围内;在两个连续负荷带载时间间隔的60%时间内,恢复到49 Hz以上;在执行停运奇段单台循环冷却水泵期间,1号备用柴油发电机电压不高于6.93 kV,频率变化应维持在47.5~52.5 Hz范围内;在奇段失去四级电源的情况下,循环冷却水系统有关的阀门能够按照逻辑要求正确响应;在顺序带载期间,1号循环冷却水泵7134-P4001启动成功,3号循环冷却水泵7134-P4003没有启动;验证乏燃料池冷却系统在柴油机供电的情况下可运行。

(5) 偶段四级电源丧失试验。

与“奇段四级电源丧失试验”相似,不再赘述。

8.2.2.2　在役检查

1) 在役检查管理

根据运行质量保证大纲的规定,在役检查的工作遵循以下原则。

(1) 对影响安全和质量的活动,必须加强事先计划、过程控制和监督及事后评价,并确保质量保证工作的各个环节都能做到“有章可循、有人负责、有据可查、有人监督”。

(2) 从事具体活动的人员必须对所从事的活动直接负责,任何形式的验证都不减轻这种责任。

(3) 在某一特定工作中,对要达到的质量负主要责任的是该工作的承担者,而不是那些验证质量的人员。

不符合项管理遵循以下原则:对任何不符合规定要求的物项和活动都必须按照运行质量保证大纲以及缺陷报告和处理相关的程序进行处理。

2) 役前检查

役前检查是在役检查不可分割的一部分,目的是获取初始状态下的数据,补充制造和建造的数据,作为以后在役检查检验结果比较的依据。

(1) 役前检查应在系统和部件水压试验后且首次装料前进行;在系统和部件水压试验前完成的,应在其水压试验后进行验证性检查,验证性检查比例为在役检查取样数的10%。

(2) 壁厚测量可在反应堆启动前的任何时间完成。

(3) 所有A类和B类的管道和容器承压焊缝以及所有A类和B类的整体附件焊缝(包括焊缝的全部长度和厚度),必须100%检查。

(4) A类和B类支承件的检验,必须包括调整恒负载和变负载型支吊架和减震器。

(5) 螺栓连接件的工厂检查可替代役前检查,但工厂检查数据不必保存在役前检查记录中。

(6) 役前检查所使用的方法或技术应尽量与以后在役检查的一致。

(7) 修理或更换过的部件必须重新进行役前检查。

3) 在役检查

在役检查是首次并网发电后,在核电厂运行寿期内,对核岛承压部件和安全壳部件进行的有计划的定期检查，及时发现新生缺陷和/或跟踪已知缺陷的扩展，判断它们对核电厂的安全运行是否可接受，或所需采取补救的措施。

（1）在役检查可安排在核反应堆停堆检修期间实施。

（2）检查的方法、技术和检验装备、检验规程应与前一次（或役前检查）的一致，若有变更，必须证明后一次所得的结果与前一次的相当或更好。

4）检验范围

在役检查包括核岛承压部件和安全壳部件两部分。检验类别分为以下四级：

（1）检验类别 A——检验的最高级别。

（2）检验类别 B——稍低一级的检验。

（3）检验类别 C1——同种金属焊缝或经国务院核安全监督管理部门批准的申请免检的异种金属焊缝，不检查。

（4）检验类别 C2——不检查。

检验类别 C1 的条件：低应力比，大失效尺寸或中失效尺寸。

检验类别 C2 的条件：小失效尺寸，不论应力比大小如何。

5）受检验的系统和部件

（1）热传输系统，包括蒸汽发生器一次侧壳体；16NPS、18NPS、20NPS 和 6NPS 的主管道；主热传输泵。

（2）压力和装量控制系统，包括管线 8D－1、8D－2、12D－1；阀门 MV－1、MV－2；稳压器；除气冷凝器。

（3）停堆冷却系统：停堆冷却泵；停堆冷却热交换器；阀门 MV－17、MV－18、V－23、V－24；10NPS 和 12NPS 的管道。

（4）应急堆芯冷却系统（ECCS）：重水隔离阀 MV－39 至 MV－46、MV－59 至 MV－66 以及与反应堆集管之间的管线；测试阀 MV－71、MV－72；注入阀 MV－31、MV－50、MV－79、MV－80；逆止阀 V－33、V－34、V－47、V－48、V－76、V－77、V－96、V－97；连接这些阀的 12NPS 和 16NPS 的管线。

（5）蒸汽和给水系统：蒸汽发生器二次侧壳体。

（6）支吊架：受检系统中所有部件和管道的支吊架。

（7）压力管：详见“8.2.2.3 压力管在役检查”。

（8）热传输支管：有专门的、详细的热传输支管在役检查要求。

（9）蒸汽发生器传热管：有专门的、详细的蒸汽发生器传热管在役检查要求。

6）免受检验的系统和部件

免受检验的系统或部件包括如下方面。

（1）热传输系统：反应堆燃料通道和热传输支管由于小失效尺寸而定为 C2 类。

（2）热传输压力和装量控制系统：8D－3、8D－4、8D－10、8D－12 管线和名义尺寸等于或小于 6NPS 的管线及其相连的泵、阀门和热交换器属于 C2 类，免除检查。

（3）重水储存、输送和回收系统。

（4）轴封冷却系统。

（5）主热传输净化系统。

（6）停堆冷却系统中名义尺寸等于或小于 8 英寸[1 英寸(in)＝2.54 cm]的管线以及与其相连接的阀门。

（7）重水取样系统。

（8）装卸料机重水供应系统。

（9）应急堆芯冷却系统中从反应堆厂房地下室到阀 PV1、PV2 之间的泵吸入管段 18W1、18W2，在正常运行工况下处于低应力状态，它们被定为 C1 类。

（10）1 号停堆系统(SDS1)。

（11）2 号停堆系统(SDS2)。

（12）安全壳外包容燃料的系统或与其相连接的系统。

（13）应急水供应系统。

（14）蒸汽和给水系统。

8.2.2.3 压力管在役检查

CANDU 6 堆本体由一个卧式圆筒形排管容器和 380 根压力管组成。排管容器直径约为 7.6 m，长约为 6 m，内盛重水慢化剂，它处于常温状态，温度保持在 70 ℃左右。CANDU 6 燃料通道包括压力管、不锈钢端头、Zr－2 同心排管、隔离环等，如图 8－7 所示。压力管内放有燃料棒束，高温高压的

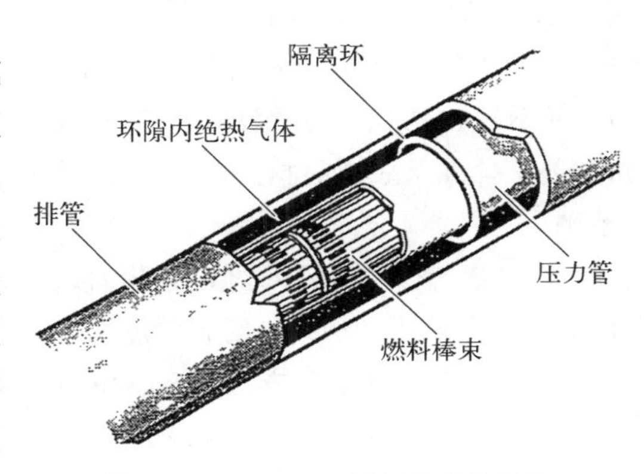

图 8－7 CANDU 6 燃料通道的结构

重水冷却剂流过燃料棒表面，带走裂变产生的热量。为了减少热量损失，在压力管外面设置同心排管，并在两管之间的环状间隙中充入二氧化碳作为冷却剂与慢化剂之间的隔热层和探测管子泄漏的介质。

CANDU 6 压力管材质为 Zr－2.5Nb 合金，长为 6 360 mm，内径为 103.4 mm，壁厚为 4.19 mm，设计寿命为 30 年。压力管作为 CANDU 堆的核心承压部件，其性能直接影响着反应堆的安全。压力管一方面起着支撑燃料棒束的作用，另一方面形成冷却剂的部分压力边界，同时提供了核燃料与外部环境的附加边界。

压力管在服役过程中受到中子辐照、内部高温高压、自重下坠、内部磨损等因素的影响，会产生压力管的硬化及生长、直径增大/壁厚减薄、下坠变形、内表面损伤等情况，从而影响其服役性能甚至安全性能。

为评估压力管在服役期间的性能，加拿大核安全当局制定了《CANDU 核电站结构件定期检查规范》(CSA N285.4－05，Periodic inspection of CANDU nuclear power plant components)，其中关于压力管检验部分有以下几方面的规定。

(1) 需要定期抽取压力管进行材料监督试验。

(2) 压力管材料监督试验的内容包括压力管基体情况和尺寸检查，氢等效浓度测量，材料性能试验。其中材料性能试验包括断裂韧性(K_c)、氢致延迟开裂速率(DHCR)、等温氢致延迟开裂应力强度因子阈值(K_{IH})。

(3) 压力管基体情况检查需要通过标准带缺陷样品，利用合适的方法(如包括但不限于：渗透检验、磁粉检验、超声检验、射线检验)进行，标准样品要求与压力管材质、名义直径、壁厚相同，检测方法要求做到壁厚方向小于 0.15 mm 的缺陷可以被检测到。

(4) 压力管尺寸检查需要通过标准尺寸样品，利用直接测量方法(如刻度尺、千分尺、游标卡尺、量规)和间接测量方法(如经纬仪、超声、电子学方法)进行，要求标准尺寸样品材质与压力管材质相同，尺寸覆盖压力管尺寸的测量范围。

(5) 氢等效浓度测量可以采用直接测量方法或间接测量方法(如测量不同氢含量下对应的最终氢溶解温度)。

(6) 材料性能试验方法应该以相关工业标准为基础。

世界上第一座 CANDU 堆核电站 1971 年投入商业运行，部分核电站已超过 30 年的设计寿命，面临退役或延寿。为了分享压力管材料监督试验数据，

1984年国际上成立了CANDU堆业主组织(Candu Ownership Group, COG),成员国包括加拿大、韩国、巴基斯坦、阿根廷、印度、罗马尼亚等国。COG作为CANDU堆信息平台,成员国可共享交换数据。

1) 基体与尺寸检查

由于CANDU堆不停堆换料的特性导致了燃料棒束需在压力管内周期性移动,因此会导致压力管产生磨蚀减薄或机械损伤,从而影响压力管的整体强度;由于锆合金密排六方的晶体结构导致其存在辐照生长的特性,会使压力管发生轴向加长、壁厚减薄的现象;同时压力管在自重、其内部承载的燃料组件和冷却剂重力的作用下会产生向下的蠕变,如图8-8所示,上述因素的共同作用会导致压力管强度下降、压力管与排管相接触等问题,从而影响反应堆的安全运行。为此,需定期对压力管的基体及尺寸进行检查[12-14]。

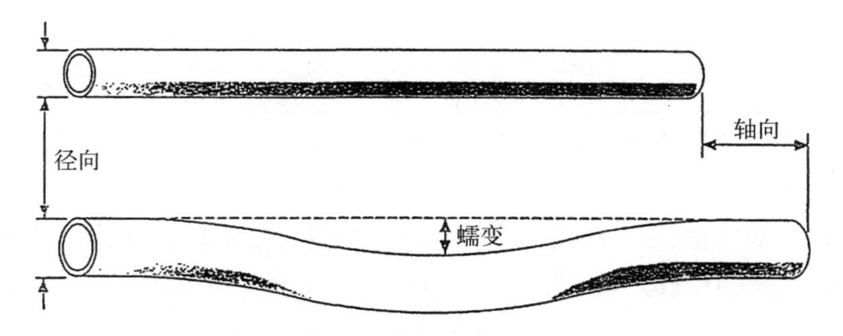

图8-8　压力管的加长和蠕变

(1) 一般要求:核电厂营运单位应为每个机组制订监督检查计划;反应堆如使用了不同材料的压力管,应针对每种材料进行独立监督检查;监督样品的选取应在堆芯装载位置、中子能谱、辐照温度历史和中子注量等方面具备代表性。

(2) 检查范围:压力管的基体及尺寸检查需覆盖包含挤压连接位置在内的全部范围;确定压力管与排管的间隙,可以通过确定卡紧弹簧位置和压力管的变形进行计算,或直接测量压力管与排管的间隙。压力管变形或间隙测量的测量点轴向间隔不大于250 mm或半个燃料棒束长度(以两者中小的为准);内径和壁厚测量需要在至少3个均布的周向上开展,测量点轴向间隔不大于250 mm或半个燃料棒束长度(以两者中小的为准);压力管变形测量的测量点轴向间隔不大于250 mm或半个燃料棒束长度(以两者中小的为准);利用测量确定燃料通道在支撑上的位置。

(3) 检查数量：检查的基准测量应选取不少于15根压力管开展；第1至第5检验周期，每次定期检查需要检查至少10根压力管，其中至少5根需要与上一周期的检查重合。压力管的监督检查时间间隔如表8-4所示。

表8-4　压力管基体及尺寸监督检查时间间隔

定　期　检　查	首次净功率后时间/年
基准检查	服役前～2
1	4～6
2	10～12
3	16～18
4	22～24
5	28～30

注：时间间隔1是由运行3年以后的第一天起始，至运行第6年的最后一天为止，提供了3年的时间窗口用以完成所要求的检查工作。下同。

(4) 检查方法：为满足压力管定期监督检查的相关要求，加拿大原子能有限公司(AECL)自行开发了燃料通道检查系统(AECL fuel channel inspection system, AFCIS)，该系统配置了不同的检查模块，包括非破坏性检查、重复检查、轴向/周向微区取样等(见图8-9～图8-11)，可利用不同的检查手段完成基体和尺寸检查的规定测量，如表8-5所示。

表8-5　基体与尺寸检查要求与对应手段[12-14]

<table>
<tr><th colspan="2">检　查　要　求</th><th>检　查　手　段</th></tr>
<tr><td rowspan="2">压力管全长基体检查</td><td>缺陷探测</td><td>超声检查、涡流检查</td></tr>
<tr><td>缺陷特征测量</td><td>超声检查、涡流检查、外观检查、复形检查</td></tr>
<tr><td colspan="2">直径测量</td><td>位移传感器(LVDT)</td></tr>
<tr><td colspan="2">壁厚测量</td><td>超声检查</td></tr>
<tr><td rowspan="2">压紧弹簧位置</td><td>安装位置</td><td>涡流检查</td></tr>
<tr><td>服役位置</td><td>超声检查、尺寸测量</td></tr>
</table>

（续表）

检　查　要　求	检　查　手　段
燃料通道下弯	位移传感器(LVDT)
压力管/排管间隙	涡流检查(超声检查)
支撑位置	压力管长度及直径测量
氢同位素浓度	多头取样工具

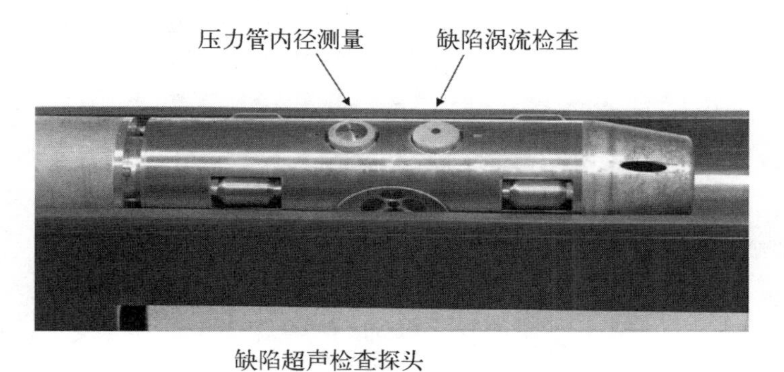

缺陷超声检查探头

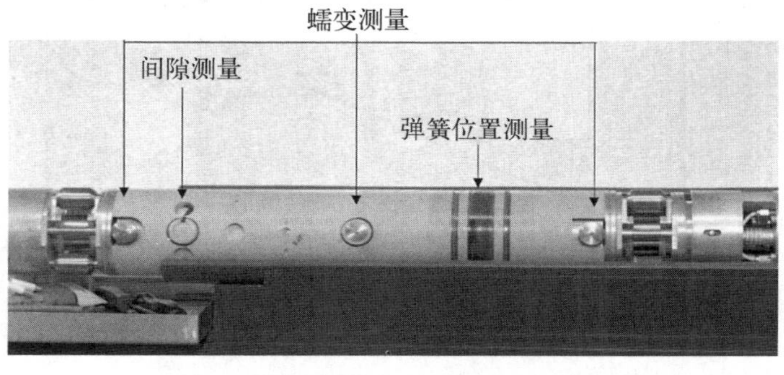

图 8－9　非破坏性检查模块(包含压力管内径测量、涡流检查、超声检查、间隙测量和弹簧位置测量等)

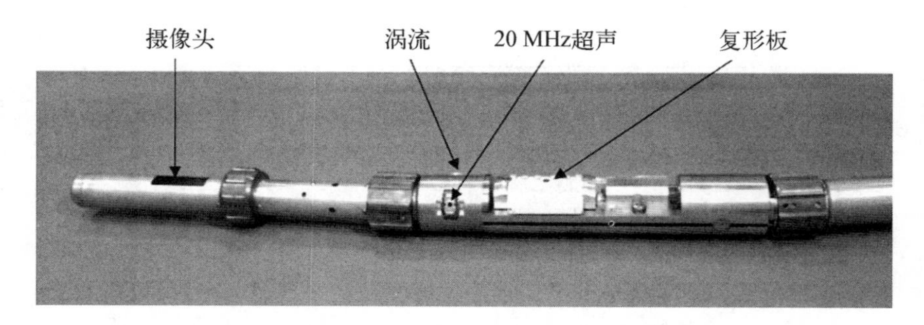

图 8－10　重复检查模块(包含外观检查、涡流检查、超声检查和复形检查)

图 8－11　微区取样模块

(5) 检查结果及趋势：通过基体及尺寸检查结果的积累,可以描绘出燃料通道下垂、压力管生长、直径增大及壁厚减薄等现象的趋势及规律,并可应用于同种材料压力管的性能预测分析,如图 8－12～图 8－15 所示。

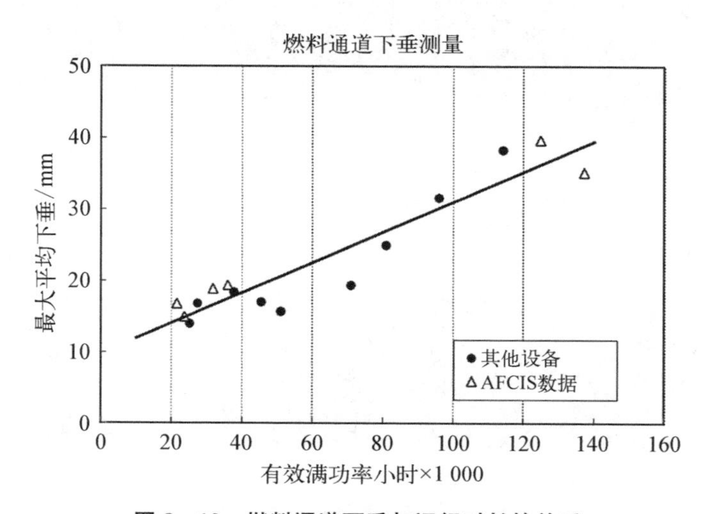

图 8－12　燃料通道下垂与运行时长的关系

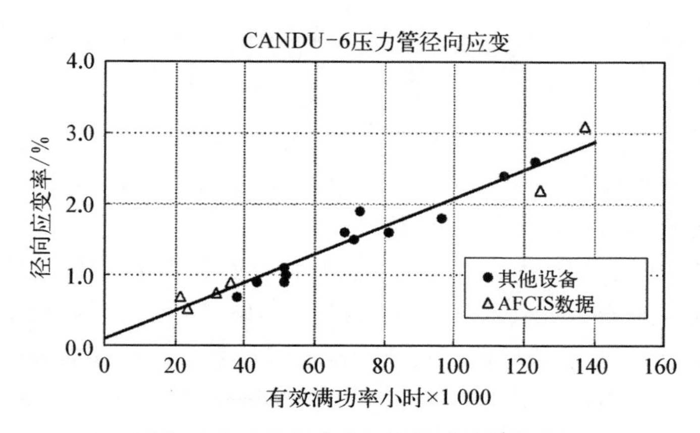

图 8-13　直径应变与运行时长的关系

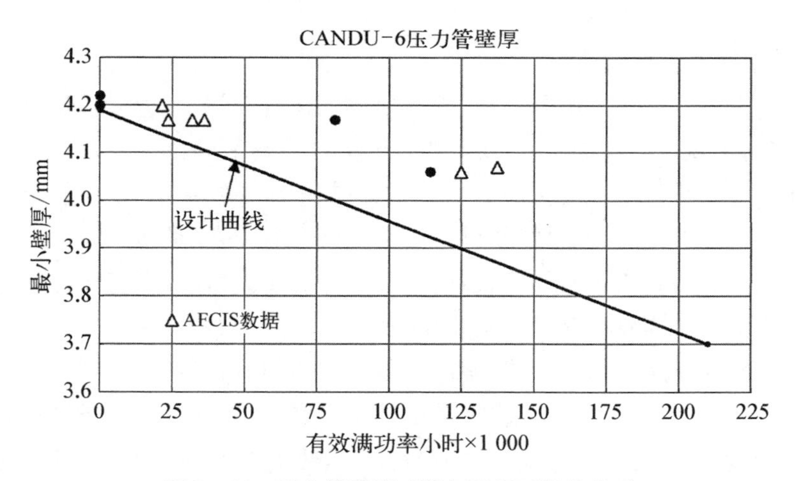

图 8-14　压力管壁厚减薄与运行时长的关系

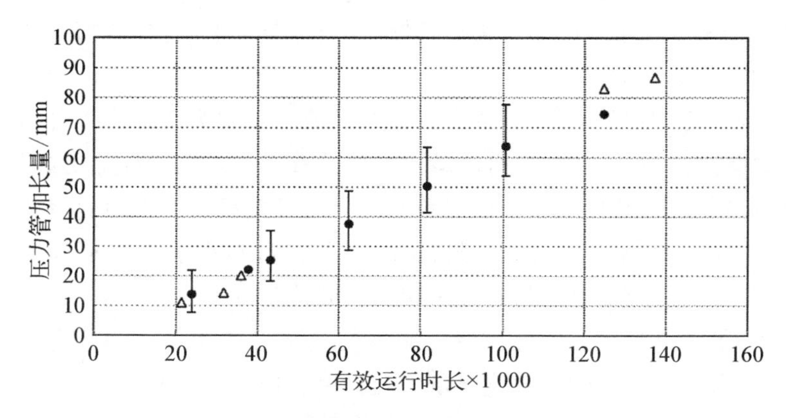

图 8-15　压力管加长与运行时长的关系

(6) 基体与尺寸检查验收准则：对于基体检查，缺陷非裂纹状且径向深度(沿壁厚方向)不大于 0.15 mm；痕迹方向平行于管内表面。对于尺寸检查，预计在下一检查周期末，内径不超过现有设计标准的最大值；壁厚不小于现有设计标准的最小值；燃料通道仍处于有效的支撑；压力管与排管不产生接触；排管与排管容器的内部构件不产生接触。

(7) 如检查结果不满足上述验收准则而产生不符合项，核电厂营运单位应通知国务院核安全监管部门；评判检查结果，确定可让步接收或采取纠正措施(如维修、更换、限制条件运行)；通知国务院核安全监管部门服役适用性评价结果及建议的纠正措施，通知中应包含扩大检查范围及频率的考虑，对于多机组电厂，该考虑也适用于其他机组；执行纠正措施，并将纠正评价结果上报国务院核安全监管部门[11]。

2) 等效氢含量测量

锆合金本身是一种吸氢材料，在反应堆的运行期间，压力管会从冷却剂中吸收氢(对于重水冷却剂来讲，实际吸收的大部分是氢同位素氘)，并在管内形成氢化物。氢化物的存在将显著影响基体锆材的力学性能，导致断裂韧性和最终的抗拉强度下降，并可能使材料发生氢致延迟开裂，是影响压力管寿命的重要因素。压力管服役时间越长，这种现象越明显。因此，需在压力管监督检查过程中监测压力管氢含量及其变化趋势[15]。

(1) 一般要求：核电厂营运单位应为每个机组制订等效氢含量(hydrogen equivalent concentration, H_{eq})监督计划，采用综合材料监督程序且在监管当局认可的情况下，可采用减量的监督计划；如使用了不同压力管材料，应针对每种材料进行独立监督；监督样品的选取应在堆芯装载位置、中子能谱、辐照温度历史和中子注量等方面具备代表性；针对监督选取的样品，需确认服役初始状态的等效氢含量。

结合使用其他 CANDU 堆机组的监督检查数据的方法称为综合材料监督程序，采用综合材料监督程序可以减少监督检查过程中测量样品的数量(包括测量的压力管数量和样品取样位置数量)，使用其他机组的材料监督数据需满足：监督数据应来源于具有代表性的压力管材料；材料监督数据应来自在设计及建造上高度一致的机组，并处于相同的运行条件下(包括温度、压力、中子注量、冷却剂水化学等)，以便进行辐照损伤及服役性能退化等行为的精确对比预测；各机组所测量的等效氢含量的变化速率相近。

(2) 取样范围和样品数量：等效氢含量测量需要选取充足的样品以确定其

在压力管长度方向的分布趋势。每个检验周期需要检查至少10根压力管，其中至少5根需要与上一周期的检验重合。监督检查的时间间隔如表8-6所示。

表8-6　压力管等效氢含量监督检查时间间隔

定期检查	首次净功率后时间/年
1	4～6
2	10～12
3	16～18
4	22～24
5	28～30

注：时间间隔1是由运行3年以后的第一天起始，至运行第6年的最后一天止，提供了3年的时间窗口用以完成所要求的检查工作。下同。

(3) 检查方法：等效氢含量测量可以采用直接测量方法或间接测量方法(如测量不同氢含量下对应的最终氢溶解温度)，其中直接方法相对较为准确。常用的金属中氢含量的测量方法是切取较少量的金属样品，在惰性气体环境下进行高温灼烧，使金属达到熔融状态，从而使其中吸收的氢同位素全部释放到载气中，然后再通过红外吸收光谱或热导检测等方式测量载气中的氢含量。

需要指出的是，考虑到压力管的制造条件和服役条件，压力管内所吸收的氢主要由2种同位素构成，分别为氕和氘。其中氕一般是在加工制造过程中引入的，在服役前就已存在；氘则来自重水冷却剂，是服役过程中渗透进入压力管的。为有效评估压力管的服役状态，需要在等效氢含量测量过程中对氕和氘进行区分，而前述的金属熔融放氢测量的方法在该方面存在明显的缺陷：一方面，利用红外吸收光谱或热导检测的方式无法有效地区分氕和氘；另一方面，上述方法均为对比测量方法，需要与经计量校准的标准样品进行比对，而含有氘的金属标样是极难获得的。为此，加拿大原子能有限公司自行开发了一套名为“高温真空提取质谱法”(hot vacuum extraction mass spectrometry, HVEMS)的专用装置，利用高分辨率质谱分析的方式完成了氕和氘的同位素绝对含量测量。

(4) 等效氢含量验收准则：预测氢含量在下一检查周期末，在反应堆持续运行温度下，压力管内不会产生氢化物析出；氢浓度增长速率要求如表8-7

所示；定义取样位置距离入口端挤压结合位置的磨光标记的距离为 Z_b，入口端与出口端挤压结合位置的磨光标记之间的距离为 L_b，则不同 Z_b/L_b 位置的氢含量限值如表 8-8 所示。

表 8-7　氢浓度增长速率限值

燃料通道出口最高温度/℃	等效氢含量最高允许增长速率/[ppm/10 000 h(热态运行)]
<315	3
<305	2
<295	1

表 8-8　不同 Z_b/L_b 位置的氢含量限值

压力管内与入口磨光标记的相对位置，Z_b/L_b	最大允许等效氢含量/ppm
0.00	70
0.05	70
0.10	71
0.15	72
0.20	72
0.25	74
0.30	75
0.35	77
0.40	80
0.45	82
0.50	85
0.55	88
0.60	91

（续表）

压力管内与入口磨光标记的相对位置，Z_b/L_b	最大允许等效氢含量/ppm
0.65	93
0.70	95
0.75	96
0.80	98
0.85	99
0.90	99
0.95	100
1.00	100

注：表格所述的位置直接可使用线性插值。

（5）如检查结果不满足上述验收准则，核电厂营运单位应通知国务院核安全监管部门[11]；评判检查结果，确定可让步接收或采取纠正措施（如维修、更换、限制条件运行）；通知国务院核安全监管部门服役适用性评价结果及建议的纠正措施，通知中应包含扩大检查范围及频率的考虑，对于多机组电厂，该考虑也适用于其他机组；执行纠正措施，并将纠正评价结果上报国务院核安全监管部门。

3）材料性能测试

锆本身是一种强烈的吸氢材料，在与氧尚不发生反应的温度下，就发生吸氢作用。吸入锆合金中的氢会在应力梯度等因素下，不断向合金中的裂纹尖端迁移聚集，当氢浓度超过其固溶度后就会析出氢化锆。氢化锆是脆性相，当其生长到临界尺寸后，在集中应力的条件下发生开裂，导致裂纹产生局部扩展。这样的过程反复进行，从而使裂纹在宏观上产生足够的开裂长度而导致材料最终断裂。由于这一开裂过程需要时间来完成氢向裂纹尖端的聚集和形成达到临界长度的氢化锆，故将这种断裂方式称为延迟氢脆（DHC），它是压力管失效的主要原因之一。随着运行时间的增加，压力管内的氢含量呈现递增的趋势，对于材料性能的影响就越发明显。因此，为确保反应堆运行安全，需定期监测压力管材料性能。

(1) 一般要求同“2) 等效氢含量测量”。

(2) 材料性能测试需要包括以下内容：材料断裂强度 K_c、氢致延迟开裂速率(DHCR)和应力强度因子门槛值(K_{IH})；应保证足够的测量数量，以显示材料性能随压力管长度方向的变化；需要选取充足的样品以确定等效氢含量(H_{eq})在压力管长度方向的分布趋势，包含轧制结合区域；单机组电厂，每个材料监督时间间隔内至少取 1 根压力管；多机组电厂，每个材料监督时间间隔内至少由领头机组取 1 根压力管，领头机组是电厂所有机组中等效满功率小时数最多的机组，如果领头机组的等效满功率小时数不到 7 000，则电厂内任意机组的压力管均可替代。

综合材料监督程序可以减少测量样品的数量，要求同上。

材料性能测试的检验时间间隔如表 8-9 所示。

表 8-9 压力管材料性能测试监督检查时间间隔

定期检查	首次净功率后时间/年
1	12～15
2	16～19
3	20～23
4	24～27
5	28～31

注：时间间隔 2 是由运行 15 年以后的第一天起始，至运行第 19 年的最后一天止，提供了 4 年的时间窗口用以完成所要求的检查工作。下同。实际的材料性能测试检查时间间隔应不少于 2 年、不大于 4 年。

(3) 检查方法：为开展材料性能测试，首先需在选取的压力管样品上制备出力学性能的检测样品。由于辐照后的压力管具有较强的放射性，因此压力管由堆内卸出后，需在核电厂先切割为适合运输的短段，然后利用合适的运输容器转移至热室内进行样品制备和性能测试。进行材料断裂强度 K_c、氢致延迟开裂速率(DHCR)和应力强度因子门槛值(K_{IH})测试的典型样品为循环腐蚀测试样品，如图 8-16 所示。在热室内需采用适当的加工方法，沿压力管轴向切割制备循环腐蚀测试样品，所获得的样品在进行正式测试前，需使用疲劳试验机预置疲劳裂纹。

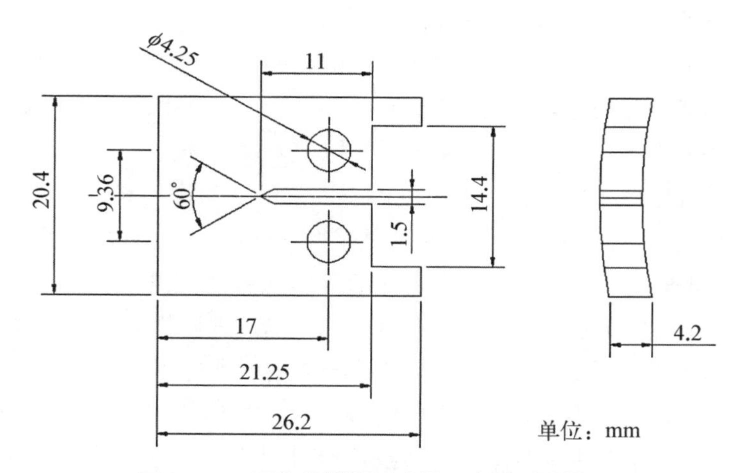

图 8 - 16　压力管性能测试循环腐蚀测试样品

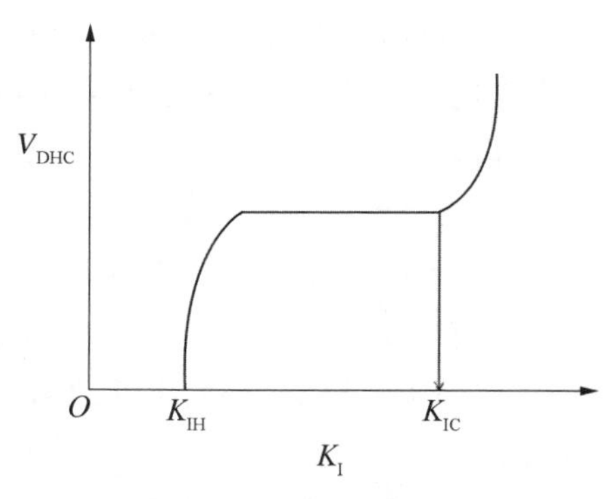

图 8 - 17　裂纹扩展速率与应力强度因子关系

根据文献报道，裂纹扩展速率(V_{DHC})与应力强度因子(K_I)存在如图 8 - 17 所示的关系。当试样加载的 K_I 值低于某一临界值时，V_{DHC} 几乎为零，即裂纹不扩展；当加载的 K_I 达到某一临界值 K_{IH} 后，V_{DHC} 迅速增大，达到某一值后不再随 K_I 值增加而增加，此时延迟氢脆裂纹以一个较为恒定的速率扩展；继续增加 K_I，直到其达到试样的断裂韧性 K_{IC} 时，V_{DHC} 迅速增加，试样很快断裂。这个临界 K_I 值即为应力强度因子门槛值 K_{IH}，达到 K_{IH} 后裂纹的扩展速率 V_{DHC} 即为氢致延迟开裂速率(DHCR)。

针对材料断裂强度 K_c 的测试可在拉伸试验机上直接开展，针对氢致延迟开裂速率(DHCR)和应力强度因子临界值(K_{IH})通常在高温蠕变持久强度试验机上采用逐级加载的方式开展，同时应用直流电位降或声发射的方式检测裂纹的扩展。

(4) 验收准则：对于断裂韧性评价，核电厂营运单位应依据已取样所进行的断裂韧性测试的相关材料，建立同等服役条件下具有代表性的断裂韧性下界预测模型，如实测值高于预测的下界，则评价为可接受；如实测值低于预测的下界，需依据 CSA N285. 8 的相关规定进行评价。

对于氢致延迟开裂速率评价，核电厂营运单位应依据已取样所进行氢致延迟开裂速率测试的相关材料，建立同等服役条件下具有代表性的氢致延迟开裂速率上界预测模型，如实测值低于预测的上界，则评价为可接受；如实测值高于预测的上界，需依据 CSA N285.8 的相关规定进行评价。

对于等温氢致延迟开裂应力强度因子阈值(K_{IH})评价，核电厂营运单位应依据已取样所进行的等温氢致延迟开裂应力强度因子阈值(K_{IH})测试的相关材料，建立同等服役条件下具有代表性的等温氢致延迟开裂应力强度因子阈值(K_{IH})下界预测模型，如实测值高于预测的下界，则评价为可接受；如实测值低于预测的下界，需依据 CSA N285.8 的相关规定进行评价。

(5) 如检查结果不满足上述验收准则，核电厂运营单位应通知国务院核安全监管部门[11]；评判检查结果，确定可让步接收或采取纠正措施(如维修、更换、限制条件运行)；通知国务院核安全监管部门服役适用性评价结果及建议的纠正措施，通知中应包含扩大检查范围及频率的考虑，对于多机组电厂，该考虑也适用于其他机组；执行纠正措施，并将纠正评价结果上报国务院核安全监管部门。

4) 压力管检查选择原则

(1) 运行/设计参数选择准则。

通道功率范围：用于检查/测量的压力管应在以下三种功率范围的±10%比例内选取。高功率通道，通道输出功率大于等于堆芯最高功率通道的90%；中间功率通道，通道输出功率大于等于堆芯最高功率通道的80%，但小于90%；低功率通道，除高功率通道和中间功率通道以外的其他通道。

冷却剂回路范围：用于检查/测量的压力管应在每种冷却剂流量范围的±10%比例内选取，每种流量范围以共用冷却剂进出口的压力管为一组。

代表性材料选取准则，即选取的压力管在制造批次方面应能代表堆内实际安装的大比例的压力管，同一制造批次定义为具有相同的、定义明确的材料牌号并具有相同的制备工艺，不同的制造工艺会导致不同的微观结构，如晶粒取向或表面处理，应视为不同的制造批次。

选取的压力管应与堆内安装的大比例的压力管来自同一铸锭。

替换压力管的选取原则，即服役中替换的压力管应选取全寿期中子注量大于等于堆内最高注量压力管95%的压力管。

次级选取原则，即选取的压力管应具有已知的或推断的最高氢含量；选取的压力管应具有已知的或推断的最大变形，如直径、伸长、下坠、壁厚减薄等；

选取的压力管应具有已知的最显著的缺陷，或具有最大可能性应包含显著缺陷。

（2）等效氢含量测量。

压力管氢含量测量需要至少在长度方向上的 4 个不同位置开展，需至少包括在压力管入口和出口端有最大的预测程度会与排管产生接触的位置；有最大可能产生温度峰值与中子注量峰值重叠的位置；已知或预测的产生氢含量最大变化的位置。

（3）材料性能测试。

用于材料性能测试的压力管应来自燃料通道输出功率大于等于堆芯最高功率通道的 95%；既满足输出功率大于等于最高功率通道的 90%，同时通道出口温度要比满足燃料通道输出功率大于等于堆芯最高功率通道的 95%的通道平均出口温度至少高 5 ℃；服役中替换的压力管应选取压力管全寿期中子注量大于等于堆内最高注量 95%的压力管。

选取的压力管在制造批次方面应能代表堆内实际安装的大比例的压力管，同一制造批次定义为具有相同的、定义明确的材料牌号并具有相同的制备工艺。不同的制造工艺会导致不同的微观结构，如晶粒取向或表面处理，应视为不同的制造批次。

应选取有合适规格尺寸的存档材料用于原始材料性能测试和氢含量测试的压力管。如没有足够的存档材料，应优先选取在原始铸锭中的位置接近于存档铸锭材料性能和成分的压力管。

选取的压力管应满足如下条件：具有已知的或推断的最高氢含量；具有已知的或推断的最大变形，如直径、伸长、下坠、壁厚减薄等；具有已知的最显著的缺陷；化学成分与已测试的材料存在已建立的或合理推断的关系。

8.3　重水堆老化管理技术

众所周知，人的一生要经历生、老、病、死，这是自然规律，谁也无法改变。类似地，反应堆的构筑物、系统和部件也要经历生、老、病、死的过程，即制造、老化、故障、报废，这就是寿期。核电厂设备的失效大多源于一种或多种老化机理单独或综合的作用，老化管理是防止核安全相关设备失效、确保核安全的重要手段。核电厂老化管理始于 20 世纪 80 年代，经过世界各主要核电国家近 40 年的努力，核电厂老化管理在理念体系、工作范围、经验积累和对设计的反馈等方面都取得了长足的进步，成为核电厂业主、核安全监督管理部门和技术支持单位等各方面保障核电厂安全稳定运行的重要着力点。随着核安全法规、监管的要求不断提高，核电厂老化管理的理念已拓广到覆盖核电厂从设计、建造、调试直到运行、延寿和退役的全生命周期，对核电厂生命周期各阶段需要开展的工作提出了相应的要求[6]。研究堆老化管理的起步晚于核电厂，不过核安全法规、监管的要求也在逐步加强，研究堆老化管理的理念已被普遍接受，并正在走向成熟。

8.3.1 重水研究堆老化管理技术

本节介绍研究堆老化管理的背景、目的、发展历程、活动与展望。

8.3.1.1 研究堆老化管理的背景及目的

研究堆老化是指研究堆构筑物、系统和部件随运行时间的延长，其性能或功能逐渐改变的总过程。任意一座研究堆，随着使用和运行时间增加，构筑物、系统或部件都将会逐渐老化，故障率将不断提高、其特性随着时间悄悄发生改变，导致性能和可靠性下降。研究堆所使用的材料性能在正常使用条件下，也会随着使用因老化而最终导致性能下降。

任意一座研究堆的安全总目标都是建立并持续保持一套有效的防范措施，来保护研究堆厂区工作人员、公众和环境免受不可接受的放射性危害。为保证这些目标的实现，反应堆在设计阶段通过遵守安全原则和要求，在运行期间通过采取额外的附加措施来增加防御层次，提高系统、设备可靠性。另外，通过必要的安全分析、行之有效的质量保证和管理监督，有关安全文件的审查等活动对反应堆整体进行评审和评价，也是保证实现研究堆安全总目标的重要手段。

研究堆的老化管理就是通过适当地选择反应堆系统和部件，使反应堆关注的关键系统和部件活动受到监督，通过对反应堆运行数据、系统、设备维修情况的收集与分析，对系统、设备随着老化带来的影响进行评估，通过评估不断优化和调整系统、设备的维护保养修理策略，来防止反应堆的构筑物、系统或部件因老化而降低或丧失其应有的功能，以确保系统、设备满足设计时的安全要求，确保反应堆具有足够的安全裕度。由于研究堆的重要性及对核安全的高标准、严要求，研究堆的老化管理显得十分必要。

为规划研究堆老化管理工作，制订老化管理计划来探测和评价老化部件对安全的影响显得十分重要。在研究堆老化管理计划的制订过程中，应以构筑物、系统和部件在设计、运行、维修和定期试验中积累的数据资料为基础，考虑实际故障或事件，同时还应包括对部件剩余寿期的估计。老化管理活动具体可以分为老化敏感设备的选择和分类、老化监督活动、老化数据收集和老化效应评价方法的建立。同核电厂相比，研究堆的老化管理工作正式开始得比较晚，其老化管理的历程也比较长。

8.3.1.2　*研究堆老化管理发展历程*

自1942年世界第一座核反应堆芝加哥一号(CP-1)达临界以来，世界范围内先后建造了800多座研究堆，目前仍在运行的有220多座。研究堆的设计和建造所采用的标准、材料和部件符合建造初期的世界或所属国家工业实际水平。研究堆不同于核电厂，其设计、运行和使用的理论与动力堆有很大区别。研究堆自身作为一个试验装置来使用，在运行过程中可能进行其他试验，另外，试验也可能导致对研究堆进行修改。所以研究堆的老化管理，虽然在老化机理上与核电厂是相似的，但其老化管理不能简单地与核电厂一致。鉴于上述考虑，IAEA于1988年11月，开始研究堆老化管理方面的工作，1989年10月，在加拿大的Chalk River召开了以研究堆安全、运行和修改为主题的研讨会，1989年11月召开了一个专家会议。1992年5月，在泰国的Bangkok，IAEA举办了亚太地区研究堆老化、退役和再维修研讨会，并在1992年11月举办了一个技术委员会会议，审查研究堆老化的工作文件。随之，国际上第一份关于研究堆老化管理的技术文件(IAEA-TECDOC-792，Management of Research Reactor Ageing)问世了。

在IAEA发布研究堆老化相关的技术文件后，我国依据《研究堆设计安全规定》和《研究堆运行安全规定》要求，结合《在役研究堆老化管理大纲》、核电厂定期安全审查有关要求，编制了EJ/T 1176—2005(《研究堆老化管理》)技术文件，对研究堆老化管理工作提出了相关技术指导。

在IAEA研究堆老化管理技术文件编制过程中，对国际上重水研究堆开展过的相关老化研究工作进行了有关统计，具体如表8-10所示。

表8-10　国际上相关重水研究堆开展的有关老化研究工作

重水堆名称	国　家	研究物项	研究的老化机理	备　注
NRU	加拿大	反射罐	铝：焊缝	2018年停闭
HIFAR	澳大利亚	反应堆内壳	铝：腐蚀、辐照效应	2007年停闭

(续表)

重水堆名称	国　家	研究物项	研究的老化机理	备　注
CIRUS	印度	反应堆容器	铝：脆性问题、腐蚀	2010 年停闭
		加热器	铝：腐蚀、泄漏	
		反射层	石墨：能量、储存	
		生物屏蔽	混凝土：裂缝	
		泵叶轮	腐蚀引起振动	
		重水管道	不锈钢：辐射、腐蚀	
HWRR（101 堆）	中国	反射层	石墨：增长、能量储存、氧化、强度极限	2007 年停闭
		内壳	铝：边界 延展性丧失 放射能	

2010 年，IAEA 发布了安全导则“研究堆定期安全审查”（SSG－10，Periodic Safety Review for Research Reactors）。2020 年，IAEA 发布了安全报告丛书“研究堆定期安全审查”（SRS－99，Periodic Safety Review for Research Reactors）。文件对研究堆定期安全审查的目的、职责、阶段、过程、方法以及使用等提出了要求。

2010 年，美国核管会（NRC）发布了 NUREG－1800，审查核电厂执照更新申请的标准审查大纲（第二次修订）（Standard Review Plan for Review of License Renewal Applications for Nuclear Power Plants，Revision 2）和 NUREG－1801，核电厂老化管理通用经验（GALL）报告（第二次修订）[Generic Aging Lessons Learned (GALL) Report，Revision 2]两份指导文件，对老化管理如何筛选物项进行了详细的说明和阐述。

2017 年，我国国家核安全局发布了 HAD202－02—2017《研究堆定期安全审查》，在审查要素中对研究堆老化管理部分提出了明确的要求。研究堆的老化管理成为现役研究堆定期安全审查的一项重要审查因素。

2021 年，高通量工程试验堆（49－3 堆）在进行定期安全评价时，主要参考了上述相关文件进行老化管理的相关要素筛选与评价，同时国家核安全局也希望国内其他研究堆以49－3堆为例，通过定期安全评价工作建立各自研究堆的老化管理体系，为后续定期安全评价建立基础。

那么，一个有效的研究堆老化管理要管理哪些内容？不同的研究堆在老化管理过程中应注意哪些问题？重水研究堆作为一种特殊堆型，又应该加强哪方面的研究？下面介绍相关内容。

8.3.1.3 研究堆老化管理的活动

一个有效的研究堆老化管理应列出研究堆所有系统和主要部件的清单并根据老化机理对其老化趋势进行分析。在研究堆老化管理过程中，应根据当前科学技术水平的提高、技术手段的改进不断更新老化管理的方法。在这个过程中，即使原始系统或设备的功能仍然有效，鉴于原系统或设备难于获得备品备件，可考虑更换整个系统或设备以便有效实施维修计划。另外，随着安全管理要求及设计标准的不断更新，适当考虑修改反应堆的硬件和修订反应堆的有关文件也是十分必要的。

目前，关于研究堆及核电厂老化管理的对象、内容及机理大同小异，可以查阅《研究堆老化管理》《核电厂老化管理》等相关文件和技术文件。老化管理的通用部分不再赘述，仅进行简单描述。此处重点介绍重水研究堆在老化管理方面不同于其他研究堆应重点考虑的问题。

目前大多数研究堆都制订了针对系统或设备的维修大纲、定期试验和检查大纲，并且有独立的在役检查大纲与计划和具体的老化管理目标。通过研究堆安全重要设备与构筑物的相关手段和方法有机地结合，最大限度地满足研究堆老化管理的需求，达到系统或设备尽可能延长使用寿命，从而满足设计安全准则及安全功能要求，实现研究堆利用的效益最大化。

老化管理的切入点是老化机理的研究，目前已知的老化机理主要有均匀腐蚀和局部腐蚀、磨蚀、磨蚀-腐蚀、辐照脆化和热脆化、疲劳、腐蚀疲劳、蠕变、咬合和磨损等。影响老化机理的因素主要有辐射、压力、温度、振动和交变载荷、腐蚀及其他化学反应。老化监督的主要手段包括检查和目视检查、监测、定期试验、性能试验。

在反应堆老化敏感设备的选择过程中考虑的因素包括如下几种：

（1）特殊运行条件（如压力、温度、辐射、化学环境）。

（2）安全重要性。

（3）结构材料（如碳钢、不锈钢）。

（4）要求的运行模式。

(5) 试验要求。

(6) 维修要求。

(7) 服役前估计的预计服役期限。

(8) 更换的难易程度。

在选择老化敏感设备时,收集设备的使用规范对其能够满足当前的运行能力、维修和试验情况进行跟踪控制。如上述数据无法获得,可通过保存来自设计或制造商的有关资料来提供相关基础信息。在对老化敏感设备进行分类时,应根据设备安全重要性、可检修性或可更换性等因素进行分类。

老化监督活动应组织有资质和能力的人员按照研究堆相关管理规定和要求开展。这些活动包括系统或设备的日常检查、预防性维修、定期试验、在役检查、纠正性维修等。在上述活动方案的制订过程中,应紧密结合系统或设备的设计文件、厂家的指导文件及现场调试活动等相关信息。在上述活动中,还应避免活动的不恰当、过度频繁和不匹配等问题,从而建立一套行之有效的老化监督手段。

在老化数据收集方面包括内部信息收集和外部信息收集。

内部信息数据来源有如下几种:

(1) 通过检查、监督和试验得到的数据。

(2) 反应堆运行和维修报告。

(3) 系统部件、设备的更换、修改、维修记录或报告。

定期收集上述数据及评估后的记录保存,对于及时分析、寻找物项、设备的性能退化迹象,了解老化影响,给出正确的评估,提出并实施预防、减缓措施,用于可靠性分析等均十分重要。收集的数据应以技术报告的形式存在,老化管理记录保存时间应延续到反应堆构筑物、系统和部件完成退役为止。

外部信息数据来源于其他类似反应堆的老化管理信息,这方面的数据、信息、经验资料可以包括如下方面:

(1) 设备厂家提供的资料、设备使用情况反馈。

(2) 实际的或潜在的失效模式。

(3) 发现的方法。

(4) 观察到或猜测到的引起老化失效、故障的原因。

(5) 观察到的或猜测到的老化环境、条件及老化问题。

(6) 评价意见、建议及预防、减缓对策。

对某个具体物项、设备进行老化评估时，应根据具体情况，采用一种或几种评估方法，进行综合分析、评价。评估老化的方法主要有如下几种。

(1) 标准比较法——根据老化管理收集的数据，与设备设计、制造所依据的规范、标准比较，判断设备各项重要参数是否还在标准允许的范围内，与限值还相差多少，利用相差的数据作为老化评估的依据。

(2) 类比法——将老化管理设备已服役的年限与同类设备在类似或更恶劣环境下正常使用的年限进行比较，得出老化管理设备的至少使用寿命，作为老化评估的依据。

(3) 功能试验法——对老化管理设备进行专门的功能性试验，功能试验的结果等情况作为老化评估的依据。

(4) 型式试验法——将物项、设备、部件样品放在模拟运行条件下进行型式试验，由样品得出物项老化状态和老化趋势，作为老化评估的依据。

(5) 理论分析法——对老化管理设备建立一个正确的数学模型，以运行条件、环境条件作为自变量，老化管理设备性能作为因变量，用于分析计算该物项随某单一因素而引起的性能变化或进行仿真模拟计算，获得该物项的老化状态变化数据，作为老化评估的依据。

上面介绍了研究堆老化管理活动，那么，到底哪些系统和部件是老化管理的对象呢？下面简单介绍一下典型的反应堆老化管理对象的筛选。典型研究堆老化管理对象一般包含以下系统和部件：

(1) 水池和水池内部结构(水池、主要堆内构件、控制棒及其驱动机构、堆芯容器等)。

(2) 冷却系统(主冷却系统、应急堆芯冷却系统、重水冷却系统等)。

(3) 仪表和控制系统(控制系统、保护系统、电缆、贯穿件、核级仪表等)。

(4) 实验装置(因实验要求，永久设置在反应堆内的各类实验装置，如冷中子源系统、高温高压系统等)。

(5) 反应堆结构(构筑物、生物屏蔽、放射性包容系统)。

重水研究堆不同于其他研究堆，在反应堆中利用了重水进行冷却或慢化，或作为反射层，重水容器、管道及相连系统的老化机理与重水的特性有很大关系，在老化管理过程中，还应重点关注重水对系统设备老化带来的相关影响。以中国先进研究堆为例，特别关注下列系统的老化管理内容。

中国先进研究堆以重水为慢化剂和反射层，设置有重水冷却系统及相关系统，如重水净化系统、重水浓缩系统、重水排放系统、安全棒驱动回路系统及氦气系统。这些系统基本是以重水为流动介质，或介质中含有重水蒸气（氦气系统），与重水直接接触。在选择中国先进研究堆老化管理对象时，结合上述系统的重要性，选取重水冷却系统、重水排放系统和安全棒驱动回路系统作为老化管理对象。这些系统中又重点关注、收集重水屏蔽泵、热交换器、执行安全功能的电磁阀等各项运行维修管理活动，同时通过水质监督与控制进行与重水接触系统的管道部件运行情况监督，结合在役检查、定期试验与检查等活动，形成重水相关系统的老化管理数据。在中国先进研究堆老化管理大纲中明确规定了上述数据的收集频次、收集方法等具体要求。

截至 2023 年底，国际上在运的重水堆核电厂有 48 座，主要分布在加拿大和印度两个国家，我国秦山核电基地也有两座 CANDU 6 重水堆核电机组。在重水研究堆的老化管理方面，可以参考借鉴重水堆核电厂的有关工作来开展。

随着科学技术的进步，在研究堆老化管理的全过程中，将不断引入新的技术和评估手段。

8.3.1.4 研究堆老化管理的展望

老化管理作为研究堆的重要管理手段，具有长期性和持久性的特点，需要有科学的方法。如何来监视安全重要设备的状态，获得设备的第一手数据，并且在获得数据后开展分析得出有价值的分析结果，是目前的重要问题。应该选用合适的方法，如通过建立数据库来保存历史数据，并记录关注因素的趋势和发展过程等，针对设备建立老化过程的数学模型来更科学地分析和仿真老化过程，模拟老化进程。这样得出的结论才更具有说服力和可信度，使检修工作的开展更有针对性。将安全重要设备的在役检查数据结合设备的运行条件和环境进行分析，甚至结合设计的标准，找出设备降级的可能原因，然后通过检修手段进行修整和预防，进而使安全重要设备在寿期内能够持续地满足系统功能的需要。

目前研究堆老化管理基于部分系统设备安装位置特殊性，部分监测手段和方法无法进行跟踪，数据的积累较为单一，甚至缺失，在该类设备的老化管理方面仍有许多可研究的价值和空间。随着科学技术水平的不断提高，管理手段的不断改进、增加，选择合适的技术方法，比如利用人工智能技术，对原先不可达部位设备的老化管理将逐步成为可能，加之越来越成熟的大数据处理技术，基于机理及现象的有力结合分析将成为现实，未来老化管理将得到进一步优化。

重水研究堆与其他研究堆的不同在于重水，基于此采用的设备与技术是重水研究堆不同于其他研究堆老化管理的一个重要方面，老化机理的不同也将是未来研究的一个重要方向。

在老化评估方法方面，随着计算机技术的不断进步与数字堆技术的发展，也许不久的将来，也将成为老化管理研究的一个重要评估方法与手段。

8.3.2　CANDU 堆老化管理技术

重水动力堆老化管理主要包含两方面的工作，分别是实物层面的老化管理，即构筑物、系统和部件(SSC)实物的老化管理；以及构筑物、系统和部件过时的老化管理[16-18]。

8.3.2.1　构筑物、系统和部件实物的老化管理

本部分重点介绍实物老化管理的工作方法及工作流程。实物老化管理工作主要分为三个步骤[16]。

第一步：筛选老化管理对象。

核电厂老化管理关注的对象是与核电厂安全相关的、难以更换和维修的设备和部件；非安全相关的设备和部件以及安全相关但易于更换的设备和部件不在老化管理关注的范围内。因此，核电厂老化管理对象筛选的原则为根据安全性、可更换性及更换的经济性等原则筛选出需要进行老化管理的构筑物、系统和部件。

系统筛选。首先对 CANDU 堆核电厂所有的构筑物和系统进行评价，通过评价筛选出需要进行老化管理的安全相关构筑物和系统，并编写老化管理系统筛选报告。

设备(部件)筛选。对筛选出的构筑物和系统进行设备(部件)级评价，即对构成构筑物和系统的所有设备(部件)进行评价，以确定需要进行老化管理的设备(部件)，并编写老化管理设备(部件)筛选报告。

第二步：对老化管理对象进行老化机理分析。

开展各老化管理对象的老化机理分析以确定其主要的老化机理，并根据分析结果编写各老化管理对象的《老化机理分析报告》。

第三步：实施老化状态监测、检查、维修、老化评估等老化管理行动。

在完成设备老化机理分析的基础上，对各老化管理对象实施老化管理行动，具体的老化管理行动包括如下方面。

(1) 老化状态监测、检查行动。如运行参数监测、运行瞬态监测、水化学状态监测、在役检查、取样分析等行动。

(2) 老化状态缓解行动。如预防性维修、纠正性维修、水化学控制等行动。

(3) 老化管理相关数据的收集和整理行动。收集和整理反映设备老化状态的数据,如热工水力参数、水化学参数、瞬态统计结果等,为后续的老化评估奠定数据基础。

(4) 老化评估行动。如蒸汽发生器传热管传热效率评估、热传输支管流动加速腐蚀速率评估、各老化管理对象剩余寿命评估、老化监测和缓解行动有效性评估等行动。

8.3.2.2 构筑物、系统和部件过时的老化管理

构筑物、系统和部件的过时表现在知识、法规和标准、技术等领域,针对各领域的表现、后果和管理方法如表 8-11 所示[16]。

表 8-11 过时的表现、后果及老化管理方法

过时领域	表 现	后 果	管 理 方 法
知识	有关构筑物、系统和部件的知识未得到及时更新	错过了核电厂安全水平提高的机会;降低了延寿运行的能力	持续更新知识并改进知识的应用
法规和标准	硬件和软件偏离现行法规和标准;设计存在薄弱环节(如在设备鉴定、隔离、多样性、严重事故管理能力方面)	核电厂安全水平低于现行法规和标准要求(例如纵深防御存在薄弱环节或堆芯损坏频率高);降低了延寿运行的能力	依据现行标准进行系统的再评估(如定期安全审查),并进行适当的改造、修改或升级
技术	备件和/或技术支持缺乏;供应商和/或工业界能力不足	失效率增加和可靠性降低使得核电厂性能和安全性降低;降低了延寿运行的能力	确定构筑物、系统和部件剩余寿命以及可能的过时;根据预期的使用寿命准备备件,并及时更换零部件;与供应商签订长期协议;开发等效的备件或部件

8.4 重水研究堆运行限值和条件

运行限值和条件是指经国家核安全监督管理部门批准的，具有法律效力的，也是最终安全分析报告(FSAR)的一部分，是反应堆安全运行的重要文件之一。

HAD103-01指出，运行限值与条件是指经国家核安全局批准的，为反应堆的安全运行列举的参数限值、设备的功能和性能及人员执行任务的水平等一整套规定。运行限值和条件是一个逻辑体系，在这个体系中，各项要求是密切相关的。

运行限值和条件必须包括对各种运行状态(包括停堆在内)的要求。这些运行状态应包括启动、功率运行、停堆、维修、试验和换料。运行限值和条件还应确定运行要求，以保证安全系统包括专设安全设施在所有的运行状态及设计基准事故下能执行必要的功能。

运行限值和条件一般可以分为以下几类：

(1) 安全限值。

(2) 安全系统整定值。

(3) 正常运行的限值和条件。

(4) 监督要求。

(5) 偏离运行限值和条件时采取的行动。

针对运行状态和事故工况，必须为安全重要物项规定一套相应的设计限值。在设计反应堆时，其限值必须符合核安全法规和相关的监督要求。设计中还必须为研究堆安全运行确定一套运行限值和条件。

反应堆设计中确定的要求，以及运行限值和条件必须包括以下方面：

(1) 安全限值。

(2) 安全系统整定值。

(3) 正常运行限值和条件。

(4) 工艺变量和其他重要参数的控制系统限制和规程限制。

(5) 监督要求，对反应堆的监督、维修、试验和检查的要求，以保证各构筑物、系统和部件执行设计中预定的功能，并使辐射风险保持在合理可行尽量低的水平。

(6) 规定的运行配置，包括在安全系统或安全相关系统不可用时的运行限制。

(7) 行动说明，包括在响应偏离运行限值和条件时所采取行动的完成时间。

所谓监督要求，是为了保证安全系统整定值以及正常运行限值和条件始终得到满足，应根据批准的监督大纲监测、检查、核对、标定和试验有关的系统和部件。在研究堆管理中，一般不设置监督大纲，而是在反应堆运行规程、运行限值和条件规程等程序中进行要求。在此不再赘述。

8.4.1 安全限值与安全系统整定值

安全限值是以防止反应堆发生不可接受的放射性物质释放为依据的，这是通过对燃料和包壳温度、冷却剂压力、压力边界完整性和其他影响放射性物质从燃料中释放的运行特性施加限制来实现的。制定的安全限值是为了保护某些实体屏障的完整性，以防止放射性物质不可控制的释放。

应按保守的方法制定安全限值，以保证考虑了安全分析中所有的不确定性。安全限值表明了安全条件的最终边界。

对于安全限值中的参数以及影响压力或温度瞬态的其他参数或参数组合，都要选定安全系统整定值。

安全系统整定值是为防止出现超过安全限值的状态，在发生预计运行事件或设计基准事故时启动有关自动保护装置而设定的触发点。超过某些整定值将引起停堆以抑制瞬态，超过另一些整定值将导致其他自动动作以防止超越安全限值。还有一些安全系统整定值用于使专设安全设施投入运行。这些专设安全设施的作用是限制预计瞬态过程以防止超越安全限值，或减轻假想事故的后果。

8.4.2 正常运行限值和条件

正常运行限值和条件是指安全重要设备或设备组不可运行时，或者安全重要参数显示出不正常时，这些条件对反应堆运行规定了特定的操作要求，以预防可能危及工作人员和公众安全的事故发生，或者一旦发生了事故，可减小事故的后果。

规定了正常运行的各种状态，以及在各种运行状态下的极限运行条件和安全有关参数发生异常变化时应采取的行动，对于机组处于冷停堆状态，运行限值和条件规定了必须同时保持可运行的最低需要数量的系统或设备清单。

对非必需的设备要加以保养，而同时限制不可运行的设备数量及不可运行的时间。对于非冷停堆状态，运行限值和条件确定了由于安全有关设备或系统的不可运行而需采取的行动，即确定退防状态（fallback mode）和退防时限（fallback time）。

典型重水研究堆的运行限值和条件要求如下。

（1）为保证重水研究堆的安全，必须对于最重要的参数规定明确的运行限值，这些参数至少应该包括反应堆热功率，反应堆冷却剂流量，反应堆冷却剂入堆压力，反应堆冷却剂进、出口温差，二次冷却水流量等。

（2）运行限值一经规定，任何人不得随意修改。有必要对安全限值进行修改时，必须经过充分的技术论证，并经国家核安全局审查批准。

（3）列在（1）中的参数的实际值应该在反应堆保护系统的保护范围之内，以保证在反应堆运行时，任何情况下不致发生超过运行限值的事件。

研究堆的安全限值和安全系统整定值是确保反应堆安全运行的最重要限值和条件，只要不超过这些限值，就能确保反应堆的安全，贯穿反应堆从设计到建造、从开始运行到最终退役的始终。

8.4.3 安全限值、安全系统整定值与运行限值的关系

安全限值是针对三道屏障而言的，这些限值由设计确定，在正常运行时不得超过，是过程变量的限值，在此范围之内反应堆是安全的。

安全系统整定值（保护阈值）是反应堆保护系统紧急停堆阈值，专设安全设施驱动系统动作阈值以及超压保护定值。这些阈值的设置保证有关安全限值不被超过，是各种自动保护装置的触发点，它触发保护动作以防止超过安全限值，并应付预计运行事件。

在重水研究堆中，须满足以下要求。

（1）测量有运行限值要求的参数的仪表都要设置停堆整定值。当参数达到停堆整定值时，使反应堆自动停闭。

（2）确定停堆整定值时要考虑下列因素：测量方法与测量仪表自身的误差；从信号发出到保护系统动作产生作用的时间；在此时间内，参数的变化趋势和可能的结果；在产生作用的时刻，参数所达到的实际值与运行限值之间有足够的安全裕量。

（3）停堆整定值一经确定，不得随意修改。有必要对整定值进行修改时，需经过充分的技术论证并得到国家核安全局的批准。

正常运行限值和条件除了需规定运行限值的参数以外，设定运行条件的目的是加强监测对反应堆的安全运行和人员健康有影响的参数。

重水研究堆运行限值和条件至少应包括监测以下参数：电导率，pD值，氯离子，铜离子，重水浓度，重水中腐蚀产物的量和所含之核素，如锰、铁、铬、镍、钛、铝、钴、镁等，重水损失率，重水中氚的浓度等。

图8-18举例说明了安全限值、安全系统整定值和运行限值之间的相互关系，并假设在安全分析报告中已确定了被监测参数(此处指冷却剂温度)与燃料包壳最高温度之间的关系，并规定了燃料包壳最高温度的安全限值。

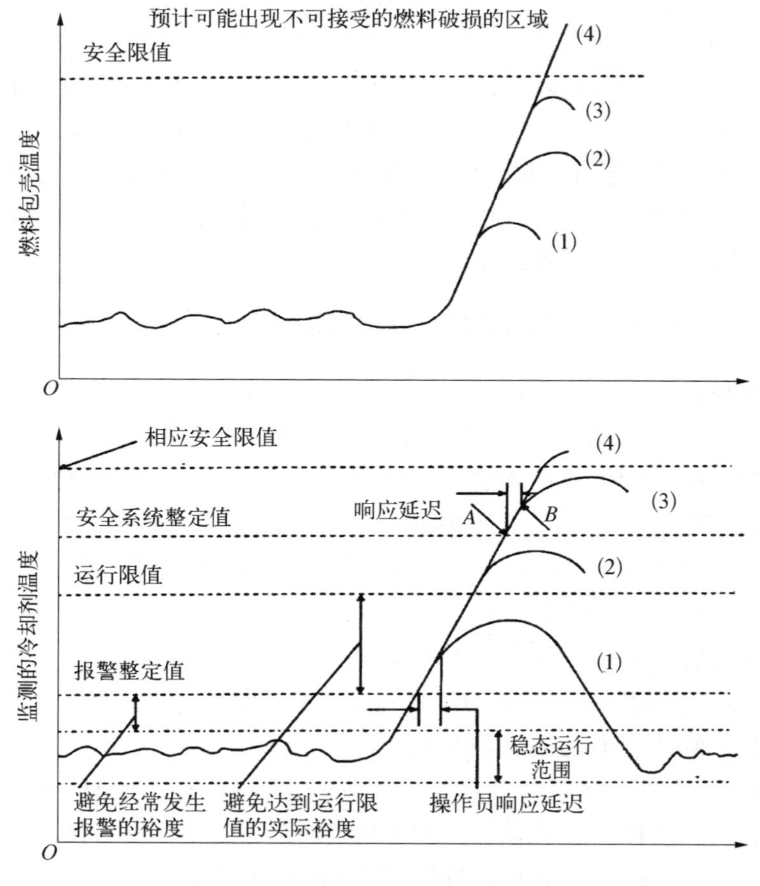

图8-18　安全限值、安全系统整定值和运行限值之间的关系

安全分析表明，受监测的冷却剂温度达到安全系统整定值时，安全系统的动作可防止燃料包壳温度达到安全限值。如果超过此限值，大量的放射性物质可能会从燃料中释放出来。

稳态运行范围表示由控制系统或操作员按照运行规程使监测的参数保持在稳态范围内。

如果冷却剂温度上升到报警整定值，操作员将得到报警提示，并采取行动来补充自动系统的动作，以便把温度降低到稳态值而不使冷却剂温度达到正常运行的运行限值。注意需要考虑操作员响应的延迟。

根据安全分析的结果，正常运行限值可定在稳态运行范围和安全系统触发整定值之间的任何水平上。为了考虑正常运行中发生的常规波动，通常在报警整定值和运行限值之间留有裕度。在运行限值和安全系统整定值之间也应留有裕度，以允许操作员采取措施来控制瞬态而不触发安全系统，避免反应堆频繁停闭。如果达到运行限值，操作员能采取纠正措施来防止达到安全系统整定值。

一旦控制系统失灵、操作员失误或其他原因，监测的参数可能会达到安全系统整定值 A 点，从而触发安全保护系统。由于保护系统的仪表和设备响应的固有延迟，这种纠正行动延迟到 B 点才起作用。纠正行动应足够防止达到安全限值，但是不能排除燃料局部的损坏。

一旦发生超过设计所能应付的最严重的故障或安全系统发生一重或多重故障，燃料包壳的温度可能超过安全限值，因此可能释放出大量的放射性物质。其他的保护系统可能被别的参数所触发，从而使反应堆的专设安全设施投入运行以减轻事故后果，并且可能启动事故管理措施。

参考文献

[1] 李兆恒. 铍的光激缓发中子产额计算[J]. 核动力工程，1981，2(4)：82-92.

[2] 于维德，李志栋. 5 MW 低功率堆物理启动[J]. 核动力工程，1992，13(4)：65-68.

[3] Salehi D, Sardari D, Jozani M S. Characteristics of a heavy water photoneutron source in boron neutron capture therapy [J]. Chinese Physics C, 2013, 37(7): 078201.

[4] 丁丽，徐鹏程，花晓，等. MHWRR 在极低光激中子水平下的临界启动技术[J]. 核技术，2020，43(6)：060602.

[5] 范福平，陈明军. CANDU 6 启动仪表的特点[A]. //全国第三届核反应堆用核仪器学术会议论文集[C]. 中国电子学会核电子学与核探测技术分会，2003：55-58，54.

[6] 赵明. CANDU6 反应堆调节棒的控制原理及故障分析[J]. 科技视界，2018(6)：133-134.

[7] 樊申，刘忠国，何立荆. 反应堆氙中毒停堆且慢化剂加毒时的临界预计[J]. 中国核工

业，2008(5)：108 - 113.
[8] 电力百科. 重水堆控制[EB/OL]. 知识贝壳：https://www.zsbeike.com/index.php?m=memb&c=baike&a=content&typeid=5&id=130241，2001 - 01/2023 - 12 - 30.
[9] 环境保护部核与辐射安全中心. 核安全专业实务(修订版全国注册核安全工程师执业资格考试辅导教材)[M]. 北京：中国原子能出版社，2018.
[10] 吴益文. 核电厂定期试验管理改进[J]. 电力安全技术，2022，24(9)：9 - 11.
[11] 国核安发[2012]249 号. 重水堆核电厂运行事件判定准则[S]. 北京：国家核安全局，2012.
[12] 商俊敏，邹廉列，袁建中，等. 重水堆压力管长度测量及数据分析[J]. 核动力工程，2012，33(6)：133 - 136.
[13] 王华才，王克江，殷振国，等. 重水堆压力管热室内直径测量技术研究[J]. 中国测试，2014，40(5)：14 - 16，35.
[14] 唐炯然. 秦山三期重水堆锆- 2.5 铌压力管辐照伸长性能分析[J]. 核电工程与技术，2012(3)：1 - 9.
[15] 鲍一展，石秀强，赵传礼. 重水堆 Zr - 2.5Nb 压力管腐蚀吸氢分析与建模[J]. 腐蚀与防护，2020，41(11)：22 - 26，32.
[16] 国家能源局. NB/T 20295 - 2014. 重水堆核电厂压力管老化管理指南[S]. 北京：国家能源局，2014 - 06 - 29.
[17] 赵卫东，石秀强. 秦山 CANDU 6 重水反应堆锆合金压力管的老化形式与缓解措施[J]. 核动力工程，2013，34(5)：92 - 95.
[18] 窦一康. 核电厂生命周期全过程的老化管理[J]. 金属热处理，2011，36(S)：10 - 14.

第 9 章
重水堆应用技术

反应堆利用可控链式核裂变反应，产生了两样可服务于人类的“东西”，一种是能量，另一种是中子。利用裂变反应产生的能量实现各种目的的反应堆称为“核动力”堆，其中核电站将核能转换为电能，发电是建造核电站的主要目的，在我国用的 100 度(kW・h)电中，5 度产自核能。当然，除了发电，还可以直接利用热能。这些热能可用于区域供热或制冷，或者用于海水淡化、制氢、合成燃料及工业过程供汽(玻璃和水泥制造、金属生产、采油、木材加工等)。可控链式核裂变反应还产生中子，除了维持裂变反应外，还有部分“富余”中子，这些“富余”的中子可以进行各种应用。利用中子开展各种应用的反应堆称为研究实验堆，简称研究堆。研究堆实际上就是一个超强的中子源。除发电外的核能其他应用统称为核能非电力应用。本章按照重水研究堆和重水动力堆分别介绍重水堆的非电力应用。

9.1 重水研究堆应用

中子不带电、具有磁矩、穿透性强。自从 1932 年查德威克发现中子以来，经过 90 余年的发展，中子相关研究和应用领域越来越广泛，已成为现代物理、化学、材料、生命科学、能源、工程、考古学等多学科研究中强有力的研究工具[1]。由于重水动力堆主要用于发电，对经济效益特别敏感，因而中子应用一般在研究堆当然包括重水研究堆上开展[1]。本节主要介绍中子散射、中子活化分析、中子照相、中子俘获治疗、癌症、燃料与材料考验、放射性同位素生产、单晶硅中子嬗变掺杂等中子应用技术。

9.1.1 中子散射

中子束打到待研究的样品上，有些中子会与样品的原子核发生相互作用，其运动方向也会发生改变，向四周“散射”开来，这种现象称为中子散射。通过测量中子散射的轨迹、能量和动量的变化，就可以反推物质的微观结构及其变化过程，这种分析技术称为中子散射技术(neutron scattering, NS)。1994 年，诺贝尔物理学奖授予了中子衍射和中子非弹性散射的开创者、美国科学家沙尔和加拿大科学家布罗克豪斯，标志着中子散射技术重要性得到广泛认同。2007 年，诺贝尔物理学奖授予了法国的费尔和德国的格林贝格尔，表彰他们发现的至今仍深深影响着现代生活的巨磁阻现象，而中子散射技术在研究中发挥了关键性作用[2]。

中子具有波粒二象性，对于能量为 0.025 eV 的热中子，其波长为 0.18 nm；对于能量为 0.005 eV 的冷中子，其波长为 0.4 nm。这些数值恰好与凝聚态物质中原子分子间的距离和元激发的能量相当，使得中子可作为原子尺度的标尺，揭示了原子分子在哪里，原子分子是如何运动的。又由于中子能分辨轻元素(如氢、碳、氮、氧等)、同位素(如^{7}Li、^{11}B、^{235}U 等)和近邻元素(如锰和铁)，且有对样品的非破坏性的特点，使得中子散射在探索材料的磁性、结构、动力学等性质中发挥着强大的作用，打开了一个全新世界的大门。中子不仅能够开展大型工程部件深度无损检测测量，而且还可加载高低温、磁场、压力等极端样品环境，实现材料在极端条件下的原位实时测量；中子具有较宽的波长范围，其研究空间尺度范围涵盖埃、纳米、微米乃至毫米，研究对象小到原子、分子，大到病毒、细胞、工程部件等；冷、热中子的能量(数毫电子伏到数百毫电子伏)与原子、分子的热振动能量相当，是研究晶格动力学的最佳选择之一。

中子散射及相关技术的发展首先强烈依赖于高注量中子源。早期的中子散射技术主要基于同位素或加速器中子源，这些小型中子源难以满足中子散射实验的需求。直至高中子注量率束流研究堆中子源的出现，其提供足够高的中子注量率、连续稳定的各种能量(超热、热、冷、超冷)的中子束流，大大地拓展了中子散射科学技术的发展和应用。

为开展中子散射实验，需要对中子进行选择、聚焦、准直、分析、探测和屏蔽。其中利用这些相关技术实现中子散射测量的仪器称为中子散射谱仪。因此中子散射及相关技术发展还取决于中子谱仪，以及中子束流的控制、中子探测技术等[1]。中子散射谱仪按照中子和其他粒子的作用可以分为弹性中子散射谱仪和非弹性中子散射谱仪两大类。弹性中子散射不涉及中子能量交换，常用于确定物质在各种尺度上的微观结构。弹性中子散射谱仪包括中子粉末衍射仪、中子单晶衍射仪、小角散射谱仪和中子反射谱仪，以及针对特殊工业应用的残余应力谱仪和织构谱仪等。非弹性中子散射是指散射前后中子能量有变化的散射过程。对非弹性中子散射,中子和原子、分子一次碰撞中能量的变化就是原子、分子从中子吸收或交付给中子的能量,所以只要分析散射中子的能谱就能获知原子、分子的能谱。非弹性中子散射实验研究内容包括晶格振动、磁矩扰动、分子的振动、转动、扭曲等现象。非弹性中子散射谱仪主要包括三轴谱仪、飞行时间谱仪。处于扩散运动中的原子、分子在对中子散射时,由于多普勒效应,弹性散射中子的能量会产生微小的变化,形成准弹性散射。因此,准弹性散射可以用来研究原子、分子的扩散运动。测量准弹性散射要求谱仪有较高的分辨率,通常要用背散射谱仪、自旋回声(spinecho)谱仪或高分辨飞行时间谱仪[2]。

早期的中子谱仪主要是中子衍射仪和非弹性中子三轴谱仪,基于热中子束,主要用于开展晶体结构、磁结构和超导等固体物理基础研究。20世纪60年代末在研究堆上发展起来的冷中子源技术,大幅提高了冷中子(波长为0.4 nm)注量率,结合中子导管技术的应用,极大地拓展了中子束流的利用空间,推动冷中子散射谱仪的建设应用。基于冷中子技术的小角中子散射谱仪、中子反射谱仪、冷中子三轴谱仪、自旋回波谱仪等谱仪技术逐渐发展起来。发展到今天,中子谱仪除了上面的分类外,按照谱仪的功能还可以分为以下4类:① 结构探测谱仪(粉末中子散射、单晶中子散射、中子劳厄、小角中子、反射、残余应力);② 谱学谱仪(三轴谱仪、时间飞行、反向散射、自旋回波);③ 中子照相谱仪(热中子照相、冷中子照相);④ 慢正电子谱仪(正电子湮没诱发俄歇电子谱仪、正电子湮没寿命谱仪、符合多普勒展宽谱仪、脉冲慢正电子谱仪)。近些年来,中子位置灵敏探测技术、中子极化技术、中子单色聚焦准直等光学技术、射线成像技术、原位样品环境装置技术、数据采集和分析计算机自动化技术等方面的进步极大地促进了中子散射技术的发展,中子散射技术日渐成熟,应用范围不断扩大。中子散射谱仪类型和主要应用方向如表9-1所示[2]。

表9-1 中子散射谱仪类型和主要应用方向

中子应用技术类型	装置名称	主要应用
中子衍射	粉末衍射仪	粉末样品晶体结构精修、磁结构分析
	单晶衍射仪	单晶样品晶体结构测定和结构精修
	织构衍射仪	材料体织构测量
	残余应力衍射仪	材料内部残余应力分析

（续表）

中子应用技术类型	装置名称	主要应用
大尺度结构散射	小角中子散射仪	物质材料内部纳米尺度结构分析
	中子反射仪	纳米尺度薄膜和表面界面结构研究
非弹性散射	中子三轴谱仪	色散曲线、自旋波、声子谱等研究
	飞行时间谱仪	声子谱、扩散、自旋动力学等研究
	背散射谱仪	玻璃弛豫、氢扩散、分子旋转动力学等研究
	自旋回波谱仪	软物质动力学、分子扩散、磁激发等研究
中子成像	热中子成像	材料内部宏观缺陷、成分及密度高通量无损检测
	冷中子成像	材料内部宏观缺陷、成分及密度以及晶粒、磁畴、应力分布等无损检测
中子活化分析	堆中子活化分析	痕量元素/核素分析
	瞬发γ活化分析	多元素在线无损分析
	中子深度剖面分析	氦、锂、硼、氮等轻元素深度剖面分析

早在20世纪50年代末60年代初，中国原子能科学研究院基于101堆研制出达到当时国际水平的我国第一台中子晶体谱仪和第一台中子衍射仪，并开展相关实验研究工作。20世纪70年代开展准一维离子导体在电场作用下行为的中子衍射研究。20世纪80年代以后，由中国原子能科学研究院与中国科学院合作在101堆上建造了5台功能不同的中子散射谱仪，构建了一个初具规模的热中子散射实验基地，也是当时国内唯一的中子散射研究中心[3]。这些中子散射设备面向全国科研单位和高校开放，开展磁性材料晶体结构和磁结构、高温超导结构和动力学、金属氢化物和储氢材料等多个方向的前沿研究工作，取得了较好的研究成果，为我国中子散射研究工作的开展奠定了基础。

2011年中国原子能科学研究院建成了中国先进研究堆(CARR)，并依托CARR建成了20多台中子谱仪，形成研究领域齐全的具有国际先进水平的中子科学平台，如图9-1所示[4-5]。其中衍射类谱仪包括高分辨中子粉末衍射仪、高强度中子粉末衍射仪、中子四圆衍射仪、中子织构衍射仪、中子残余应力衍射仪、中子工程衍射仪等；大尺度结构研究类谱仪包括小角中子散射仪和中子反射仪等;非弹性中子散射谱仪包括热中子三轴谱仪、中德热中子三轴谱仪、冷中子三轴谱仪、冷中子光谱仪;中子成像装置包括热中子成像和冷中子成像;中子活化分析装置包括仪器中子活化分析、热中子瞬发 γ 活化分析、冷中子瞬发 γ 活化分析、中子深度剖面分析和缓发中子测量系统等,如图 9-2 所示。

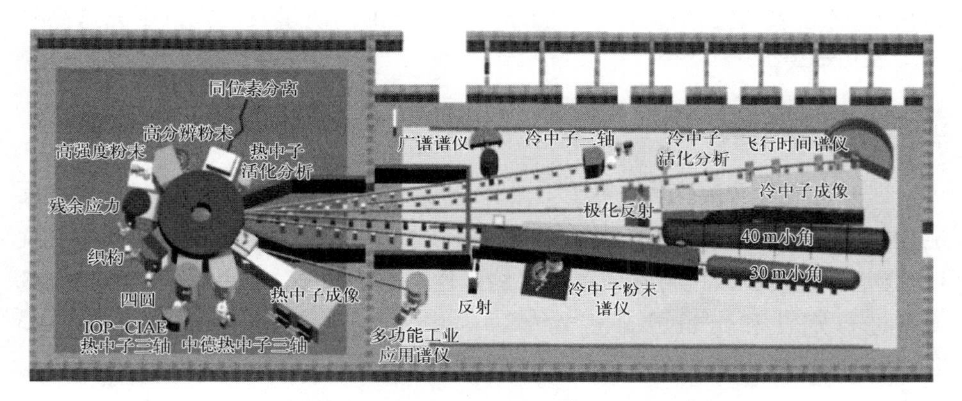

图 9-1　中国先进研究堆中子谱仪布局示意图

图 9-2　中国先进研究堆部分散射谱仪

(a) 高分辨中子粉末衍射谱仪;(b) 高强度中子粉末衍射谱仪;(c) 中子残余应力谱仪;(d) 冷中子小角散射谱仪

基于中国先进研究堆的中子科学平台，研究团队完成了国产高温航空发动机叶片内部残余应力测试[6]、全尺寸国产高铁车轮深部三维残余应力表征[7]、空间高精度光学镜片残余应力测试、深海管道残余应力测试、燃气轮机残余应力测试、国产锆合金包壳材料织构分析、新冠病毒解旋酶结构研究等，为我国高铁、大飞机、华龙一号等国家重大专项的高质量发展提供了先进高效的工具和手段。

9.1.2 中子活化分析

以一定能量和流强的中子轰击试样，与其中的不同核素发生不同的核反应，通过测定产生的瞬发伽马射线或放射性核素衰变产生的射线能量和强度(主要是伽马射线)，进行物质中元素的定性和定量分析，这种对痕量和超痕量元素进行定性和定量的分析方法称为中子活化分析(neutron activation analysis，NAA)。1936年匈牙利化学家赫维西和H. 莱维用镭-铍中子源辐照氧化钇试样，通过$^{164}Dy(n,\gamma)^{165}Dy$反应($^{165}Dy$的半衰期为2.35 h)测定了氧化钇试剂中的镝，完成了历史上首次中子活化分析。随着NaI探测器和反应堆的发展，中子活化分析的元素数量、灵敏度都有了很大的提高。20世纪60年代，当第一台高分辨率锗伽马谱仪与计算机相结合的中子活化分析问世以后，中子活化分析以其高灵敏度、高准确度、非破坏性、无试剂污染和多元素同时分析等优点成为元素分析领域的明星，被誉为“仲裁”分析方法，广泛地应用于地球化学、宇宙科学、环境科学、考古学、生命医学、材料科学和法医学等领域。

当用中子辐照试样时，有3种作用方式：① 弹性散射，靶核与中子的动能之和在散射作用前后不变，这种作用方式无法应用于活化分析；② 非弹性散射，若靶核与中子的动能之和在作用前后不等，则该能量差导致复合核的激发，引起非弹性散射，此时生成核为靶核的同核异能素，一些同核异能素的特征辐射可通过探测器测定，这种作用方式可用于活化分析；③ 核反应，若靶核俘获中子形成复合核后放出光子，则称为中子俘获反应，即(n,γ)反应，这就是中子活化分析利用的主要反应，此外(n,2n)、(n,p)、(n,a)和(n,f)等反应也可用于中子活化分析。中子活化分析可测定60～80个元素，大部分元素的灵敏度可达到10^{-6}～10^{-13} g。

根据入射中子能量的不同可分为冷中子活化分析、热中子活化分析、超热中子活化分析、快中子活化分析。根据测量核反应过程或生成核的特征射线，又可分为缓发伽马中子活化分析(NAA)、瞬发伽马中子活化分析(PGNAA)、缓发中子测量技术(DNC)、中子深度剖面分析(NDP)等。其中PGNAA是指通过测量样品中元素原子核俘获中子生成的复合核退激(小于10^{-14} s)发射的特征伽马射线的能量和强度,对相应元素进行定性和定量分析的方法。PGNAA在轻元素和热中子吸收截面大的较重元素分析方面具有独特优势。NAA与PGNAA结合,理论上讲可以对所有物质所有元素(氧除外)进行定性与定量分析。NDP是基于锂、铍、硼等轻元素核素俘获热中子后发生(n,p)或(n,α)反应,出射粒子具有特定的能量,通过测定出射粒子的能量进行元素的定性和定量分析,从反应发生的位置到样品表面的能损则是该元素位置(深度),从而确定该元素沿纵向的分布。这是近年来蓬勃发展的一种高灵敏、高分辨测量材料近表面深度分布信息的无损检测技术。

由于放射性同位素按恒定的速度衰变(半衰期),这就像天然的时钟,记录着自然界中各种元素自身形成的年龄。通过NAA测定矿石或陨石的某些特征同位素的成分,就可以反推其年龄。该方法称为放射性同位素地质断代法,有^{14}C法(小于5万年)、K-Ar法或$^{39}Ar-^{40}Ar$法(50万年以上)、U-Pb法或Th-Pb法(亿年以上)等多种方法。

表9-2给出了中子活化分析关键指标、功能、应用领域[1-2]。

表9-2　中子活化分析关键指标、功能、应用领域

谱仪名称	关键指标	功　能	应用领域
INAA	中子注量率达到10^{14} $cm^{-2}\cdot s^{-1}$;大部分元素探测限为$10^{-8}\sim10^{-15}$ g	具有长照、短照、多套探测器一体化集成控制测量系统,样品中60多种元素定量分析	地球、环境、材料、生物医学、核法证学、考古学、宇宙科学、质量评价和质量控制、食品卫生健康等领域
NAA	^{233}U、^{235}U、^{239}Pu探测限优于1 ng;分析速度为每分钟1个样品	核裂变缓发中子测量,铀、钚定量分析	大规模的铀矿资源普查、乏燃料及后处理等铀、钚的定量、核保障
热中子PGNAA	中子注量率为10^{8} $cm^{-2}\cdot s^{-1}$	高氢含量样品如生物样品和聚合物材料中多元素定量及无损分析	医学、薄膜材料等

（续表）

谱仪名称	关键指标	功能	应用领域
冷中子 PGNAA	中子注量率为 10^9 $cm^{-2} \cdot s^{-1}$；氢探测限为 1 μg、硼探测限小于 0.1 μg	材料中硼、氢等 20 余种仪器中子活化分析难测定的元素非破坏定量分析	氢燃料电池、受控核聚变壁材料、储氢材料；半导体材料；标准物质轻元素、多元素定值等领域
NDP	^6Li、^{10}B 等探测限为 10^{12} cm^{-2}；分辨率为纳米级	材料近表面硼、锂、氦、铍、氮、氧等多种元素非破坏定量分析	锂电池、半导体、高温合金材料、聚变堆材料中硼、锂、氦、铍、氮、氧多元素浓度深度分布

101 堆自从 1972 年开展中子活化分析工作以来，先后建立了一套比较先进的伽马谱仪、快速传递与剥壳系统及缓发中子计数法测铀装置。

利用 101 堆做了大量的中子活化分析工作，较重要的有以下几方面：测定了吉林陨石雨试样中的 30 种元素含量，测定了海南岛玻璃陨石雨试样中的 20 多种元素含量，做了阿波罗 7 月海玄武岩样品的分析；分析、测定了硅、石英灯杂质元素或有害元素的含量，对建立分析测试手段，确定工艺条件，改善产品质量起了重要作用；分析、测定了微量乃至痕量元素对某些疾病，包括地方病的影响，这对搞清楚发病规律，确定治疗方法，改善病区环境与生活条件提供了有价值的数据；其他如在法医、考古、标准参考物等方面均做了很多工作，成为这些学科发展的重要手段。

中国先进研究堆依托垂直和水平孔道，配置样品输送装置和所需的探测与分析仪器设备，建成短寿命核素中子活化分析（NAA）系统、瞬发伽马热中子和冷中子活化分析（PGNAA）系统、冷中子深度剖面分析（NDP）系统[4]。通过组建相应的分析研究队伍，形成世界先进的在线中子活化分析中心，可以为工农业生产、医疗卫生、环保、地质、考古及法学等领域提供先进的有效分析手段[1]。

基于中国先进研究堆的中子活化分析装置，完成了嫦娥 5 号带回的月壤样品非破坏性高精度成分分析[8]、高温气冷堆 TRISO 燃料铀分布深度剖面分析、大气污染源深度解析等，正在开展钠离子电池 P2 型层状氧化物中有序结构及在线性能测试研究。

9.1.3　中子照相

1946—1947年，随着Ra-Be中子源和小型加速器中子源的出现和发展，中子照相图片开始出现；1956年，在英国Harwell的8 MW BEPO反应堆上Thewlis等得到了优质的中子照相图片，并在1965年前后开始进行早期的应用探索，如检测放射性核燃料；1968年开始，国外的一些公司或实验室的设施就开始提供中子照相检测的商业服务，最早提供此类服务的是通用电气公司的Vallecitos中心和Aerotest公司的TRIGA型反应堆，欧洲一些国家实验室的反应堆也提供中子照相服务，比如法国的Fontenay-Aux-Roses和英国的Harwell无损检测中心等；1970年美国航空航天局、美国海军、美国空军开始使用中子照相技术进行产品检测[7]。中子照相已实际应用于飞机机翼、油箱、发动机、航天飞行器元件、火工品、电子线路、冶金部件、有机粘合件、核燃料组件等的无损检测和氢化物的检测，具有重要的应用价值，而且许多应用已标准化、商业化。如加拿大Nray服务公司已经为3M公司、波音公司、克珞美瑞燃气轮机公司、美国Edison焊接研究所以及IBM公司等提供航空发动机涡轮叶片残芯的热中子检测服务。世界主要发动机公司，如罗罗公司、GE公司及普惠公司等均建立了发动机叶片残余型芯检测的企业标准，并进行产品实物的批量检测。图9-3就是利用中子照相对火药装填情况的检测。

图9-3　中子照相(火药检测)

中子照相技术就是中子散射与射线成像技术相结合的分析技术，属于射线检测的一种，与传统的X射线检测类似，基于射线穿过物体时会发生衰减的基本原理，当中子入射到样品后，由于中子会与样品的原子核发生相互作用，穿透中子的强度和空间分布将发生变化，当一束中子穿过含有缺陷的物体后，中子强度发生衰减，成像装置(胶片或探测器)接收变化后的中子，得到被检测物体内部结构或缺陷的图像变化。所谓中子照相(neutron radiography, NRG)技术，就是与射线成像技术相结合，根据中子束穿透物体时的衰减情况，展示该物体的内部结构，再经图像分析获得物质的结构、成分等信息。

利用中子与物质的相互作用，其衰减也服从指数衰减规律，即

$$I = I_0 e^{-\mu T} \tag{9-1}$$

式中，I_0 为入射射线强度，I 为透射射线强度，T 为射线穿透检测零件的厚度，μ 为射线衰减系数。

传统的中子照相技术利用“白光”中子束对物体进行透射成像，探测样品内部的成分和结构信息。近年来，三维断层扫描成像、实时成像、相位衬度成像、暗场成像、极化中子成像以及能量选择成像等先进的中子照相技术得到了快速发展。其中，能量选择照相技术利用单色中子束进行成像，能够获取常规中子照相方法难以获取的信息，在众多领域中有着非常广泛的应用前景，尤其适用于铁(bcc、fcc)、铝、镍、铜、锆、铅等具有明显布拉格边效应的工程材料。

按所用中子的能量，中子照相可分为冷中子照相、热中子照相和快中子照相。

中子照相技术具有其他无损探测技术无可替代的特点和优点：① 穿透重元素物质，对大部分重元素的质量吸收系数小；② 对某些轻元素，质量吸收系数反而很大；③ 能区分同位素；④ 能对强辐射物质成高质量的图像。

由于中子穿透能力强，中子照相特别适合于含轻元素(氢、锂、氮、氧、硼等)的大体积块物体，能对全尺寸大物件直接进行照相。

中子照相和中子衍射是迄今最适合实时原位观测研究的方法，近年来已用于储氢材料、储能材料甚至电池的研究。如利用中子照相(3D 成像和断层扫描)获得锂电池中的锂分布，利用小角散射和掠入射散射研究电池的局部化介观结构和薄膜，利用时间和空间分辨的广角衍射，跟踪锂电池内反应动力学，实时、原位观测研究锂电池。从而获得优化的电池材料、结构、设计、加工工艺，使电池具有更长寿命、更高能量、更高输出功率、更轻重量和更低成本。德国卡尔斯鲁厄研究中心基于重水研究堆 FRM-II 开展了对储氢材料及储氢罐的研究工作。

2011 年在中国先进研究堆上建立了压水堆核燃料元件间接中子照相测试

平台，利用该平台开展了钠离子电池、燃料电池、火药、矿石、植物等多种样品的研究工作。

9.1.4 中子俘获治疗

中子俘获治疗就是将无放射性的靶向化合物引入体内并聚积在肿瘤组织中，然后用中子束辐射活化其中的某一核素（靶核素）产生次级杀伤性辐射，从而达到治疗目的的内照射治疗方法。采用含硼靶向化合物的称为硼中子俘获治疗（boron neutron capture therapy，BNCT），采用含钆靶向化合物的称为钆中子俘获治疗（gadolinium neutron capture therapy，GdNCT），采用含锂靶向化合物的称为锂中子俘获治疗（lithium neutron capture therapy，LiNCT）。其中 BNCT 是迄今实现应用的中子俘获治疗方法。

假如用中子束轰击硼原子，^{10}B 原子核俘获热中子并迅速衰变产生 1 个 α 粒子（^{4}He）、1 个锂原子核（^{7}Li）和低线性能量转移（linear energy transfer，LET）的 γ 射线。同位素 ^{10}B 原子核吸收低能热中子（<0.5 eV），引发反应：$^{10}B+n \rightarrow {}^{7}Li+{}^{4}He$。其中 α 粒子获得了高线性能量转换，约为 150 keV/μm；^{7}Li 离子获得了 175 keV/μm。这些粒子在短距离内（<10 μm）提供了高能量，相当于 1 个细胞的直径。将与癌细胞有很强亲和力的药物（含 ^{10}B）引入体内，该药物迅速聚集于癌细胞内，而正常组织细胞内含量极少，然后将反应堆产生的中子束对准癌细胞组织进行辐照，由 ^{10}B 与中子发生核反应产生的粒子杀死癌细胞，且能够避免伤害正常细胞，如图 9-4 所示。BNCT 基于 $^{10}B(n,\alpha)^{7}Li$ 反应，其有效性依赖于 ^{10}B 在细胞内的定位。因此只有包含了 ^{10}B 的细胞能被破坏，任何不包含 ^{10}B 的细胞都免于高线性能量转移的辐射[9]。

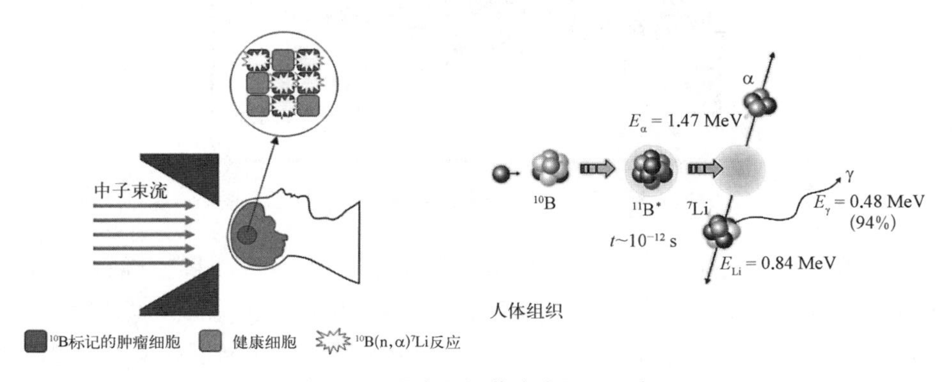

图 9-4 硼中子俘获治疗原理示意图

1936 年，Locher 发表文章提出了中子具有医学治疗的潜能。他报道了硼在热中子照射后产生的辐射，提出在肿瘤中使用不同浓度的硼进行硼中子俘获治疗的原则，并观察到肿瘤组织比正常组织接受了更高的放射剂量。1951 年，使用布鲁克海文石墨研究反应堆首次尝试了在恶性胶质瘤患者中进行硼中子俘获治疗。随后又进行了其他尝试，在初期，进展并不是很顺利，随着不同科学家团队的努力，硼中子俘获治疗的发展和临床应用前景充满希望。含 ^{10}B 药物对人体无毒无害、对癌症也无治疗作用，但中子与 ^{10}B 反应释放出杀伤力极强的射线，这种射线射程很短，只有一个癌细胞的长度。它是有选择地只杀死癌细胞而不损伤正常组织的放射性治疗技术，不良反应少。热中子适合浅层肿瘤，超热中子适合深层肿瘤[10-11]。

中子源是硼中子俘获治疗最为关键的装置。国际上改造与建成 BNCT 专用孔道的研究堆总数达 30 座。其中重水研究堆有日本的 JRR－3M 和德国的 FRM－II。中国在已建成的微型中子源反应堆（MNSR）的基础上，于 2010 年建成了世界首座专用于 BNCT 的核反应堆中子源装置——医院中子照射器（IHNI－1）。由于采用低浓铀燃料，更适于建在医院或居民区，被国际原子能机构评估为“最具有亲用户安全特性的核装置”。硼中子俘获治疗在研究堆中的布置如图 9－5 所示。

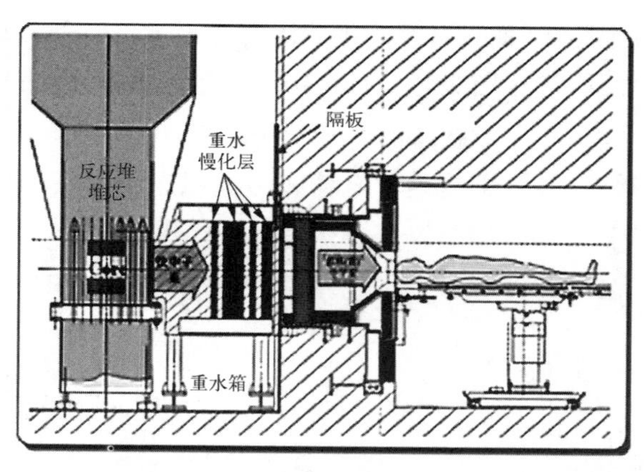

图 9－5　硼中子俘获治疗在研究堆中的布置示意图

在硼中子俘获治疗过程中，需要实时对中子、γ 射线的注量率、剂量率等进行检测和监控，还需开展血液中硼浓度随时间变化的跟踪测量，如图 9－5 所示。在照射前，需要给患者注射 ^{18}F－BPA，并通过正电子断层扫描得到患者的 PET 影像数据，以获取患者肿瘤组织中与正常组织中硼浓度的比值，并作为患者硼中子俘获治疗计划的重要输入参量。在临床中，可采用电感耦合等离子体原子光谱仪（ICP-AES）、PGNAA、γ相机、中子自动成像、质谱仪等对血液样品中的硼浓度进行测量或对硼分布进行成像。

9.1.5 燃料与材料考验

由于核的特殊性，世界各国的法规和标准都明确规定，每一种用于反应堆的新燃料与新材料，如燃料组件、结构材料、屏蔽材料、关键部件等，都必须经过堆内辐照考验，验证其在核环境在役条件下的力学强度、结构的可靠和合理、工艺的可行等性能后才能投入工程应用。这些材料的堆内辐照考验和其后的辐照后检验也是重水堆的一项重要应用，为我国军用核动力、民用核电站和核技术的开发应用发挥了极其重要的作用。

1984年，101堆建成一条高温、高压辐照回路。回路设计压力为17.2 MPa，设计温度为350 ℃，最大冷却剂流量为15 t/h，最大考验燃料组件功率为400 kW。利用建造的低压水辐照回路、低压重水辐照回路和高温高压辐照回路，先后进行了核潜艇反应堆及秦山核电站燃料元件（或组件）的考验研究，还利用101堆的工艺管道随堆考验了生产堆燃料元件。此外还进行了反应堆结构材料和反射层材料的辐照研究[3]。

中国先进研究堆内专设了多个用于材料和核燃料辐照试验的垂直孔道，设计了专门的高温高压考验回路、靶件冷却回路、聚变堆在线产氚工艺试验回路和辐照后检验热室，还有氦-3瞬态试验回路及配套设施，可开展各类高性能核燃料元件、结构材料和元器件的辐照考验、检验等研究任务。高温高压燃料元件试验回路设计冷却能力为300 kW，设计压力为17.2 MPa，设计温度为350 ℃，冷却剂流量为30 t/h。试验回路可模拟压水堆热工水力环境和水化学环境，满足结构形式为4×4压水堆燃料考验小组件的稳态辐照考验和一定速率变功率瞬态性能试验的需要。利用这些试验回路和装置，可开展新一代研究堆燃料的试验研究，开展我国第三和第四代核电站及新型反应堆燃料元件和结构材料的辐照试验和辐照后检验，也可用于聚变堆产氚材料研究以及核仪器仪表性能考验研究[12]。基于中国先进研究堆聚变堆固态增殖剂球床组件在线产氚试验装置，完成了聚变堆堆内产氚验证，探索聚变堆在线产氚工艺，以掌握球床组件的物理性能和辐照特性。

9.1.6 放射性同位素生产

放射性同位素作为核技术应用的源头之一，其应用遍及工业、农业、医学和科学研究等各个领域，其生产和供应直接影响到国家安全、国民经济的发展和人民健康水平的提高。

全世界生产的放射性同位素，80%以上(100多种)用于核医学，常用于临床诊断与治疗的医用同位素有$^{99}Mo/^{99m}Tc$、^{125}I、^{131}I、^{60}Co、^{14}C、^{177}Lu、^{32}P、$^{90}Sr/^{90}Y$、^{89}Sr、^{198}Au、^{192}Ir等。其中^{99}Mo是最重要的放射性同位素之一，其衰变子体^{99m}Tc标记的放射性药物广泛用于临床上各类疾病的诊断，^{99}Mo半衰期只有66 h，不能长时间储存，其全球范围内的使用量约占所有医用同位素的80%，美国使用量占全球使用量的50%。表9-3列出了国际上^{99}Mo的主要生产堆情况。^{125}I在核医学临床诊断、生物医学研究和^{125}I种子源近距离植入治疗肿瘤等方面得到了广泛应用。^{131}I具有诊断和治疗的双重功能，主要用于甲状腺疾病及其肿瘤的诊断和治疗，特别是甲亢和甲癌的治疗。^{177}Lu发射β粒子，是一种有临床应用前景的放射性治疗用同位素[13]。

表9-3　国际上^{99}Mo的主要生产堆情况

反应堆	国　家	周最大辐照能力(6-d Ci ^{99}Mo)	国际市场份额/%	机构类型	堆停闭年份	低浓铀转化
HFR	荷兰	6 200	26	半政府/商业	2026	完成
OPAL	澳大利亚	3 500	16	政府	2055	完成
BR-2	比利时	6 500	15	半政府	2025	完成
SAFARI-1	南非	3 000	14	半政府	2030	完成
LVR-15	捷克	3 000	10	半政府/商业	2028	完成
MARIA	波兰	2 200	9	半政府	2030	完成
WWR-TS	俄罗斯	890	5	半政府	—	进行中
MURR	美国	750	4	独立非营利	2030	完成
RA-3	阿根廷	400	—	政府	2027	完成
RSG-GAS	印尼	满足本土需要	—	—	2037	完成
FRM-II	德国	3 000	—	—	2057	—

工业上广泛使用的同位素有^{192}Ir、^{60}Co、^{41}Ar、^{137}Cs、^{82}Br、^{203}Hg等。其

中^{192}Ir用于X射线探伤、^{60}Co用于杀菌或育种、^{137}Cs和^{60}Co用于工业过程控制和测量、^{41}Ar和^{203}Hg用于化工行业。

放射性同位素的生产方式主要有反应堆辐照、加速器辐照、发生器分离、高放废液提取等。反应堆可大量生产多种放射性同位素，为同位素生产的最重要方式。

反应堆放射性同位素生产主要是利用中子与待辐照材料（常称为靶材）原子核的核反应，涉及几个相互关联的活动，包括靶的制作、靶的辐照、运输辐照靶至处理设施、在密封源中进行放射化学处理或封装、质量控制、运输至终端用户。其产量和产品质量不仅受反应堆所能提供的辐照条件与能力影响，而且与核反应的选取、靶件的制备、分离提取及热处理工艺有关。决定生产放射性同位素的核反应类型和生产速度的因素有中子的能量、中子注量率、靶材的反应截面等。

放射性同位素生产要求反应堆提供稳定的高中子注量率及合适的中子能谱、足够大的辐照空间、合适的反应堆运行方式及辐照时间等条件。一般来说，规模化生产放射性同位素要求中子注量率在$5\times10^{13}\ cm^{-2}\cdot s^{-1}$以上[1]。

反应堆上辐照生产放射性同位素的核反应有如下几种。

（1）(n,γ)反应：大多数反应堆产生的放射性同位素都是(n,γ)反应的产物。(n,γ)反应也称为辐射俘获，主要是热中子反应，产物是靶材的同位素，因此不能化学分离，比活度受到反应堆中可用中子注量率的限制。(n,γ)反应产生的一些常见放射性同位素如下：

$$^{59}_{27}Co+^{1}_{0}n\longrightarrow^{60}_{27}Co+\gamma\quad(\sigma=36\ b)\tag{9-2}$$

$$^{191}_{77}Ir+^{1}_{0}n\longrightarrow^{192}_{77}Ir+\gamma\quad(\sigma=370\ b)\tag{9-3}$$

$$^{98}_{42}Mo+^{1}_{0}n\longrightarrow^{99}_{42}Mo+\gamma\quad(\sigma=0.11\ b)\tag{9-4}$$

（2）(n,γ)⟶β^-反应：在某些情况下(n,γ)反应会产生一种寿命非常短的放射性同位素，通过释放β^-衰变成为另一种放射性同位素，衰变产物可以通过化学方法分离，因此能够获得高比活度的放射性同位素。例如：

$$^{130}_{52}Te+^{1}_{0}n\longrightarrow^{131}_{52}Te+\gamma\quad(\sigma=67\ mb)\tag{9-5}$$

$$^{131}_{52}Te\longrightarrow^{131}_{53}I+\beta^-+\mu\quad(T_{1/2}=25\ min)\tag{9-6}$$

（3）多次(n,γ)反应：有一些放射性同位素是连续中子捕获产生的，如：

$$^{186}W(n,\gamma)^{187}W(n,\gamma)^{188}W \tag{9-7}$$

（4）裂变：铀-235 的热中子诱导裂变提供了许多有用的放射性同位素。铀每次裂变产生 2 个或数个裂变碎片。裂变产物分为 2 组，一个是质量数为 95 左右的轻核组，另一个是质量数为 140 左右的重核组。此外，一些裂变产物经历连续的衰变，导致产生的衰变产物形成裂变产物衰变链。最重要的裂变产物包括短寿命裂变产物如^{99}Mo、^{131}I 等及长寿命裂变产物如^{137}Cs、^{147}Pm、^{90}Sr 等。

加拿大国家通用研究堆（NRU）功率高（135 MW），辐照孔道多（46 个），放射性同位素产能高，是全球最大的^{99}Mo、^{14}C 供应商。裂变^{99}Mo 的供应高度依赖于研究堆运行的可靠性及稳定性，2009—2010 年，加拿大的 NRU、荷兰的 HFR 等多座研究堆的意外停运曾导致^{99}Mo 供应短缺，一度引起全世界“钼荒”。

我国堆照放射性同位素生产始于重水研究堆（101 堆），1958 年底利用反应堆制备出包括^{60}Co 等在内的 33 种放射性同位素，并于 1959 年起开始小批量生产。中国原子能科学研究院曾陆续研制开发出裂变^{99}Mo、^{125}I、^{131}I 等多种主要医用同位素，以及^{99m}Tc 发生器、^{131}I 口服液、^{125}I 粒子源等一批放射性药物。

中国先进研究堆具有更高的功率和中子注量率，有足够可利用的辐照空间。利用堆内 20 多个不同规格尺寸、不同中子注量率的垂直孔道，以及配套的自动化工艺运输系统和堆外冷却回路，可进行产业化规模的工业用和医用放射性同位素辐照研发生产。中国先进研究堆堆芯垂直孔道布置见第 2 章图 2-5。同位素辐照孔道内热中子注量率为$(1.2\sim5.2)\times10^{14}\ cm^{-2}\cdot s^{-1}$，辐照生产的放射性同位素产品具有产量高、比活度高、纯度高、品质高的优点。目前可辐照生产的常规放射性同位素主要有^{60}Co、^{131}I、^{125}I、^{131}Ba、^{14}C、^{177}Lu、^{90}Y、^{192}Ir、^{238}Pu、^{63}Ni 等[12]。

9.1.7 单晶硅中子嬗变掺杂

在自然界中硅有三种稳定同位素，分别为^{28}Si（92.2%）、^{29}Si（4.7%）、^{30}Si（3.1%），纯硅具有很高的电阻。要制作作为当代数字科技的基础材料 N 型半导体，需人为地在纯单晶硅掺入一些杂质元素如磷（P）。最初使用扩散掺磷法。常规扩散掺磷的缺点是掺入的磷原子很不均匀，目标电阻难以控制，器件的成品率低。1951 年 Lovk Horvitz 提出用中子嬗变掺杂（neutron transmutation doping，NTD)的方法制造高质量的N型硅的设想，1973年德国高能设备制造厂用中子嬗变掺杂硅制造了整流器，是世界上中子嬗变掺杂技术应用的开端。由于中子嬗变掺杂制造的硅质量高于传统方法的，至1976年已经在世界上得到了广泛应用，由于其极好的电学参数、掺杂均匀性和掺杂精度而成功地应用于高压大功率器件的制造。目前世界上中子嬗变掺杂硅约占全部单晶硅的30%，其中主要是区熔硅。图9-6所示是待中子嬗变掺杂的硅锭。

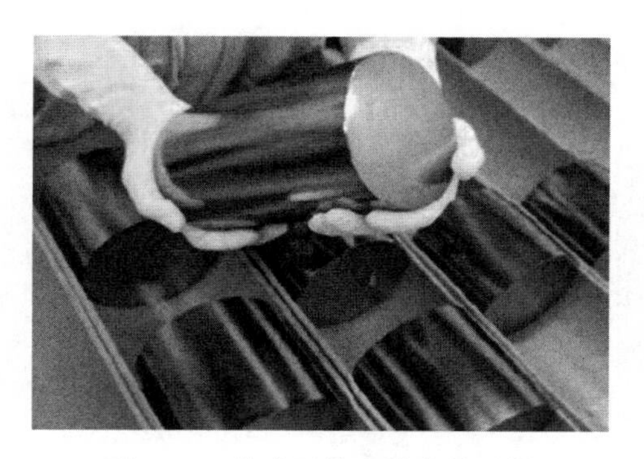

图9-6　待中子嬗变掺杂的硅锭

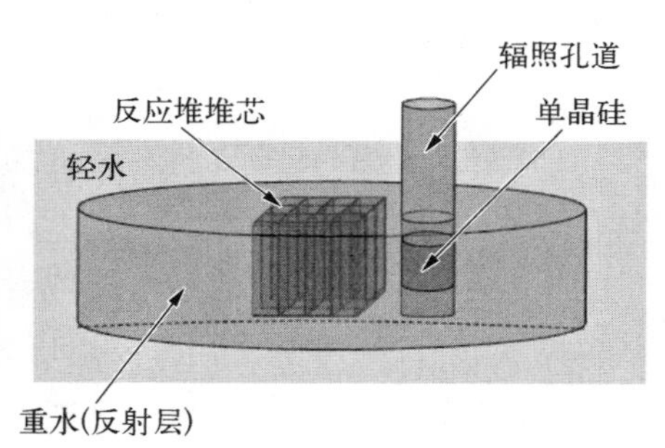

图9-7　单晶硅在反应堆中进行中子嬗变掺杂示意图

用反应堆进行单晶硅的中子嬗变掺杂如图9-7所示。其与中子的反应是利用硅的同位素中丰度为3.1%的^{30}Si，^{30}Si中子嬗变掺杂反应式如下：

$$^{30}\mathrm{Si}+\mathrm{n}\longrightarrow\gamma+{}^{31}\mathrm{Si}\longrightarrow{}^{31}\mathrm{P}+\beta \tag{9-8}$$

硅的另外两种核素的影响可忽略，^{31}Si是放射性元素，其半衰期为2.62 h，很快衰变成为杂质元素磷。

中子嬗变掺杂完全克服了常规扩散掺磷法的缺点。当掺杂比足够大时，还可以部分地使原材料的不均匀性得到补偿，提高单晶硅的品质。中子嬗变掺杂工艺及设备比较简单，但质量控制措施严格，成品率高，成本低。

中子嬗变掺杂工艺还可用于其他半导体材料掺杂。如韩国原子能研究院(KAERI)基于HANARO堆已经开发了一个可以同时对1 000片4英寸SiC晶圆进行掺杂的设备，有望尽快实现SiC功率半导体中子嬗变掺杂的商业化。美国能源部启动SWITCHES研发项目，旨在推进块状GaN功率半导体器件、SiC器件制造铸造模型及合成金刚石晶体管的设计等，提高半导体器件功率性能，以降低大型数据中心能耗。其中，由密西西比大学依托MURR堆负责

GaN、SiC 等器件的中子嬗变掺杂工艺研究。

我国的单晶硅辐照技术研发起步于 20 世纪 80 年代初中国原子能科学研究院的 101 堆及 49－2 堆，至 80 年代中后期相继掌握 7.6～15.2 cm 中子嬗变掺杂硅的辐照工艺，据文献记载在 1985 年前后，中国原子能科学研究院的两座研究堆年辐照约 10 t NTD 硅。中国先进研究堆布置了 5 个中子嬗变掺杂硅孔道（对应三种规格尺寸：10.2 cm、12.7 cm 及 15.2 cm），还可在堆水池增加 20.3 cm 甚至更大尺寸单晶硅的孔道，辐照单晶硅能力达 60 t/a 以上[1,3]。

9.2　CANDU 堆非电力应用

CANDU 堆因其独特的不停堆换料、中子注量率高、堆芯空间大等特点，具备规模生产^{60}Co、^{99}Mo、^{177}Lu、^{14}C、^{90}Y 等多种放射性同位素的技术优势，被誉为重要的工业和医用放射性同位素生产依托堆型。另外，近年来，随着双碳战略的实施，反应堆除了用来发电以外，已更多地用于制氢、工业供热、区域供热、合成燃料和化工产品等。这些反应堆非电力利用已在加拿大及我国的 CANDU 核电站上得到充分证明[14-17]。

9.2.1　放射性同位素辐照生产

与其他动力堆相比，CANDU 堆用来生产放射性同位素具有以下优势。

（1）重水堆采用重水作为慢化剂和冷却剂，为过慢化设计，堆芯中子能谱更“软”，热中子更利于大多数核素的中子俘获反应。

（2）反应性控制手段多样，可以装载多种类（正反应性效应和负反应性效应）靶件。

（3）热中子注量率水平高，相当于高通量研究堆（堆芯平均热中子注量率水平为 2×10^{14} $cm^{-2}\cdot s^{-1}$），约为商业压水堆的 4～5 倍，适合开展绝大部分堆产放射性同位素的生产。

（4）采用压力管/排管容器结构设计，慢化剂区域空间充足、低温、常压，可提供充足的辐照空间，还可进行在线装换材料操作，适合短寿期放射性同位素的规模化、连续供货。

（5）由于特殊的堆芯设计和运行方式，如调节棒长期插入堆芯，开展放射性同位素生产几乎不会对堆芯运行经济性和燃料经济性构成影响。

按照辐照靶件所处位置不同,CANDU 堆生产同位素可以分为三类:一是利用钴调节棒进行,如^{60}Co;二是利用燃料通道进行生产,如^{99}Mo、^{177}Lu等;三是利用观察孔、探测器通道等进行生产,如^{14}C、^{89}Sr、^{90}Y。

9.2.1.1 放射性同位素^{60}Co辐照生产

^{60}Co源衰变时放出 1.33 MeV 和 1.17 MeV 的光子,半衰期为 5.26 a,是一种很好的 γ 放射源,广泛应用于辐射育种、食品保藏与保鲜、无损探伤、辐射消毒、辐射加工以及肿瘤的放射治疗等方面,涉及工业、农业、医学、环保、海关等领域。近几年,^{60}Co源一直供不应求。

利用高通量研究堆生产^{60}Co,是以消耗^{235}U为代价而得到的,生产成本较高。利用压水堆生产^{60}Co,一是热中子注量率较低,^{60}Co比活度较低,二是换料周期与辐照周期不太匹配,三是压水堆控制棒不是长期插入堆芯的,因而用来生产^{60}Co也不太合适。只有 CANDU 堆因其独特的堆芯设计和运行特点,可规模、高效、经济地生产^{60}Co,因为在 CANDU 堆中生产^{60}Co消耗的是原本被不锈钢调节棒吸收的中子,并不额外消耗核燃料,也不影响核电站的安全和发电能力,而且热中子注量率高,可生产高比活度的医用^{60}Co。在一些西方国家,如美国、加拿大、英国等早已开始利用钴的中子特性制成调节棒来展平堆芯功率分布,同时附带生产放射性钴源,尤其是加拿大,如今世界上绝大部分的放射性钴源由其供货,几乎垄断了世界钴源市场。资料显示,全世界 90%的^{60}Co都是由 CANDU 堆生产的[18]。

CANDU 重水堆的调节棒装置主要用于功率控制、氙毒补偿、堆芯功率分布展平,以及在装卸料机发生故障的情况下,提供后备反应性维持电站运行。

初始设计的调节棒装置由 21 根调节棒组成,分 7 组垂直布置,以不锈钢为热中子吸收体,如图 9-8 所示。正常运行时 21 根调节棒全部插入堆芯。21 根调节棒分成 A、B、C、D 4 种类型,其中 A 型和 C 型调节棒的不锈钢管的壁厚和中心不锈钢棒的直径在其整个高度方向是不同的,而 B 型和 D 型调节棒其不锈钢管的壁厚和中心不锈钢棒的直径在其整个高度方向是相同的。而且 A、B、C 型为长棒,其高度为 12 个栅格距(1 个栅格距为 28.575 cm),D 型为短棒,高度为 4 个栅格距[19-23]。

采用钴调节棒组件代替不锈钢调节棒,此时钴调节棒组件属于 CANDU 重水反应堆中的反应性调节部件,通过吸收中子起到展平堆芯中子注量率分布和功率分布的作用。钴调节棒组件不但具备不锈钢调节棒组件控制反

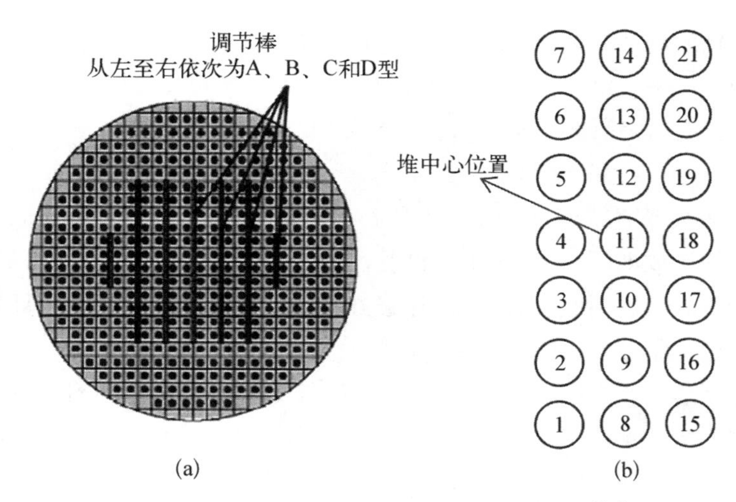

图 9-8　秦山三期 CANDU 堆芯内调节棒系统[16]

(a) 各类型调节棒布置；(b) 各调节棒布置

应性的功能，且能在堆内辐照后产生放射源^{60}Co。^{60}Co 的换料是利用每年约 2 周的停堆维修时进行的。在不影响核电站安全和发电能力的情况下，利用 CANDU 堆生产^{60}Co 实现对损耗中子的重新利用，达到一举两得的功效。

采用钴调节棒组件代替不锈钢调节棒组件生产^{60}Co 技术的关键有以下几点。

1）钴调节棒组件的中子吸收特性与原调节棒保持一致

中子吸收特性是最核心的特性，新的钴调节棒组件需在展平堆芯中子注量率分布和功率分布方面与原调节棒组件尽可能保持一致。为实现中子吸收特性一致性，需要在钴调节棒的材料、结构、数量及其中子物理方面进行精心的设计。

钴调节棒组件主要的结构材料在设计选材时首先应考虑其中子吸收尽量小，其次要具有足够强度和耐腐蚀性能，从而满足堆内运行的要求。

由于钴调节棒组件的堆顶操作工艺复杂，牵涉的操作工具较多，为此需要尽量减少原操作工艺的变动，设计的钴调节棒组件连接头应与原不锈钢调节棒组件连接头的结构和尺寸相同。钴调节棒组件应能通过水下操作工具进行远距离水下操作，拆卸成单独的钴棒束部件。

在设计中，除考虑上述因素外，最核心的还是钴调节棒组件中^{59}Co 吸收体的反应性价值应与不锈钢调节棒组件等效。为保持与原设计的不锈钢调节棒的中子吸收特性一致，新设计的钴调节棒与原不锈钢调节棒薄壁钢管式的设计不同，采用了由钴棒和锆棒组成的束棒型设计，通过调整束棒型钴调节棒中钴棒和锆棒的棒数，来调整不同位置的调节棒价值。用钴调节棒组件替代不锈钢调节棒组件，须满足以下条件：

(1) 调节棒组反应性控制当量(～1 500 pcm)基本不变，调节棒组分组微分、积分反应性控制当量不发生大的改变。

(2) 平衡堆芯的功率分布不发生大的变化。

(3) 停堆重新启动时，调节棒组件须具有补偿氙毒的能力。

(4) 停堆或降功率，调节棒组件须有调节功率的能力。

秦山核电三厂 CANDU 堆钴调节棒组件的结构如图 9-9(a)所示[18-20]。每组钴调节棒组件的中心是1根贯穿全长、直径为 ϕ9.53 mm 的锆合金中心棒，锆合金中心棒的轴向中间部分设有钴棒束部件，其上装有6束或16束钴棒，下端装有定位凸板、间隔管和锁紧螺母，上端装有定位凹板、压紧弹簧、连接头、钢丝绳连接螺母和钢丝绳。压紧弹簧装在连接头和定位凹板之间，它能始终保证钴棒束之间紧密配合，防止钴棒束产生转动以及补偿不同部件之间热膨胀差和辐照肿胀差。

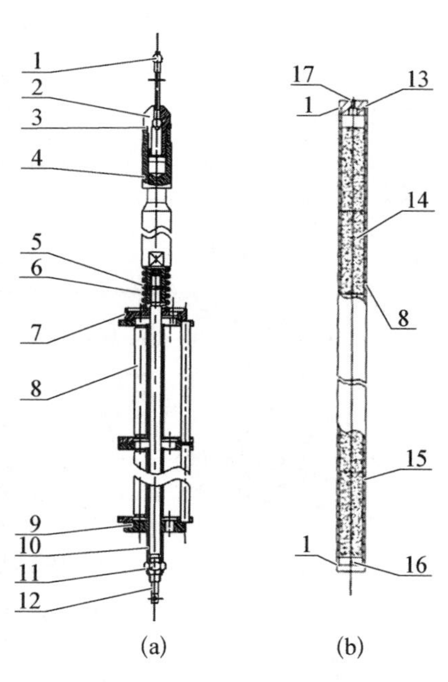

1—钢丝绳部件；2—钢丝绳连接螺母；3—防松垫圈；4—连接头；5—防松销；6—压缩弹簧；7—定位凹板；8—钴棒束部件；9—定位凸板；10—间隔管；11—锁紧螺母；12—中心棒；13—工艺孔；14—上端塞；15—钴块。

图 9-9　秦山核电三厂钴调节棒组件及钴棒结构示意图

(a) 钴调节棒组件；(b) 钴棒

类似于不锈钢调节棒，钴调节棒也分为A、B、C、D 4种类型。A、B、C型钴调节棒组件的钴棒束尺寸均为 ϕ62.8 mm×214.3 mm，但钴棒数目、钴棒和锆合金棒的布置不同。D型钴调节棒组件的钴棒束尺寸为 ϕ62.8 mm×189.15 mm。每根钴棒由密封在包壳管里的钴块、锆合金包壳管及上下两个端塞组成。如图 9-9(b)所示。钴块采用压制烧结工艺制成，表面镀镍，以防止钴氧化。钴棒内充 0.1 MPa

氦气。各类型钴调节棒组件的钴块尺寸相同(ϕ6.22 mm×25.1 mm)。A、B、C型钴调节棒组件的每根钴棒装8块钴块,钴棒长度为212.13 mm。D型调节棒组件每根钴棒装7块钴块,钴棒长度为186.98 mm。各类型钴调节棒的钴单棒装载量列于表9-4。各类钴棒束的结构如图9-10所示。

表9-4 各类钴调节棒的钴单棒装载量[20-22]

调节棒号	调节棒类型	调节棒结构	调节棒号	调节棒类型	调节棒结构
11	A两端	2Co+1Zr	9,13	C两端	1Co+2Zr
	A中间	2Co+1Zr		C中间	3Co
4,18	A两端	2Co+1Zr	2,6,16,20	C两端	1Co+2Zr
	A中间	2Co+1Zr		C中间	3Co
10,12	B	4Co	8,14	D	2Co+1Zr
3,5,17,19	B	4Co	1,7,15,21	D	2Co+1Zr

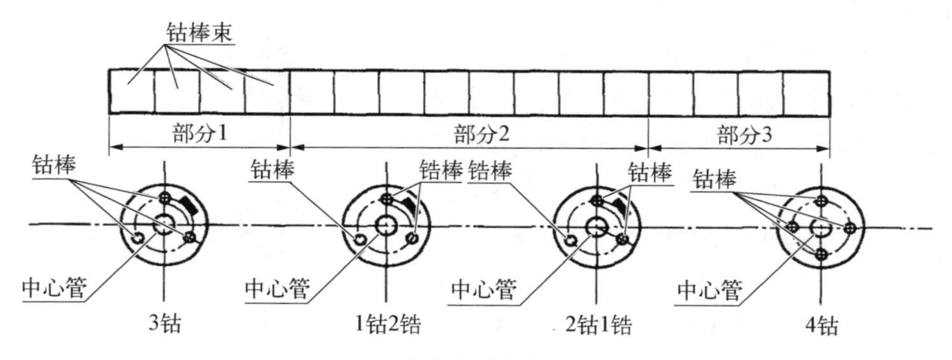

图9-10 各类型钴棒束结构示意图

2) 钴调节棒的发热特性[21]

由于钴调节棒和不锈钢调节棒的几何结构不同,以及钴芯块与不锈钢的吸收截面的差异,导致钴调节棒在堆内受到辐照产生的发热率发生了变化。此外 ^{59}Co 被活化变成 ^{60}Co,而 ^{60}Co 衰变放出的射线被调节棒自身吸收也会产生热量。

根据计算,采用钴调节棒替换不锈钢调节棒后,钴棒的发热率较不锈钢棒的大得多,因此,必须重新进行热工分析,以确保反应堆的安全运行。而且，钴棒的发热主要是由燃料裂变产生的瞬发γ射线(包括中子俘获γ射线和非弹性散射γ射线等)引起的，约占总发热率的88%，中子引起的发热率只占总发热率的约0.25%，^{60}Co衰变导致的钴棒发热率约占总发热率的12%。

3）钴调节棒的研制

钴调节棒属于反应性控制部件，直接插在堆芯中，将直接影响反应堆的安全性，其研制的质量必须严格把控。首先是钴块密度及其分布必须保证，因为它将影响钴棒的中子吸收特性；其次钴棒处在堆芯的强辐射场中，需要一定的强度，抗辐照，耐腐蚀，确保在全辐照寿期内的反应性调节功能的实现。

4）钴调节棒的更换[24]

经辐照的钴调节棒需在大修期间实施更换。一是更换时需防止对密封面的损伤，确保反复多次更换后仍能保持密封；二是需注意更换操作的工期，确保在原规定工期内完成更换操作，以保证核电站的负荷因子。

秦山核电三厂从1998年就开始^{60}Co生产的相关准备工作，并于2008年6月获得国家核安全局的批准。2009年初首批钴调节棒于104大修期间更换入1号机组堆芯，2010年出堆，我国工业^{60}Co实现国产化，年产工业^{60}Co约600万居里，可满足80%国内市场。

医用钴源与工业钴源最大的区别有两点：一是需要源强更强；二是放射源的尺寸更小，规格更多。

要提高源强(医用^{60}Co的比活度要求远比工业^{60}Co的高)，需要延长辐照时间，原来重水堆的大修周期是一年半左右，辐照一年半时间生产的^{60}Co只能用于工业而不能用于医学。需要对重水堆进行改进优化，将大修周期延长至两年。

要改变规格、尺寸，需要重新设计钴芯块、钴棒及钴棒束(钴芯块最小直径只有2.5 mm)，并经过严密的核特性、热特性的设计计算，才能将其变更为医用钴棒。

9.2.1.2　其他放射性同位素辐照生产

除了调节棒外，CANDU堆还可以利用燃料通道、观察孔及探测器通道生产放射性同位素[18]。

1）利用燃料通道生产

CANDU型重水堆机组以天然铀作为燃料，后备反应性较低，为保持反应堆功率运行，设计有不停堆在线换料系统，通过在线装卸料机，将新燃料装入堆芯、同时卸出乏燃料。一般情况下,CANDU 6 型重水堆机组每次换料时,从燃料通道一侧装入 8 个新燃料棒束,从另一侧卸出 8 个乏燃料棒束。正常运行期间每天需要进行 2 个通道的换料。

借助 CANDU 堆现有的装卸料系统进行靶件装入和卸出堆芯操作,其间靶件在堆芯中子环境下照射,在不影响反应堆安全运行、尽量减少燃料损失的前提下实现放射性同位素,如^{99}Mo、^{177}Lu 的生产。

该技术的关键之一是设计和研制一款合适的辐照靶件[25-26]。

对于^{99}Mo,采用国际上最通用的裂变法,就是使用富集度为 5%～20%的高丰度低浓铀(HALEU)来替代天然丰度的 UO_2 芯块,将原本均匀分布在天然丰度 UO_2 芯块中的^{235}U 聚集起来,从而可以高效地生产^{99}Mo 并且方便后期对生产出来的^{99}Mo 进行提取。

按照辐照靶件中^{235}U 的量与现有常规燃料棒束中的^{235}U 的量一致的原则,实现辐照靶件棒束的核特性和热工性能基本不变,从而保证了核电厂的安全、发电的经济性。由于提高了辐照靶件^{235}U 的富集度,去除了其中大量的^{238}U,铀材料的量就少了,由此产生的空间通过其他材料支撑或填充以实现^{235}U 裂变材料的定位和传热等功能。针对高丰度低浓铀(HALEU)燃料、填充材料的选择和 HALEU 与填充材料在棒束中的布置可采用不同的方案,高丰度低浓铀的布置至少包括轴向布置和径向布置两个维度,辐照靶件棒束的最外一圈 18 根燃料元件采用 HALEU 燃料元件,内部三圈 19 根燃料元件采用常规的燃料元件。

对于^{177}Lu,如果选择无载体^{177}Lu(n. c. a),因为相比有载体^{177}Lu,其产品杂质含量低,纯度与比活度更高,放射性污染小。需采用经分离纯化的^{176}Yb 作为辐照靶件,与前面提及的裂变钼靶基本相似,按照辐照靶件燃料棒束的^{235}U 量与传统燃料棒束^{235}U 量等效的原则,将燃料棒束中部分燃料元件棒替换成^{176}Yb 辐照靶材,而将其他燃料元件的^{235}U 富集度略微增加。

该技术的关键之二是借助 CANDU 堆现有的装卸料系统将辐照靶件安全高效地装入和卸出堆芯。首先根据产能需求,通过核设计、热工水力设计及安全分析,确定装载条件和装载位置。根据选定的装载位置,发布靶件装载指令,而燃料操作人员根据装载指令,制订详细靶件装载方案。

装换料时现场操作人员将 1 根辐照靶件和 1 根新燃料棒束装入装卸料机。后续按照装卸料规程执行装卸料操作,从下游推出 4 根乏燃料棒束,之后将1根辐照靶件和1根新燃料棒束回推到燃料通道中，并将2根乏燃料棒束再推回到燃料通道中，之后关闭燃料通道，结束装换料过程。

辐照靶件在堆内辐照1周以后，按照正常换料流程卸出下游7个乏燃料棒束和1个辐照后的靶件。在乏燃料接收池中，将辐照后靶件装入外运容器，外运至分离提取生产线进行后续处理。

据世界核新闻网站2023年2月2日报道[15]，加拿大达灵顿核电厂（拥有4座881 MW的CANDU堆）将成为全球首座生产^{99}Mo的商业核电厂[25]。目前创新型医用放射性同位素系统所有设备均已安装完毕，正在按计划开展试运行。在获得美国食品药品管理局（FDA）和加拿大卫生部批准后，该系统将启动^{99}Mo的商业化生产。

据世界核新闻网站2018年6月29日报道[16]，加拿大布鲁斯电力公司和德国ITM公司签署协议，利用布鲁斯电厂的CANDU堆生产医用^{177}Lu，目标是满足直至2064年全球^{177}Lu的需求。加拿大布鲁斯电力公司网站2021年9月24日报道[27]：加拿大布鲁斯电力公司（Bruce Power）已获得加拿大核安全委员会（CNSC）的批准，能够继续推进利用CANDU堆生产^{177}Lu的相关工作，而且美国食品药品管理局已批准使用^{177}Lu治疗神经内分泌肿瘤及前列腺癌。加拿大布鲁斯电力公司网站2022年1月24日报道[17]，布鲁斯核电厂7号机组成功完成同位素生产系统的安装。该机组成为全球首座具备医用放射性同位素^{177}Lu生产能力的商用核电站。布鲁斯核电厂将对^{176}Yb进行辐照，得到无载体^{177}Lu(n. c. a)。此外，布鲁斯电力还表示，该系统未来还可能会生产其他医用同位素。

2）利用探测器通道或观察孔生产

CANDU堆堆芯属于中子过慢化设计，因此燃料通道之间有较大的空隙。在此空隙中，中子注量率探测器组件水平或者竖直地插入其中，提供反应堆控制保护和测量功能，每个组件内均设有中子注量率探测器孔道用于装载中子注量率探测器，中子注量率探测器一直插入孔道中。每个组件内均有不同数量的冗余孔道作为备用孔道。并且探测器组件区域中子注量率可达$2.0\times10^{14}\ \mathrm{cm^{-2}\cdot s^{-1}}$，有合适的空间和高中子注量率，非常适合放射性同位素的生产[27]。

CANDU堆包含两个观察孔道用于装换料时对堆芯的观察，观察孔的下部是重水，上部是覆盖气体空间，观察孔重水区处的中子注量率也不低。在此放置辐照靶件即可用于放射性同位素的生产。但需要对观察孔进行适当的改造,如在观察孔内安装保护套管,以便为同位素生产孔道提供导向、定位、支撑等作用[28]。

CANDU 堆这些区域可生产的同位素较多,如^{14}C、^{90}Y、^{89}Sr 等。我国秦山第三核电有限公司已在放射性同位素生产方面取得重大进展。据中国能源报 2023 年 9 月 8 日报道[29],秦山第三核电有限公司两台重水堆机组已实现工业和医用^{60}Co 的规模生产,产出的工业^{60}Co 可满足国内 80%左右的市场需求,医用^{60}Co 满足国内市场需求。2022 年 4 月首批^{14}C 辐照靶件已入堆,年产量能完全满足国内市场需求,甚至还可以满足国际市场的大部分需求。2022 年^{90}Y 玻璃微球生产靶件也已入堆,将为小规模临床试验提供原料。此外,还在部署辐照生产^{99}Mo、^{177}Lu 及从重水堆废树脂中提纯获得^{14}C 等。总之,中核核电运行管理有限公司(秦山核电)将充分利用俘获法、裂变法,从废物中分离提取等途径开展重要工业/医用同位素生产,形成稳定的、规模化的生产供应能力,保障国内放射性同位素供应安全[30]。

9.2.2 核能供热

根据我国在减缓气候变化方面的“双碳”目标战略部署,要在 2030 年之前实现碳排放达峰,力争 2060 年实现碳中和。在巨大的减排压力下,我国需要积极寻找清洁低碳热源来满足当下不断增长的供热需求。核能具有清洁、近零碳排放等特点,核能碳排放量仅为 16 g/(kW·h),与可再生能源相当,是当前可以因地制宜开展大规模替代化石能源的清洁低碳能源。

利用秦山核电基地机组冬季剩余热功率,向热网提供 130 ℃的出水,接收 70 ℃的回水,实现热水循环供暖,其原理如图 9-11 所示[31]。具体的供热过程是由 5 个回路完成的,首先一回路核反应产生的热量通过蒸汽发生器将二回路的水加热,产生高温高压蒸汽,通过抽取部分蒸汽加热核电厂内换热站的水,加热后的水经过三回路(热网循环水回路)管网,传送至城市换热站,继续依次加热四、五回路(用户循环水回路)管网内的水,从而实现将核电厂产生的热量送入千家万户中进行供暖的目的。核能供热的整个过程,只有热量交换,没有介质交换。通过三回路与二回路的压差设计,增加辐射监测装置等措施,实现多重放射性屏障防护,最终用户接触到的是通过层层隔离过的充分安全的热水。秦山核电核能供热示范项目作为我国南方地区首个核能供热示范项目,从 2021 年底到 2022 年初的首个采暖季,已成功向浙江省海盐县首批 4 000 户居民提供了安全、稳定、经济的核能供热。

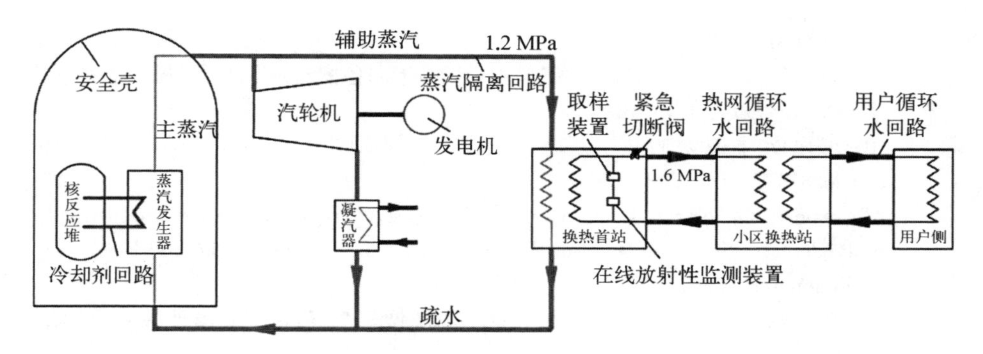

图 9 - 11　核电站供暖示意图

参考文献

[1] 中国核能行业协会. 中国核技术应用产业发展报告(2023)[R]. 北京：2023 核技术应用国际产业大会，2023 - 05 - 24.

[2] 孙凯，李天富，陈东风. 中子散射及相关技术的发展与应用[J]. 原子能科学技术，2020，54(S1)：35 - 46.

[3] 张文惠. 101 重水研究堆三十年的技术发展[J]. 原子能科学技术，1988，22(5)：513 - 520.

[4] 韩松柏，刘蕴韬，陈东风. 中国先进研究堆中子散射大科学装置[J]. 科学通报，2015，60(22)：2068 - 2078.

[5] 柯国土，石磊，石永康，等. 中国先进研究堆(CARR)应用设计及其规划[J]. 核动力工程，2006，27(5)(S2)：6 - 10.

[6] 王倩妮，郭广平，顾国红，等. 航空发动机叶片残余型芯中子照相检测[J]. 失效分析与预防，2021，16(1)：76 - 82.

[7] 中国原子能科学研究院. 国内首次获得进口与国产高铁车轮深部残余应力中子比对数据[EB/OL]. https://mp. weixin. qq. com/s? __biz = MzA5NTk1MzUxMw = = &mid = 2650850461&idx = 2&sn = e69298b972847b910b27c8d8724cd829&chksm = 8b43139bbc349a8d7d24d11f5d5cecc7bb213ca2fbac0965506c2b33b86692b3a0bfd2fe1630&scene = 27，2022 - 07 - 04/2024 - 02 - 20.

[8] Yao Y G, Xiao C, Wang P S, et al. Instrumental neutron activation analysis of Chang'E - 5 lunar regolith samples[J]. Journal of the American Chemical Society, 2022, 144(12): 5478 - 5484.

[9] 沈峰，吕征，孙志勇，等. 用于硼中子俘获治疗的医院中子照射器的反应堆光致缓发中子参数[J]. 原子能科学技术，2008，42(8)：697 - 701.

[10] Dymova M A, Taskaev S Y, Richter V A，等. 硼中子俘获治疗：现状及展望[J]. 癌症，2021，40(1)：1 - 17.

[11] Locher G. Biological effects and therapeutic possibilities of neutrons[J]. American Journal of Roentgenology Radium Therapy and Nuclear Medicine. 1936, 36(1): 1 - 13.

[12] 王玉林，朱吉印，甄建霄. 中国先进研究堆应用及未来发展[J]. 原子能科学技术，

2020,54(S1):213-217.

[13] 梁积新,吴宇轩,罗志福,等. CIAE 放射性同位素制备技术的发展[J]. 原子能科学技术,2020,54(S1):177-184.

[14] 中国核电网. 加达灵顿核电厂将生产钼-99[EB/OL]. https://www.cnnpn.cn/article/31687.html,2023-09-30.

[15] Morreale A C, Novog D R, Luxat J C. A strategy for intensive production of molybdenum-99 isotopes for nuclear medicine using CANDU reactors[J]. Applied Radiation and Isotopes, 2012, 70(1): 20-34.

[16] 伍浩松,李晨曦. 加企获准推进加压重水堆产镥-177 项目[J]. 国外核新闻,2021(10):11.

[17] 李晨曦,王兴春. 加布鲁斯 7 号机组具备镥-177 生产能力[J]. 国外核新闻,北京:2022(3):18.

[18] 张振华,陈明军. 重水堆技术优势及发展设想[J]. 中国核电,2010(2):124-129.

[19] 朱丽兵,杨波,梅其良,等. CANDU 6 型重水堆生产^{60}Co 技术研究[J]. 核技术,2011,33(2):106-111.

[20] 朱丽兵,周云清,丁捷,等. CANDU 重水反应堆钴调节棒组件结构设计[J]. 原子能科学技术,2010(S1):418-422.

[21] 梅其良,李亢,付亚茹. 钴调节棒在堆芯内的发热分析[J]. 原子能科学技术,2011(10):1226-1230.

[22] 杨波,苗富竹,汤春桃,等. 重水堆生产放射性同位素^{60}Co 的堆芯物理设计研究[J]. 核动力工程,2016,36(3):323-328.

[23] 朱丽兵,蔡银根,景益,等. 重水堆钴调节棒组件:CN200810085016.1[P]. 2023-09-29.

[24] 本刊编辑部. 立足自我打破垄断实现重水堆生产钴-60 设计技术自主研究:记秦山三核重水堆生产钴-60 同位素设计研究成果创新[J]. 科技成果管理与研究[2024-03-05].

[25] 陈芙梁,卢俊强,周云清,等. 一种在重水堆中生产钼-99 同位素的辐照靶件:202110144157.1[P]. 2023-09-29.

[26] 樊申,刘大银,孟智良,等. 一种重水堆生产无载体^{99}Mo 的方法:202111196888.7[P]. 2023-09-29.

[27] 张国利,邹正宇,尚宪和,等. 利用重水堆探测器孔道在线辐照生产同位素的装置和方法:202210409163.X[P]. 2023-09-29.

[28] 赵晓玲,王忠辉,徐军,等. 一种利用重水堆观察孔生产同位素的装置和方法:202211026741[P]. 2023-09-28.

[29] 党宇,陈向阳,李波,等. 一种用于重水堆生产 C-14 同位素的靶件:202110413679.7[P]. 2023-09-29.

[30] 杨晓冉. 秦山核电勇拓同位素生产创新之路推动我国核电和核技术应用产业协同融合发展[N]. 中国能源报,2023-09-08(17).

[31] 王肖,纪相财,王斌,等. 南方核能余热供暖应用实践[J]. 煤气与热力,2023,43(2):21-24.

第 10 章
先进重水堆技术

进入 21 世纪，重水堆技术仍在不断发展，在核能和平利用领域始终占有一席之地。除了加拿大一直致力于 CANDU 重水堆的研发，也有不少其他国家在重水堆研发方面开展了大量的工作，取得了显著的成果。相对而言，重水研究堆发展较少，主要的研发工作集中在重水动力堆。自 CANDU 6 面世以来，加拿大一直在不断地改进技术，出现过很多不同的型号，如 CANDU 9、EC-6、ACR-1000、CANDU-SCWR 等。印度自引进加拿大 CANDU 堆核电厂以来，也致力于自主研发重水堆技术，先后设计、建造了 220 MW、540 MW、700 MW 的 PHWR 型核电厂，也研发了三代核电技术垂直压力管式的重水堆——AHWR[1]。

正如第 1 章所述，由于重水堆有众多优点，尤其是具有较高的中子经济性，重水堆可以使用包括天然铀、轻度富集铀（SEU）、回收铀、MOX 燃料[（Th，Pu）MOX 或（Th，^{233}U）MOX]、钍基燃料等在内的多种燃料循环方式的燃料。

10.1 典型先进重水堆技术

21 世纪初，加拿大提出了 CANDU 堆的三步走战略，如图 10-1 所示。第一步，2035 年前建成先进 CANDU 堆（advanced CANDU reactor，ACR），第二步，2025 年至 2060 年，建成第四代超临界水冷堆（CANDU-SCWR），第三步，2050 年至 2085 年，建成 CANDU X[2]。

其中，ACR 和 CANDU-SCWR 都已经有具体的设计，而 CANDU X 只有概念，随着科学技术的发展将逐步具体化。本节对几种典型的先进重水堆技术分别进行介绍，包括加拿大的 ACR-1000、CANDU-SCWR，以及印度的 AHWR 等。

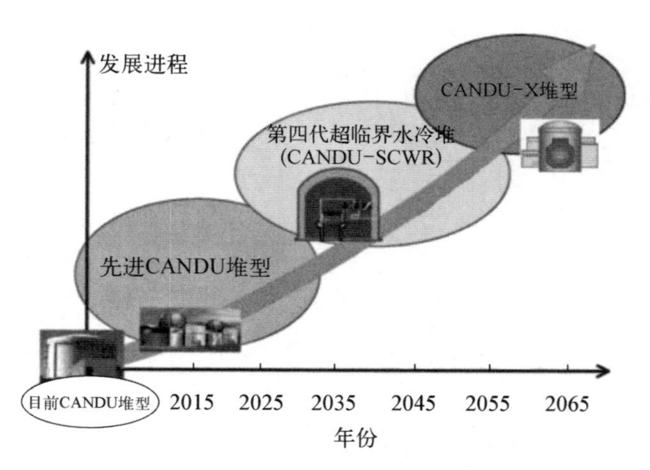

图 10-1　CANDU 堆发展战略

10.1.1　ACR-1000 技术

根据文献的描述，ACR 一般指的是 ACR-1000。ACR-1000 是在具有优良特性和成熟的 CANDU 技术的基础上研发的，属于三代+(Gen Ⅲ+)核电技术，因此，ACR-1000 继承了 CANDU 堆的优良特性，同时，又增加了新的特点。ACR-1000 的主要技术参数如表 10-1 所示。

表 10-1　ACR-1000 的主要技术参数[3]

参　　数	单　　位	数值或材料
热功率	MW	3 200
电功率	MW	1 165
热效率	%	36.4
设计寿期	年	60
冷却剂入口温度	℃	275
冷却剂出口温度	℃	319
冷却剂压力	MPa	11.6
冷却剂流量	kg/s	13 100

（续表）

参　　数	单　　位	数值或材料
排管容器直径	m	6.24
核燃料	—	UO_2
^{235}U 富集度	%	2.4(平衡堆芯)
燃料通道数量	—	520
燃料棒束的燃料元件数量	—	43
元件包壳材料	—	Zr-4 合金
冷却剂	—	H_2O
慢化剂	—	D_2O

与现有 CANDU 堆相比，ACR-1000 有以下几点重要的不同之处：

(1) 采用轻水取代重水作为冷却剂。

(2) 采用低浓铀的 CANFLEX 燃料组件。

(3) 更低的水铀比。

正因为有以上的变化，其中，最重要的是采用了轻水作为冷却剂，ACR-1000 具有以下的特点：

(1) 紧凑的堆芯设计，减少了重水装量。

(2) 提高了核燃料的燃耗。

(3) 提高了机组效率。

(4) 减少了放射性物质(如 ^3H)向环境释放。

(5) 加强了严重事故管理，增加了备用冷阱。

(6) 提高了运行维护性能。

(7) 改进了安全重要构筑物、系统和部件(SSC)的布置，安全重要 SSC 在辅助厂房内按 1/4 象限布置，实现有效隔离。

ACR-1000 采用了很多非能动技术(包括重力、自然循环和储能等)，提高了反应堆的安全性，非能动技术主要应用在以下几个方面：

(1) 停堆。

(2) 应急堆芯冷却。

(3) 发生 LOCA 时堆芯再淹没和核燃料冷却。

(4) 发生事故后安全壳的压力和温度抑制。

(5) 蒸汽发生器的应急给水。

(6) 超设计基准事故的缓解。

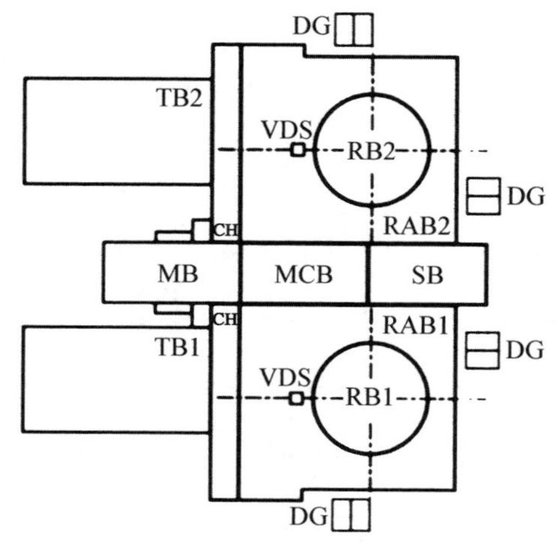

CH—吊车大厅；DG—柴油发电机组；MCB—主控制厂房；MB—维护厂房；RAB—核辅助厂房；RB—反应堆厂房；SB—服务厂房；TB—汽轮机厂房；VDS—排风烟囱。

图 10-2　ACR-1000 核电厂双机组布置图

同时，与现有 CANDU 核电厂单机组布置不同，ACR-1000 核电厂采用了双机组布置的方式，如图 10-2 所示。在总结 CANDU 核电厂设计、建造、运行经验的基础上，加拿大提出双机组布置是更优的。一个重要的特点是，在两个机组之间设置了公用的厂房，包括主控制厂房、维护厂房和服务厂房。

值得一提的是，CANFLEX 燃料组件是加拿大原子能有限公司(AECL)与韩国原子能研究院(KAERI)联合开发的新一代 CANDU 堆燃料组件，已通过辐照性能试验，可投入商业应用。

CANFLEX 燃料组件的基本结构与现有的 CANDU 堆使用的 NU-37 燃料组件类似，两种组件的外径以及长度都相同。不同之处仅在于燃料元件棒的尺寸和数量。NU-37 燃料组件采用 4 环共 37 根燃料元件棒的棒束结构，燃料元件棒的直径都相同，为 13.1 mm；而 CANFLEX 燃料组件由 43 根燃料元件棒组成，环数不变，也是 4 环，除了中心 1 根燃料元件棒外，其他 3 环的燃料元件棒数量与 NU-37 燃料组件不同，由内而外分别有 7 根、14 根和 21 根。燃料元件棒有两种不同的尺寸：内部两环共 8 根采用大直径(ϕ13.5 mm)的燃料元件棒，比 NU-37 燃料组件大(ϕ13.1 mm)，而外部两环共 35 根采用小直径(ϕ11.5 mm)的燃料元件棒，则比 NU-37 燃料组件小，如图 10-3 所示。

CANFLEX 燃料组件的长度和外径与 NU-37 组件的相同(棒束长 495.30 mm，棒束外径 102.29 mm)，因此，现有的装卸料机构与 CANFLEX 燃料组件有很好的相容性，使得 CANFLEX 燃料组件可以在现有的秦山三期重水堆中直接使用而无须对堆芯和装卸料机的结构做任何调整。同时，原有的燃料

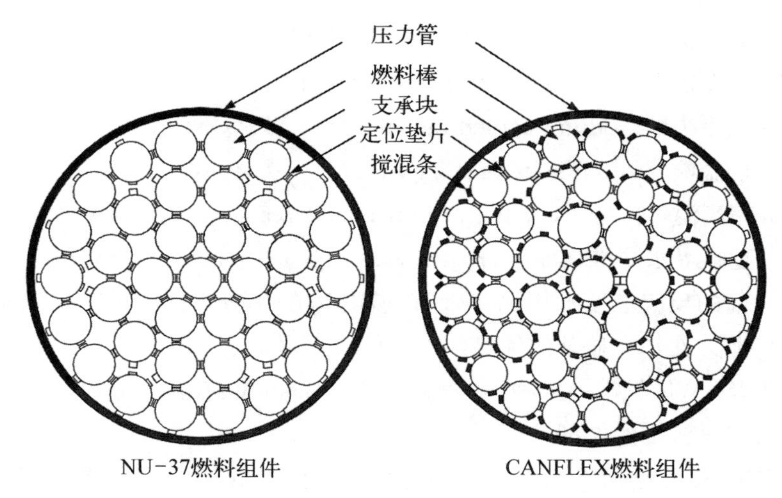

图 10－3　CANFLEX 燃料组件与 NU－37 燃料组件的比较

元件制造生产线也无须做重大改变即可进行 CANFLEX 燃料组件的生产。

另外，CANFLEX 燃料组件有很强的适应性，可以做成多种燃料的载体，比如天然铀(NU)、压水堆乏燃料回收铀(RU)、轻度富集铀(SEU)、铀-钚混合燃料(MOX)、钍(Th)等。在 CANFLEX 燃料组件中，内、外环元件棒甚至允许使用不同的燃料，例如可以设计成在 CANFLEX 燃料组件内侧的 8 根元件棒含有 ThO_2 燃料，而外侧两环元件棒则采用 SEU 作为驱动燃料的组件类型。这使得 CANFLEX 燃料组件既可以方便地运用于目前天然铀燃料重水堆的改造，又为以后采用 RU、SEU 和 MOX 等先进燃料循环提供了有利条件，以及应用于第四代 CANDU－SCWR 中。10.2 节将介绍 CANDU 堆的特有的燃料循环技术，包括 RU 燃料和 LEU/Th 燃料。

10.1.2　CANDU－SCWR 技术

CANDU－SCWR 属于第四代核电厂反应堆。在介绍 CANDU－SCWR 之前，有必要先简单介绍一下第四代核能系统。

1) 第四代核能系统

2001 年，第四代核能系统国际论坛(Generation Ⅳ International Forum, GIF)成立，有 9 个成员国：阿根廷、巴西、加拿大、法国、日本、韩国、南非、英国和美国。2006 年，中国加入 GIF。目前，GIF 有 16 个成员国。

2002 年，GIF 提出了 6 种第四代核电厂概念堆系统。分别如下：

(1) 气冷快堆(gas-cooled fast reactor, GFR)。

(2) 铅冷快堆(lead-cooled fast reactor, LFR)。

(3) 钠冷快堆(sodium-cooled fast reactor, SFR)。

(4) 熔盐堆(molten salt reactor, MSR)。

(5) 超高温气冷堆(very high temperature reactor, VHTR)。

(6) 超临界水冷堆(super-critical water-cooled reactor, SCWR)。

与之前的反应堆技术相比,第四代核电站在经济性、可持续性、安全性以及防核扩散方面都有显著的优势。

其中,SCWR 是唯一一种以轻水作为冷却剂的反应堆,也是唯一既可以是热堆也可以是快堆的堆型。

SCWR 采用超临界水作为冷却剂,运行在水的热力学临界点(374 ℃, 22.1MPa)之上。与传统水冷反应堆相比,SCWR 具有热效率高、安全优势独特、系统简化、技术继承性好等突出优点。

(1) 热效率高。由于冷却剂温度高,一般运行温度高达 600 ℃以上,因此,SCWR 热效率比现有压水堆的高 1/3,达到 44%或以上,甚至可以高达 50%。

(2) 安全优势独特。由于反应堆冷却剂处于超临界状态,是一种单相流体,不存在相变,也就不存在欠热、饱和以及过热的不同状态,不存在泡核沸腾和模态沸腾,也就没有了临界热流密度,因此,SCWR 具有本质安全性。

(3) 系统简化。由于冷却剂不存在相变,反应堆与汽轮机连接进行直接循环,显然就不需要蒸汽发生器和汽水分离器,也不需要稳压器和主泵,SCWR 系统得到了大幅度简化。同时,由于超临界水焓值高,冷却剂质量流量较小,管道的尺寸也相应地减小,冷却剂装量也必然减少,汽轮机也可以小型化。因此,SCWR 系统布置紧凑,反应堆厂房也随之小型化,可以显著地降低投资成本。

(4) 技术继承性好。SCWR 是在现有水冷反应堆技术和超临界火电技术基础上发展而来的,两者的技术成熟,可以直接采用或者借鉴相关技术。

当然,SCWR 也面临着诸多技术挑战,主要有超临界水瞬态传热模型、燃料元件包壳材料和非能动安全技术。

SCWR 除了用于核能发电外,应用范围也扩展到许多方面,比如制氢、从油砂中提取石油、供热、海水淡化等。

与重水动力堆类型分为压力容器式和压力管式相类似,SCWR 也有两种类型：与传统压水堆、沸水堆相似的压力容器式以及以 CANDU 堆为基础的压力管式。中国、日本以及欧盟等主要集中研究压力容器式 SCWR，而加拿大主要研究基于 CANDU 堆的压力管式 SCWR。

2) CANDU - SCWR 的特点[4]

CANDU 堆特别适合使用超临界水。作为冷却剂的超临界水密度变化很大，尤其在反应堆内当水温超过临界点时变化尤为显著，这种密度变化会使堆芯中子注量率梯度以及中子注量率的分布更加复杂。在这一方面，CANDU - SCWR 具有优势，不会受太大的影响。主要原因如下：

(1) 在 CANDU 堆内慢化剂（低压）和冷却剂（超临界）是分离的，而冷却剂对于中子学的影响较小。

(2) 相邻燃料通道的流动方向是相反的，这刚好平衡了中子密度梯度，轴向的中子注量率分布也较为均匀。

另外，超临界水的压力要求高于 23 MPa，如果是压力容器式反应堆，则压力容器的厚度必须比压水堆（200～300 mm）更大或者采用更加先进的材料，这就会增加成本并引起其他问题，而 CANDU 堆只需对内径较小（约为 100 mm）的燃料通道压力管或压力管进行优化设计就能满足要求。

因此，压力管式 SCWR 可直接在成熟的 CANDU 堆以及 ACR - 1000 的基础上进行改进而不必改变过多参数，实现较好的过渡。

CANDU - SCWR 是加拿大重水动力堆发展战略的第二步，其主要特点有以下几个方面。

(1) 燃料通道结构改进，可以利用现有的材料。为了提高效率，必须提高冷却剂平均温度，SCWR 的冷却剂平均温度要比压水堆的高。这就意味着，如果 CANDU - SCWR 采用现有的 CANDU 堆压力管形式，那么压力管材料必须能承受更高的温度。为了使用现有的材料——Zr - 2.5Nb 合金，则必须改进压力管结构形式，使压力管的温度低于冷却剂的温度。

有两种可能的压力管结构形式。第一种，高效燃料通道（high efficiency channel，HEC），如图 10 - 4 所示：将现有的压力管和排管合二为一，压力管外表面直接与慢化剂接触，在压力管内表面有一层隔热材料，并在隔热材料表面有一个多孔的衬管。这种改进的结果是，压力管

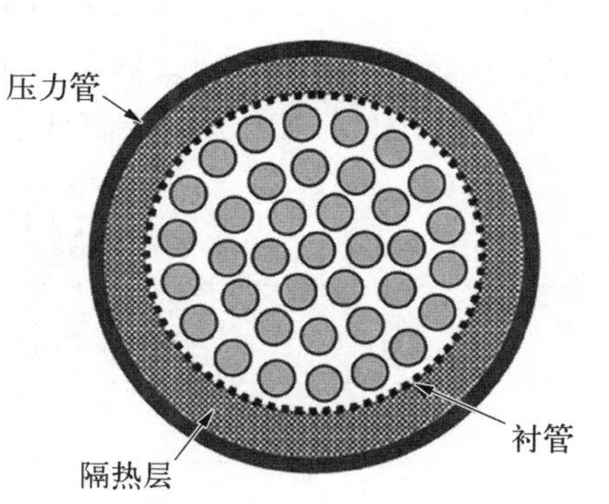

图 10 - 4　高效燃料通道结构

承受冷却剂的高压，而压力管的温度接近慢化剂的温度，远低于超临界冷却剂的温度。另外一种，双流道压力管(re-entrant flow path)：排管不变，压力管一端改为封头，在压力管内增加一个内管(两端均开口)，入口冷却剂在两层管子之间的环形空间流动，到达封头处，冷却剂折回从内管流动，流经燃料棒束，然后流出压力管。这种改进的结果是，压力管承受冷却剂的压力和入口冷却剂的温度，仍低于超临界冷却剂的温度。第一种为主要研究方向。

(2) 非能动余热导出。与 CANDU 堆以及 ACR－1000 相同，CANDU－SCWR 的冷却剂与慢化剂分离。在设计基准事故工况下，如果失去能动的冷却功能(包括冷却剂和慢化剂)，仅仅依靠装量很大的慢化剂和数量很多的燃料通道压力管，通过压力管与慢化剂之间的传热以及慢化剂的自然循环，就可以导出堆芯的余热，避免核燃料、元件包壳和压力管过热，造成严重的后果。因此，CANDU－SCWR 具有本质安全特性。

(3) 采用低浓铀核燃料和更小的堆芯。由于冷却剂采用轻水，并达到超临界状态，具有压水堆的一些特点，因此，必须采用低浓铀核燃料，而且压力管之间的栅距更小(200～220 mm)，而现有 CANDU 堆的栅距为 285.75 mm，堆芯尺寸更小，重水装量也更少。重水装量减少，也导致慢化剂重水与核燃料^{235}U 的比值(水铀比)下降，同时，为了提高核燃料的卸料燃耗，也要求提高^{235}U 的富集度以增加后备反应性。结果是 CANDU－SCWR 具有负的冷却剂空泡系数，卸料燃耗可以达到 20 000 MW·d/t。

(4) 控制方便，适应性强。由于 CANDU－SCWR 采用数量很多的燃料通道，相邻燃料通道的冷却剂流向相反，因此，在运行过程中，可以很方便地单独控制每个燃料通道的参数，如温度、流量、功率、燃耗等，也可以很方便地展平功率分布，优化核电站的性能。同时，通过增加、减少燃料通道数量，就可以很方便地改变反应堆的功率，CANDU－SCWR 的电功率可以在 300～1 400 MW 范围进行设计，因此，可以满足不同用户的需求，如厂址、融资、多种用途等。

CANDU－SCWR 的主要技术参数如表 10－2 所示。

表 10－2　CANDU－SCWR 的主要技术参数

参　　数	单　　位	数值或材料
热功率	MW	2 540
电功率	MW	1 220

（续表）

参　　数	单　　位	数值或材料
热效率	%	48
冷却剂入口温度	℃	350
冷却剂出口温度	℃	625
冷却剂压力	MPa	24
冷却剂流量	kg/s	1 320
排管容器直径	m	4
核燃料	—	UO_2
^{235}U 富集度	%	4
燃料通道数量	—	300
燃料棒束的燃料元件数量	—	43
元件包壳材料	—	镍基合金
冷却剂	—	H_2O
慢化剂	—	D_2O
设计寿期	年	—

10.1.3　AHWR 技术

1954 年，印度“原子能之父”巴巴博士（Dr. Bhabha）提出了印度核电发展的三步走战略，即第一阶段采用加压重水堆（PHWR），第二阶段采用快中子增殖堆，第三阶段采用钍基增殖堆。长期以来，印度一直按照此战略稳步推进核电发展。

三个阶段是有内在逻辑的且环环相扣。在第一阶段，以 CANDU 堆为代表的 PHWR 采用天然铀作为核燃料，^{238}U 吸收中子嬗变为易裂变核素 ^{239}Pu，通过乏燃料后处理可以得到少量的 ^{239}Pu，经过长期的积累，可以作为第二阶段快中子增殖堆的初始核燃料。在第二阶段，快中子增殖堆采用(U,Pu)MOX作为核燃料，^{239}Pu 裂变释放核能，^{238}U 吸收中子嬗变为^{239}Pu，而且，新生产的^{239}Pu 多于消耗的^{239}Pu，因而实现增殖。在此基础上，当^{239}Pu 积累到足够多的时候，用^{232}Th 替代^{238}U，制造(Th,Pu)MOX 核燃料，^{232}Th 吸收中子嬗变为易裂变核素^{233}U，通过乏燃料后处理可以得到^{233}U，经过长期的积累，可以作为第三阶段钍基增殖堆的初始核燃料。在第三阶段，钍基增殖堆使用(Th,^{233}U)MOX 核燃料，在运行的同时实现^{233}U 增殖。而印度拥有丰富的钍资源，可以大规模建造并长期运行。

20 世纪 70 年代，在引进加拿大 CANDU 堆的基础上，印度开始了重水堆自主研发工作。先后设计、建造了 220 MW、540 MW、700 MW 的 PHWR 型核电厂，积累了丰富的设计、制造、建造、运行经验。考虑到印度拥有丰富的钍资源，为了充分利用钍基燃料，减少对国外铀资源的依赖，印度进一步研发了拥有自主知识产权的、垂直压力管式的、可以采用钍基燃料的三代核电技术——先进重水堆(advanced heavy water reactor, AHWR)[5]。

AHWR 是沸水冷却、重水慢化、以(Th,^{233}U)MOX 和(Th,Pu)MOX 作为核燃料的垂直压力管式的重水反应堆，如图 10－5 所示。AHWR 核电厂的电功率为 300 MW，设计寿期为 100 年，主要技术参数如表 10－3 所示。AHWR 具有多种非能动安全特点和固有安全特性。

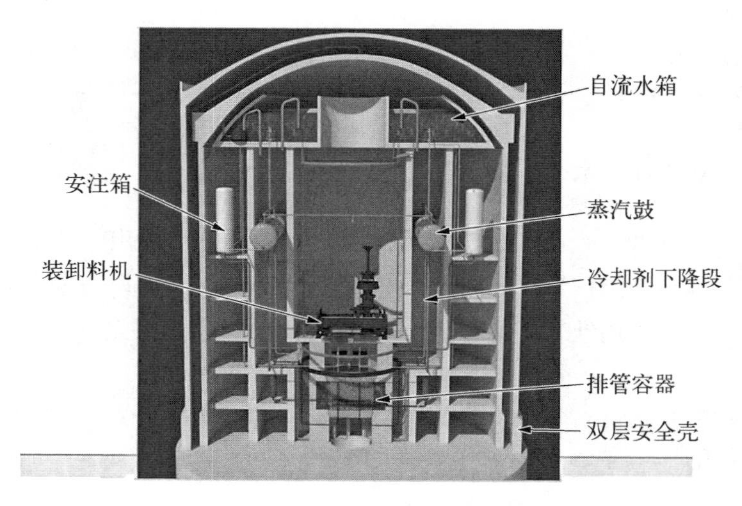

图 10－5　AHWR 核电厂安全壳布置示意图

表 10-3　AHWR 的主要技术参数

参数		单位	数值或材料
热功率		MW	920
电功率		MW	304
冷却剂		—	H_2O,沸水
慢化剂		—	D_2O
核燃料		—	(Th,^{233}U)MOX 和(Th,Pu)MOX
燃料组件数量		—	452(栅距 225 mm)
冷却剂通道	压力管	—	Zr-2.5%Nb-20%冷加工
	排管	—	Zr-4 合金
平均卸料燃耗		MW·d/T	38 000
活性区高度		m	3.5
冷却剂压力		MPa	7
冷却剂入口温度		℃	259.5
冷却剂出口温度		℃	285
冷却剂出口含汽率		%	19
设计寿期		年	100

AHWR 排管容器共有 513 个栅格,其中,452 个燃料通道、8 个吸收棒、8 个调节棒、8 个补偿棒以及 37 个停堆棒。每个燃料通道由排管、压力管、水、二氧化碳和燃料组件等组成。冷却剂水在压力管内流经燃料组件,不断吸收热量温度升高,达到饱和温度并产生蒸汽,形成汽水混合物。每个压力管通过连接管与蒸汽鼓相连,冷却剂依靠自然循环流向蒸汽鼓。共有 4 个蒸汽鼓,位于排管容器顶部以上。在蒸汽鼓内,汽水混合物进行汽水分离,蒸汽从顶部接口通过主蒸汽管道流向汽轮机,分离出来的水和给水混合,从底部接口通过下降段管道向下流向环形入口集管,位于排管容器顶部以上。在入口集管内进行冷却剂的分配,通过入口接管返回堆芯的每一根压力管,形成循环。每个蒸汽

鼓只有 4 个下降段管道，而与入口集管相连的入口接管与压力管数量相同，也是 452 根。

装卸料机位于排管容器顶部以上，实现不停堆换料。在安全壳顶部有一个自流水箱，容积达 8 000 m^3。自流水箱储存的水有多种功能，包括非能动应急堆芯冷却、非能动余热导出、非能动辅助给水、非能动安全壳冷却等。安全壳内还有 4 个安注箱。

AHWR 的燃料组件是外形呈圆柱形的棒束型燃料组件，如图 10－6 所示。燃料组件总长度为 4.3 m，活性区高度为 3.5 m。燃料组件由 54 根燃料棒组成，按 3 个同心圆排列，内侧 2 圈共 30 根燃料棒的核燃料是（Th，^{233}U）MOX，第一圈 12 根燃料棒的 ^{233}U 含量为 3%，第二圈 18 根燃料棒的 ^{233}U 含量为 3.75%，第三圈 24 根是（Th，Pu）MOX，上半部分的钚含量为 2.5%，而下半部分的钚含量为 4%。燃料元件包壳材料是 Zr－2 合金。燃料组件的中央还有定位管和挤水棒，在不同高度有 6 个定位格架，两端有固定、安装和吊装的结构。

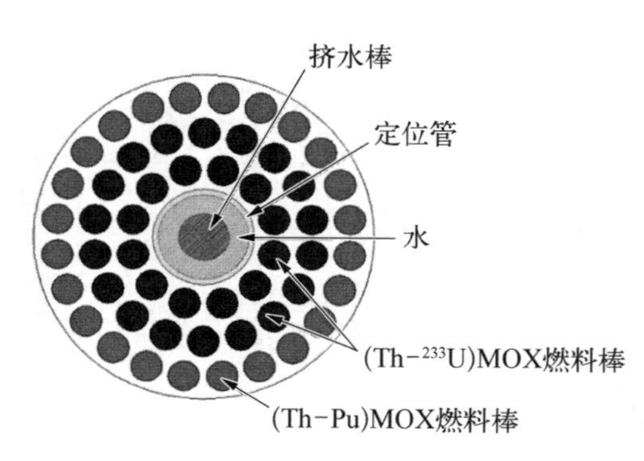

图 10－6　AHWR 燃料组件剖面图

AHWR 有很好的固有安全特性，主要表现在如下方面：

（1）负的空泡系数。

（2）正常运行和热停堆期间，依靠自然循环导出堆芯热量。

（3）双层安全壳。

（4）应急堆芯冷却系统有 4 个独立的系列。

（5）应急堆芯冷却系统将冷却剂直接注入燃料组件。

由此可见，虽然都是压力管式重水堆，但印度的 AHWR 与加拿大的 CANDU 堆还是存在很多的不同之处，主要有以下几个方面。

（1）AHWR 采用垂直排管容器和压力管，因此，与 CANDU 堆卧式排管容器和压力管相比，AHWR 排管和压力管避免了轴向弯曲变形的现象，对于延长压力管的寿期是有利的。

（2）AHWR 采用轻水作为冷却剂，并达到沸腾产生饱和蒸汽，因此，冷却剂系统压力（7 MPa）比 CANDU 6 的（9.9 MPa）低。

(3) AHWR 没有蒸汽发生器，用蒸汽鼓进行汽水分离，直接驱动汽轮机，与沸水堆相似。

(4) AHWR 没有主泵，采用自然循环方式驱动冷却剂流动，也没有稳压器，因此，系统、设备大幅度简化。

(5) AHWR 在每个燃料通道只有一个燃料组件，长度达 4.3 m，虽然燃料棒也采用同心圆布置，但横剖面结构也存在不同，相应地，堆芯管理和换料策略也与 CANDU 堆不同。

(6) AHWR 的核燃料采用(Th，^{233}U)MOX 和(Th，Pu)MOX，且不同部位的含量有所区别，可以实现增殖。

(7) AHWR 只有一套装卸料机，布置在排管容器顶部，只能从顶部装料、卸料，而且每次装卸一个长为 4.3 m 的燃料组件，由于燃料组件长度、冷却剂、方向等多处存在不同，因此，AHWR 的装卸料机结构与 CANDU 堆的也不同。

(8) AHWR 的安全壳顶部有一个容量为 8 000 m^3 的自流水箱。

(9) AHWR 的卸料燃耗高，可达到 38 000 MW·d/T。

(10) AHWR 的设计寿期达到 100 年，到目前为止，是现有三代核电技术中最长的，提高了经济性，具有明显的竞争力。

10.2 重水堆特有的燃料循环技术

正如第 1 章绪论所述，重水堆拥有诸多特点和优点，其中之一是可以采用多种不同的核燃料，在这一点上，重水堆是名副其实的“杂食性”堆型，一点都不“挑食”。除了天然铀燃料外，还可以采用轻度富集铀(SEU)燃料、压水堆乏燃料回收铀(RU)燃料、铀-钚混合燃料(MOX)燃料、钍基燃料等，具有广泛的适应性和灵活性。其中，RU 燃料、钍基燃料在重水堆内可以实现特有的先进燃料循环。

10.2.1 压水堆回收铀利用技术

什么是回收铀？大家知道，天然铀中的^{235}U 丰度只有 0.71%，其余 99.3%左右的都是^{238}U，到目前为止，CANDU 重水堆中使用的核燃料就是天然铀。而压水堆采用轻水作为冷却剂，不能直接使用天然铀作为核燃料，必须进行浓缩，一般而言，现有压水堆核燃料中的^{235}U 富集度为 3%～5%。核燃料以燃料组件的形式装入反应堆堆芯，经过一段时间(即一个燃料循环)运行之后，就要停堆并进行换料(通常称大修)，卸出堆芯相关的燃料组件(称为乏燃料组件)，同时，装入同等数量的新燃料组件。所谓的乏燃料组件，并不是说全部^{235}U“烧光”了，而是还剩余部分^{235}U，乏燃料中的^{235}U富集度一般在0.8%～1.4%范围，仍然高于天然铀的^{235}U丰度。同时，大部分^{238}U也没有发生变化，只有小部分^{238}U转化为^{239}Pu，当然，乏燃料中还包含很多的裂变产物(包括裂变气体)和其他锕系元素。乏燃料中的^{235}U、^{238}U和^{239}Pu是重要的资源，如果能够回收再利用具有重大的现实意义。通过乏燃料后处理，可以分离、提取其中的^{235}U、^{238}U和^{239}Pu，同时，也可以分离、提取其他重要的核素。经过乏燃料后处理直接得到的、未经过分离和浓缩的^{235}U、^{238}U就称为回收铀，^{239}Pu则称为回收钚。

1) 回收铀利用的意义

铀资源是一种不可再生资源，提高铀资源的利用率十分必要。在当前核电和核燃料发展形势下，通过乏燃料后处理，回收其中的钚和铀，并实现循环利用是充分利用铀资源的有效途径。IAEA 评估结果指出，仅考虑 RU 利用，铀资源利用率至少可提高 15%，用于重水堆则可将铀资源利用率提高 26%。

压水堆是我国核电的主要堆型，也是未来一段时间核电发展的主要堆型，我国的回收铀和回收钚的量将会稳步增加，因此，回收铀和回收钚的再利用是一个现实问题，对我国核电的可持续发展以及“双碳”(碳达峰、碳中和)目标的实现具有重大的战略意义。

我国已经确定了核燃料的闭式循环发展战略，即经乏燃料后处理得到的回收钚通过 MOX 燃料在快堆中的利用从而实现再利用，而乏燃料后处理同时得到回收铀和回收钚，大量回收铀的再利用则未得到充分考虑，存在缺口。回收铀再利用正好填补了这个缺口，使核燃料循环成为真正的闭式循环，这是回收铀再利用的真正意义。

然而，RU 用于压水堆需要进行再浓缩。压水堆乏燃料的^{235}U富集度为0.8%～1.4%，必须经过铀再浓缩后才能满足压水堆核燃料^{235}U富集度的要求。因此，RU 燃料的放射性水平最高可达到 NU 燃料的 80 倍左右，导致燃料制造工艺复杂、经济性较差，比直接利用天然铀的成本高 3～4 倍，因此，国际上普遍不主张在压水堆上使用再浓缩的 RU 燃料。与压水堆相比，由于压水堆乏燃料的^{235}U富集度高于天然铀，重水堆利用 RU 不需要再浓缩，燃料的放射性水平较 NU 燃料仅仅高 2～3 倍，同时，现有的 CANDU 燃料生产线基本满足 RU 燃料生产的需要，RU 燃料成本比 NU 燃料低。由此可知，重水堆在利用 RU 燃料方面技术上可行、安全性高，且经济效益明显。

2) NUE 燃料的总体方案

秦山第三核电有限公司提出了先进燃料重水堆的路线图，即先开展等效天然铀(natural uranium equivalent, NUE)燃料利用的示范验证，在此基础上推广到全堆 NUE 燃料利用，然后渐进稳妥推进 RU 燃料的全堆直接利用，最后，过渡到钍燃料利用。简而言之，分为三步：第一步，NUE 利用；第二步，RU 直接利用；第三步，LEU/Th 利用。

本部分介绍了第一步，即 NUE 利用。10.2.1 节的“4)”部分介绍第二步，即 RU 直接利用。10.2.2 节介绍第三步，即 LEU/Th 利用。

重水堆利用压水堆乏燃料后处理后的 RU 有两种可行的方案：① RU 和贫铀(depleted uranium, DU)混合成与 NU 燃料中子物理学等效的燃料，简称等效天然铀燃料(natural uranium equivalent, NUE)；② 直接利用 RU，相当于 LEU 或 SEU。两者的区别在于，直接利用 RU 不需要进行 RU 和 DU 混合，^{235}U 富集度高于 NUE 燃料，因而卸料燃耗更高，但是，燃料的放射性水平比 NUE 燃料略高，需要新建 CANFLEX 燃料组件生产线，堆芯系统、燃料操作系统也需要进行适应性改造，因此，设计和取证的难度较大，工程投资很大。

在国外，韩国和加拿大早就开展了压水堆回收铀在重水堆上利用的研究工作。然而，两国的研究方向是在重水堆上直接利用回收铀，由于前述的原因，这一技术实现难度较大，因此，至今仍未实现应用。

结合我国重水堆与相关的工业基础，按照先易后难、循序渐进的原则，确定 RU 燃料利用采取两步走的策略。第一步，选择 NUE 燃料方案，以现有的 37 根元件燃料棒束为载体，开展相应的技术研发和示范验证，然后推广到全堆 NUE 燃料利用；第二步，在掌握 NUE 燃料技术并获得了实际运行经验的基础上，在具备相关条件的前提下，以先进高性能的 43 根元件 CANFLEX 燃料棒束为载体，实现 RU 燃料全堆直接利用。

NUE 燃料的总体方案的核心在于等效。NUE 燃料与 NU 燃料等效是一个中子物理学概念，而并不是说两种材料完全相同。研究表明，与 NU 燃料相比，在各种情形下 NUE 燃料在无限增殖系数(k_∞)、卸料燃耗、冷却剂空泡反应性以及燃料温度效应等中子学性能参数上吻合较好，可以认为是等效的，就好像直接利用 NU 燃料一样。因此，在反应堆运行过程中，反应堆堆芯的特性参数保持一致，对燃料棒束的技术要求不变，反应堆堆芯的安全水平不降低。否则，就会影响反应堆堆芯的特性参数，甚至影响反应堆的安全。

与 NU 燃料组件的生产线相比，NUE 燃料的生产线需要增加 RU 与 DU 的混合工序。如何确保 NUE 燃料与 NU 燃料在中子物理学方面等效的关键在于 RU 与 DU 的混合过程！

在 RU 与 DU 的混合过程中，制约 NUE 燃料与 NU 燃料是否等效主要有以下几个因素。

（1）RU 与 DU 原材料的成分。NUE 燃料生产中 RU 的原材料是乏燃料后处理的产物，DU 的原材料来自铀浓缩的尾料，其中^{235}U 的富集度低于天然铀的^{235}U 丰度 0.71%。不同的压水堆核电站核燃料的^{235}U 富集度可能存在差异，同一压水堆核电站不同的运行周期运行时间、功率水平可能不完全相同（影响燃耗），同一运行周期不同燃料组件的燃耗不完全相同，同一燃料组件不同位置（包括径向和轴向）的燃耗不同，回收铀中含有乏燃料后处理过程中残留其他核素的种类和含量可能不完全相同，回收铀储存的时间不完全相同（影响放射性核素衰变）等，如果这些数据不准确，就会影响 RU 与 DU 的配比，自然就直接影响 NUE 燃料与 NU 燃料是否等效。

（2）RU 与 DU 配比的计算方法。RU 与 DU 配比不是简单的^{235}U 数量的计算，而是两者中全部核素以燃料棒束的形式在反应堆中的中子输运计算，通过相关中子物理学参数的计算与比较以判断是否等效，是一个相当复杂的过程。简而言之，计算软件的开发或选择、反应堆结构与材料的处理、计算软件使用的技巧、计算的物理模型的建立、边界条件的确定等，都会影响到 RU 与 DU 配比的计算结果。

（3）RU 与 DU 的混合工艺。重水堆燃料生产厂家在现有重水堆燃料生产线的基础上，增加湿法混料设备，根据 RU 与 DU 配比计算的结果进行混料。由于采用湿法混料技术，显然要产生一定的低放射性废液，这是目前 RU 与 DU 混合工艺存在的不足，今后应进一步改进、优化。

3）秦山三期 NUE 燃料示范验证

秦山三期 NUE 燃料示范验证项目涉及 NUE 燃料棒束的设计、制造、堆内试验和辐照后检查等全流程以及国家核安全局的安全审评、监督。

2008 年，中国核工业集团公司秦山第三核电有限公司联合加拿大原子能有限公司、中国核动力研究设计院和中核北方核燃料元件有限公司等三家单位开展了轻水堆回收铀在重水堆上利用的技术研发项目，创新性地提出了等效天然铀的概念，攻克了重水堆“吃”回收铀的技术难题，并完成了入堆示范验证试验和辐照后水下检查，取得了阶段性成果。

2008 年完成项目可行性研究；2009 年完成燃料设计、燃料入堆示范性验证试验的方案论证等工作；2009 年 12 月 30 日，国家核安全局批准秦山三期关于等效天然铀燃料入堆示范验证的申请；2010 年初，一次性制造 26 根合格的 NUE 燃料棒束，其放射性水平约为 NU 燃料的 2.5 倍。

2010 年 3 月 22 日，12 根回收铀棒束正式装入秦山三期一号机组 CANDU 堆的堆芯，开始了随堆示范验证试验。NUE 燃料棒束装入两个燃料通道中，分别位于 2 个不同环路上的高功率区。2010 年 10 月 12 日，进行第 2 次 NUE 燃料装料，再装入 12 根 NUE 燃料棒束。试验期间，秦山三期一号机组进行了 3 次卸料、装料操作，部分 NUE 燃料经历了停堆和多次降功率操作。

2011 年 3 月 30 日，2 个通道的 NUE 燃料棒束全部卸出堆芯，转移到乏燃料水池冷却暂存。NUE 燃料棒束的卸料燃耗与 NU 燃料棒束相当，燃料破损监测指标（主要是裂变气体和缓发中子）跟踪监测数据表明未出现包壳破损的情况。

冷却一段时间后，对辐照后的 NUE 燃料进行水下检查。检查的主要项目包括乏燃料棒束的机械完整性，如变形、掉块、端板脱落、包壳和焊接裂缝、凹痕、过度腐蚀、包壳塌陷、环脊、异常沉积物或磨蚀等。检查结果显示，NUE 燃料在堆内辐照后机械完整性均保持良好，未发现辐照后的 NUE 燃料与 NU 燃料有任何不同。

由此可知，示范验证试验结果表明，现有的天然铀重水堆燃料生产线稍加改造即可满足 NUE 燃料的生产要求，NUE 燃料棒束放射性水平在可接受的范围内，NUE 燃料性能与 NU 燃料无明显区别，因此，验证了 NUE 燃料利用是可行的、经济的和安全的。

4）AFCR 概念设计方案[6]

根据先进燃料重水堆的路线图，第二步是 RU 燃料直接利用。在秦山三期 NUE 燃料示范验证项目取得成功的基础上，基于 RU 燃料直接利用的先进燃料 CANDU 堆（advanced fuel CANDU reactor，AFCR）已完成概念设计，本部分将简要介绍 AFCR 概念设计方案。

AFCR 由加拿大坎杜能源（Candu Energy）公司与中国核工业集团公司秦山第三核电有限公司、中核北方核燃料元件有限公司以及中国核动力研究设计院合作开发。AFCR 是目前唯一一种能够使用 RU 燃料和钍基燃料且能满足福岛事故后最高核安全要求的第三代反应堆设计。与 CANDU 6 相比，AFCR 最大的变化与特点是燃料及燃料组件，这也是 AFCR 的核心所在。

AFCR是从成熟的CANDU 6型反应堆发展而来的，AFCR也是一种重水慢化和重水冷却压力管式反应堆，电功率为740 MW。AFCR可以使用回收铀衍生物(derivatives of recycled uranium, DRU)燃料。回收铀衍生物燃料是三氧化二镝(Dy_2O_3)和回收铀的混合物，其中的^{235}U富集度略高于天然铀，可实现更高的卸料燃耗。AFCR也可以使用先进燃料——低浓铀/钍(LEU/Th)燃料，实现钍铀循环。

与使用NU燃料的CANDU堆相比，在AFCR中使用回收铀衍生物燃料可将核燃料循环前端成本降低约32%；与具有代表性的先进轻水堆设计相比，核燃料循环前端成本可降低约128%。而LEU/Th燃料的核燃料循环前端成本与回收铀衍生物燃料相当。由此可以看出，AFCR具有出众的资源利用能力，这对于铀资源量有限的国家尤其具有吸引力；对于拥有丰富钍资源的国家，采用AFCR能够大幅降低对进口铀的依赖性。

AFCR使用CANFLEX燃料棒束作为回收铀衍生物燃料和LEU/Th燃料的燃料载体。这种棒束由43根燃料元件棒组成(见10.1.1节)。

在回收铀衍生物燃料棒束中，三个外环中的42根燃料元件棒均由RU燃料制成，其中的^{235}U富集度略高于天然铀，而中心燃料元件棒是RU燃料与三氧化二镝的混合物。而在LEU/Th燃料棒束中，2个外环中的35根燃料元件棒均由LEU燃料制成，7根内环燃料元件棒和中心燃料元件棒均含有二氧化钍。

相对于由37根元件组成的NU-37燃料棒束，CANFLEX在燃料利用率、热工水力性能、燃料完整性和总体安全性方面均有显著提升。AFCR在使用回收铀衍生物燃料或LEU/Th燃料时，燃耗可分别达到10 GW·d/t(HM)[①]和20 GW·d/t(HM)，相对于NU燃料分别提高了约40%和180%，大大节约了天然铀的消耗量，同时，大大减少了乏燃料的产生量。由于燃料元件棒数量增加以及2个外环中的35根燃料元件棒的直径变小，燃料元件棒的线功率下降而临界热流密度增加，燃料元件棒之间的功率分布更加均匀，因此，燃料的温度下降、燃料元件包壳的热应力减小，增加了安全裕度。

AFCR堆芯的燃料通道布置和几何形状与CANDU 6的相同。与CANDU 6相比，AFCR燃料通道组件中的压力管的厚度增加(由4.19 mm增至5.43 mm)，可使反应堆实现60年的运行寿期。

① HM代表重金属燃料。

CANDU 6 采用八束移动换料方式，与 CANDU 6 相比，AFCR 对回收铀衍生物燃料和低浓铀/钍燃料分别采用双向四束移动和双向两束移动的换料方式。另外，对调节棒的布置也进行了调整。因此，AFCR 优化了轴向功率分布，降低了换料对功率分布的扰动，从而增加了设计安全裕量并简化了反应堆控制。

同时，AFCR 在其他方面也进行了多项改进和创新，安全性和经济性都得到了提升，在此不再一一赘述。

10.2.2　钍燃料利用技术

前面的有关章节已经先后介绍了钍燃料利用，比如 10.1.3 节的 AHWR 可以使用(Th，Pu)MOX 和(Th，^{233}U)MOX 燃料，10.2.1 节的 AFCR 可以使用先进燃料——低浓铀/钍(LEU/Th)燃料。本节对钍燃料利用技术[7-8]进行简单介绍。

1) 钍与^{233}U

1828 年，瑞典化学家伯齐利厄斯(Baron Jöns Jakob Berzelius)发现钍。钍是一种放射性金属元素，自然界的钍几乎全部为^{232}Th，是一种前景十分可观的能源材料。钍是银白色金属，暴露在大气中迅速变为灰色。质地柔软，强度与铅相似，可锻造。熔点为 1 842 ℃，沸点为 4 788 ℃，密度为 11.7 g/cm^3。在 1 400 ℃以下原子排列成面心立方晶体；在 1 400 ℃以上，便成为体心立方晶体。钍的化学性质较活泼，与锆、铪相似，钍在自然界中只有四价一种价态。除惰性气体外，钍能与几乎所有的非金属元素作用，生成二元化合物；加热时迅速氧化并发出耀眼的光。钍属于亲氧元素(也称为亲石元素)，易与氧结合，形成氧化物和各种含氧盐类钍的氧化物，与其他稀土元素的氧化物一样，很难还原。钍具有高毒性。

钍在地壳中分布广泛，含量是铀的 3～4 倍。在自然界中，钍的独立矿物主要是钍石($ThSiO_4$)和方钍石(ThO_2)。在其他几种矿物中也含有钍，主要是独居石、钛铀矿、铀钍石、铀方钍石、方铈石、含钍沥青铀矿等。独居石是一种含有铈和镧的磷酸盐矿物，是一种稀土矿物，中文学名“磷铈镧矿”，含钍 5%～12%(最高可达 28%)，是主要的含钍矿物。另外，钍与铀或稀土元素共生。

世界钍资源非常丰富，有的国家的钍资源蕴藏量甚至超过了煤炭资源的蕴藏量。据统计，全世界的钍资源量达到 500 万吨，可经济开采的储量大约为 150 万吨，其中澳大利亚和印度的钍储量最多，如表 10-4 所示。

表 10-4 各国钍资源储量(可经济开采)

国家(地区)	储量/t
澳大利亚	300 000
印　度	290 000
挪　威	170 000
美　国	160 000
加拿大	100 000
南　非	35 000
巴　西	16 000
其他国家(地区)	95 000
总　计	1 166 000

早期,钍及其氧化物主要用于白炽灯罩的制造,在煤气灯的灯罩涂一层氧化钍,可使光线更加明亮且稳定。电灯发明后,钍又用于灯泡灯丝的制作,在钨中添加1%的钍,使灯丝的制造更加容易,且可防止灯丝脆化和开裂。后来,随着科学技术的发展,又广泛应用于光学、无线电、航空、航天、冶金、化工、材料等领域,但长期没有得到充分的利用。由于市场对钍的需求量小而使钍的生产受到影响,一些国家在多年稀土生产或其他矿产品开发中一直将钍作为废料和矿渣弃掉,不仅浪费了资源,且因钍具有放射性而污染了环境。

^{232}Th的半衰期很长,为1.4×10^{10}年,超过^{235}U(7.0×10^{8}年)和^{238}U(4.5×10^{9}年)的半衰期,甚至比地球的年龄还长。钍虽然不是易裂变核素,却是可裂变核素,吸收1个中子后可转换为^{233}U,而^{233}U是易裂变核素,与^{238}U转换为^{239}Pu类似。

^{232}Th转换为^{233}U的核反应过程如下:^{232}Th吸收1个中子发生俘获吸收(n,γ)反应,得到^{233}Th。^{233}Th是放射性核素,半衰期为22.3 min,快速发生β衰变,得到^{233}Pa。^{233}Pa也是放射性核素,半衰期为27 d,发生β衰变,得到^{233}U。^{233}U也是放射性核素,不过半衰期比较长,为159 200 a,发生α衰变,

得到^{229}Th。上述过程未考虑相关核素发生其他核反应。

$$
{}^{232}_{90}\mathrm{Th} \xrightarrow{(n,\gamma)} {}^{233}_{90}\mathrm{Th} \xrightarrow[T_{1/2}=22.3\ \mathrm{min}]{\beta} {}^{233}_{91}\mathrm{Pa} \xrightarrow[T_{1/2}=27\ \mathrm{d}]{\beta}
$$

$$
\longrightarrow {}^{233}_{92}\mathrm{U} \xrightarrow[T_{1/2}=159\ 200\ \mathrm{a}]{\alpha} {}^{229}_{90}\mathrm{Th} \tag{10-1}
$$

表 10－5 给出了热中子和快中子与^{233}U、^{235}U 和^{239}Pu 作用的相关参数。从表 10－5 可以看出，^{233}U 的 $\sigma_\gamma=45$ b，$\sigma_f=531$ b，则总热中子吸收截面 $\sigma_a=576$ b。裂变截面比^{235}U、^{239}Pu 略小。而与^{235}U 和^{239}Pu 相比，无论对热中子还是快中子能谱，俘获吸收截面(σ_γ)与裂变截面(σ_f)的比值，即俘获裂变比(α)都是最小的，因此，中子被^{233}U 吸收后引起裂变的概率是最大的，也就是中子的利用效率是最高的。核燃料每次热中子裂变释放 2～3 个中子(包括瞬发中子和缓发中子)，而核燃料每次热中子裂变释放的平均中子数(ν)是一个统计数据，对于^{233}U，$\nu=2.492$，比^{235}U 的大，比^{239}Pu 的小。综合以上两个因素，引入一个新的参数，有效裂变中子数(η)，它是核燃料吸收 1 个中子释放的平均中子数，即 $\eta=\dfrac{\sigma_f}{\sigma_f+\sigma_\gamma}\nu=\dfrac{1}{1+\alpha}\nu$。$\eta$ 是四因子公式 ($k_\infty=\varepsilon pf\eta$，其中，$\varepsilon$ 是快中子增殖系数，p 是逃脱共振吸收概率，f 是热中子利用系数)中的一个重要参数，对于反应堆临界至关重要。在较宽的中子能谱范围内，对于^{233}U，$\eta=2.287$，比^{235}U 和^{239}Pu 的都大，也就是说，^{233}U 更容易实现自持链式反应，也更容易实现增殖，具有十分重大的战略意义，这也就不难理解为什么全世界都高度关注钍基燃料的研发。

表 10－5　热中子和快中子与^{233}U、^{235}U 和^{239}Pu 作用的相关参数比较

核　素	σ_f/(10^{-28} m^2)	σ_γ/(10^{-28} m^2)	$\alpha=\sigma_\gamma/\sigma_f$	裂变概率/%	ν	η
热中子(0.025 eV)裂变						
^{233}U	531	45	0.085	92.2	2.492	2.287
^{235}U	585	99	0.169	85.5	2.418	2.088
^{239}Pu	747	273	0.365	73.3	2.871	2.108

(续表)

核　素	σ_f/ (10^{-28} m^2)	σ_γ/ (10^{-28} m^2)	$\alpha=\sigma_\gamma/\sigma_f$	裂变概率/%	ν	η
快中子(2 MeV)裂变						
^{233}U	2.152	0.199	0.092	91.5	—	—
^{235}U	1.351	0.293	0.217	82.2	—	—
^{239}Pu	1.473	0.186	0.126	88.8	—	—

当然,钍基燃料并非十全十美。在钍基燃料的应用中,还必须关注一个很重要的核素,即^{232}U。先分析^{232}U的来源及其规律,然后,再介绍它的特性和影响。

^{232}Th和天然铀中的^{230}Th经过一系列核反应,包括(n,2n)、(n,γ)反应以及α衰变、β衰变,可以生成^{232}U。主要有以下4个反应链:

$$^{232}_{90}\mathrm{Th}\xrightarrow{(n,2n)}{}^{231}_{90}\mathrm{Th}\xrightarrow[T_{1/2}=25.5\ \mathrm{h}]{\beta}{}^{231}_{91}\mathrm{Pa}\xrightarrow{(n,\gamma)}{}^{232}_{91}\mathrm{Pa}\xrightarrow[T_{1/2}=1.3\ \mathrm{d}]{\beta}{}^{232}_{92}\mathrm{U} \tag{10-2}$$

$$^{232}_{90}\mathrm{Th}\xrightarrow{(n,\gamma)}{}^{233}_{90}\mathrm{Th}\xrightarrow[T_{1/2}=22.3\ \mathrm{min}]{\beta}{}^{233}_{91}\mathrm{Pa}\xrightarrow[T_{1/2}=27\ \mathrm{d}]{\beta}{}^{233}_{92}\mathrm{U}\xrightarrow{(n,2n)}{}^{232}_{92}\mathrm{U} \tag{10-3}$$

$$^{232}_{90}\mathrm{Th}\xrightarrow{(n,\gamma)}{}^{233}_{90}\mathrm{Th}\xrightarrow[T_{1/2}=22.3\ \mathrm{min}]{\beta}{}^{233}_{91}\mathrm{Pa}\xrightarrow{(n,2n)}{}^{232}_{91}\mathrm{Pa}\xrightarrow[T_{1/2}=1.3\ \mathrm{d}]{\beta}{}^{232}_{92}\mathrm{U} \tag{10-4}$$

$$^{230}_{90}\mathrm{Th}\xrightarrow{(n,\gamma)}{}^{231}_{90}\mathrm{Th}\xrightarrow[T_{1/2}=25.5\mathrm{h}]{\beta}{}^{231}_{91}\mathrm{Pa}\xrightarrow{(n,\gamma)}{}^{232}_{91}\mathrm{Pa}\xrightarrow[T_{1/2}=1.3\mathrm{d}]{\beta}{}^{232}_{92}\mathrm{U} \tag{10-5}$$

比较式(10-2)和式(10-5)反应链,区别仅仅在于生成^{231}Th的核反应不同,后续的过程则完全相同。

天然钍中有少量^{230}Th。^{230}Th由天然铀中含量为0.005 4%的^{234}U(半衰期为2.44×10^5 a)的α衰变产生。衰变平衡计算得到天然铀中含有约17 ppm的^{230}Th,矿石中的钍/铀比决定了^{230}Th在钍中的含量。部分含铀量高的钍矿石中,^{230}Th的含量可达70 ppm,因此,^{232}U也可通过式(10－5)反应链生成。

从式(10－2)至式(10－5)的反应链也可以看出,每个反应链都有(n,2n)或(n,γ)反应,也就是说,^{232}U的生成都是在反应堆运行期间进行的,如果反应堆停闭或者钍基燃料从堆芯卸出,则反应停止,^{232}U核素的数量增加失去了源头,相反,由于其自身的衰变将导致数量不断减少。研究表明,热中子反应堆中由钍产生的^{232}U受到钍燃料所处区域的中子注量率大小、中子能谱和燃耗深度的影响。中子注量率越大、能谱越硬,产生的铀中^{232}U量越大,其中^{232}U主要由^{232}Th的(n,2n)反应生成;在中子注量率不变、能谱较软的情况下,^{232}U通过^{230}Th吸收中子反应生成的比例增加。热堆中利用钍作为燃料,在中子慢化程度高的区域烧钍,能减少^{232}U的生成量;在确保钍铀转换率的同时,低燃耗深度也能降低^{232}U的生成量。

^{232}U的总热中子吸收截面$\sigma_a=151.7$ b,其中$\sigma_\gamma=74.9$ b,$\sigma_f=76.8$ b。^{232}U通过(n,γ)反应得到^{233}U,因此,^{232}U也是可裂变核素。不过,这不是最重要的,它的重要影响在于其衰变的子代产物释放出的高能γ射线。^{232}U的衰变链如下:

$$
\begin{aligned}
&{}^{232}_{92}\mathrm{U}\xrightarrow[T_{1/2}=68.9\ \mathrm{a}]{\alpha}{}^{228}_{90}\mathrm{Th}\xrightarrow[T_{1/2}=1.9\ \mathrm{a}]{\alpha}{}^{224}_{88}\mathrm{Ra}\xrightarrow[T_{1/2}=3.7\ \mathrm{d}]{\alpha}\\
&\longrightarrow{}^{220}_{86}\mathrm{Rn}\xrightarrow[T_{1/2}=55.6\ \mathrm{s}]{\alpha}{}^{216}_{84}\mathrm{Po}\xrightarrow[T_{1/2}=0.15\ \mathrm{s}]{\alpha}{}^{212}_{82}\mathrm{Pb}\xrightarrow[T_{1/2}=10.6\ \mathrm{h}]{\beta}\\
&\longrightarrow{}^{212}_{83}\mathrm{Bi}\xrightarrow[T_{1/2}=60.6\ \mathrm{min}]{(35.94\%)}{}^{208}_{81}\mathrm{Tl}\xrightarrow[T_{1/2}=3.1\ \mathrm{min}]{\beta}{}^{208}_{82}\mathrm{Pb}
\end{aligned}
\tag{10-6}
$$

从式(10－6)可以看出,^{232}U经过8步衰变,最终变成稳定核素^{208}Pb。^{232}U的半衰期是最长的,为68.9 a,其他每一步的半衰期都不长,最短的只有0.15 s,因此,这个过程是比较快的,而且相对比较稳定。更重要的是,^{208}Tl在发生β衰变时同时释放γ射线,能量高达2.6 MeV。这就带来一个重大的问题,在钍基燃料从堆芯卸出以后,式(10－6)衰变链在较长的时间内存在,也就意味着一直在不断地释放出高能γ射线,活度浓度可高达22 Ci/g,而^{233}U只有约0.009 8 Ci/g,^{235}U和^{238}U更低,几乎可以忽略。由此可知,如果对钍基燃料的乏燃料经后处理得到的^{233}U进行燃料加工和燃料组件制造，由于含有^{232}U，则高强度、高能γ射线的屏蔽是一个突出的问题。

2）钍燃料循环技术的发展历程[9-10]

在钍发现后相当长的时间，钍主要作为非能源原料使用，需求的量很小，没有得到充分的利用。直到1939年，格兰特发现了钍核裂变。在这之后，钍在核能中的应用才引起广泛的关注。

然而，在1945—1950年，以美国、苏联为代表的世界大国竞相大规模发展、制造核武器，由于铀燃料核反应堆不仅可以发电，而且其乏燃料同时可以用于制造核武器，兼有军事用途，所以受到重视和发展，而钍燃料核反应堆由于乏燃料不能用于制造核武器始终未得到广泛采用。

其实，钍基核燃料的研究与铀基核燃料的一样，也始于美国"曼哈顿"计划。20世纪40年代末，美国开始研发核动力技术，轻水堆是美国海军为潜艇研发的核动力装置，熔盐堆主要是美国空军为轰炸机寻求航空核动力。早期熔盐堆概念为液态燃料熔盐堆，燃料可以为^{233}U、^{235}U、^{239}Pu以及其他超铀元素的氟化物盐，这些氟化物燃料盐直接溶解于冷却剂熔盐中，其中液态氟化盐既用作冷却剂，也作为核燃料的载体。1954年，美国橡树岭国家实验室(ORNL)建成第一个熔盐堆实验装置(aircraft reactor experiment, ARE)，功率为2.5 MW，燃料为NaF-ZrF4-UF4混合物。由于战略弹道导弹的迅速发展与列装，使核动力轰炸机的研发失去了军事应用价值，因此熔盐堆的研发于20世纪60年代转向民用。1965年，橡树岭国家实验室建成热功率为8 MW的液态燃料熔盐实验堆(MSRE)，MSRE满功率运行了将近5年。MSRE进行了大量的反应堆实验，表明熔盐堆具有非常独特而优异的民用动力堆性能，可以用铀基核燃料，更适合于钍基核燃料，理论上可以实现完全的钍铀燃料闭式循环。20世纪70年代，橡树岭国家实验室完成了热功率为2 250 MW的增殖熔盐堆(molten salt breeder reactor, MSBR)的设计，然而受冷战的影响，当时发展核武器的重要性远远大于发展民用核能，美国政府选择了研发适合生产武器用钚、具有军民两用前景的钠冷快堆，而放弃了更适合钍铀燃料循环、侧重于民用的熔盐堆。

尽管钍燃料核反应堆技术受到多年的冷落，但由于钍的自然资源很丰富加上钍的链式反应中^{233}U的裂变特性极佳，一些科学家仍坚持对钍燃料核反应堆技术进行研究。

从20世纪60年代开始，国际上就开始对钍燃料循环进行研究开发。有关国家在实验堆中进行了将钍燃料辐照至高燃耗的研究，并且有几座实验堆装载了钍基燃料。有关钍燃料的重要实验研究有德国的 AVR 实验堆和 THTR 堆、英国的 Dragon 堆、美国桃花谷高温石墨慢化氦冷堆核电机组和圣福仑堡核电机组、美国希平港的压水堆核电机组，其中高温气冷堆的燃料都是钍与高浓铀混合，燃料燃耗高达 150～170 MW・d/kg(HM)。1976—1989 年运行的圣福仑堡机组是美国唯一一座使用钍基燃料的商用机组。在钍燃料循环研究方面，值得一提的是印度。1970 年分离出了首批 ^{233}U 后，印度便建立了世界上第一座使用钍的反应堆（格格拉帕尔 1 号机组），该机组使用钍基燃料实现了约 300 天的满功率运行，还计划在盖加 1、2 号机组和拉贾斯坦 3、4 号机组中使用钍基燃料，并在 2 座研究堆（Purnima－Ⅱ、Purnima－Ⅲ）和 1 座微型堆（Kamini）中装载了燃料，这在世界上是独一无二的。

20 世纪 80 年代末 90 年代初，美国又研究出一种用大份额钍做核反应堆堆芯的较简单方法——radkowsky thorium fuel（RTF），作为先进轻水堆堆芯设计。RTF 堆芯由种子-再生单元（SBU）组成。燃料装配在数量和体积上与一般的轻水堆相当。SBU 由两个独立的部分构成：① 再生层，是 SBU 的外面部分，主要由钍的氧化物组成，^{233}U 在此生成并消耗。② 种子层，是 SBU 的中心部分，主要由浓缩铀的氧化物组成，通常 ^{235}U 的富集度小于 20％。

随着冷战结束，曾经的钍燃料核反应堆不能用于制造核武器的主要缺点，现在却成了有效防止核扩散的显著优点，钍燃料核反应堆技术重新得到了人们的青睐。特别是进入 21 世纪以来，第四代核能系统国际论坛（GIF）提出了 6 种最有希望的第四代候选堆型：钠冷快堆、铅冷快堆、气冷快堆、超高温气冷堆、超临界水冷堆和熔盐堆，各国在各种四代堆型以及现有堆型钍燃料循环技术方面的研发如火如荼，包括加拿大的 CANDU 堆、ACR－1000，以及印度的 AHWR。

在 20 世纪 70 年代，我国也开始了钍燃料核反应堆技术研究。我国科研人员选择钍基熔盐堆作为发展民用核能的起步点，于 1971 年建成了零功率冷态熔盐堆并达到临界，通过开展各类临界实验，验证了熔盐反应堆的理论计算，取得了一系列实验结果。限于当时的科技水平、工业能力和经济实力，我国“728 工程”转向了轻水反应堆的研发并最终建成秦山一期核电厂。

2011 年初，中国科学院上海应用物理研究所的“未来先进核裂变能——钍基熔盐堆核能系统（TMSR）”作为首批中国科学院战略性科技先导专项（A 类）启动实施，计划用 20 年左右的时间，开展以钍基熔盐堆为核心的新型低碳复合能源系统相关技术研发、实验验证与工程示范，最终实现核燃料多元化，确保我国核电长期发展和促进节能减排。2018 年，2 MW 液态燃料钍基熔盐实验堆在甘肃省武威市开始建造，2023 年 6 月 8 日，国家核安全局颁发运行许可证。

3）CANDU 堆钍燃料循环技术[11]

在钍燃料循环技术的发展历程中，重水堆有重要的作用。10.1.3 节介绍了印度 AHWR 的钍铀循环和钍钚循环，本部分重点介绍加拿大 CANDU 堆的钍燃料循环技术。

CANDU 堆利用钍与^{233}U 有两种方式。第一种是一次通过式（once-through type，OTT），第二种是回收乏燃料中的^{233}U 并制成新燃料。前者技术相对简单，容易实现，可以看作连接当今以铀为基础的燃料循环和将来的钍燃料循环之间的桥梁。后者要进行乏燃料后处理，目前还不成熟，回收成本比较高。

OTT 循环在 CANDU 堆中有两种实现途径。一种为“混合堆芯”方案，大部分燃料通道装“驱动燃料”（drive fuel），而在小部分通道内装 ThO_2 燃料。但是，此方案的燃料管理比较复杂，ThO_2 燃料棒束要多次装料、卸料。另一种为“混合棒束”方案，例如在 CANFLEX 棒束中，将受过辐照的 8 个钍元件重新装入新的混合棒束的中间，而新的混合棒束的外两圈仍然是新的 SEU 燃料，不需要进行后处理，不涉及对燃料芯块的操作，不改变燃料元件。虽然不涉及燃料芯块的操作，但是要进行燃料棒束的重新组装，因为辐照后的钍元件有强放射性，因此，操作需要进行屏蔽和远距离操作，难度大、成本高。

下面介绍 OTT 循环“混合堆芯”方案的两种可能的技术路线。

(1) 以天然铀作为驱动燃料。由于采用天然铀做燃料并不停堆换料，CANDU 堆的后备反应性很小，$\rho_{ex}\approx0.08$（比压水堆的小很多，$\rho_{ex}\approx0.3$），而且又装入了一定量的 ThO_2 燃料，进一步减少了天然铀的量，从而后备反应性也进一步减小，因此，必须缩短换料间隔。当然，随着^{232}Th 转换为^{233}U 的量增加，换料间隔加长。采用此技术路线的钍铀循环分两个阶段进行。

第一阶段，每 25 个燃料通道中的一个燃料通道的天然铀燃料用钍取代。在运行期间，天然铀通道不断换料，而随着钍燃料通道的^{233}U 的积累，换料间隔稍微加长。到了一定时间，要把钍燃料通道中的钍燃料棒束卸出堆芯暂存 100 天左右，使得^{233}Pa 衰变为^{233}U，同时减少^{233}Pa 因吸收中子而损失，该钍燃料棒束在下一次换料时再装入钍燃料通道。在卸出钍燃料棒束的钍燃料通道装入新的钍燃料棒束，进行新一轮^{233}U 增殖。研究表明，满功率运行 1 145 天以后，^{233}U 的含量与天然铀燃料棒束的换料频率基本达到平衡。此时，将钍燃料棒束卸出堆芯，在乏燃料水池中暂存，当辐照后的钍燃料棒束积累到一定数量，即转入第二阶段。

第二阶段，每 9 个燃料通道中的一个燃料通道的天然铀燃料用钍取代。其中的一个燃料通道装载的是第一阶段得到的辐照后的钍燃料棒束，含有一定的^{233}U，具有一定的正反应性，因此，与第一阶段相比，钍燃料棒束的钍燃料通道数量比例可以较大地增加。研究表明，满功率运行 1 793 天以后，^{233}U 的含量与天然铀燃料棒束的换料频率基本达到平衡。

堆芯钍装量由两个因素决定：钍所能达到的燃耗和换料能力。用天然铀做驱动燃料时，CANDU 堆芯可以接受的最大钍装量是每 25 个通道内有 4～5 个钍燃料通道，即 16%～20%。

(2) 以 DUPIC 燃料作为驱动燃料。DUPIC 是 Direct Use of PWR spent fuel In CANDU 的缩写，即 CANDU 直接使用压水堆乏燃料。

由于压水堆乏燃料含有更高的易裂变材料，^{235}U 富集度为 0.8%～1.4%，高于天然铀的^{235}U 丰度(0.71%)，因此，堆芯的钍装量可以更多，甚至达到 48%。由此可见，DUPIC 燃料作为驱动燃料要优于天然铀。然而也应该看到，DUPIC 燃料的应用存在一些不利因素。将压水堆乏燃料组件经过解体、重新加工 CANDU 燃料元件并组装成燃料棒束等过程，都涉及强放射性操作，必须进行屏蔽，并采取远距离操作方式，难度大、成本高。

研究表明，与天然铀做驱动燃料相似，对于没有后处理操作的 OTT 钍循环，随着 DUPIC 燃料的换料，钍的能量贡献增加，但是受其燃耗能力的限制。另外，为了使钍的能量贡献最大化，就要利用钍乏燃料后处理的^{233}U。

4) 钍燃料循环的优缺点[12-13]

钍及钍燃料循环主要有以下的优点。

(1) 在动力堆的中子能谱下，^{233}U 的有效裂变中子数 $\eta=2.287$，比^{235}U 和^{239}Pu 的都要高，因此，钍铀循环更容易实现增殖。

(2) 钍和氧化钍稳定、耐高温、导热性好、产生的裂变气体较少，使得钍基燃料反应堆允许更高的运行温度和更深的燃耗。

(3) 在钍燃料循环中，钍基燃料中积累的裂变产物毒性低于铀基燃料，而且产生的长寿命锕系元素的量少很多，尤其是与铀钚循环相比，这就大大减轻了乏燃料长寿命核素处理处置的压力。

(4) 即使在温度较高的情况下，与其他两种易裂变材料^{235}U和^{239}Pu相比，^{233}U对大部分中子能区仍有较好的中子性能。

(5) 与(U,Pu)MOX循环工艺相比，钍钚循环优势明显，它的钚消耗速度是(U,Pu)MOX燃料的3倍，但花费只是后者的1/3～1/2。

(6) 钍基燃料具有很强的防扩散能力，铀-233的伴生同位素铀-232的衰变链会产生短寿命强γ辐射，这种固有的放射性障碍增加了化学分离的难度和成本，且易被监测。

不可否认，钍燃料循环有很多优点，但是，它的缺点也是很显而易见的，主要有以下几点。

(1) 钍基反应堆需要将^{233}U做成类似MOX的燃料，这意味着后处理工作将成为整个钍燃料循环的一个部分，这项工作技术难度较大。

(2) 由于不存在天然的^{233}U，钍基反应堆需要驱动燃料来达到临界。驱动燃料可以是^{235}U、^{239}Pu以及钍产生的^{233}U。当反应堆已经处于次临界时，也可以借助于外中子源，如加速器产生的中子源。

(3) ^{233}Pa的半衰期是27天，这个时间对反应堆来说过长，在反应堆停堆很长一段时间后由于^{233}U的生成而导致反应堆的剩余反应性增加，这一点必须在反应堆的设计和安全性能上加以考虑。

(4) 由于与^{233}U伴生的^{232}U的子代产物中存在硬γ射线(2～2.6 MeV)，这就使^{233}U燃料生产必须在γ射线屏蔽下进行，因此燃料生产成本较高。

(5) 新分离出来的钍和已在平衡消耗的钍的毒性比铀的更大，这是因为在钍不同同位素的衰变链上，有过多的β射线和γ射线。

(6) 由于钍基燃料可以达到更深的燃耗，现有成熟的、广泛应用的燃料元件包壳材料(如锆合金)不再满足要求，需要研发新的燃料元件包壳材料。

(7) 钍本身难以重复利用，因为它会被高放射性^{228}Th所污染。

参考文献

[1] IAEA. Heavy water reactor: status and projected development[R]. Vienna: IAEA, 2002.

[2] Torgerson D F, Shalaby B A, Pang S. CANDU technology for generation III+ and IV reactors[J]. Nuclear Engineering and Design, 2006, 236: 1565-1572.

[3] 张炎. 准备投放市场的ACR-1000[J]. 国外核新闻，2007(11): 17-19.

[4] 杨平，曹良志，吴宏春，等. 基于三维物理热工耦合的CANDU-SCWR堆芯设计计算[C]//第十三届反应堆数值计算与粒子输运学术会议暨2010年反应堆物理会议，

西安：2010.
[5] 张炎. 先进重水堆的设计与开发—印度革新型钍燃料核反应堆[J]. 国外核动力，2008,3：18 - 35.
[6] 张焰，伍浩松. 先进燃料循环坎杜堆：超越天然铀燃料循环[J]. 国外核新闻，2014(12)：7 - 12.
[7] 张书成，刘平，仉宝聚. 钍资源及其利用[J]. 世界核地质科学，2005,22(2)：98 - 103.
[8] 易维竞，魏仁杰. 钍燃料循环的现状和发展[J]. 核科学与工程，2003,23(4)：353 - 356.
[9] 郭志锋. 钍基燃料循环的发展与展望[J]. 国外核新闻，2008(1)：22 - 24.
[10] 班钊. CANDU 6 型重水堆钍-铀循环的技术经济性分析[J]. 科技视界，2021,12：139 - 141.
[11] Dukert J M. Thorium and the third fuel[R]. Oak Ridge：U. S. Atomic Energy Commission，1970.
[12] IAEA. World thorium occurrences，deposits and resources[R]. Vienna：IAEA，2019.
[13] 徐洪杰. 钍-铀核燃料的研究[C]. 第 44 期双清论坛“核能发展中的关键科学问题”学术研讨会，北京，2010 - 01 - 14.

附录 1

重水研究堆一览表

序号	反应堆名称	所在国家/地区	所在城市	热功率/kW	热中子注量率/($cm^{-2} \cdot s^{-1}$)	燃　料	冷却剂	慢化剂	反射层	实验设施	当前状态	首次临界时间/(年/月/日)
1	CP-3	美国	莱蒙特	300	3.0×10^{12}	天然金属铀	重水	重水	重水+石墨	—	已退役	1944/5/1
2	ZEEP	加拿大	乔克河	0.001	—	天然金属铀	重水	重水	石墨	—	已退役	1945/9/1
3	NRX	加拿大	乔克河	42 000	1.4×10^{14}	天然金属铀	轻水	重水	石墨	8个水平孔道，24个竖直孔道，7个堆内辐照孔道，90个反射层辐照孔道	永久停闭	1947/7/22
4	ZOE (EL-1)	法国	丰特奈玫瑰县	150	—	天然铀二氧化铀	重水	重水	石墨	—	已退役	1948/12/15
5	TVR	苏联	莫斯科	2 500	4.0×10^{13}	天然金属铀，80%	重水	重水	重水+石墨	9个水平孔道，55个垂直孔道	退役中	1949/1/1
6	JEEP I	挪威	居勒	450	2.0×10^{12}	天然金属铀	重水	重水	石墨	—	已退役	1951/6/1

（续表）

序号	反应堆名称	所在国家/地区	所在城市	热功率/kW	热中子注量率/($cm^{-2}\cdot s^{-1}$)	燃　料	冷却剂	慢化剂	反射层	实验设施	当前状态	首次临界时间/(年/月/日)
7	P-2	法国	—	1 500	5.0×10^{12}	天然金属铀	二氧化碳	重水	石墨	—	—	1952/10/27
8	PDP	美国	艾肯	0.5	1.0×10^{8}	—	重水	重水	重水	—	已退役	1953/10/1
9	CP-5	美国	莱蒙特	5 000	6.0×10^{13}	高浓铀 U/Al 合金	重水	重水	重水+石墨	—	已退役	1954/2/1
10	R-1	瑞典	斯德哥尔摩	600	1.0×10^{12}	天然金属铀	重水	重水	石墨	—	已退役	1954/7/13
11	Aquilon	法国	伊维特河畔吉夫县	0.1	1.0×10^{7}	天然铀	—	重水	石墨+重水	—	已退役	1956/8/11
12	DIDO	英国	哈威尔	26 000	2.3×10^{14}	高浓铀，U/Al 合金	重水	重水	石墨+重水	4 个水平孔道，59 个竖直孔道，33 个反射层辐照孔道，2 个辐照实验回路	退役中	1956/11/7
13	EL-3	法国	萨克雷	18 000	1.0×10^{14}	低浓铀 UO_2	重水	重水	石墨+重水	—	已退役	1957/1/1
14	NRU	加拿大	乔克河	135 000	4.0×10^{14}	天然金属铀/低浓铀	重水	重水	重水+轻水	6 个水平孔道，12 个竖直孔道，2 个堆内辐照孔道，4 个辐照实验回路	永久停闭	1957/11/3

（续表）

序号	反应堆名称	所在国家/地区	所在城市	热功率/kW	热中子注量率/($cm^{-2} \cdot s^{-1}$)	燃　料	冷却剂	慢化剂	反射层	实 验 设 施	当前状态	首次临界时间/(年/月/日)
15	HIFAR	澳大利亚	悉尼	10 000	1.4×10^{14}	高浓铀 U/Al 合金	重水	重水	石墨+重水	30 个水平孔道，28 个竖直孔道，25 个堆内辐照孔道，49 个反射层辐照孔道	永久停闭	1958/1/26
16	RB	塞尔维亚	贝尔格莱德	0	1.0×10^{7}	—	重水	重水	重水	1 个水平孔道，4 个竖直孔道，1 个堆内辐照孔道，1 个反射层辐照孔道	暂时停闭	1958/4/29
17	Dounreay MTR	英国	瑟索	22 500	2.0×10^{14}	高浓铀 U/Al 合金	重水	重水	石墨+重水	4 个水平孔道，17 个竖直孔道，26 个堆内辐照孔道	已退役	1958/5/1
18	HWRR	中国	北京	15 000	2.4×10^{14}	低浓金属铀/UO_2	重水	重水	石墨+重水	7 个水平孔道，33 个竖直孔道，5 个反射层辐照孔道，1 个辐照实验回路	退役中	1958/6/13
19	PLATR	美国	波基普西市	0.1	—	天然铀	重水	重水	石墨	4 个水平孔道	已退役	1958/11/1
20	ISPRA-1	意大利	伊斯普拉	5 000	1.0×10^{14}	高浓铀 U/Al 合金	重水	重水	石墨	—	永久停闭	1959/3/24

(续表)

序号	反应堆名称	所在国家/地区	所在城市	热功率/kW	热中子注量率/($cm^{-2}\cdot s^{-1}$)	燃料	冷却剂	慢化剂	反射层	实验设施	当前状态	首次临界时间/(年/月/日)
21	HBWR	挪威	哈尔登	20 000	1.5×10^{14}	低浓铀,UO_2	重水	重水	重水	300 个竖直孔道,40 个堆内辐照孔道,5 个反射层辐照孔道,10 个辐照实验回路	永久停闭	1959/6/29
22	R0	瑞典	斯德哥尔摩	0.05	—	天然铀	—	重水	重水	—	—	1959/9
23	RA	塞尔维亚	文卡	6 500	1.0×10^{14}	低浓铀,金属铀	重水	重水	石墨+重水	6 个水平孔道,45 个竖直孔道,1 个辐照实验回路	已退役	1959/12/28
24	PRTR	美国	里奇兰	85 000	—	Pu/Al 合金+天然铀或贫铀 UO_2	轻水+硼酸	重水	—	—	已退役	1960/1/1
25	DR-3	丹麦	罗斯基勒	10 000	1.4×10^{14}	高浓铀 U/Al 合金	重水	重水	石墨+重水	4 个水平孔道,14 个竖直孔道,25 个堆内辐照孔道,6 个反射层辐照孔道	退役中	1960/1/16
26	CIRUS	印度	孟买	40 000	6.7×10^{13}	天然金属铀	轻水	重水	石墨	31 个水平孔道,10 个竖直孔道,5 个堆内辐照孔道,68 个反射层辐照孔道,1 个辐照实验回路	永久停闭	1960/7/10

（续表）

序号	反应堆名称	所在国家/地区	所在城市	热功率/kW	热中子注量率/($cm^{-2} \cdot s^{-1}$)	燃　料	冷却剂	慢化剂	反射层	实 验 设 施	当前状态	首次临界时间/(年/月/日)
27	DIORIT	瑞士	苏黎世	30 000	4.0×10^{13}	天然金属铀	重水	重水	石墨	—	退役中	1960/10/10
28	AHCF	日本	东海村	0.01	1.0×10^{9}	天然铀	重水	重水	—	—	已退役	1961/1/1
29	JRR-3	日本	东海村	10 000	3.0×10^{13}	天然金属铀	重水	重水	重水+石墨	8 个水平孔道，5 个竖直孔道	已退役	1962/1/1
30	DAPHNE	英国	迪科特	0.1	1.3×10^{5}	天然铀	—	重水	—	—	已退役	1962/1/1
31	LTR	美国	艾肯	0.5	1.0×10^{8}	天然铀	重水	重水	—	—	已退役	1967/1/27
32	HWCTR	美国	艾肯	61 000	1.0×10^{14}	高浓铀 U/Zr 合金	重水	重水	重水	—	已退役	1962/3/1
33	FRJ-2 (DIDO)	德国	于利希	23 000	2.5×10^{14}	高浓铀 U/Al 合金	重水	重水	石墨+重水	30 个水平孔道，28 个竖直孔道，25 个堆内辐照孔道，3 个辐照实验回路	退役中	1962/11/14
34	IRR-2	以色列	雅弗尼	26 000	—	天然金属铀	重水	重水	—	—	在运	1963/12/1
35	ALRR	美国	埃姆斯	5 000	1.0×10^{14}	—	重水	重水	重水	6 个水平孔道，45 个竖直孔道，4 个堆内辐照孔道	已退役	1965/2/1

(续表)

序号	反应堆名称	所在国家/地区	所在城市	热功率/kW	热中子注量率/($cm^{-2} \cdot s^{-1}$)	燃　料	冷却剂	慢化剂	反射层	实验设施	当前状态	首次临界时间/(年/月/日)
36	HFBR	美国	厄普顿	30 000	5.5×10^{14}	高浓铀,U/Al合金	重水	重水	重水	9个水平孔道,4个堆内辐照孔道,3个反射层辐照孔道	退役中	1965/10/31
37	WR-1	加拿大	皮纳瓦	60 000	2.1×10^{14}	低浓铀,UO_2	有机溶液	重水	重水	6个水平孔道,45个竖直孔道	退役中	1965/11/1
38	EL 4	法国	卡赖普卢盖	267 000	2.6×10^{13}	—	二氧化碳	重水	轻水	—	退役中	1966/12/1
39	LTR	美国	艾肯	0.5	1.0×10^{8}	—	重水	重水	重水	—	已退役	1967/1/27
40	ESSOR	意大利	伊斯普拉	43 000	4.0×10^{14}	天然铀UC+高浓铀U/Al合金	重水+有机溶液	重水	重水	12个竖直孔道,4个堆内辐照孔道,1个辐照实验回路	退役中	1967/3/19
41	CRCE	美国	爱达荷瀑布	0.001	—	—	重水	重水	重水+轻水	—	已退役	1967/5/17
42	NIST	美国	盖瑟斯堡	20 000	4.0×10^{14}	MTR U_3O_8-Al	重水	重水	重水	18个水平孔道,1个竖直孔道,2个冷中子源	在运	1967/12/7
43	SCRCE	美国	爱达荷瀑布	0.001	—	天然铀	重水	重水	重水	—	已退役	1969/12/10

（续表）

序号	反应堆名称	所在国家/地区	所在城市	热功率/kW	热中子注量率/($cm^{-2}\cdot s^{-1}$)	燃　料	冷却剂	慢化剂	反射层	实验设施	当前状态	首次临界时间/(年/月/日)
44	DCA	日本	东京	1	8.7×10^{8}	天然铀	轻水	重水	—	—	已退役	1969/12/28
45	ILL HFR	法国	格勒诺布尔	58 300	1.5×10^{15}	19.75%U-Mo	重水	重水	重水	17 个水平孔道，2 个堆内辐照孔道，2 个反射层辐照孔道冷源	在运	1971/7/1
46	RB-3	意大利	博洛尼亚	0.1	5.0×10^{8}	天然铀	重水	重水	—	—	已退役	1971/8/9
47	TRR	中国台湾	桃园	40 000	5.6×10^{13}	—	轻水	重水	石墨	8 个水平孔道	已退役	1973/1/3
48	MAKET	俄罗斯	莫斯科	0.1	2.0×10^{9}	天然铀	重水	重水	重水	30 个堆内辐照孔道，20 个反射层辐照孔道	在运	1976/12/30
49	ORPHEE	法国	伊维特河畔吉夫县	14 000	3.0×10^{14}	93%UAl	轻水	轻水	重水	9 个水平孔道，14 个垂直孔道	永久停闭	1980/12/19
50	Dhruva	印度	孟买	100 000	1.8×10^{14}	—	重水	重水	重水	19 个水平孔道，3 个竖直孔道，5 个堆内辐照孔道，1 个辐照实验回路	在运	1985/8/8

（续表）

序号	反应堆名称	所在国家/地区	所在城市	热功率/kW	热中子注量率/($cm^{-2}\cdot s^{-1}$)	燃　料	冷却剂	慢化剂	反射层	实验设施	当前状态	首次临界时间/(年/月/日)
51	JRR-3M	日本	东京	20 000	2.7×10^{14}	弥散型 U_3Si_2Al，19.75 wt%	轻水	轻水	重水+铍	9个水平孔道 17个垂直孔道 冷源	在运	1990/3/22
52	ES-SALAM	阿尔及利亚	杰尔法	15 000	2.1×10^{14}	低浓金属铀/UO_2	重水	重水	石墨+重水	6个水平孔道，45个竖直孔道，23个堆内辐照孔道，20个反射层辐照孔道	在运	1992/2/17
53	HANARO	韩国	大田	30 000	5.0×10^{14}	弥散型 U_3Si_2Al，19.75 wt%	轻水	轻水	重水	7个水平孔道，25个反射层辐照孔道，7个堆芯辐照孔道	在运	1995/2/8
54	ENTC-HWZPR	伊朗	伊斯法罕	0.1	1.0×10^{9}	天然铀	—	重水	重水+石墨	8个竖直辐照孔道，26个堆芯辐照孔道	在运	1995/6/1
55	FRM II	德国	伽兴	20 000	8.0×10^{14}	弥散型 U_3Si_2Al，93 wt%	轻水	重水	重水	12个水平孔道，6个反射层辐照孔道，1个堆芯辐照孔道	暂时停闭	2004/3/2

(续表)

序号	反应堆名称	所在国家/地区	所在城市	热功率/kW	热中子注量率/($cm^{-2} \cdot s^{-1}$)	燃料	冷却剂	慢化剂	反射层	实验设施	当前状态	首次临界时间/(年/月/日)
56	AHWR-CF	印度	孟买	100	1.0×10^{8}	$UThO_2$、Th1%Pu、Th-U(低浓铀)等	重水	重水	重水	—	在运	2008/4/7
57	OPAL	澳大利亚	悉尼	20 000	2.0×10^{14}	弥散型 U_3Si_2Al, 19.75 wt%	轻水	轻水	重水	10个水平孔道,17个垂直辐照孔道冷源	在运	2006/8/12
58	CARR	中国	北京	60 000	2.1×10^{15}	弥散型 U_3Si_2Al, 19.75 wt%	轻水	轻水	重水	9个水平孔道,26个垂直辐照孔道,22台中子散射谱仪、冷源和烫源	在运	2010/5/12
59	CMRR	中国	绵阳	20 000	2.4×10^{14}	弥散型 U_3Si_2Al, 19.75 wt%	轻水	轻水	铍+重水	6台中子散射谱仪,2台中子照相装置,冷源	在运	2012/3/20
60	PIK	俄罗斯	圣彼得堡	100 000	4.0×10^{15}	高浓铀	轻水	轻水	重水	10个水平孔道,7个垂直辐照孔道,冷源,超冷源,烫源	在运	2021

附录 2

重水动力堆一览表

序号	所在国家	核电厂厂址	机组编号	堆　　型	热功率/MW	电功率/MW	材料	^{235}U 富集度/%	投运时间	当前状态
1	加拿大	洛夫顿	NPD	CANDU-原型	92	25	UO_2	天然铀	1962 年 6 月	永久停闭
2		让蒂伊	1	CANDU-BLW-250	792	250	UO_2	天然铀	1971 年 4 月	永久停闭
3			2	CANDU 6	2 156	635			1982 年 12 月	永久停闭
4		道格拉斯角	1	CANDU-200	704	206	UO_2	天然铀	1967 年 1 月	永久停闭
5		布鲁斯	A1	CANDU-791	2 620	760	UO_2	天然铀	1977 年 1 月	在运
6			A2						1976 年 12 月	在运
7			A3	CANDU-750A	2 550	750	UO_2	天然铀	1977 年 12 月	在运
8			A4						1978 年 12 月	在运
9			B5	CANDU-750B	2 832	817	UO_2	天然铀	1984 年 12 月	在运
10			B6		2 690				1984 年 6 月	在运
11			B7		2 832				1986 年 2 月	在运

（续表）

序号	所在国家	核电厂厂址	机组编号	堆型	热功率/MW	电功率/MW	材料	^{235}U 富集度/%	投运时间	当前状态
12	加拿大	布鲁斯	B8	CANDU－750B	2 690	817	UO_2	天然铀	1987 年 3 月	在运
13		达灵顿	1	CANDU－850	2 776	878	UO_2	天然铀	1990 年 12 月	在运
14			2						1990 年 1 月	在运
15			3						1992 年 12 月	在运
16			4						1993 年 4 月	在运
17		皮克林	A1	CANDU－500A	1 774	515	UO_2	天然铀	1971 年 4 月	在运
18			A2						1971 年 10 月	永久停闭
19			A3						1972 年 5 月	永久停闭
20			A4		1 774	515			1973 年 5 月	在运
21			B5	CANDU－500B	1 744	516	UO_2	天然铀	1982 年 12 月	在运
22			B6						1983 年 11 月	在运
23			B7						1984 年 11 月	在运
24			B8						1986 年 1 月	在运
25		莱布奥岬	1	CANDU 6	2 180	660	UO_2	天然铀	1982 年 9 月	在运

（续表）

序号	所在国家	核电厂厂址	机组编号	堆　　型	热功率/MW	电功率/MW	材料	^{235}U富集度/%	投运时间	当前状态
26	韩国	月城	1	CANDU 6	2061	661	UO_2	天然铀	1983年4月	永久停闭
27			2		2061	606			1997年7月	在运
28			3			630			1998年7月	在运
29			4			609			1999年10月	在运
30	中国	秦山	1	CANDU 6	2 064	728	天然铀	天然铀	2002年11月	在运
31			2						2003年6月	在运
32	印度	凯加	1	IPHWR - 220	801	202	UO_2	天然铀	2000年11月	在运
33			2						2000年3月	在运
34			3		800				2007年5月	在运
35			4						2011年1月	在运
36		卡克拉帕	1	IPHWR - 220	801	202	UO_2	天然铀	1993年5月	在运
37			2						1995年9月	在运
38			3	IPHWR - 700	2 166	630	UO_2	天然铀	2023年6月	在运
39			4						2024年2月	在运

（续表）

序号	所在国家	核电厂厂址	机组编号	堆　型	热功率/MW	电功率/MW	材料	^{235}U 富集度/%	投运时间	当前状态
40	印度	马德拉斯	MAPS-1	IPHWR-220	801	202	UO_2	天然铀	1984 年 1 月	在运
41			MAPS-2						1986 年 3 月	在运
42		纳罗拉	1	IPHWR-220	801	202	UO_2	天然铀	1991 年 1 月	在运
43			2						1992 年 7 月	在运
44		拉贾斯坦	1	CANDU	346	90	UO_2	天然铀	1973 年 12 月	永久停闭
45			2	CANDU-200	693	187			1981 年 4 月	在运
46			3	IPHWR-220	801	202	UO_2	天然铀	2000 年 6 月	在运
47			4						2000 年 12 月	在运
48			5						2010 年 2 月	在运
49			6						2010 年 3 月	在运
50			7	IPHWR-700	2 177	630	UO_2	天然铀	2022 年 5 月	在运
51			8						2026 年 12 月（预计）	在建
52		达拉布尔	3	IPHWR-540	1 730	490	UO_2	天然铀	2006 年 8 月	在运
53			4						2005 年 12 月	在运

（续表）

序号	所在国家	核电厂厂址	机组编号	堆　　型	热功率/MW	电功率/MW	材料	^{235}U 富集度/%	投运时间	当前状态
54	阿根廷	阿图查	1	西门子 KWU*	1 179	340	UO_2	天然铀	1974 年 6 月	在运
55			2		2 160	693	UO_2	天然铀	2014 年 6 月	在运
56		恩巴尔塞	1	CANDU 6	2 064	608	UO_2	天然铀	1984 年 1 月	在运
57	罗马尼亚	切尔纳沃德	1	CANDU 6	2 180	650	UO_2	天然铀	1996 年 12 月	在运
58			2						2007 年 11 月	在运
59	美国	南卡罗来纳州	CVTR	PHWR	65	17	U	1.8	1963 年 12 月	永久停闭
60	瑞典	斯德哥尔摩	R-3/Ågesta	PHWR*	80	10	UO_2	天然铀	1964 年 5 月	永久停闭
61		—	Marviken	BHWR*	—	132	UO_2	1.35	未运营	永久停闭
62	德国	卡尔斯鲁厄	MZFR	PHWR*	200	52	UO_2	天然铀	1966 年 3 月	永久停闭
63		巴伐利亚	Niederaichbach	HWGCR	321	100	UO_2	1.15	1973 年 1 月	永久停闭
64	英国	温弗里思	WINFRITH SGHWR	SGHWR	318	92	UO_2	2.28	1967 年 12 月	永久停闭
65	法国	蒙达莱	EL-4	HWGCR	250	75	UO_2	1.65	1968 年 6 月	永久停闭
66	瑞士	吕桑	LUCENS	HWGCR	28	6	U	0.96	1968 年 1 月	永久停闭

（续表）

序号	所在国家	核电厂厂址	机组编号	堆　型	热功率/MW	电功率/MW	材料	^{235}U富集度/%	投运时间	当前状态
67	意大利	拉蒂纳	CIRENE	HWBLWR	—	33	UO_2	天然铀	未运营	永久停闭
68	斯洛伐克	波胡尼斯	A1	HWGCR	560	93	U	天然铀	1972年12月	永久停闭
69	巴基斯坦	卡拉奇	1	CANDU-137	337	90	UO_2	天然铀	1972年12月	永久停闭
70	日本	敦贺市	Fugen ATR	HWBLWR	557	148	MOX	天然铀	1979年3月	永久停闭

信息来源于IAEA PRIS，2023年6月更新。

注：* 为压力容器式，其余为压力管式。PHWR，加压重水堆；BHWR，沸腾重水堆；HWBLWR，沸水重水堆；HWGCR，气冷重水堆；SGHWR，供汽重水堆。

索 引

101 堆　2,3,23,25,26,43,51,105,106,141,144,146,150—152,154,168,173—177,199—201,208—212,302,318,322,327,330,332

1 号停堆系统　86,97,212,213,245,246,249,251—253,269,280,285

2 号停堆系统　86,97,98,213,235,245,246,251—254,280,281,285

6061 铝合金　114,115

^{60}Co　18,35,138,328—330,332—334,336,337,340,342

^{60}Co 放射性同位素　18

A

安全系统整定值　309—313

安全限值　309—313

奥氏体不锈钢　81,90,116—118,132,192

ACR-1000　32,343—346,349,350,367,370

ACR　18,31,39,122,343,344

AFCR　36,44,359—361

AHWR　24,25,32,37,44,343,351—355,361,367,368

B

不停堆换料　2,8,9,12,14,16,17,20,28,68,73,86—88,93,121,129,162,181,197,244,246,274,287,332,354,368

C

储存格架　169,171,196

氚的防护　7,228

氚的管理　6

氚监测　49,223,229

CANDU6　44,313

CANDU-SCWR　343,347,349,350,370

D

定期试验与检查　265,276,279,306

端屏蔽　81,88—93,100,282

堆芯功率密度　51—53,55,104,

106,243
多重热阱　262,263
DUPIC　15,119,123,369

F

反应性控制　10,11,13,16,30,52,69—71,86—91,93—96,100,233,235,244,246,247,274,277,332,335,337
反中子阱型反应堆　5
防御严重事故　231
放射性包容　231,240,241,258,263,277,305
放射性同位素　2,7,18,22,25—27,33,45,46,135,182,188,315,321,327—330,332,333,337—340,342

G

高中子经济性　14,18
工艺运输系统　46,169,197,330
钴调节棒组件　333—336,342
光激中子　4,36,37,135,139,265—269,313

H

氦气系统　48,49,143—145,200,208,209,277,278,306
核能供热　340
回收铀　2,14,15,35,68,119,123,135,343,347,355—361
HWR　2,3,26,32,178,197,302,313,343,351,352

J

紧凑堆芯　4,51,104

L

老化管理　265,299—308,314
冷中子源　24,46,53,99,278,305,317
零功率反应堆　3

O

OTT 循环　368

P

排管容器　9—12,18,19,29,30,60,63,64,71,81,83—85,87—91,94,97,98,100,129,132,155,156,212,245,252,262,263,285,292,332,344,345,351,353—355
平衡桥管　10,75
破损燃料定位　216,217,228
破损在线监测　207
pD 值　142,147,204,205,277,278,312

Q

全数字化计算机控制　16,17

R

燃料棒束　8,9,11,13,16,29—31,35,60,70,72,73,79,83,85,86,88,91,92,119—123,129,179,181—183,185,187—190,192,193,196,197,216—218,244,262,

285—287,338,339,345,350,351,357—360,368,369
燃料通道组件　76,89—92,100,360
燃料循环灵活性　14,119
热阱设计　77
热室　46,47,169,172,173,296,314,327
热水层循环系统　153,154,277

S

三轴谱仪　317—319

T

天然金属铀燃料　105
停堆冷却系统　11,77,155,160,162,219,254,255,284,285
钍-铀循环　140,371

U

$U_3Si_2Al_x$ 弥散燃料　104—106
UAl 合金燃料　105

X

小角散射谱仪　316,320
新燃料入堆　169

Y

压力管更换　20,131
压力管式重水动力堆　7,8
压力容器式重水动力堆　7,12
研究堆安全分类　47,99
液体区域控制系统　101,247—249
应急堆芯冷却系统　10—12,19,31,53,63,87,88,153,155,156,162,232,237,239,245,246,254,256—258,260,263,277,279,284,285,305,354
余热导出　36,51,56,153,236,237,239,243,245,254,263,350,354
运行限值和条件　204,276,277,280,309—312

Z

中子阱　3,4,26,27,50—53,55,56
中子散射　7,27,45,46,66,133,315—319,323,341
中子嬗变掺杂　5,7,26,27,46,315,330—332
中子照相　7,24,25,27,46,315,317,323,324,341
重水除氚　7,223,226,227,229
重水管理　5,61
重水净化　5,47,49,143,145—148,153,202—204,277,278,305
重水浓度　6,48,49,141,142,147,148,199,202—204,221,228,277,278,312
重水浓缩　6,49,50,142,148—150,204,305
重水水位　36,199—202
重水水质控制　203
重水系统　5,49,50,53,118,141,

142,145,151,155,182,185,201,204,206,208,209
主慢化剂系统　155,156,166
主热传输泵　57,59,60,75,158—160,162,163,215,216,219,255,284
主热传输系统　10,18,20,31,63,75—80,91,100,155,157—159,161,162,215—218,253—258,260,262,273
装卸料机　9,10,12,13,17,20,53,60,63,64,86,90—93,169—171,178,179,181—183,185—189,197,219,248,274,278,285,333,337,338,346,354,355
Zr-2合金　12,127,131,132
Zr-4合金　119,120,126—129,345,353